李宏基文集

李宏基　著

中国海洋大学出版社
·青岛·

图书在版编目(CIP)数据

李宏基文集／李宏基著. —青岛：中国海洋大学出版社，2012.12
ISBN 978-7-5670-0192-3

Ⅰ. ①李… Ⅱ. ①李… Ⅲ. ①藻类养殖—海水养殖—文集 Ⅳ. ①S968.4—53

中国版本图书馆 CIP 数据核字(2012)第 292748 号

出版发行 中国海洋大学出版社
社　　址 青岛市香港东路 23 号　　邮政编码 266071
出 版 人 杨立敏
网　　址 http://www.ouc-press.com
电子信箱 oucpress@sohu.com
订购电话 0532—82032573(传真)
责任编辑 魏建功　　电　　话 0532—85902121
印　　制 青岛双星华信印刷有限公司
版　　次 2013 年 1 月第 1 版
印　　次 2013 年 1 月第 1 次印刷
成品尺寸 185 mm×260 mm
印　　张 24.25
字　　数 385 千字
定　　价 80.00 元

序

捧读了《李宏基文集》一书的初稿，使我深深感受到一个老海洋科学工作者的拳拳之心和敬业精神。在此书出版之际，勉以为序，借此表达我对李先生一生之勤奋与努力以及对我国海藻养殖事业所做突出贡献的最深挚敬意。

李宏基先生一生都献给了我国的海藻养殖事业。自1948年11月从河北水产专科学校毕业后，直到1992年11月离休，在长达44年的事业生涯中，他一直都在从事海藻养殖学研究工作。先后于海带、裙带菜、石花菜的养殖学研究领域，辛勤耕耘，硕果累累。特别是他主持研究的“海带筏式全人工养殖法”课题，创造了孢子水采苗法，突破了苗种产业化技术难关，提出延长海带生长期的养殖原理，提高了海带单产量，系统创立了举世闻名的海带筏式养殖技术体系，加快了海带这一优质物种在我国温带海区形成产业化开发的速度，1981年获国家发明二等奖。这项成果，对我国海水养殖第一次浪潮的兴起乃至全国海水养殖的发展，起到了重要的引领作用。在“裙带菜人工养殖研究”中，他证明了裙带菜配子体无休眠期，纠正了国外相关研究的“休眠理论”，培育出夏季幼苗，解决了人工育苗技术，该项技术获山东省科技大会奖。在石花菜栽培学研究中，探明了石花菜生长的光、温关系，否定了“石花菜属荫生植物、只限于深水海区栽培”的观点，创造性地提出“石花菜营养枝筏式多茬养殖技术”，该项成果获国家发明三等奖。由于李先生在海藻养殖事业上的杰出成绩，屡获国家奖励与表彰。1988年被评为山东省专业技术拔尖人才，1989年被评为国家有突出贡献的中青年专家，并享受国务院政府特殊津贴。

李宏基先生学术造诣深厚，待人诚恳、谦和朴实，德高望重，深受同行的敬仰。他的一系列成果的取得，来源于他勇于探索、不断创新和坚持实践的精神。《李宏基文集》一书的付梓出版，是对李先生一生科学研究的最好总结。我们不仅要学习李先生严谨的科学态度、勇于攀登的探索精神，更重要的是激励年轻科技工作者，奋发进取、深入实践、勇于创新。让李先生在他的有生之年看到我国的海藻养殖事业，后继有人、蓬勃发展。

山东省海水养殖研究所所长

2012年10月22日

前　言

本书是作者自1950～1990年间从事藻类研究工作的文字部分，由于时间跨度较长，加之当时实验设施相对简陋，作者为达到当时的工作目标，彩用了不同的研究方法，其中大部分都是来自生产实践的原始资料，也是作者对几种经济海藻筏式人工养殖的研究工作。其内容归纳为海带养殖、裙带菜养殖和石花菜养殖三部分。根据需要作者对它们做了一些基础研究、应用研究和产业化工作，以及其他相关的研究等。关于实验研究部分，还有许多同事，甚至是几十年同舟耕海的挚友参与工作，他们忠于职守，勤奋劳动，在此一并致谢。

当前，大型海藻作为海洋中的初级生产者，多种重要价值逐渐凸显。它不仅可为人类提供绿色食品、药品、保健品、水产饲料和农业肥料，而且在全球气候变化和海洋富营养化的生态修复中扮演着重要角色。若本书的出版能够对目前大型海藻增养殖工作有所裨益，作者将不胜欣慰。

本书的出版与编辑工作，得到所领导和同志们的支持，为此付出了辛勤的劳动，作者十分感激并在此深表谢意。

限于作者的水平，以及对问题的认识、分析的能力，文中难免出现差错，请读者不吝赐教指正。

作者
2013年2月

李宏基的工作照

李宏基（左一）查看在威海港内筏式养殖的海带（1953.4）

李宏基（右二）给鉴定会人员讲解石花菜夏季生长的状况（1987.8）

李宏基（左一）在查看石花菜夏茬的双绳养殖效果

李宏基报告石花菜育苗的效果（1988年）

李宏基主持课题——分枝筏养的石花菜

李宏基在整理材料

石花菜孢子育苗第二次验收会（左一为李宏基）

石花菜分枝筏养专家鉴定会合影（前排左二为李宏基）

1995年李宏基获得青岛市十大科技明星奖

李宏基（左）与曾呈奎交流海带养殖的若干问题

在薛家岛金沙滩采到成熟的裙带菜，李宏基左手为孢子叶，右手为小株藻体（1996.6）

李宏基65岁生活照（1992年）

李宏基（左二）等老一辈科技工作者参加山东省海水养殖研究所建所60周年庆典

发明证书

A 00094

为了表彰在科学技术现代化方面作出重大贡献的发明者，特颁发此证书，以资鼓励。

发明项目：海带筏式全人工养殖法

发 明 者：山东省海水养殖研究所：李宏基、张金城、索如英、牟永庆、刘德厚、田铸平、邱铁铠、刘永胜、迟景鸿

奖励等级：二等

奖章号码：1027

中华人民共和国
国家科学技术委员会主任

一九八一年七月

海带筏式全人工养殖法的发明奖励证书

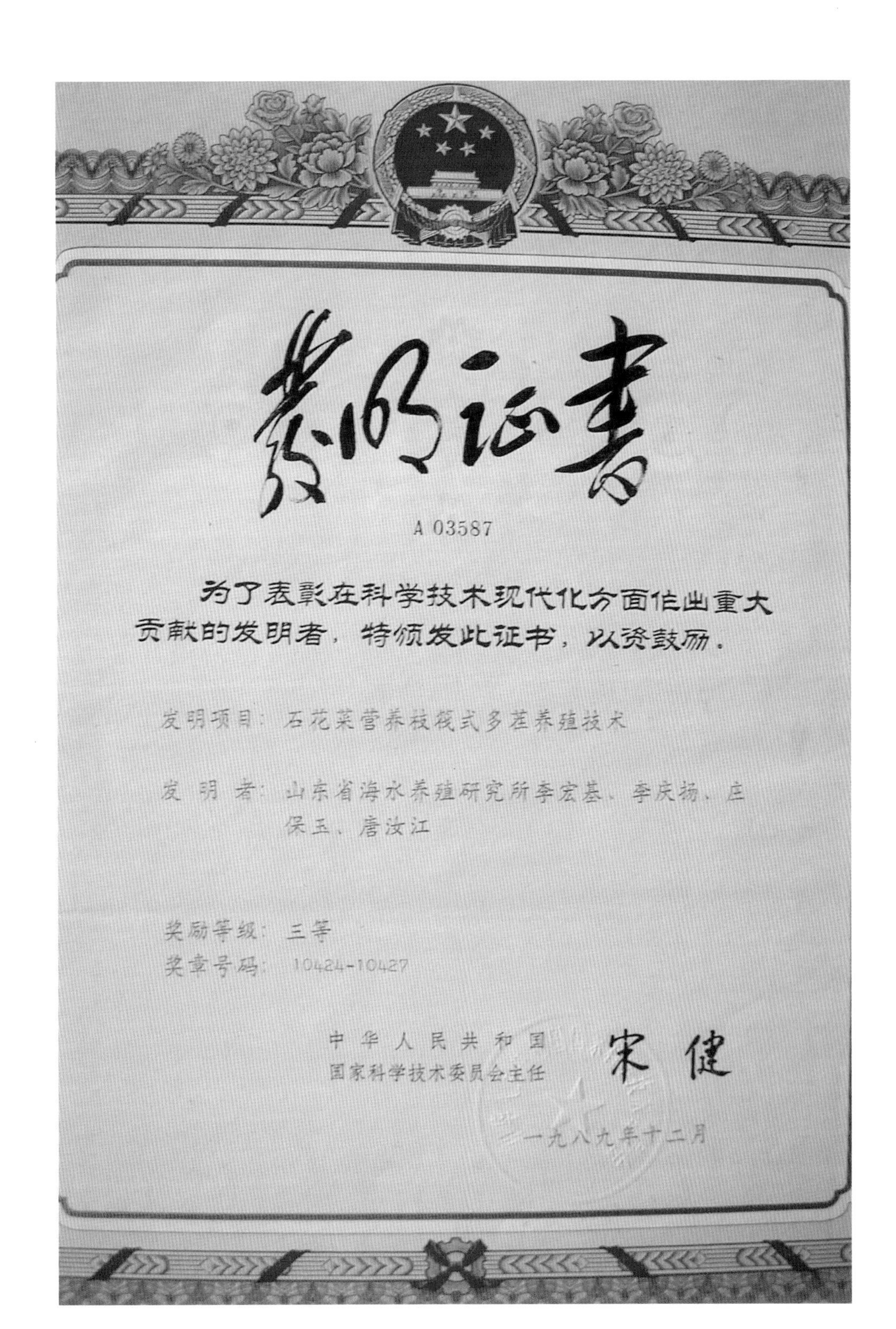

发明证书

A 03587

为了表彰在科学技术现代化方面作出重大贡献的发明者，特颁发此证书，以资鼓励。

发明项目：石花菜营养枝筏式多茬养殖技术

发 明 者：山东省海水养殖研究所李宏基、李庆扬、庄保玉、唐汝江

奖励等级：三等

奖章号码：10424-10427

中华人民共和国
国家科学技术委员会主任 宋健

一九八九年十二月

石花菜营养枝筏式多茬养殖技术的发明奖励证书

目　录

海带养殖

裙带菜养殖

石花菜养殖

海带养殖

大槻洋四郎与我国的海带养殖

大槻洋四郎(简称大槻)先生是新中国成立后留用的日籍技师,我们在研究我国海带养殖的历史时,不能不谈到他,也不能忘记他对我们的帮助和友谊。

一、简介

大槻先生是日本宫城县人,早年毕业于日本东京大学水产学部,1927 年来我国大连,于前日本关东厅水产试验场任技手。开始,在黄海北部从事海洋调查。1932 年改从事浅海养殖,于大连老虎滩试养裙带菜及海带,1937 年创造裙带菜、海带干燥刺激排放孢子的方法,获得日本技术院证书。1940 年(昭和十五年)任技师。同年调往关东州浅海养殖株式会社任社长。1942 年以后自然采孢子筏养方法生产小海带,采捞自然裙带菜,盐渍后向东北各城市销售。

1943 年大槻只身来烟台,任芝罘水产组合养殖场部代理部长。1945 年 8 月烟台解放,大槻在大连探亲。1946 年受我人民政府烟台水产试验场聘请来烟继续养殖工作。

1947 年国民党进攻我烟台解放区,大槻随我军撤退乡下,1948 年烟台重新解放,大槻返烟,继续进行海带采孢子育苗。

1950 年来青岛筹备山东水产养殖场,10 月该场于青岛成立,统一领导山东沿岸的各水产养殖场,因而简称总场,大槻调总场任技师,负责海带养殖的技术工作,并提出海带移青岛的主张。

1951 年受聘兼任山东大学水产系教授,教咸水养殖课。2 月,山东水产养殖场第一次技术员会议于烟台召开,大槻提出“海带绑苗投石法”,于山东沿海建立海带基地(养殖场)的设想。经过组织研究决定于山东北岸的长岛、烟台、威海及东岸的俚岛与南岸的青岛五个地区开展“绑苗投石”养殖,3 月开始,4

月结束，5月就发生烂苗，6～7月基本烂光而失败。因此，大槻忧虑成疾，秋季身体稍好，11月总结分析这一工作时，科学地分析、论证山东海况与海带苗烂的关系，讲演中终因体力不支突然“休克”，从此休养。

1952年上半年由于其他原因，行动不便，继续休养，并提出回国要求，我们根据大槻的工作经验，发展着他的技术方法，创立了新的理论工作，大槻看了我们的工作以后，撰写“山东沿岸昆布养殖的研讨”一文，并于1952年9月总结工作会议结束后，应邀作了这一报告，11月发表于《华东水产》月刊上[①]。11月离青赴济南与其他外侨集中待命，1953年归国。

1954年于宫城县金华山附近的女川湾设立私人养殖场，养殖海带和裙带菜。被称为日本裙带菜人工养殖的创始人。1955年著《昆布若布筏式养殖法》一书。

70年代末，大槻患胃癌，手术后两年(1981)逝世于东京，享年80岁。

二、对海带人工养殖的贡献

1. 海带人工南移的倡导者：当海带还处于野生状态，大槻首先打破自然的束缚。1943年把海带从北纬39°的大连移到北纬37°的烟台，1950年，又建议从烟台移到北纬36°的青岛，均获得成功。他认为：海带之所以没有自然繁殖到更南的海区，主要是南方夏季水温高，海带度夏困难，通过人工逐渐驯化的方法，海带有可能在超越其自然分布的水温范围存活下来。这在当时是一种大胆的设想和勇敢的行为。他的这一尝试曾引起当时科学界一些人的反对。

2. 大槻是具有科学精神的实践家，第一个完成了人工控制下的海带生活史的循环：大槻除了30年代于大连创造了裙带菜、海带的干燥刺激排放孢子的方法以外，又利用紫菜养殖用的竹帘作为海带的培养生长基，海带长大后采取分散竹皮的方法加大营养面积，使海带生长发育得到充分的条件，秋后利用这些长大的海带成熟放散孢子，保证海带完成生活史，使海带在新的海区得以连续活下来。这样，他为海藻的全人工养殖开创了先例，从而把几百年来的紫菜养殖技术抛到后边。但是这一工作直到1949年在我国技术人员帮助下才真正完成。

---

① 发表于《华东水产》(1952,11～12)，但其内容与其油印本有重要改动。

3. “绑苗投石”与海区水质肥贫不同的发现：大槻虽然1943年把海带移来山东，但由于冰冻而失败，1945年日本战败投降，烟台第一次解放，由于夏季洪水泄入港内海带烂光，致使采孢子不成功，幼苗发生量少。1947～1948年的烟台第二次解放，但由于战争干扰，真正顺利获得有效的养殖是很少的，许多时候是依靠海底自然发生生长海带来维持。因此大槻对海带在山东养殖的途径问题多年来一直未解决。直到大槻来青岛后，作者询问“看到《山东昆布移植之管见》一文吗？怎么解决这一问题？”大槻才说“没有那么多种海带，无法采用”。因此，1951年大槻设计了一新的养殖法，即“绑苗投石”，这是他第一次也是最后一次提出全盘解决山东海带养殖的计划，将人工采孢子培育的海带苗，连竹皮一起用铜丝绑在预先选好的方形石块上，再用工具投放在海底。企图在没有海带分布的山东沿海，集中几处大量“绑苗投石”，建立繁殖基地，秋后，海带长大成熟，大量放散孢子，达到自然繁殖的目的，以这样的方法解决种海带不足的问题。

“绑苗投石”是大槻在山东工作8年（1943～1951年）以后提出的。由于他对人工采孢子和幼苗的培养技术上并未摸到规律，方法极不可靠，因此烟台港内西浪坝海带养殖区长三华里的竹帘，直到1950年仍然是幼苗发生晚而且并不普遍，勉强可作为种苗之用，特别是40年代的冰冻和淡水将养殖器材全部流失的惨痛教训，使他下决心仍走日本、大连的海底增殖道路。

“绑苗投石”工作通过我党、政工作的保证，按时、按质、按量完成了，但出乎意料，投到海底的海带苗，几乎当这一工作刚刚完成（4月）进入5月就发生了大量而且普遍的腐烂。从温度而言是海带生长的适温。正是海带生长的好季节，为什么会发生腐烂呢？

我们作为大槻的助手，曾陪同他乘汽船于山东沿岸进行调查。经过一个月的工作，我们采集了大量的标本，作了记录，大家向他提供情况，提出各自的看法和意见。

我们回到青岛以后，领导对此十分关心，命我广泛征求一些同志的意见。由于海带的腐烂，引起科学界的注意，有人认为是“养殖方向性的错误，寒海性的海带不应向南养”，有的认为：“技术不成熟就大量搞，这样决定就是错误”。更多的持怀疑态度，总之，议论纷纷，这种形势下怎么办，当然是领导最关心的问题。我根据调查资料撰写了“山东海带腐烂问题的初步研究”一文的初稿（1951），说明了海带所谓腐烂的真实情况以及与条件的关系，不是高温和技术问题引起的，对当时的局势起了稳定的作用，但当时我还说不清海带“绑苗投石”烂苗的实质。

这时大槻闷闷不乐，虽不表态，但心情十分沉重，饮食大减，自感责任重大，忧虑成疾，面容迅速消瘦下来。

大槻病后，我们失去了技术指导，心情更加沉重，但我们仍按期出海检查，回来后向他汇报。

一日，作者去看大槻，问候病情，并问他：“8月水温已升到25℃了，海带还能生长吗？”他说：“不能了。”我告诉他：“半月以前，我在水族馆前海检查绑苗投石的海带时，海带表现出强光特征，烂得只剩下几公分，搬动石块时，不慎把竹皮弄断一截，上面长着几株海带，将其带到贵州路，用铜丝再绑在石块上，投到贵州路海中，这次出海检查，水族馆的苗更小了，但移到贵州路的却又新长出一大块，色泽好而且柔软，情况很好。”他听了十分惊喜，立刻让我陪他去看，当他证实这一情况属实后，他轻松愉快地笑着说：“明白了，明白了……”从此他不卧床，开始写“绑苗投石”总结。

海带养殖对我们是一件新事物，为了发挥集体的智慧，1951年秋(10月)，山东水产养殖场总结工作时，我们邀请了中央水产实验所、中国科学院海洋生物研究室[①]及山东大学有关专家、教授参加我们的会议。大槻在会上作了山东沿海海况与海带生长情况的报告，他把山东各海区划分为四种类型，即以海带生长的状况来区分养分的多少。这是第一次人们认识海水养分对海带生长的巨大影响。

会上作者支持大槻的论点，并且补充用生物作为指标，特别以海藻种类和色泽来区分鉴别海区的养分状况[②]。

这一发现，大大开阔了我们的视野，增强了我们养殖的信心。

4. 第一次提出海带的施肥问题：1952年9月，大槻归国前，在全场工作总结的会议上，作了“山东沿岸昆布养殖的研讨”的报告。他第一个提出海带的养殖施肥问题，并且提出施有机肥的具体设想和几种不同方案。当时，在海藻施肥养殖已不是新鲜事，在1926年(大正十五年)日本千叶县水试的早川政太郎就设计出石蜡与硝酸钠制成肥料给篊式养殖的紫菜施肥，另一个例子是给

① 张夙赢、张峻甫等参加。

② 山东水产养殖场1951年工作总结。(油印本)

海萝投智利硝石施肥的试验，在日本虽然都进行，但是通过试验证明了这一个海区缺肥致使海带的生长形成限制因素而提出施肥进行养殖生产的，大槻则是第一人。

前排自左向右：夏世福　刘恬敬（原中央水产实验所）　曲汉　孙自平　大槻洋四郎　王宝亭　张定民（山东大学水产系）　李宏基

后排：吕登成　张文春　刘永胜　刘德厚　田铸平　唐升祺　王广昇　孙显礼　邱铁铠　牟永庆　宫淑姻（女）

山东水产养殖第一次技术员会议（1951年2月20日）

海带施肥养殖的提出对以后我们开展养殖起到深远的影响。

三、对中国人民的友谊

1943年大槻来烟台时，他的家属留居大连，因而他经常往返于大连与烟台之间，烟台于1945年10月解放时，大槻在大连。1946年春我人民政府派牟永庆同志到大连邀请大槻全家来烟帮助我国开展海带养殖工作。大槻当即表示愿意为发展中国人民海带养殖事业贡献自己的力量，随后率全家迁来烟台。

1947年国民党进攻烟台解放区（1947年7月到1948年8月）大槻随我八路军撤离烟台，住于蓬莱县（村里集乡）下薛家村，烟台水产试验场场长薛中和家中，在那艰苦的日子里，自己背筐上山割草，过着农民的简朴生活，与中国人民同甘共苦，情绪稳定，表现出对中国人民暂时困难的理解。

1951年2月，大雪纷飞，我们聚集于烟台，全场召开了第一次技术员会议，同时邀请了中央水产实验所的同志参加，请了山东大学张定民同志作译员。会上，大槻作了“绑苗投石”的报告，说明绑苗投石的原因和各种必需的条件，表现出他的丰富实践知识，同时解答了我们提出的各种各样的问题。长达数小时的报告是一次无私的知识传授和技术讲课，好像师生一样融合殷切。这一情景迄今大家还是念念不忘。

大槻先生开辟的海带养殖业，在他离开中国时尚未成功，而且留给我们许多技术上尚待解决的问题。所以他说：“山东沿岸的昆布养殖事业的前途上，横列着无数难题，有的我们已发掘出，有的我们还不知道……”

当他病倒以后，我们总结了他的工作经验，着重于筏养给以技术突破，扭转大槻的筏养为留种，海底增养殖为发展方向的路线。他看了我们1951年下半年和1952年的工作以后，著文说：“……为时尚不过一年有余，在这短短的时间内，由于诸位的努力，我们已在极端困难的山东沿岸海区中发出了昆布养殖的曙光。……今后，更希望诸君更加努力，改进再改进。……处处开动脑筋，发现规律，以将摆在我们面前堆积如山的问题，顺利解决，以我们的智慧来克服山东沿岸特殊海况给我们带来的困难，务求早日成功。以谢祖国人民对我们的期望。”[①]作为一个外国人，这样热心于我国的养殖事业，这是多么感人的话语啊！

大槻先生率其一家归国了，但他对中国人民怀着深厚的感情。1956年日本渔业代表团访问我国，他委托代表团成员，北海道大学渡边宗重教授借机来青岛看望我们。渡边说：“大槻先生是我的同学，来华之前，去看望了他，他委托我来看望诸君。”我们谢了渡边先生和大槻先生的好意，介绍了海带养殖业在我国的发展，请他瞭望了千亩一片的筏式养殖场，我说：“请转告大槻先生，我们首先感谢他对我们的帮助，他走后，我们团结一致，在中国共产党的领导下，克服困难，达到了大槻先生临别时对我们的嘱咐和期望，海带筏式全人工养殖成功了，希望他回来看看他曾扶植过的事业！”

70年代中期，中日友好的桥梁在毛主席、周总理的关怀下架通了，大槻先生已经70岁高龄，他多次表示要到中国来，但均因病未能成行而终成憾事。

---

① 大槻洋四郎，山东昆布养殖研讨(1952.9)油印本存山东海水养殖研究所档案。

大槻先生虽然逝世了，但他对中国人民的贡献和友谊则是永恒的。正如30年前山东水产养殖场场长孙自平同志在欢送大槻回国的宴会上所说：“大槻先生对中国海带养殖业做出的宝贵贡献，中国人民是永远不会忘记的。”也如中国科学院海洋研究所名誉所长、海藻学家曾呈奎教授于1981年“海藻及其产品学术讨论会”上讲话所说：“大槻对我国海带养殖业作出过贡献。”这些是符合实际的评价，他的业绩也是我国人民公认的，因此也是值得我们永远纪念的。

【附】　　大槻洋四郎在山东养殖海带活动概况表

No	年	季或月	主要工作或主要情况	资料来源
1	1943	春	来烟台，购置大批竹竿、条筐、棕绳等养殖器材	薛中和推测
2	1944	春	从大连移来裙带菜，在芝罘东口挖采苗池，孢子叶绑筐沿采孢子 9月从大连移来海带，干死；12月移第二次投西浪坝，冬季海封冻，全毁	吕登科 大槻自称 （刘德厚笔记）
3	1945	春	1945年春检查，东口海上设中层竹筏（已沉海底）无苗。烟台无裙带、海带苗。4月26日前返大连家中，7～8月烟台解放，大槻不在烟台	牟永庆推测 牟永庆 牟永庆
		12月	牟永庆、孙益斋赴大连找黎在耕通过个人关系邀请他来烟台，聘请为技师（烟台港内无裙带、海带苗）	薛中和 牟永庆
4 （1）	1946	春	携其全家乘大华贸易公司汽船迁来烟台，烟台无海带（牟永庆到大连移海带投西浪坝沿岸）	牟永庆
		秋	西浪坝里海区以大竹帘为育苗器，帘上绑种海带自然采孢子	牟永庆
5 （2）	1947	春	大竹帘海带幼苗发生	
		7月	国民党进攻，全家随军撤退薛中和家中	薛中和
			牟永庆将大竹帘筏移烟台山下度夏	牟永庆
6 （3）	1948	8月	烟台第二次解放，返烟。海底捞海带。第一次人工采孢子，在大舢舨中采苗 大竹帘筐为育苗器，下于烟台山下，西浪坝里为育苗区	薛中和 牟永庆 牟永庆

续表

<table>
<tr><th>No</th><th>年</th><th>季或月</th><th>主要工作或主要情况</th><th>资料来源</th></tr>
<tr><td rowspan="4">7</td><td rowspan="4">1949</td><td>春</td><td>烟台山下一带，见自然海带苗</td><td>牟永庆</td></tr>
<tr><td>夏
（6月）</td><td>以潜水员到海底捞海带绑绳上度夏用大方形架子，四角以棕绳固定海中于西浪坝外度夏</td><td>刘成章</td></tr>
<tr><td>7～8月</td><td>台风后，大方架子毁坏，苗绳缠于一起，海带残存无几——第一次度夏</td><td>刘成章</td></tr>
<tr><td>10～11月</td><td>海带采孢子于大竹帘上，第二次采孢子。11月见苗，第一次人工育苗成功</td><td>牟永庆
大槻自述</td></tr>
<tr><td rowspan="3">8
（5）</td><td rowspan="3">1950</td><td>春</td><td>海带苗发生后绑于棕绳上，在烟台外海度夏，苗绳两头绑石块，沉于海底</td><td>邱铁铠
刘德厚</td></tr>
<tr><td>7月</td><td>全家来青岛（总场筹备）</td><td>田畴平</td></tr>
<tr><td>11月</td><td>于水族馆小码头采孢子（烟台移来种海带），在山东大学水产系兼课</td><td>李宏基</td></tr>
<tr><td rowspan="3">9
（6）</td><td rowspan="3">1951</td><td>2月</td><td>烟台召开第一次技术员会议，布置绑苗投石</td><td>李宏基</td></tr>
<tr><td>6～7月</td><td>乘“养殖二号”于山东沿岸调查“绑苗投石”烂苗</td><td>李宏基</td></tr>
<tr><td>9月</td><td>总结绑苗投石，山东沿海划分四个类型海，在报告中休克</td><td>李宏基</td></tr>
<tr><td rowspan="4">10
（7）</td><td rowspan="4">1952</td><td>春</td><td>山东大学讲课、休养，有时到中港看看海带</td><td>李宏基</td></tr>
<tr><td>7月</td><td>提出辞职回国要求</td><td>档案</td></tr>
<tr><td>9月</td><td>总结会结束前报告“研讨”第一次提出施肥养殖海带，孙自平宣布大槻回国</td><td>李宏基</td></tr>
<tr><td>11月</td><td>离青赴济，总场开简单欢送宴会</td><td>李宏基</td></tr>
<tr><td>11</td><td>1953</td><td>3月</td><td>离华归国</td><td>李宏基</td></tr>
</table>

（海水养殖．1986，1：1-7）

大槻洋四郎的海带养殖技术

一、前言

大槻洋四郎先生日本宫城县人。1927 年来大连，于日本关东州水产试验场任职。曾获海带筏式垂养殖法专利权（田村，1956）。1943 年来烟台进行海带养殖的试验研究。1952 年 11 月离职回国。由于我国海带养殖是从大槻开始的，所以有人认为现在的海带养殖方法就是大槻的方法，最多“不过是其发展和提高”（方宗熙，张定民，1982）。那么，大槻的海带养殖法是什么？这是对海带养殖史研究的人必须弄清的问题。为此，作者把大槻在山东工作期间的海带养殖试验，以养殖分类加以介绍。

二、大槻在山东的经历

（一）海带工作的经历

大槻在山东共 10 年，因受战争等影响，先后中断海带工作多次。1943～1944 年冬，芝罘湾结冰，大槻的养殖筏随冰流失。1944 年到大连第二次移植海带来烟，在芝罘岛采苗试养，海带生长不良。1945 年养殖的海带移到烟台港，因局势紧张，无人管理，器材丢失。烟台解放形势稳定后，1946 年第三次到大连移植海带，受到损失所余无几。1947 年 5 月第 4 次移植，即烟台解放后第二次移植。同年 10 月到翌年 10 月，解放战争期间因事前作了安排，所以海带工作没有中断。

大槻的工作从 1948 年 10 月到 1952 年 10 月是连续的。

（二）海带工作的中心

我们从大槻的养殖经历中可以看出，10 年间他离开岗位两次，第一次是太平洋战争（1945～1946）；第二次是解放战争（1947～1948），共约 2 年时间。

他在职的 8 年，移植海带 4 次，因此，大槻的中心工作是保持海带的连续性。事实证明，1947～1951 年连续 5 年做到了这一点。又因为没有生产所以我们称其为人工控制下的海带生活史循环，这是大槻的重要成就。

为了完成这一中心工作，大槻创设了一系列养殖技术，我们称其为四大创造，即人工采苗、人工采苗帘、海带度夏和筏式养苗。由于当时并无育苗意识，所以正确地说是筏养采苗帘。

（三）海带养殖的四大创造与存在的问题

1. 人工采苗，即人工采孢子。由于山东没有天然海带，从大连移来的海带必须人工采苗才能保证其后代的延续。人工采苗包括干燥刺激种海带及采苗两个步骤。采苗是采苗用水、采苗器和种海带混在一起，采集水中的海带孢子。

大槻对种海带是等待自然形成孢囊群，不能判别成熟，所以采孢子困难，工作不可靠，不能获得孢子时往往以天气晴阴、空气干湿及风浪状况等外因进行鲜释。

2. 采苗帘，即采苗器。大槻用的采苗帘都是竹制帘子。开始用双层竹皮编的竹帘，以后改为单层竹皮帘，来青岛后改为竹皮之间有 5 cm 的距离，如同紫菜采苗帘子。

3. 筏式养苗，或称筏养采苗帘。采苗帘挂在竹筏上，或平放或垂放，一直不动，等待出苗与生长，没有人工处理育苗的动作，所以也可称其为人工采苗自然出苗。

大槻确有意将采苗帘上的海带进行养成大海带。然而，我们从 1950～1952 的三年中没有看到竹帘上长出真正的大海带，尽管有的长 2～3 m，但都是狭窄的或布满凹凸的小海带，使海带长大是大槻没有解决的问题。

4. 海带度夏。为了秋季获得海带孢子，5～6 月把海带绑在绳上，或把有海带苗的竹皮绑在绳上，然后沉入海底渡过 7～8 月高温期。

存在的问题：有不安全和存活率低的问题。

四、绑苗投石与采苗投筐

1. 绑苗投石：是大槻设计的于海底繁殖的一种方法。为此，曾于 1951 年 2 月中旬于烟台召开了专门会议进行布置。

(1) 目的：在适宜的海区，把采苗帘上的海带连同竹皮一起固定于海底，待其长大，秋后形成大量孢子囊并放散孢子于海底岩礁上，达到繁殖下一代的目的。

(2) 方法：采苗帘长出的海带苗，选长度在 2 寸以上的，进行绑苗投石。绑苗是将竹皮剪成段，用铜丝绑在方形石块上。投石是将绑苗的石块，通过专用挟子或由潜水员送于海底岩礁区安放。

(3) 结果：3～4 月上旬，安放的绑苗石块，海带苗尖端大块白化腐烂，生长部稍见生长，于 7 月大部分烂光。绑苗投石失败。

2. 采苗投筐：是大槻设计的一种海底养殖方法。筐是直径 1.5 尺，深不足 1 尺的浅筐，用剥皮的柳条编制。10 个筐排成一字用绳串联于一起，采苗时，摞成一摞，投筐前，把筐分开，扣在海面，然后把筐一个个翻过来，筐口用二个长柄钩勾住，向其中倒石砾，坠向海底，迅速向以后各筐装筐，通过长勾安放海底。在干潮时作业。在烟台港内放养，1950～1952 年，多年看到的采苗筐生长的海带苗稀苗少，生长不好。

五、孢子养成

这是绑苗投石失败后大槻提出的，也可以称为筏式孢子养成。

1. 横式帘：就是单根竹皮编的大竹帘，也叫采苗帘。采苗后在筏上垂挂或平放，出苗后横放在海面平养。

2. 竖式帘：是他在中国最后设计的一种采苗帘或称养殖帘。这种帘体大，制作复杂，是以二根竹皮夹着一根棕绳组成的附着器，附着器长 2 m，30 个附着器组成一个竖式帘，每个附着器相距约 20 cm，竖式帘全长 6 m。

竖式帘采孢子后，以竹筏固定于干潮线，垂下放置，大约相当于海带的自然分布水层。

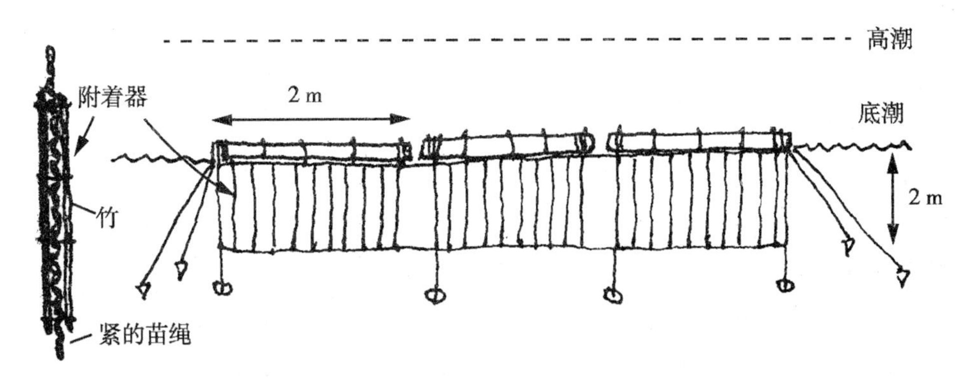

大槻设计的竖式帘示意图(1951)

幼苗发生后，将每个附着器上的竹皮拆下，另编成横式帘，棕绳形成竖式帘，海带长于棕绳上长大后收割。

结果：横式帘的竹皮上面为沉淀浮泥，幼苗发生于四个棱角处。出苗参差不齐，苗较稀，好帘子较少。

竖式帘的竹皮上出苗很稀，数量很少，生长很小，棕绳上比竹皮更差，基本无苗。

横式帘幼苗长大后，出苗多的帘子或竹皮，苗过稠密，夹于中间的绿烂，风浪后成片脱落，或把竹皮拆断或把整个帘子打坏。基本无收获。筏式孢子养成没有效果。

六、大槻的养殖海带技术

大槻在山东的海带养殖，只有在烟台港内种海带自然放散孢子于烟台山下岩礁区，防浪坝护坡石上有海带苗发生，据说 1947～1948 年有收获。种海带度夏、采苗、筏式育苗取得成效。海底繁殖、海底养殖，筏式孢子养成均无产品收获。大槻的海带养殖技术大体可概括于下图。

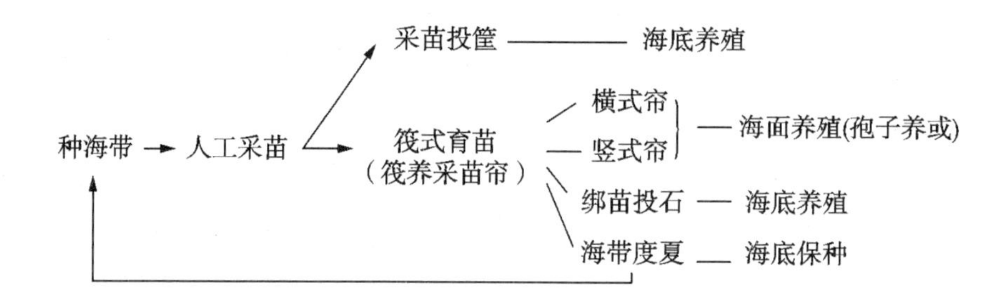

由于大槻的各种养殖办法都不能生产出商品干海带，尚不能完成一种生产方法，所以我们称其为大槻的养殖技术。

七、结束语

大槻先生是 30～40 年代在我国创业的人，他的海带养殖技术是包括多方面的。当时，只有他一人“孤军作战”，并使海带养殖在没有生产的情况下存在了 10 年，直到他离开了中国。他的科学事业所以能得到人们的支持，是他完成了海带生活史的循环，即养殖周期循环，使中国人民看到了希望。他的生产业绩是失败的，有技术原因，也有科学原因与自然因素。

最后，大家可以从《芝罘水产志》[1]中发现："1949 年 4 月 22 日《胶东日报》，烟台水产养殖场，根据三年来之试养，现在在烟台已经成功了昆布和若布的养殖工作，因此很有信心在此基础上来扩大和推广。"……"1949 年共放养海带 70 亩，其中西浪坝里 10 亩（筏式、投石两种方法）、东炮台投石 30 亩，养马岛庙江 10 亩，崆峒岛 10 亩，烟台港内附设筏式养殖双架 10 台……"这是 1987 年的出版物，是海带名称、养殖名词都成熟时期写的。看了这段记载，1949 年俨然是海带已经投产的景象。既有报载又有人证，似乎属实。但是，1950 年作者到烟台调查时，除西浪坝有竹筏外，其他各处什么也没有了，不仅海带、裙带菜没有试养成功，而且连怎么养也不能言中，这种虚名远扬，唯独与事实不符，又如何令人信服？事实胜于雄辩，任何不以事务本质为根据，都是经不起推敲的，去伪存真的工夫还是必需的，否则只能使史实更加混乱！

（海水养殖. 1991，1：15-18）

① 《芝罘水产志》薛鸿赢主编，山东省出版总社烟台分社，1987 年第 84 页

我们与大槻对筏式养殖海带的分歧

大槻洋四郎先生是我们尊敬的导师，在我们与他相处的最后时期，即1951～1952年间，在对待筏式养殖海带的技术方面发生了分歧。这些分歧意见并未形成争论，但它是采取什么方法生产我国急需商品干海带的问题，也是关系我国海带养殖成功速度的快慢问题。为了讲清事实，首先应该把几个基本问题说清楚，即澄清大槻在山东养殖海带史实，再研究分歧才能说得明白，才能好评大槻先生对我国海带养殖业的贡献，才能明确我国科学工作者继续这项事业的基础。

一、大槻在华期间养殖海带的几个基本问题

(一) 大槻在我国养殖海带成功了吗?

有的文章中说，大槻在我国时，海带已经养殖成功。这句话怎么理解呢?如果指大连湾寺儿沟的海带移到岭甲湾繁殖成功是对的，指大连老虎滩沿岸向西到傅家庄沿岸繁殖成功也是对的。如果指获得日本的“专利”(特许)算是成功，由于我们不明了该项“专利”的内容，我们不提异议。如果指在山东沿岸养殖成功或者说筏式养殖生产商品干海带成功则是不对的。我们可以举出二个有据可查的大槻先生的言论加以证明。

(1) 1951年大槻设计的“绑苗投石”繁殖海带的方案失败以后，受到我国科学界的指责，其中有人认为是方向性的错误。为此，1952年大槻辩解说:“今日有可能还觉得昆布原来分布于亚寒带以北海区，今日应移植于温带海区——山东沿岸是可能成功，是值得怀疑的，这种只看到自然适应的分布情况，而忽略了人工要素的孤立观点是应该加以纠正。”这段话表示今日的海带成功了没有? 我们认为没有成功。如果成功了既不会受到指责，又不会引出大槻的这番话来。如果成功就应该说事实证明养殖已经成功，而不用可能成功的话。

(2) 大槻在离开中国前最后一次的报告中说:“今后更希望诸君倍加努力……以将摆在我们面前堆积如山的问题顺利解决,以我们的智慧来克服山东沿岸的特殊海况给我们带来的困难,务求早日成功,以谢祖国人民对我们的期望。”这段话明明白白地说是没有成功而务求早日成功,这是 1952 年 9 月的话,可见把大槻时期说成是海带筏式养殖成功,显然与当时大槻自己的认识不同,言论相反。

根据以上提出的材料可以证明,大槻在华期间对我国海带需要什么样的产品与我们的认识是一致的。因此,能否达到生产商品干海带为评定养殖成功与否的界限。按此标准,大槻至少在华期间未承认海带养殖已经成功。我国科学家研究海带施肥、育种技术等均以达到生产干海带商品为标准,这也符合我国的商业习惯和人民的生活习俗,所以,这个标准是合理的,是公认的。历史事实也是如此,即大槻主持海带养殖技术时代(1943～1951 年),筏式养殖不能生产商品干海带。

总结以上,如果承认大槻时代的海带养殖并未成功,那么结论则应当是大槻在山东并未从事海带养殖生产,而是还在研究海带养殖技术,这是个非常明确的基本事实。

(二) 大槻在华期间的筏养技术是什么?

有的文章中说:大槻于 1940 年获得日本的筏式养殖海带“专利”在大连进行筏式养殖,到山东烟台进行筏式养殖,到青岛还是进行筏式养殖。似乎大槻有一套成熟的养殖法到处可以应用,不过“方法比较原始”,自然可以说“现在的筏式养殖不过是其发展和提高”而已。如果事实如此,仅仅是地点(大连、烟台、青岛)和时间(1040、1943、1950)的不同,那么,为何大槻来山东后不马上大量进行筏式养殖生产?为什么却搞“绑苗投石”?直至到 1952 年还在实验“竖式帘”?这些事实和实际情况又应怎么解释?显然,大槻的专利与山东的海带养殖二者不是一回事,这个事实是无法证明其共同点的。

人们不禁要问大槻的专利是什么?已如本文以上所言,我们不知大槻的专利的实际内容。虽然大槻于 1951 年曾给作者看过他的二张紫红色日本技术院的证书,但无附文字说明。大槻先后多次谈到他在大连筏式养殖小海带以“盐渍昆布”在东北日本人聚居区的销售情况。估计这很可能就是专利的产品。为此,1953 年 2 月,作者与刘德辱到大连找过与大槻一起工作过的老工人组长黎在耕,黎当即回答了我们的一切问话,又划船领我们看了他学大槻的筏式养殖海带的情况。竹筏是方形，由四根长竹竿扎成方形框，中间以两根竹竿交叉撑向方框的四角以锚固定于老虎滩口的西侧深水处。竹竿上还绑着一些种海带。

这种养殖法是筏式，半人工采孢子，海面密集丛生的海带叶片垂下进行养殖。其产品必然是生长不大的小海带，小海带不宜晒干，盐渍比较适宜。

黎的养殖法及其所言如果真是大槻的"筏附着式垂下养殖法"确颇有相似与可信之处。例如一是筏式，二是附着式采苗，三是海带垂下，四是生产小海带，五是盐渍品。但是尚不能进一步证实此即专利的方法。

假设大槻的"专利"是这样的养殖法，其一，产品不受中国人欢迎；其二，大槻到烟台后而未采用此法进行生产。大槻是大连"浅海"株式会社的经理。当然懂得中国的需要，通过1943～1949年的技术积累，比1940年的"专利"时期大有进展，但是大槻在筏式养殖上无法生产出商品干海带则是根本性的。因此，大槻的"专利"与大槻在山东的海带养殖研究不能等同起来，更不应把"专利"与生产商品干海带等同起来，由于产品不同，方法不同，是质的区别，是两件事，概念上不能混淆。

（三）大槻回国后涉及在我国养殖海带成功的提法问题

日本东京大学教授新崎盛敏曾先后四次发表[①]与大槻的谈话并涉及大槻在我国养殖海带的事情。新崎说：1943～1945年（昭和十八～二十年）海带人工采苗养殖在中国大陆获得成功，通过本文引用大槻1952年在我国留下的文字证明，大槻前后两种说法以一个标准衡量是矛盾的，为什么会产生矛盾？解释只能是两个标准，在我国指生产商品干海带为不成功，在日本，指采苗养殖出海带苗为成功，耐人寻味的是，大槻为什么不对新崎说他的"专利"为成功？可见，"专利"肯定不如1943～1945年的效果。这样多少可以说明黎的养殖法就是大槻"专利"方法。当然不如1943～1945年的采孢子养殖法了，但是，即使1950年的大槻采苗养殖效果也是极差的，如果说是成功，但不能在生产上应用，仍处于试验阶段。所以把大槻的"专利"当成海带人工养殖成功，在日本得不到大槻的证实，在我国，则没有什么实际意义。

---

① 《养殖》1964(21-22)，海藻ベントス，海藻のはをい日本"藻类"1982。

二、养殖海带的途径问题

大槻先生到1950年在烟台从事海带工作已有六七年了，7月来到青岛，10月作者才跟他学习海带养殖技术，我们第一个问题就是探讨为什么不能养殖生产？其关键问题是什么？边工作，边学习，边讨论，一年之后，即1951年10月完成了养殖周期的学习，掌握了养殖基本环节和必要技术。其他技术人员更早地掌握这些，因而我们有了自己的概念和见解，对大槻主持的海带养殖认为存在以下一些问题：养殖途径论证不够，养殖理论不明确，技术不系统，指标不确切，要求不严格等。并且产生了与大槻不同的看法，由于所处的地位和看问题的角度不同，分析问题的方法问题，产生了不同意见是很自然的，是正常的。我们作为大槻先生的助手、学生和下级都是采取尊重他的意见，补充我们的意见，使大家都能接受的方式加以处理，因而我们的关系一直是融洽的、友善的。

现在首先谈海带养殖的途径选择问题：

（一）海底养殖

1948年秋烟台第二次解放，1949年烟台水产养殖场的总结[①]中说："过去昆布大部分在筏子上养，最易受到风浪损坏，绳子腐烂……苗子也损失很重，就是剩下的苗子，因受台风影响，加上湾内的水流不活动，浮游生物多，苗子生病，因此经大家研究及努力工作，将筏式转到自然繁殖为主。"当时烟台水产养殖场是研究海带、裙带菜养殖的专业场，主要技术负责人为大槻（技师）。显然转到海底养殖是大槻的意见，也是不得已而为之，是筏养不成的措施。1951年的绑苗投石"就是这种转变的实践和证明。

从那时开始，大槻把筏式养殖始终作为培育种苗（种海带）的手段。并且于1951年就直接称为筏式育苗。例如，1951年2月20日第一次技术会议总结中提出的海带养殖任务如表1：

由此可见：① 大槻于山东根本未进行筏式养殖生产；② 筏式养殖是指育苗和培育种苗之用；③ 它的目的和作用如图1：

---

① 烟台水产养殖场：《一年来工作总结汇报》1949年12月13日，存山东海水养殖研究所（海带全人工养殖法附件——技术档案，海带1-1）。

表 1　海带养殖任务

项目	场名 方法	青岛	烟台	威海	俚岛
昆	采苗投石(亩)	1	20(长岛 10)	10	10
	绑苗投石(亩)	1	20(长岛 10)	10	10
布	筏式育苗(亩)	10	10	40	40
	种苗保护(棵)	—	6000	2000	2000

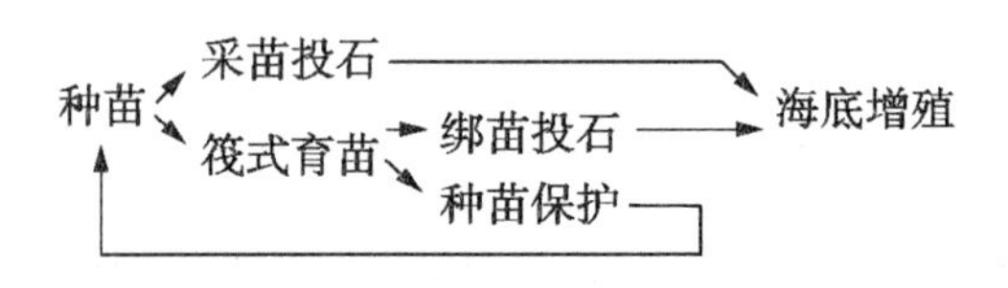

图 1　筏式养殖的目的和作用

但是实践证明,海底养殖并不是轻而易举的。“绑苗投石”的总结是突出的,有很大的理论意义和实践价值,使人们认识到山东海况的特点不利于海底繁殖。海带发生时(11～12 月,1～3 月),水混、光弱;海带生长时(1～6 月)水贫、光强,这些是属于人工无能为力的根本性问题,作为一个发展途径,具有先天性缺陷而人力不易补救,现实又看不到更多的象征性前景,不能不令人提出海带在山东能不能扎根?出路在哪里等重要问题。而大概甚至提不出一个方向性见解,且因病而休养。我们原希望于“绑苗投石”打通生产途径,可是又失败了,在心理上给全体养殖工作者以沉重打击!主要是我们过分依赖于此,我们太单纯了。它的反作用必然是怀疑走海底发展海带的途径。

(二)筏式养殖

没有什么新路可以选择,不走海底之路就是走海面筏养之路,经过一场“失败”风波之后,我们变得聪明了一些,首先总结自己的经验。当我们从惊讶中清醒过来的时候,仔细分析山东沿海各地海带的情况时,清楚地认识到:筏上海带长得大,绑苗投石海带小,筏上烂得轻海底烂得重,特别在青岛中港的竹筏上有这么几根垂养的种海带绳,海带生长得如此之好,使我们耳目一新。作者第一次见到油光乌亮闪闪发光的挺拔海带,并非言过其实,比烟台、威海、俚岛、长山岛的海带长得既大又好,是真正的大海带。

为数很少的几根苗绳上的海带,长得好又能解决什么问题呢?我们认为它有代表性，它象征着我们所要解决的方向性问题。这几根苗绳说明以下事实：

(1) 筏上和海底一样，均能生长大海带；

(2) 筏上养的海带苗生长大而且均一，人工可以掌握；

(3) 只要有符合需要的苗种(幼苗)就能养大海带；

(4) 只要集中力量攻采苗育苗解决种苗问题就能解决养殖问题。

这四项是基本的，它指明了养殖的两大组成部分，一是苗种，二是养成，筏式养育种海带就是养成技术，苗种就是解决采苗育苗技术。总起来说就是走种海带的道路，走筏式养殖的途径是有根据的。因此，第一步先从烟、青突破肥水区，威海、俚岛贫区暂缓，继续掌握规律，这就是我们的选择。

三、筏式养殖海带的理论问题

由于我们对筏式养殖海带有了自己的见解，因此我们和大槻先生就各自都有自己的解释，现在从筏式养殖海带的基本理论进行对比①。

(一) 大槻对筏养海带的论述

(1) 海带幼苗分散于筏上养殖是为了“适应训练”。“为要养育健全苗种，分散作业更是一刻不可忽视的”。这样做的目的，他进一步解释说：“人为作业后，它们更得为了生存而采取了种种不同的适应姿态，如之对于不适应的环境，海带更加强了自身的抵抗力，这种抵抗力，经人力陶冶后，应当更提高一步，这也是生物学的原理。”

(2) “过去分散越夏混为一体，分散后立即移于深海。”

总结大槻的论述，可以证明二件事：

第一，大槻分散海带幼苗是为了种海带，而不是为了养成直接生产。

第二，作为种苗(海带)未经养育即度夏。

因此，证明大槻当时没有养育的概念，或者说尚未形成养育的概念。

(二) 我们对筏养海带的说明

我们在1952年总结中明确提出自己的理论，例如我们在“海带的发育阶段及人工掌握的意义”时说：“海带分阶段的养殖是它阶段发育的人工掌握。”并且说：“阶段养殖的划分，根据海带发育阶段，这不仅把许多操作法系统地联

---

① 1952年会议上各自作的总结报告，会后油印成材料，引用的材料摘自油印本中。

系起来，并且明确了这些工作的目的，可以避免育苗与养育不分，分散与度夏不分，海带和种海带不分等："

我们当时指出：将海带的人工养殖过程划分为三个阶段，即采苗育苗阶段、分散养育阶段、选种度夏阶段。总结我们的论述，就是以生产苗种，养成大海带和保种三个阶段以完成养殖周期的循环，并且规定每年的9月为海带养殖年度的开始。这一切完全是为了养殖生产的目的，显然也包括了培育种海带。事实上，我们于1952年已经于筏上养殖了大批商品海带，同时，也留了大批种海带度夏。这些实际成果就是在理论指导下有意识的产物。

四、技术路线的问题

"绑苗投石"之后海带养殖向何处去是大家关心的事。我们主张走筏养的道路，走种海带的道路，即以育苗器生产苗种，以苗种分苗养成的道路，大槻对此从未表态，因为1949年刚刚决定走海底的道路，1952年即三年后又走筏养的道路，他是不好表态的。但是"绑苗投石"的经验又证明海底道路并非易事，在技术方法上又不得不走筏养的道路，可是大槻仍局限于他40年代的不分苗养殖法，即我们称之"孢子养成"，也就是育苗器就是养殖的生长基质。

分歧的实质是分苗养成与孢子养成的不同，一句话，就是分苗养成与不分苗养成的分歧。

以下就是事实的经过，但其焦点集中表现于育苗器上。

1. 育苗器的争论：这是我们在筏式养殖海带的基础安排上的争论，因而一开始就表现出来。实质是一个要少育苗，用多少育多少，一个要多育苗，育多少，养多少。

(1) 关于竹皮绳：这是作者提出的大竹帘育苗器的改进，也是第一次改变大槻设计的意见。

1950年12月到1951年2月。作者先后两次到烟台看了大槻的育苗情况，当时烟台港内的西浪坝一带水域水浅，是海带养殖实验区，排列着800台大竹帘，筏子连绵长达3华里。大竹帘育苗的结果，多数帘子上幼苗稀稀拉拉，发生较密的帘子占比例很小，为什么搞这么多育苗帘子一直不能理解。

1951年10月拟定1952年养殖计划时，大槻已卧病休养，由于他是技术负责人，邀请他参加计划会。作者提出：提高育苗效率，大量减少大竹帘子育苗器，用多少苗，育多少苗的意见。大槻先生听了苦笑摇头，认为办不到呢还

大槻设计的双层竹皮的大竹帘，1949 年采苗，1950 年幼苗发生较好部分的情景

是只能“广种薄收”？或是其他原因不作解释。参加会议的还有张金诚、刘德厚、潘忠、孙自平等，大家提出为什么海带幼苗往往在大竹帘的两头、侧边、绳头首先发生而且生长较大的问题，大槻从水流、光照、营养条件等比帘子其他部分优越进行解释。我们满足这样的解释，因而作者提出：第一，把大竹帘的竹皮上下双层编制法改为一层，竹皮之间拉开距离。大槻同意。第二，把竹帘幼苗发生少、生长小的中间部分剁去不要，变成两根短竹皮的育苗器，竹皮之间距离加大到幼苗分散的大小，两根竹皮绳可顶一个大竹帘子，而效果应比大竹帘好。理由：一是幼苗在头上长得好，竹皮绳全部为头，原因正如大槻先生的解释；二是竹皮短，浮泥少；三是省工省料作业方便。大槻听了既不驳斥，又不赞同。当时习惯于大竹帘，一听如此不起眼的两根竹皮绳顶一个大竹帘，实难相信，许多同志认为是“过分了”，其实是对育苗器改进的论证。由于缺乏支持者，最后决定“试试看”，也是大槻提出的，但他不同意列入计划，什么理由？当时对于我们是个“谜”。

(2) 关于竖式帘：这是大槻先生在我国最后一次设计的新养殖法。

大槻不同意竹皮绳列入计划是有其原因的，但他也不满足大竹帘的育苗效果，所以又设计一种新的育苗器，即竖式帘。竖式帘是棕绳(硬的紧棕绳)占 1/3，竹皮占 2/3，即一根棕绳两侧各绑一根竹皮，或者说两根竹皮夹一根棕绳为一个附着器，30 个附着器组成的大帘子这种育苗器高为 2 m，宽为 5 m，个体庞大，比大竹帘更为笨重。使用方法是采孢子后绑在干潮线水位固定竹筏之上，垂下放置，下部用重石坠于海底保持固定水位，大槻的理论根据如下：第一，这一水层是海带的垂直分布的位置；第二，这一水层可以避开许多好光性杂藻的危害；第三，避免平帘的污泥；第四，出苗量多，安全可靠。

由于具有以上的优点，所以幼苗发生后，大槻要求竖式帘的下端加浮子，将其浮于水面，把竹皮解下，另绑成平养大竹帘子进行养殖，棕绳仍垂下养殖，显然，这是一种育苗养成兼而有之的养殖法。

大槻竖式帘的提出，我们也没有思想准备，如同我们提出的竹皮绳大槻没有思想准备一样，因而也引起我们一系列疑问，作者当时提出不同的看法，概括起来为三条：第一，海带的垂直分布在干潮线以下，深水处又确无杂藻，但是相同水层，在筏上形成的条件与海底不同，可能有杂藻并形成危害；第二，硬棕绳垂下育苗，绳上必然有浮泥，有了浮泥不能洗涮，育苗无保证；第三，过于笨重，作业不便。因为竖式帘养殖法不仅是育苗而且又兼着养成，从未试验过的方法大量应用于生产值得考虑，我们反复问大槻竖式帘的效果能肯定吗？他信心很大，都作了肯定回答。为了尊重他的意见，列入计划。会后又个别征求并取得 1952 年先试一年再全部改的意见。同时，我们提出：以竖式帘为 1952 年的主要幼苗来源和生产方法，为了保证生产的完成，从数量上不大减大竹帘，并多分一批苗绳作为保证和补充，大槻同意。因而 1952 年计划中出现第一次分散，即从竖式帘上先拆下竹皮，分散竹皮并编成大竹帘，第二次分散，即从竹帘上分下幼苗。从育苗器上来说，实际并未大减大竹帘而且增加了计划外的竹皮绳，以保证分苗绳的苗种来源，可以说是充分留有余地。

竖式帘的试制由青岛分场负责，样品挂在墙上，模拟海上作业，确实不便，技术员和工人反应很大，大槻看了仍然坚定他的意见，所以仍按计划执行。

结果：竖式帘的育苗效果还不如海面平放的大竹帘育苗器，而大竹帘育苗效果又落后于小的竹皮绳。

大槻先生仔细看了竖式帘，都符合他的要求，但是效果极差，同时，他也看了竹皮绳的效果，相对比较后者则要好得多，以致翌年取消了竖式帘并以竹皮绳取代了大部分内竹帘育苗器，它成为我国的第一批育苗器出现于生产上。

2. 养成方法的分歧。

(1) 海带孢子养成法：

1) 方法缺乏事实根据：大槻对筏式养殖商品干海带以往无系统方案。竖式帘是第一次提出来的。这种方法是以竖式帘育苗，以两种方式养成，一是用棕绳为生长基垂养于干潮线以下水层，二是拆下竖式帘上的竹皮编成大竹帘平养于海面，即采孢子之后直接养成大海带的方式，有些方面类似海底自然繁殖方式。

由于竖式帘的解释，作者才理解了大槻在烟台采孢子育苗800台帘子的原因，也是为何不同意竹皮绳列入计划的理由，可是大槻模育苗在我们跟他学习期间从未看到幼苗在育苗器上发生的事实，而竖式帘更无实际试验，因而竖式帘的设计是缺乏事实根据的。

2）再次实践的结果：1952年在青岛中港平养大竹帘中，其中幼苗发生好的，生长亦大，但于4～5月间表现过密，互相遮光，生长部色极淡呈白色，当水温稍高，夹在海带丛中的小株先烂掉，继而大株生长部出现绿烂点。由于多株相连，稍大风浪就成片成簇从竹皮上脱落或将竹皮折断，大竹帘不成形，无法形成生产。幼苗发生少的，就毫无作用，因此，大竹帘孢子养成是不成功的。竖式帘由于幼苗基本未发生而自行宣告失败。《1952年计划》执行的结果，说明了孢子养成的技术路线是不可取的。

(2）海带分苗养成法：1952年计划中，为了防止再度出现失误，即防止竖式帘的失败，作为补充和保证的分苗绳，其中分苗养育的海带，生长非常良好，分苗后一个月就表现出比其他方法的优越，由于继承并提高了1951年的少量长得好的种海带经验，经过重复证实其可靠性，因此，我们决定增加分苗养育方法的苗绳数量，仍然生长好，再增加计划数量，完全取代了计划中的大平帘和竖式帘，分苗量大大超过原计划多倍，这就是最后形成第一次生产实验就获得丰收62吨海带的成绩，从此结束了自40年代创立的海带筏式养殖法但不能生产商品干海带的局面。

这件事迄今已逾30年了，实事求是地说：第一次生产的海带完全没有大槻先生设计的大竹帘和竖式帘生产的产品；因而它是没有计划或者说是计划外的竹皮绳育的苗与分苗养成的结果。

1952年的情景，我们在青岛总场（文登路）陪同大槻先生，从中山公园乘马车到中港看了多次。这样的结果经大槻一再验证是无误的。另一方面，我们从1952年的计划中可以看出竖式帘是重点，但从1952年的总结中又只字不提，所以反面可以证明以上的事实是言之不谬也。

五、我们的结论

《1952年计划》是我们与大槻先生共同制定的，我们掌握执行了计划。孢子养成是落空了，但丝毫未引起如同“绑苗投石”失败后的恐慌。大槻在其“研讨”中根本不涉及此事，似乎根本未干这件事一样。我们只总结了我们生产苗种和养成的经验，我们也不提此事，但是它并未被我们遗忘，并且深深地印在我们的记忆中，这是我们与大槻先生的共同教训。我们也同时看到了我们的成绩，现在引用1952年总结中的一段话作为本文的结束。

“过去几年来，我们的工作还仅仅是实验，而今年则获得相当规模的生产，伴随我们养殖工作的开展，我们的养殖经验和技术也在一天天增长，通过这次会议，更使我们的经验更加丰富……在逐渐接近全面的成功和胜利……我们困难的路子即将走尽，山东沿岸普遍开展新的养殖事业，不久将要到来！……让我们提高信心，坚定意志，为发展人民的水产养殖事业而奋斗吧！”

（海水养殖.1986,1:9-16）

海带养殖的基本原理

一、海带养殖的起源

根据水产养殖的含义认为：高度地开发利用水域，进行最大量的生物生产，积极地进行水产的苗种育成和繁殖为目的，以此获取收益的为养殖[4]。其经济原则是以最少的经费获得最大的收益。因此，养殖是以营利为目的，海带养殖大约起源于20世纪30年代末到40年代初。

在我国，1927～1928年，大连的天然海带被人们发现。海带原本是寒带植物，作为食品我国一向是进口，突然于黄海北部发现它的存在，立即引起人们的兴趣，导致进行养殖的研究。1940年，大连的原日本关东州水产试验场技师大槻洋四郎创立的“筏附着式的垂下养殖法”获得日本的专利[4]。可以认为是我国养殖海带的开始。

在日本，海带分布的南端在本州的北部，即青森、岩手、宫城一带。30年代，这一带盛行打高桩养殖紫菜，同时于高桩上也附生一些自然的海带苗。青森县的八户地方居民，从紫菜桩上采收天然的一年海带（水昆布）作成“抄昆布”出售，形成一种养殖业[6]。1940年，岩手县鹈住村的坂下正喜，设计一种“浮簇”养殖海带的方法，它也是采自然海带孢子进行养成的，也是以生产一年小海带制“抄昆布”为目的[4]。

由此可见，国内外海带养殖均起源于自然界发生的海带，为了经济目的而进行养殖的。另外，初始的养殖阶段，从开始就有人工设施，以采自然孢子或半人工采苗，经过自然发生生长的。所以属于半人工养殖。这种采孢子任其自然发生生长，最后采收的养殖法称为孢子养成。大槻的海带养殖即采用孢子养成方法。

二、海带养殖原理的提出

什么是原理？“学理为一种规则之原因者，谓之原理。”（〈辞源〉1914年商

务版）

养海带为什么提出养殖原理？海带早从1943年移到山东北岸，但是，直到50年代初尚不能达到养殖之目的，不仅得不到经济收益，而且连学理也得不到解决，因而年复一年地试验，虽有进展，但达不到投产之目的。在这种形势下，不得不求本清源，查找原因，不得不认为大槻的海带养殖技术存在根本性的问题。那就是理论上方向不明，不能解决存在的问题，从概念上归纳不出养殖海带的基本原理。

三、养殖原理的研究

1. 理论认识的突破：大槻洋四郎教授于山东研究海带养殖长达10年之久，但总不能投产，我们虽然意识到指导实践的理论有问题，其关键是什么仍不清楚。

由于偶然的机会，分工由作者从烟台向青岛运送海带幼苗作苗种之用。这一工作分为二批进行。这二批苗种以相同的方法同海区培养，但生长的大小决然不同，前者中的部分苗种叶片平直，乌黑油亮，长势喜人。后者则苗小，叶片布满凹凸，色黄褐。

这一结果使我们认识到，二者的差别在于生长期长短的不同。前者是养的早苗，养的大苗，所以海带长得大。因此，养早苗，养大苗具有根本性的意义。可以认为：以往海带养不大的根本原因是生长期太短。

天然海带产区与山东海区比较，限制海带生长的水温均在夏季。日本北海道的高水温海区7月旬平均水温20℃～24℃，20℃以上抑制生长的温度天数为60～70天[5]。山东夏季最高温的旬平均为26℃～27℃。6～10月中旬期间出现20℃以上温度约120天。即山东海带生长适温期有245天。

大槻先生10年的孢子养成方法表明：半人工养殖在245天的适温期中，不能养出大的商品海带。烟台的海带苗移青岛的实践证明：在技术措施适宜的条件下，245天生长期中，海带还是可以长大的。

2. 延长海带生长期的办法：这里说的延长海带的生长期指延长养殖海带的生长期。即从秋季采孢子（20℃）开始，把采苗器挂在竹筏上，等待幼苗发生，自然生长，到7月度夏。故延长从幼苗到20℃的天数，就是延长了生长期。大槻的养殖方法存在的问题，是半人工养殖不能适应245天的生长适温期。其不合理处有三点。一是从10月下旬采苗到3月分散养种海带，养苗用了约140天。即245天适温期养苗用了一半以上的时间;二是剩下100天的生长期作为养殖商品海带的时期,海带一般长不大。即生长期太短;三是海带长多大算多大,缺乏人工意识。因此,延长海带的生长期就是延长100天的养殖期。办法是压缩140天的养苗期,提早出苗。即把少数自然出的早苗作为人工育苗的育苗期,把节省下的天数作为延长的养殖期。同时,加强养育大海带的意识,增加人工措施,保证海带普遍长大。

3. 海带养殖原理的基本内容。海带养殖原理的核心是科学地利用海带生长的适温期。采取的方法:是以较短的时间育苗,以早苗、大苗和人工移栽技术进行合理密植,避免植株间互相竞争与自然淘汰过程。即直接、间接地延长海带的生长期;再以人工方法主动地满足海带的生长发育条件,促生长,提高产量,达到生产商品海带之目的。

以上基本内容,在1952年我们的总结中已经提出来了。即延长海带的生长期,人工育苗、人工养育促海带长大,生产大海带等项基本养殖观点。

四、海带养殖原理与人工养殖的产生

《海带养殖学》[1]及其他海藻养殖书[2,3],均未讲海带养殖的原理。讲原理有必要吗? 如果采取肯定的态度,人们会看出:它有一个产生的过程,原理的产生与人工养殖是同时出现的。即半人工养殖达不到养殖目的,通过养殖原理和人工养殖首先在理论上达到了预期目的。

养殖原理是基于发现了海带长大的规律。如果找不到可以促使海带长大的规律,就不可能形成养殖原理,就没有生产的产品化。因此养殖原理与人工养殖不是苦思瞑想出来的,不是虚构的。海带养殖原理产生于实践的需要,又以人工养殖的形式应用于生产的发展。

五、养殖原理在海带养殖总体设计中的地位

农作物的耕作技术是逐渐演变而来,农业科学化之后形成农作学原理。海带养殖是以人们的主观从事于养殖,但不能达到生产目的,以后总结出养殖原理,形成养殖法,发展成为海带养殖业的。

50年代初,养殖技术尚不能解决生产商品干海带的问题。为了发展海带养殖事业,我们在总体设计上分为三个阶段:

第一阶段:基础研究阶段,研究养殖的途径,提出样品及其养殖的基本原

理，对海带生物学、发育期(Period of duration)进行观察，为海带养殖作基础准备。

第二阶段：养殖技术的研究。根据海带养殖原理，于各阶段配套相应的技术，使海带养殖产品化。通过批量生产，达到生产工业化，企业化。

第三阶段：推广阶段

第一阶段主要是研究养殖原理和样品，生产什么样的商品海带。当时虽未提出养殖原理，但明确理论上有问题。认为它是打开养殖海带的钥匙。所以一开始就将其放在首位。由于方向明，方法对，成效快。这是海带养殖的一条重要经验。

六、结论

海带养殖的基本原理是我们总结大槻的工作与我们自己实践的结果。大槻先生在华期间，不论口头讲述或著作中均未阐明及此，所以大槻在理论上尚未触及人工养殖。由此可见，海带筏式全人工养殖是我们的研究成果。

参考文献

[1] 曾呈奎，等. 海带养殖学. 科学出版社，1962.

[2] 曾呈奎，等. 海藻栽龄. 上海科技出版社，1985.

[3] 张定民，等. 藻类养殖学. 农业出版社，1961.

[4] 田村正. 水产增殖学. 纪元社(日本)，1956.

[5] 木下虎一郎. コンブとヮカメの增殖に关にる研究. 北方出版社，1947.

[6] 村上义威. 新昆布养殖法. 帝水(月刊)，21(11)，1942.

(海水养殖. 1992，1：1-3)

海带筏式全人工养殖法的创立

一、海带筏式全人工养殖法的创立

（一）说明两个前提

（1）什么是筏式全人工养殖？主要包括两个内容，一是采用筏式进行养殖，二是养殖的过程全部是通过人工来完成。以全人工方法为主要特征，养殖筏是完成的所在或者说完成的条件。养殖筏的创造和使用不是从我们开始的，但是养殖筏的应用，首先是我们利用得完善，把海带人工养殖产业化，表现出筏养的价值，这也是一种创新。

有人认为全人工养殖是指人工育苗和人工养成两者俱全的养殖法，只具其一则不能称全。有理，但不全面。如育苗为半人工，或者养成为半人工，二者俱全但不宜称为全人工。因此，全人工养殖法有双层意义。这一点先说明，这是本法的特征，可区别于其他。

（2）筏式养殖海带始于何时何人？这个问题分两步来分析：

1）筏式养殖始于何时？对海水养殖来说，筏养并不始于海带。筏养贝类则更早一些，例如牡蛎的筏式垂下养殖法，它的基础来源于垂下式养殖。开始的垂下式是打桩拉铁丝，其上垂下放置贝壳自然采苗。打桩垂下式演变自插竹，插竹来自投石。为了扩大泥涂的利用，进一步发展水层的立体利用，最后离开泥涂而到深水区采用了筏式。筏式养牡蛎，筏式又用于养珍珠贝、养贻贝等，当然亦会发展到海藻养殖。

2）筏养海带始于何时何人？为了弄清筏养海带始源问题可以这样解析问题，即养殖海带始于何时？在筏上养殖海带又始于何时？也就是说应该先有海带养殖以后，再应用于筏上进行养殖。然而事实上并不存在着一种养殖海带的成方而后应用于筏上。以下为日本海带筏式养殖的由来。

20 年代中（日本昭和十年），日本紫菜养殖从潮间带已发展到潮间带以下的深水中进行养殖。为了扩大潮间带的利用,在干潮露不出地带,打高桩,扩大作业区域进行紫菜养殖。日本东北部的宫城、岩手、青森等县,盛行这种打高桩养殖法,由于这一带是海带的自然分布区域,所以在养殖紫菜的季节,在不干出的高桩之上,有海带附着生长。青森县八户地方的居民,就采养紫菜木桩上的野生小海带作"抄昆布"。以制"抄昆布"为动机的打桩(建杭)及"浮簇"海带养殖法即成立。什么是"抄昆布"? 简言之即幼嫩海带的制品,换句话说,就是小海带的制品。因此,浮簇海带养殖法是生产小海带的方法。到了1940年,岩手县鹈住居村的坂下正喜他设计了一种当时称为"浮簇"的简易浮式竹筏,筏上绑以"簇绳",绳分单根垂下及吊环式二种。以采自然海带孢子进行筏式养殖小海带。日本东北一带这种小海带养殖方法,经岩手县技师村上义威的著文称为"昆布的新养殖法"。由此可见海带的筏式养殖为生产实践及自然演变的结果,并不是什么人苦思冥想的产物。我们认为:大槻洋四郎的"筏附着式垂下养殖法"获得"特许"与坂下正喜的"浮簇海带养殖法"均属同时代的海带养殖法,各有自己的名称,从其性质和养殖法分类来说,均属筏式养殖。坂下为自然采孢子养殖法,大槻为挂种海带半人工采孢子养殖法。至于坂下与大槻谁先谁后我们无法更确切的论证了。

按现代养殖法分类来讨论,海带筏式养殖的创始人究竟应属于大槻还是坂下或者是其他什么人,我们尚未见于文献,即使确定了海带筏式养殖的创始人,但他并不是海带筏式全人工养殖法的发明者,因为二者相距太遥远了,前者是归纳的概括名称,后者则有真实具体内容,二者不可比。何况全人工养殖法不仅技术空前,而且产品,产值与以前各种筏式养殖法均不应该发生概念上的模糊和混同,总之,二者不是一回事。

(二)"绑苗投石"失败后的方向

1951年,山东水产养殖场根据日籍技师大槻洋四郎设计的"绑苗投石法"海带繁殖计划失败后,大家心情十分沉重,大槻的总结十分可贵,一语道破了山东沿岸海带腐烂问题的实质,即指明山东沿岸一般海区缺乏海带生长的营养元素,经验来之不易。因此他是第一个人指出,在山东沿岸养殖海带就必须施肥,这是毫不含糊的。但是除此之外就一定能养成海带并能进行生产么? 怎么办? 大槻没有提出一个方向性意见,甚至在他回国前写的"研讨"报告中也看不出有何踪迹或象征性的意见。

事实是1951年不仅"绑苗投石"失败,而且他设计的"采苗筐"、筏式竹帘等养殖法都没有生产，而且培养的种海带也没有成功性的象征。在这种局面下，作为一位技术负责人是应该提出方向性或技术性见解的，可是大槻直到1952年9月，还是一方面说“有了曙光”一方面又说“横着无数难题”。显而易见其思想上是紊乱的，矛盾的。

“绑苗投石’后的秋末冬初，大槻自感责任重大，忧虑成疾。当时如何拟定1952年的计划？如何收拾残局？从何处下手？哪里是方向？这是摆在我们科技人员面前的现实问题，也是回避不了的。

(1) 打开僵局的方向是什么？作为山东水产养殖场场长孙自平不只一次向我们提出这个问题，那么打开僵局应该解决什么问题？显然，大槻走海底“绑苗投石”之路遇到了难以克服的困难，海带既长不大又烂光，不能继续走下去。与此相反，青岛中港的海带其中有的不仅不烂而且长到数米之巨，这正是我们的要求。因此，养大海带是我们的要求和希望，这就是我们应该努力的方向。

向何处去？方法是筏式养大海带，因为大海带是我们养殖的目标，我们只能向如何养殖更好的大海带的目标去努力，而不应该被海底繁殖或筏式养殖等技术路线问题所干扰，困惑而迷失了正确的方向。

目标和方向确定之后，下一个问题就找救活残局的钥匙。当时，1951年春夏之交“绑苗投石”烂苗之前与其后，作者到青岛中港去检查由李焕庆、李宏基先后从烟台移青的海带幼苗生长的情况，发现：李焕庆先带来的苗中，一少部分生长的挺拔、平直，乌光油亮，第一次看到如此好的海带，精神为之一振，可惜，多数生长不大，而李宏基带来的幼苗较小，生长得更差。大小苗在烟台也有类似的情形，烟台海带更不如青岛生长得好。

少数海带长大了，这是事实，但大多数长不大也是事实。我们的任务是怎能使其达到全部长大？

即如何变少数大海带为多数大海带，即怎么使多数小海带一起长大。这像是星星之火，照着一条思路，它是打开当时僵局的钥匙！

(2) 养大的种海带，多养种海带，建立肥区基地。在肥区大量养大的海带支持贫区的苗种进行试验，办法是什么？首先要解决为何有的苗长大了而多数长不大的问题，即解决大苗的数量，以满足当时的需要。

我们知道，大槻采孢子使用的种海带数量不多，采的孢子也不多，这样，他认为已满足了需要。例如，作者第一次看到大槻于青岛水族馆小码头采孢子时(1950 年 11 月),使用的种海带是生长部只有 20～30 厘米长,有凹凸的小形海带,棵数不足 200 棵,孢子囊只在叶片一面,仅仅一小片,孢子放散量(从孢子囊上滴下的水中)低倍显微镜下 2～3 个就采孢子了。从育苗效果看,竹帘上的海带苗少苗稀,令人颇不满意。我们怀疑大槻采孢子标准太低。我们认为:第一,作为种,为了保证后代的质量,应该用棵大的,健壮的,不能凑合!第二,为了保证下一代的数量,不能惜用种苗,反之,应该宁多勿少!即一要质量好,二要数量多。这就是首先应该解决的问题,也是我们研究如何获得大量大海带的基础。

(三) 种海带的启示

由于绑苗投石失败的严重形势,大槻只报告了失败的主要原因,而无暇顾及其他经验。我们为了解决如何获得大量大海带,从 1951 年青岛中港养殖的种海带中得到启示:根据二次观察从烟台先后两次移来大小苗及其养成的种海带中的经验,可以归纳为两点:第一点是人工分苗和分早苗、分大苗。只有人工分苗才能把大苗、早苗培养成大海带,这项措施的基础是采孢子育苗,关键是分苗养成。第二点是大量分苗,只有大量分苗才能把养成的大海带形成一种生产。它的基础是可靠的养殖技术,关键是有计划地生产,因此,1951 年 10 月,拟定 1952 年计划时,我们就确定了进行试验性生产。

1952 年春,海带幼苗发生后,我们就有意分大苗、分早苗和多分苗,很快完成了分苗数量。开始,仍然有些早分苗的苗还用绳绑的方法进行分散。当还在分苗过程中,早分的苗已看出明显生长,完成分苗后,生长得更好,鼓舞我们一再增加分苗任务。由于早分者长得好,晚分者亦见明显生长,正是“数量的变化而达到质变”,从分苗数量的变化中使许多同志意识到:如此多的种海带秋后用不了,将其收割一部分作为生产是有经济意义的。理由:① 海里有空闲筏子;② 工人不分苗亦无其他事;③ 使用的苗绳价格低于海带的价格。因此,多分苗收割其一部分,不仅不增加计划支出,而且有效益,可以有计划地减少开支。这是经营海带人工养殖的萌芽。

孙自平场长坚决支持了这一意见,结果意外地超过了计划,生产了几十吨海带。这是破天荒的举动和成绩。从此,使人们看到了肥区养殖海带可以走全人工筏养的道路。但是它的寿命是否能长久呢?能否形成一项事业呢?我们认为理论上是可能的,方法是:提高养殖技术,提高单位产量,降低成本,其中包括提高劳动生产率,最后达到企业化的程度,这就是出路。

这就是海带筏式全人工养殖创立的经过。

(四) 筏式全人工养殖的理论根据

总结了1952年的养殖经验,就是海带筏式全人工理论形成的雏形。

我们的目的是生产大的商品干海带,为此目的筏式全人工养殖的基本环节就是分苗养育,即以后我们称为养成技术。大槻的各种筏式养殖方法都不能生产出商品干海带,其中的重要差异是缺乏养成环节。

怎样才能将海带苗养成商品标准的干海带呢?理论根据是什么?我们首先总结大槻先生的经验,我们看到大槻从海带采孢子育苗到幼苗发生,一切听其自然,即自然成熟,自然育苗,自然生长,缺乏人工的主动性,人工有意识的工作成分太少,另一方面,人为行动的根据不足。我们要改变局面,必须第一是有意识的工作,第二是有根据的工作。总之,应在有理论指导下进行工作,意识逐渐加深,根据不断提高。

1952年作者于总结中提出以下两项能使海带长大养成大海带的基本理论。

1. 争取更长的生长日去养成:这是养成大海带的总要求和技术方向。因为山东沿岸夏季水温高,水温超过20℃以后,海带的长度生长减缓,所以必须在其生长的适温中养殖生长,如果能于20℃以下的温度中多养一天可多生长一些。

2. 怎样争取更长的生长日?怎样挖掘?潜力在何处?从种海带成熟放散孢子开始,即水温稳定于20℃以下,早采孢子、早育苗、早分散,根据海带生长的需要,人工主动满足其生长、发育的需要条件。就是一环扣一环,步步抓紧,挖掘一切潜力去延长发育的时间,挖掘内部潜力的方法使海带长大,这就是养成大海带的基本措施。

这里,我们强调人工的主动性,自始至终为海带的长大、高产而努力,当时,我们曾引用苏联著名育种学家米丘林的一句名言:"我们不能等待大自然的恩赐,我们要去索取!"

由于大家有了理论根据,方向明,信心大,干劲足,从此海带养殖的试验研究走上了有目的的工作阶段,即踏上了科学途径。

二、20年后的结论

(一) 曲折的经过

60年代,国家制定了《发明奖励条例》,各级组织上报发明,本养殖法亦被上报。根据档案，当时上报的人员及名次为：孙自平、李宏基、张金城、索如瑛、牟永庆。由于上级未批复，因而搁下来。

70年代末，全国科技大会召开，各单位上报成果，山东省海水养殖研究所成了本法研究的“协作单位”，全国科技大会奖状上也确实写明为“协作单位”。那么主持单位呢？这样一种不符合实际的奖状只有长期锁于铁柜中秘而不宣。

1980年，我们看了奖状，看后证实以上所传说无误，因此，作者与刘德厚、田铸平当即向国家科委，原国家水产总局等发人民来信，阐明真相，这才有这场搁置多年之后的调查。

确定为发明之后，报上公开发表，无人向国家科委，国家水产总局提出异议，按规定是允许持异议者上告的。可是，出现一些议论，都是知识性的误解。如有人认为：谁搞海带最早发明人应是谁，或者有谁，怎么后来者占去先来者的位子？有的认为功劳都是你们的，我们不白陪着干了？也有的认为根本不是发明，筏式养殖海带创造者才是发明者等等。其实这些在国家发明奖励条例中均有明文规定。

从60年代开始到80年代，先后上报三次，历经艰难曲折的路程。

（二）历史造成的误会

50年代，我们在研究中生产，在生产中研究。我们的奋斗目标非常明确，第一要突玻生产关，第二，求得生产上单位产量的提高，早日达到经济核算，走上企业化。事实是客观存在的，并不像有的文章中有隐喻，也不像有的书中脚注写明的那样含糊，这些作者是专家，当然不属知识性误解，但可能是一种误会。讲明白点是两个问题，一是这项成果归哪个单位，二是应归于何人？

评定的标准只能有一个，就是国家科委的《发明奖励条例》。这是国家法令。

我们认为本发明应归山东省海水养殖研究所一个单位，发明人是该单位的9名人员。是一项集体发明。根据有三项：

（1）本法有以五项技术为内容的权项；

（2）根据每年递增50%的单位产量与达到经济核算的账目，证明它的实践性；

（3）1952年我们主持生产了世界上第一次全人工养殖的商品海带62吨。

这些是完全符合国家发明条例规定不可缺少的三条发明标准。这是改变不了的历史事实。一有标准,二有事实就可以解决三种误会:第一,本法并不是大槻的“专利”,本法也不是大槻从大连或什么地方带来的成方,所以本法的发明人不是大槻。第二,大槻没有参加本法五个权项中的任何一项研究,大槻主持技术工作从未完成三条标准中的任何一条,所以发明人中不应该有大槻。至于我们借助于大槻研究的一些成果,是任何发明具有的基础,是合法的。关于我们与大槻对筏式养殖海带的分歧等历史事实我们将另文论述。第三,本法中的五个权项是在没有另外单位参加下完成,故本法只应归山东省海水养殖研究所一个单位。

为何发生以上的事?是历史造成的,第一,对大槻的工作不了解,未广泛进行调查研究,不是根据事实而是根据第二三手资料,即不实资料得出的结论。同时,对发明条例了解不全面,这可能是主要的。第二,对筏式全人工养殖不真了解,对我们与大槻的工作关系知之甚少,这可能是另一种原因。第三,对我单位的工作知之甚少,我们与其他单位的关系知之甚少,这可能也是一个重要理由。

(三)最后的结论

50 年代,我们忠实地努力工作,因为它是一项集体成果,我们个人很少对外发表文章,以致造成外界闭塞,知者甚少。加之,我们都是年轻的初学者,每次总结会议的邀请其他科研、学校有关人员参加,对我们进行指导。从 1950 年到 1957 年从未间断,一年一度的总结会,事实形成海带养殖的学术,经验交流会。原农林部中央水产实验所海水养殖研究室主任刘恬敬等,原山大水产系讲师张定民等科学家,于 1950 年参加我们的会议。1953 年以后,原海洋生物研究室、海洋生物研究所所长曾呈奎教授等也来参加我们的会议。海洋研究所常将研究成果在会上交流,生产和科研互相促进十分融洽。这些有益的科学活动对本法的完善和提高起到了一定指导的作用。对以后我国海带养殖业的发展作出许多重要贡献。但是各自的研究成果是清楚的,并不混淆,可是,外界人可能不知。

为了清楚事实,原中央水产部(后为国家水产总局)经过 60 年代、70 年代直到 80 年代的调查,各自提供的资料证明,本法应属山东省海水养殖研究所。当国家水产总局确定此法为山东省一项发明时,甚至连山东水产的主管部门的个别人也有疑虑。

经过国家水产总局发明评委会的批准,选送原国家农委发明评委会,农委会召开有关农口发明评奖会,李宏基、田铸平参加申述说明。农委根据我们的申述和总局的评语,决定提升为国家级二等发明,最后由国家科委召开国家发明评奖会,李宏基参加答辩会。国家科委批准为二等发明奖。

在国务院总理亲自出席的第一次"全国科技奖励大会"上,由国家领导人将方毅同志签发的"海带筏式全人工养殖法"的《发明证书》授予首位发明人。这表示国家对全体发明人及为之辛勤努力工作多年的干部、技术人员和工人的嘉奖。国家给了我们新中国成立以来的崇高荣誉,它将永远鼓舞我们向新的高峰攀登!

这是历史的结论。

(四) 感谢

这里我们声明:参加本法初期试验研究的人员还有原农林部中央水产实验所的刘恬敬、樊宁臣、王中元等,我们十分感谢这些同志与我们一起工作期间,为本法的创立所作的贡献。

我们感谢原山东大学水产系张定民先生于1950～1952年间为大槻先生的译员做的有益工作。

在我单位参加本法试验研究的技术人员和工人,我们不忘他们在辅助工作中作出的重要贡献,这些忠实伙伴的名字是:吕登科、张文春、吕登成、滕子丹、王广升、孙成海、迟秀林、孙显礼、王材、唐升琪、李焕庆、林焕周、芦云裕、丛树镇、李庆扬等。

在我单位领导本法的研究和生产作出突出贡献的党政干部有孙自平、房希栋、薛中和、夏振卿等。我们敬佩和感激他们有力而且有效的工作,保证了本法的研究实施直到成功。

最后,我们特别感激我们的启蒙老师、已故的大槻洋四郎先生,深切怀念已故的孙自平场长和房希栋副场长,他们为我们的成长,为海带养殖事业付出了巨大的劳动,可惜,他们看不到其亲手培育的这项成果,国家给予的荣誉和历史评价了,但是他们的功绩我们是永远铭记的。

(海水养殖.1985,1:33-38)

海带筏式全人工养殖法的研究

一、历史背景[①]

(一) 大槻养殖海带的途径

日籍技师大槻洋四郎先生在山东研究海带养殖时，在人工条件下完成海带生话史的循环，并且从1946～1950年达5年之久。他的技术方法是采孢子育苗和海底保种。即双层竹皮编成的无隙大竹帘，采上孢子后，挂于筏上等待幼苗的发生，作者称其人工采孢子"自然育苗"。4月将长得大的苗绑夹在绳上沉到海底度夏，作为秋季繁殖用的种苗。

1949年8月台风于山东登陆。烟台海带损失严重。烟台总结中批判了筏养中的问题，肯定了走海底繁殖的道路。

1951年，大槻在烟台提出"绑苗投石"繁殖海带的系统方法和措施，企图一举于山东青岛、烟台、威海、俚岛、石岛、长山岛6处建成海带基地。不幸于3个月后，贫区的幼苗烂光，肥区的海带生长也不大，效果不佳。

(二) 海带孢子养成与存在的问题

海带的筏式养殖国内外都有少数人从事研究。据村上报告[②]，日本青森县的海带自然分布区域，前川义雄及坂下正喜等于竹筏上投放棕绳自然采孢子，养殖嫩海带作成"抄昆布"。在我国，大槻对筏式养殖海带正式作成计划是在1951年，1952年进行工作的。他提出大竹帘[③]及竖式帘。都是孢子养成法。大竹帘是人工采孢子自然育苗、自然生长；竖式帘是模拟自然，把采上孢子的竖式帘设于海带自然发生的水层，有如岩礁上发生生长的海带一样，不用

① 这个问题作者已于有关文章中谈过，本文简单加以概括和补充。

② 村上义威，帝水，1942，21(11)。

③ 大竹帘已经作者建议改进为稀竹皮帘。

人工处理。计划是生产商品干海带。结果完全出乎大槻意料，大竹帘根本不能生产干海带，竖式帘幼苗发生很少，不能形成生产。

总结大养的海带达不到商品的原因，主要有三大困难，孢子养成是产生三大困难的根源。孢子养成是大槻"绑苗投石"走海底繁殖失败后提出的，结果第二次失败。作者认为主要是以下三大困难造成的。

第一，采孢子后大量大竹帘、竖式帘，当幼苗发生过程，受浮泥沉淀之害，又受杂藻的竞争，形成幼苗发生生长的困难，出现无苗和少苗的帘子，苗在帘上发生不均，有的部分苗过多，有的部分又过少，而多数帘发生不好，达不到生产要求。

第二，人工采孢子自然育苗，一般说来幼苗发生很晚。大槻一般从 11 月采孢子，直到第二年的 3～4 月才进行分苗，幼苗发生期长达 4～5 个月，几乎占去海带生长适温期的一半以上时间，海带生长时间过短，尚未长大即临高温妨碍其生长，所以达不到商品海带的大小。第三，在大竹帘上的幼苗，发生密度过大时，下部的生长基不足，根互相附生，有浪时形成大片苗脱落；上部的叶片互相遮光，株间生存竞争，绿烂严重，经过淘汰过程，生存者由于长期营养面积不足而影响其生长，因而产量低，达不到生产的质量与数量的标准。

一句话，在我国的条件下，海带的筏式孢子养成法生产商品大的干海带，其困难是难以克服的。

二、解决问题的方法与海带人工养殖概念

（一）解决三大困难的方法

（1）怎样认识问题：生产商品海带是人们有意识地提出的，要求与标准是指海带自然分布海区中的海带，自然生长的。在不完全适合海带生活的我国山东海区，自然养殖是达不到这一要求的，必须加强理性认识，强化人工意识，以新的方法才能达到生产商品海带的目的。

（2）三大困难的实质：孢子养成有三大困难，出现的实质问题是三个，即大量的苗种、适合生长的条件、足够的生长天数。

（3）解决三个实质问题的方法：三个问题产生于孢子养成，解决问题可以从孢子养成解决，但这不是唯一的方法，也可以从其他方面求得解决。作者找到一个简明的样板，就是走"种海带之路"，问题可以得到解决。

大槻养种海带的方法是把幼苗绑夹在绳上，投放海底度夏。结果，因苗种

小,海底条件差,海带生长很小,加上缺乏适宜的固定方法,种海带受摩擦,苗绳被风浪冲坏,损失严重。

我们采用种海带先在筏上养得较大,水温升高后,沉到深水中度夏。把养成和度夏分开,以解决种海带生长小和受摩擦、受损失的问题。我们为了改变采孢子时种海带少,增加育苗的困难,采取多养种海带的方法。数量是一定质量的反应,从中看到种海带有大有小。大者是早分苗放养的结果。因此,种海带的启示给了我们解决问题的钥匙。对此,作者提出:在海带生长的适温期内,增加人工育苗技术,压缩育苗期,即从自然育苗4个月缩短到2个月,早出苗,延长海带的养殖天数;以筏架设备以人工主动去满足海带的生长条件,即养成的技术内容,以解决适合生长的条件问题。解决了这两个问题就解决了达到商品海带的标准。由于有了人工育苗技术,就解决了苗种问题。因此,"走种海带之路"即人工养殖的方法,三大困难全部获得解决。

生产,就是大量养"种海带",收割"种海带","种海带"就是商品海带。这就是我们的认识过程与实践过程。由于我们的实际工作内容又区别于孢子养成,所以我们称全人工养殖。全人工养殖的重点是分苗合理密植,对大型海藻来说,是科学合理的,符合农业的稻秧移栽,玉米间苗的原理,对海藻养殖是个新创造。

(二)海带人工养殖的完整概念

1952年,作者总结养殖种海带的经验时,把海带养殖过程划分为三个阶段,即采孢子育苗、分苗养成、选种度夏。说明三个阶段的互相关系,每个阶段的目的要求和作用意义。三个阶段是互为依靠,形成循环,必须环环扣紧,严格要求,完成全人工养殖。

形成生产后,在分苗养成阶段中增加数量,其中绝大部分收割生产,所以在生产中形成四个阶段,即增设"厚成收割"阶段。完成了全人工养殖生产。它的全部过程都在筏上进行。

根据以上所述,可以知道,我们解决问题的过程是理智的,有根据的,总结成理论并在理论的指导下工作的。我们能于4~5年达到了企业化就是最好的证明。

三、全人工养殖的五个基本技术

海带全人工养殖包括一系列技术工艺。为了表示我们取得发明奖的根据，也就是说我们发明了什么，其代表就是五项技术。当然，另外还有许多技术，也是我们的创造，是海带全人工养殖中不可分割的部分。

(一) 孢子水采苗法

大槻首先提出海带干燥刺激迫使孢子囊破裂的采孢子法，达到了同步集中于短时间内获得孢子的方法，是划时代的创造。但是该法是有条件的，在一定条件下有效，效果有大有小，经常是无效的，因而不能满足工作的需要。

为此作者观察了海带孢子囊发育形成规律，找出从发育象征的出现到孢子囊堆的形成，破皮与孢子放散的关系[①]。

继而又对不同海带孢子放散规律的试验。1951 年 11 月，从中港用湿布包裹着 5 棵生长部有孢子囊堆的小棵海带，带回文登路，在实验室中找孢子囊面积相似的 3 棵为材料，用 30 个玻璃杯排成 3 列，每个杯中盛相同多的过滤海水，从 19～23 点进行孢子放散，每 15 分钟取样观察孢子放散量，半小时取第二次样之后，将种海带移到第二只杯放散孢子，再经 15、30 分钟取样计数后移入第三只杯，如此下延。3 棵海带孢子放散量与时间的关系得出三种不同关系，即开始放散量大、中间放散量大及末期放散量大三种不同放散方式。这表明：采孢子时要有一定的放散时间。这是棵间的差异。

海带孢子放散有一定的时间，前后放散的孢子是否性能一致？1952 年，作者又作了不同放散时间孢子的生长发育试验。发现一棵于 4～9 小时孢子放散为高峰的海带，以孢子放散高峰中采的孢子发育成的配子体生长发育快，生长好，而 20 分钟前，36 小时采的孢子形成配子体慢，该配子体生长发育差。这一结果表明：采孢子作业，不急于投放生长基，水中最后游动的孢子也不必全部附着后结束采孢子作业。

以上二项实验为采孢子作了理论准备。

1953 年，田铸平从俚岛报告：该场的种海带大量放散孢子，作者当即赶赴现场，证实这一现象后，决定制孢子水采小石块(作培养二年苗之用)。由田铸平处理种海带的干燥刺激，观测孢子放散量，作者指挥，准备直径 1 m 的大缸多个，处理干净，又将事先备好的小石块(每块 5～10 kg)用水冲洗干净备用。大缸排列一字形，每缸汲入半缸多干净海水，种海带普遍大量放散孢子后，将种海带全部投入第一个缸中，待孢子放量极多时，将种海带移入第二个缸中制

① 海带的发育期与二年海带的变态，1989，《海水养殖》。

造孢子水，在第一缸中安放小石块，石块满缸后，向缸中冲加海水，以没石块为度。第二缸孢子水浓度达到要求，在第三缸中制孢子水，于第二缸放小石块，如此作业采的孢子既可靠又均匀。

孢子水采孢子消除了海带与生长基质混合的弊端，并具有以下优点：① 使用种海带少；② 速度快，适于海上作业；③ 特别适于大型生长基采孢子，如石块、筐、养殖筏；④ 可以制造成适宜浓度的孢子水达到要求的采孢子数量；⑤ 效果可靠等。

这一方法为工厂化育苗的采孢子提供了可靠的技术保证。这种方法在生产中已使用了近 40 年，迄今仍在沿用。

（二）竹瓦育苗器与育苗技术

海带养殖生产的不断发展，需要苗种的数量越来越多，对苗种的出苗期越来越早，育苗技术也相应进行了一系列改进。如青岛竹皮绳上的杂藻主要为水云和浒苔，严重影响幼苗的生长，我们动员大量人力清除。由于浒苔不易从根拔掉，而多从基部拨断，所以再生很快，难以排除它对育苗的影响。

1. 竹瓦育苗器的研制：海带育苗中主要有两个问题。即浮泥的沉淀和杂藻的附生。杂藻中又主要是好光藻类，其中难以清除的是绿藻——浒苔。因此，作者对浒苔的繁殖进行了观察。

（1）浒苔孢子趋光性的实验：在室内，采的浒苔制成孢子水。用 1000 mL 烧杯盛 700 mL 海水，加入 300 mL 孢子水，上下搅拌混合均匀，烧杯内的水呈淡绿色，静置片刻，浒苔孢子全部上浮于烧杯的水表面，虽然烧杯透明，但以杯口水面光强，表现出浒苔孢子的趋光性。

将此满布孢子的烧杯移向窗口后，水面上的孢子又移向窗口一侧，将此侧用白纸片遮挡，孢子又游向纸片两侧。这证明：浒苔的游孢子对光很敏感，只趋向最强光处。

（2）浒苔在竹筏浮竹[①]上分布的观察。浒苔孢子有明显的趋光性，但在海面上的分布状况，是否与孢子的趋光性一致？作者广泛观察了海面竹筏浮竹的杂藻附生情况，结果表明：浒苔只生长在浮竹近水面之两侧，沉入水中部分无浒苔生长。

根据以上的结果说明浒苔的好光性，弱光能抑制其生长。因此遮阴式育

---

① 50 年代养殖筏的浮子为竹竿，养殖术语称浮竹。

苗器是必要的。但是海带幼苗发生后，遮阴下对生长的影响如何？又将发生好的竹皮绳劈成5根，绑在一半竹竿下进行生长比较，结果以中间的生长最长，上半边的次之，最下部最小。证明海带幼苗的生长对一般遮阴并不影响生长，因此，我们直接利用竹竿锯成短筒再劈成两半，呈瓦形。上下串成多片成为一根育苗器。

从三角形木制到半圆竹瓦育苗器的预备试验由刘德厚负责。

2. 竹瓦育苗器的效果与存在的问题：竹瓦育苗器通过春季的预备试验证明其优越性，当年秋季采孢子即投入生产使用。海带育苗的浮泥沉积于上部竹瓦凹处，下部凸面育苗，既起遮阴作用又少浮泥，发生了明显的效果，把海带分苗提前到春节以前。从此又废除了竹皮绳育苗器。

竹瓦育苗器仍有其局限性，加上育苗技术使用不当，幼苗发生后，急于促幼苗生长，将幼苗发生在凸面的竹瓦，翻转向海面受光，被抑制的绿藻，得到充足光照后，迅速赶上来，对幼苗的生长仍形成相当影响。由于有幼苗的凸面向海面，有沉淀和好光的水云、硅藻的繁殖，又影响幼苗发生与生长的数量。

3. 混水区大劈竹育苗：由于育苗器自身的遮光仍满足不了生产的要求，关键问题仍是好光杂藻和出苗量。因此，作者又提出避开清水区杂藻多到混水区杂藻少的海区育苗的设想。同时，又设计大劈竹育苗器，在海面育苗的技术。

我们选择沧口沿岸，浅滩泥沙海底，西北风的向风岸，风起水混，冬季水色土黄，滩岸石块、礁石少，杂藻缺乏生长基，周围距杂藻繁殖区遥远，透明度小，不适于浒苔生长。因为水混浮泥多加上育苗器遮光，好光藻类较难存活，从根本上消灭了杂藻的来源和生活条件。

这一试验由田铸平、王才负责。

试验结果完全达到预期目的，大劈竹的育苗面像茸毛一样占满生长基，没有任何其他杂藻危害，效果十分显著。因而解决了杂藻问题及出苗量问题。

通过育苗器的改进到设计出多功能育苗器，再发展到育苗条件（海区）的选择利用，接近于人工环境育苗，标志着海带育苗技术步入成熟阶段。

（三）分苗养成技术

分苗养成也称分苗养育，简称养育技术。这一阶段在人工养殖中是关键步骤，设立这一阶段就是人工养殖与孢子养成的分野。养育是主动满足海带生长需要的条件。是理论认识上的飞跃。

竹瓦育苗器，减少了杂藻
提高了幼苗发生数量

混水区海面育苗的效果，大大
增加了海带幼苗发生的密度

养育技术主要分为三部分：① 幼苗分散；② 放养方法；③ 调节光照。后者作为一项权项单独列出，此处着重谈前者。

1. 幼苗分散：幼苗分散是我们养殖术语，就是幼苗移栽。它分采苗、夹苗和合理密植。

(1) 采苗技术：采苗就是将培育的幼苗从育苗器上采下来集中准备移栽。采下来的苗称为苗种，要求苗种叶片完善，有假根。作业时不能伤害并尽量减少将不合规格(大小)的小苗一起拔出。即剔大留小，尽量多出苗。技术要领：稀苗剔，密苗大把拔。

(2) 夹苗技艺：夹苗就是栽植。我们设计了专用绳，利用棕丝有弹性的特点，纺成松紧适度、粗细相宜的棕绳。夹苗时，用手指拨开三股胚中的一个缝隙，把苗的根部插入缝中，松开手指，棕绳自动闭合而将苗夹住。幼苗根茎不受伤，数日后，茎部长出再生根，固着绳上。

夹苗的意义：① 苗种的选择。即将生长力强的孢子体植株选出来。② 合理利用营养面积，免去争夺的淘汰过程。③ 集中育苗节约苗种，节省人力。④ 可以合理密植，自由组合群体。

(3) 合理密植：根据要求栽植海带在绳上的数量，避免孢子养成的密度稀密不均，难以控制的困难。合理密植试验由邱铁铠负责。

2. 放养技术：包括筏架的设置，及向筏架上挂苗绳二个内容。

(1) 筏架设置：分为排列方向，排列距离，布置数量，区间距离等。包括布设临时架子、固定方式、浮力设计、抗风浪性能等养殖工程。

(2) 植苗绳技术：根据海带叶片从窄到宽，从短到长，占用营养面积不同，放养的苗绳分垂挂、平挂，密挂和稀挂，根据风浪及潮流加坠石等一系列技术进行作业。

分苗放养技术由张金城、索如瑛、牟永庆等负责并创立。

(四) 调节光照

调节光照或称调光技术。这是人工养殖最明显的技术，即人工主动去满足海带生长对光的要求，也是改善人工设置的群体由于生长而改变了受光状况采取的措施。

1. 放养水层：海带幼苗分散夹绳后，从丛生状态突然分散稀疏开，叶片的生长部、柄的生根区和假根，受强光严重影响生长，表现叶片从平变凹凸，柄变黑，根不生长或背光生长等等，为了避开强光，采用在 1 m 以下水层养育。

2. 垂养苗绳倒置垂养是我们开始于静稳海区采用的方法。随着海带的生长，叶片不断增大增厚，对光要求增强。由于苗绳的垂下形式，随海带的生长，逐渐形成上部遮下部上下对调受光的方法，养殖术语称“倒置”。烟台港内养殖的海带因倒置发生白烂，即叶片向光面的表皮细胞被日光灼伤呈大片死亡。作者为了解决这一问题，经广泛观察，总结出简易的视觉标准。

垂养海带的倒置标准 (1954)

生长 / 水层	生长						色泽					
	1	2	3	4	5	6	1	2	3	4	5	6
上	小	小	中	中	大	大	淡	淡	淡	增浓	浓	浓
中	小	中	大	大	大	中	淡	淡	增浓	浓	浓	浓
下	大	大	大	中	小	小	微淡	浓	浓	○淡	□淡黄	□淡白

○应倒置　□出现绿烂

3. 多节苗绳与折节受光：不论苗绳垂养或平养，海带长大后由于重力作用海带叶有集中处，形成遮光，影响生长，放一根苗绳出现大小不均现象。为了解决这一问题作者提出多节苗绳，即苗绳分 2～3 节。何处受光不好，将苗绳拆开，对调位置，使全苗绳受光均匀。

4. 平起受光促厚成：当海带叶片平直以后，有薄嫩期与厚成期。为了养好平直期的海带，特别为了使海带厚成为收割作准备，为提高干产量，将苗绳平起受光。利用多节苗绳在近海面的一节受光充分先厚成的条件，我们又提出分段厚成分段收割的方法。

总之，海带的光管理十分重要，是提高干产量的重要阶段。

(五) 选种度夏技术

选种度夏包括选种与度夏两个内容。

大槻采用度夏方法完成海带生活史的循环，这在山东海区是绝对必要的。我们为了完成海带的筏式全人工养殖，生产商品海带度夏也是必需的。由于我们从事生产，为了获得好的下一代苗种和提高度夏的生存率，我们又增加了选种培育的内容。因此，我们作为一个权项提出，并没有对大槻的技术形成占有。我们有自己的技术内容，特别在选种方面的意义更超出度夏技术。

海带度夏技术由于夏苗的创立，采用幼苗在人工环境度夏，种苗度夏失去作用。因此，这里就不再作详细说明。

四、关于发明人的说明

1986 年 2 月 17 日(关于国家发明奖申报、审查程序的若干说明)规定：发明人的核定有两个内容，一是以本人为主创造完成一个项目，二是同一项目只能列一名为主创造完成人。还规定发明人的人数一般不得超过 6 人，超过即列为集体发明，通常只列第一发明人。在此以前，对发明人没有明确规定。因此，1980 年我们申报 1981 年发明奖时，提出 5 个权项，申报 9 个发明人，是符合当时的要求。

在本法的实验研究和生产过程，主要分工：

李宏基：提出理论根据，总体设计者，试验研究与生产主持人。

张金城、索如瑛、牟永庆：养殖筏架与放养技术的设计主持人，其他权项的验证者、生产主持人。

刘德厚、田铸平、邱铁铠：发明权项的试验研究者。

刘永胜、迟景鸿：权项在贫区的验证者、贫区生产主持人。

以上名次的排列是经发明人会议确定的。9 人中有 2 人缺席，一人临时因公请假。参加会议者虽对个别人提出疑义，但对改变名次的根据和理由不充分，仅是一般印象，经过解释后也接受了这一方案最后表决：一致同意，并表示没有异议。以后也征得缺席、请假者的同意。

这里需要说明：以上排列当然表示对本法贡献的大小。但由于这一工作的时间长，在 5 个地方分别进行，人员之间互有调动，以上分工有的也只是某一时期的分工，因此，名次排列与完成权项、对工作的贡献，并不能完全体现，严格地区分是困难的。当时，我们齐心协力，分工合作，年终各自报告自己的工作，成果没有混淆，大家都是清楚的。将我们的智慧在生产上体现出效益，增加生产，为社会主义作出贡献，在贫区早日投产成功，是我们的共同心声，仅此而已。

我们的许多创造、精致的实验，本可以发表许多报告文章，由于它是分工合作，集体的创造，谁也不愿独自占有，以致我们个人默默无闻，甚至本法的创造也弄不清归谁，但是，谁也不去计较这些，只知"耕耘"。这就是50年代青年在党教育下的奉献精神。

（海水养殖.1990,1）

海带筏式养殖

《海带筏式全人工养殖法》的发明

（一）

海带筏式全人工养殖法是从1952～1954年的研究，1955～1957年的试生产，得到了一定的经济效益，达到了国家规定的发明标准。经过20世纪50～70年代，在山东、辽宁、浙江等沿海的推广，形成生产规模并成为养殖业的新种类，数十年经久不衰。

1981年在全国科技奖励大会上此方法被授予国家发明二等奖。

（二）

海带筏式全人工养殖法作为一项发明究竟发明了什么？

主要包括三个发明内容：

第一，海带的养殖筏：我们设计编造出适合海带养殖的筏子，这种筏子能够在变化的海洋条件下进行养殖，我们首先利用筏子进行了生产，解决了大规模生产技术和产业化的问题。

第二，海带人工养殖法：海带生产的初期只有自然养殖、半人工养殖。生产规模小，作业不便，生产能力低下，不能大量产生来满足人们的需要。而人工养殖因为创造了新的技术方法而解决了这一问题。

第三，养殖一年生海带。自然分布海带的海区，海带是两年生植物，生产需要两年时间，生产时间长，成本高，没有经济效益。若养殖到一年出产，则产生叶片含水量大，藻体薄，达不到商品标准，不符合市场需求。

人工养殖同种海带，将两年生长时间缩短为一年，并达到两年海带的质量，因而获得经济效益，这种转变是我们的创造。

关于以上的第二项人工养殖法是本发明的核心，内容多在此专门加以说明。

1. 人工种植(孢子):人工制造浓孢子水,将足够数量的孢子植于人工生长基上。

2. 人工育苗:育苗即把挂在筏上预设的生长基(育苗器),加以人工洗刷去海水中的浮泥、浮游的单细胞藻类及小型海藻,如浒苔、多管藻等。

3. 人工养成:此阶段可分为四项。

(1) 移栽:即将适宜大小的幼苗移植在棕绳上。

(2) 合理密植:移植苗的密度(苗距)数量适宜,苗绳距离(行距)适宜。

(3) 有目的有预期地促进海带的生长发育,即从窄叶,薄叶的凹凸期向宽叶的平直期进展。

(4) 控制藻体生长量(产量):达到平直期以后即进入宽叶、厚叶含水量大的时期,可称为嫩水期,嫩水期生长快,藻体长重量高,最后发育成厚成期,厚成期的海带,含水量减少,生长慢,脱落快,鲜重减低,我们控制这种变化的最佳点,安排生产。

以上诸行,我们在养殖生产中都已应用,是可行的、有效的。

(三)

关于发明者。发明内容的执行者可能是一人,或者多人,海带筏式全人工养殖法为多人发明。由于本法的发明人,在统一的技术、统一的指导下进行工作,所以不存在单人单项的发明。

发明者的单位为山东省海水养殖研究所。发明人共8位,李宏基为技术负责人,负责课题技术设计和生产技术的指导,国家授予第一发明人证书,其他发明人为张金城、牟永庆、索如瑛、刘德厚、田铸平、邱铁铠、刘永胜、迟景鸿。

发明者由国家登报公开征求意见,无人提出异议后,大会发给奖励。

(本文写于20世纪90年代,原稿佚失,现在为重写稿)

我国海带的夹苗移栽养殖

大槻洋四郎先生对海带养殖的创立与启蒙贡献是巨大的，创始性的。本刊曾经在《大槻洋四郎与我国海带养殖》(李宏基，1986)一文中作了评价。曾呈奎教授又提出了大槻的海带养殖与我们的养殖究竟有什么不同？我们的养殖法“有人认为与大槻洋四郎有关……日本人总是说我们抄他们的。”(1990年8月9日通讯)。这个问题本刊于《我们与大槻对筏式养殖海带的分歧》(李宏基1986)、《海带筏式全人工养殖法的创立》(李宏基1985)两文中已作了说明。这里我们再重复说，大槻先生在山东时期基本是走海底繁殖的道路。临离开中国时(1952年)，又提出筏式大竹帘养殖与低潮带深水筏竖式帘养殖。这两种养殖法隶属于筏式的孢子养成，即采孢子后直接养成商品海带。实践的结果，海带孢子养成失败了，我们通过这一工作从中再次看到了孢子养成在生产中的问题。

我们与我们的老师大槻先生在筏式养殖海带有分歧，一句话是孢子养成与分苗移栽的分歧。但这并不抹杀大槻对海带养殖的贡献，他在海带养殖技术上有四大创造：人工采苗，人工采苗帘，海带度夏及筏式养苗来完成生活史的循环。尽管当时紫菜、裙带菜养殖的已有技术可作某些借鉴，如紫菜的大竹帘采苗将其作为海带的采苗器。又用裙带菜的孢子叶与采孢子，作为海带的种海带与人工采孢子等，但对海带证实有效和应用成功，仍不失其创造性。由于大槻提出的筏式大竹帘养殖、竖式帘养殖没有生产一斤商品海带，因而不存在他的养殖法，只存在我们养殖法的创立与大槻四大创造的关系，毫无疑问，“海带筏式全人工养殖法”是在四大创造的基础上发展的。我们的海带移栽养殖就是援引自他的海带度夏。但是，不论具体的移栽技术或使用目的与作用，均达到了质的变化。因此，我们认为这不是抄袭。现将夹苗移栽养殖的发展经过作一历史的概括，以区别于孢子养成，作为我们的补充说明。

一、海带移栽的起源

1949～1959 年，大槻于烟台进行种海带度夏时，主要采用把种海带直接绑其根于棕绳上称为分苗的方法，然后将其投在海底上度夏。由于技术上的缺陷受到损失。1951 年提出："改变以往的分苗方法，使直接生长固着于竹皮的昆布不再取下另绑棕绳上，而采用剪断带种苗的竹皮，连同竹皮以铜丝扭于黑棕绳上的方法。[①]"由此可见这种分苗的办法是为了海带度夏，这种方法已被废弃。但分散绑苗是他提出的，这就是原始的移栽。

二、海带苗移青岛的启迪

海带移青岛是大槻 1951 年提出的，李宏基负责设计运法及装运。当时是 3 月上中旬，从烟台到青岛陆运要十几小时，所以原则采用水运。第一批用大木桶(φ 80 cm)运，海带苗选中等长度(50 cm)连同竹皮一起，竹皮剪成 20～30 cm 段，每距 10 cm 绑在细绳上，从桶底向上环绕桶壁到桶口用钉挂着，注满海水，加盖密封，抵青后电话告知：苗子长，叶片揉烂。第二次改用小苗(20～30 cm)，竹皮剪成段，放在方箱内，采用棉花浸海水办法，一层苗子一层棉花湿运。

两次运来的海带苗放养在中港竹筏上，准备做秋季繁殖之用。结果：第一批运的有少量好的苗生长异常挺拔乌亮，叶片平整十分喜人；第二批运来的苗虽好，但没有一绳长大。

这是一次普通移植，它使作者看到：早分散移栽的大苗，在筏上放养可以长得挺拔而大，这一启迪就是人工育苗和养育萌芽的根据。

三、移栽的应用与发展

(一) 绑苗技术的应用

1950～1951 年，我们看到的种海带度夏存在许多技术缺点，其中主要有：种海带大小参差不齐，普遍很小；绑苗不可靠，有的腐烂、脱落；度夏海带在海底不稳定，受风浪摩擦严重等。结果形成孢子囊群数量少。为了解决这些问题，保证海底繁殖有足够的种海带，不再因缺乏孢子而长不出海带苗。作者根

---

① 《山东水产养殖场第一次技术员会议总结》1951 年 2 月 20 日，油印本 P. 5

据海带苗移青岛获得的启迪，提出二点解决办法：① 要求种海带长得大，能形成大量孢子囊；② 要培育大量种海带。

为了海带长大，采取早分散并且在筏上养；为了培育的数量，采取分散绑苗的方法。因此，我们应用了绑苗技术。

尽管采用移栽小苗提高了移栽效果，从性质而言仍属于绑苗技术的范围，是绑苗技术的改进。

（二）夹苗移栽技术的发展

夹苗是把分散的海带苗的根夹入棕绳劲中。夹苗是从绑苗演变而来。绑苗用的海带较大，大苗用完后剩下较小的苗，为了珍惜这些苗子，舍不得丢掉而将其夹在绳上；有的因为绑苗用线绳供应不上将苗直接夹入绳中；有的因为嫌绑苗手续麻烦而将苗夹着等等。虽然开始有不同的动机，夹的苗绳数量不多，但是不几日内夹苗者与绑苗者均长于绳上，二者不能区分，取得了相同的结果。

因为夹苗达到了绑苗的要求，节省了绑苗用绳，由于减少了绑绳的工序，作业速度加快，而且节约了用工，有利于大生产的实施。夹苗虽来源于绑苗，但是它的性质不同了，它不是绑苗的改进，是与绑苗相同的一种移栽技术，是绑苗的新发展。

四、夹苗的生物学根据与技术标准

为什么夹苗能够迅速获得成功？我们观察了海带根与茎部的发育过程。

（一）海带根茎部的发育

海带的茎部自幼苗开始，从纤细渐渐增粗，中带平直后，茎是圆柱形，二年海带茎部扁压，海带根在幼苗期开始呈盘状，以后盘状出现分裂，茎部靠近盘状根处长出突起，随着叶片的生长茎加粗，茎部的长度的一半，即下半部茎有生根能力，根发自茎部，我们称其为茎生根，茎生根呈叉状分歧，二分叉的尖端有附着于生长基的能力，大藻体的叉状根往往有 3～4 次分歧，均发自根，我们称其为根生根。

海带幼苗于 2 cm 时呈盘状根，茎部短小而纤细，没有生根能力。幼苗于 7 cm 时盘状根出现分裂，茎的基部长出突起，9 cm 时茎有生根能力。以后茎加粗生根能力旺盛。

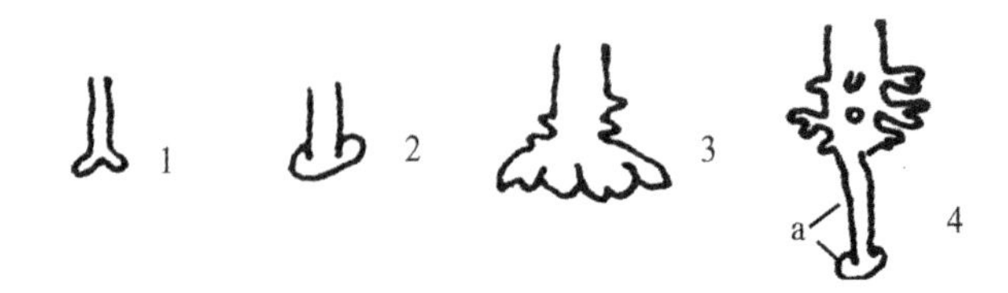

1. 刚发生的幼苗；2. 2 cm 幼苗的盘状根；3. 7 cm 幼苗的盘状根分裂与发生的突起根；
4. 夹苗后的基变粗，基部发生的叉状根，被夹部分 a 未进行生长

图 1　海带根茎的发育与夹苗

(二) 夹苗与茎生根的关系

夹的苗较大者，只夹一部分根，茎生根很容易以根生根生长于夹苗绳上。夹的苗较小者，夹住全部根及部分茎，夹入绳的部分不论根或茎均不生长，露出绳外的茎部及叶片明显生长。茎明显加粗，在近绳附近的茎部凸出突起，并是叉状分歧向绳上生长。因此夹的苗大小适宜，正符合茎生根的发育规律，是天然的合拍，迅速发生预期的效果。

(三) 夹苗绳的技术要求

放养海带的苗绳一般用棕丝纺成三股胚合捻而成，直径约 2 cm。这种规格的棕绳比较松软，便于海带附着和手提搬移。为了夹苗移栽的需要，又增加三股捻的松紧程度，即要求成年人左右手各食、拇指容易拨开任意的二股胚，手松开后，棕绳劲自动闭合，可以将海带的根茎夹牢。所以，海带苗绳是根据养殖需要而设计的专用绳。

(四) 夹的幼苗大小标准

为了与夹苗绳的合理搭配，海带幼苗多大小夹苗适宜需要一个标准。为此，在青岛中港进行夹苗调查。全部将根茎夹住的小苗，生长部与苗绳摩擦而纽曲，根茎不生长，最终叶片脱落；较大苗的根透过苗绳，夹住大部分茎的，不再生根，只有夹住根而茎的大部分露出者，有茎生根长出并张于绳上，因此夹的幼苗大小，当时规定 9 cm 以上幼苗为合格，盘状根亦可夹苗(1952 年)并宣布废除用棉线绑苗方法(山东水产养殖场 1952 年养殖工作会议总结，1951. 9. P. 11)。以后，育苗技术提高，夹苗要求幼苗在 20 cm 以上。

五、夹苗移栽的技术效果

通过夹苗移栽，7～10 天新根长于绳上，此后幼苗迅速生长。移栽者虽有 10 天左右的生长缓慢时间，一旦根固定后由于没有株间的竞争，因为营养面

积光能利用充分，分苗形成合理的布局，生长加快，生长的结果，分苗的藻体宽而长，远远超过不分苗者。经过夹苗分散作业的苗绳，有的夹的苗过小或过大，有的夹的不合要求，即夹的部分过小或过大，经过风浪之后发生掉苗，在生产实践中一般占3%～5%、差者不足10%，保证了计划要求的数量密度，达到了预期的目的。

由于夹苗移栽生长产生良好效果，又安全可靠，符合生产要求，因此，夹苗技术成立。它的优越性越来越明显，注意有以下几项：

(1)养殖成百亩海带，不出现缺苗断垅，苗不齐全的问题；

(2)放养的海带在同一绳上不产生因分苗而形成大小参差，株间争生活条件的问题；

(3)免除了孢子养成中的间苗与密度大而造成的藻体普遍偏小的问题；

(4)大规模绳养便于在筏上作业，广泛利用了浅海海区；

(5)可以采用集中育苗分散养殖，作为两个专业各行其是、各得其利，便于专业化。

六、结束语

《海带筏式全人工养殖法》就是以夹苗移栽技术为重点进行养殖生产的。夹苗移栽技术是我们在工作中创造的，它有自己的作业方法和技术内容，是移栽技术的新方法。它已不是大槻先生的海带度夏绑苗方法的改进，也不是他的大竹帘(横式帘)平放养殖及竖式帘于低潮带下养殖的延伸，孢子养成与移栽养殖是两个平行的方法，绑苗与夹苗也是二个平行的移栽技术。

大槻先生的绑苗移栽的目的是为了海带度夏。这方法已被他弃用。他的孢子养成不论从烟台采苗的800台大竹帘子或青岛横式帘，竖式帘，即海面养殖与潮带下养殖，或者竹生长基养殖与棕绳养殖均未实现生产干的商品海带。即使能生产一些商品，除了存在育苗阶段的一系列问题外，它的抗浪性很差，费人工，用器材多，成本高以及人工不宜处置等实施困难，也难于大生产中应用。我们对此于1951年下半年就形成争议，当然不会沿袭孢子养成道路走下去，道理是明显的。

我们的养殖技术的确与大槻先生有关，借鉴、使用了他的成果。但绝不是把大槻的成果窃为已有，或在与大槻共同研究的成果，却将他排出门外。我们利用了他的技术形成了另一种性质的新生产方法，它符合我国《发明奖励条例》中说的发明与其必须具备的三个条件:① 前人没有的;② 先进的;③ 经过实践可以应用的。

因而不是抄自日本或大槻先生的或其他人的,迄今为止,夹苗移栽还是我国海带养殖的独特技术。

(海水养殖.1991,1:1-4)

一年海带的发育期与二年海带的变态

一、海带的二年生问题

海带的寿命(Span)一般认为是幼苗发生后生存满二年的海藻。海带的种类较多,分布区域较广,其寿命也有差异。在日本,窄海带(*Laminaria rligiosa* Miyabe)日语汉译为细目昆布,一般认为是一年生的。渐狭海带(*L. angustata* kjellm)日语汉译为三石昆布,经长谷川研究认为可以生存达 4 年之久。我国养殖的海带(*L. japonica* Aresch)即日本海带,日语汉译为真昆布,是海带类中叶片较宽大的种类。色、香、味均佳的优良种。一般认为是二年生。在我国大连,沿海自然繁殖的有大量两年海带。在山东北岸,自然繁殖于烟台、威海等城市沿海,其中有少量二年海带。在山东南岸,自然繁殖于青岛市沿岸的,只有个别植株为二年海带。青岛的初冬到严冬,有少量小形的二年海带出现,但鲜有大的二年海带。由此可见海带的二年生随地理分布而不同,黄渤海区的海带仍能跨入二年生阶段。

人工养殖的海带,1949～1950 年,筏式养殖留种的一年海带中,每年 10～11 月份都有一部分二年海带出现。1952 年筏式全人工养殖成功后,留种的一年海带就不再出现二年生的了。1953 年我们于青岛太平角度夏的 4 万株种海带,连一株二年海带都没有。二年海带只能用特殊的方法进行培育。1955 年,人工培育夏苗苗种投产后,筏养条件下二年苗绝迹。人们对二年海带生疏起来。

由于人工养殖代替了自然繁殖,人工养殖不论用秋苗或夏苗都不再出现二年海带了,因此,海带的发育期就不包括二年海带。

二、海带发育期的概念

发育期又称生育时期,是农学名词。它的原意是作物的整个生育过程中,由于外部形态发生明显变化而划分若干时期。根据这些时期可以研究熟习海带的生育规律。因为形态的变化是适应外界环境条件的结果。即外界条件变化对海带产生影响的结果，二者之间有着相互关系，有着规律性，因此，可以按发育期的变化，作为人工对外界条件加以调整达到我们需要的根据。是全人工养殖理论系统的重要内容之一。海带发育期的提出，是对海带认识上的一个飞跃，是一项重要研究成果。

三、海带的发育期及其意义

1. 问题的提出：日籍技师大槻洋四郎先生 1951 年的海带“绑苗投石”养殖的海带全部烂光。为什么？是当时客观要求解答的问题。

作者分析认为：绑苗投石用的海带苗种全为幼苗期和凹凸期的幼嫩小海带，而此发育期的海带叶片薄，是适应冬季及早春季节低温、弱光的环境条件，有一定生活天数，而绑苗投石的时间却在晚春，生活于夏季，此时山东北岸，有冬季西北风的混水期转变为南风的清水期，透明度大，弱光变为强光，水温又临上升时期，因此，凹凸期的海带不能适应变化了的条件。海带表现出：叶片出现黑色短线条的斑纹，柄、根变黑，叶片顶端白化，脱落加快，色泽变淡，凹凸加深，叶片明显硬化，生长停滞。表现强光反应。当叶片顶端白化死亡部分衰退脱落加快，大于生长部长出的新叶片，藻体逐渐减短，直到没有新叶片代替而全株死亡。

这一解释虽然只是说明了现象，没有解决实质，但是海带发育期的提出不是凭空想象，而是有目的地为生产实践的需要提出来的。

2. 海带发育期的划分：1951 年作者把海带划分为幼苗期、小海带期、大海带期、成熟期、衰老期。[①]

3. 幼苗期的再划分：为了育苗的需要，1951～1952 年，作者将幼苗期又细分为二，即幼苗发生期及幼苗期。幼苗发生期指的微观的幼孢子体从育苗器上长出，达到 1 cm 时，肉眼可见，故简称发生期。幼苗期是指叶片薄而柔软，平滑的时期。未出现中带凹凸及边缘部，一般藻体长约 10 cm 以下。

幼苗期是评价育苗的指标。

4. 小海带期的再划分：1956～1957 作者与田铸平合作研究不同大小海

---

① 李宏基：山东海带腐烂问题的初步研究，华东水产，1952，11～12。

带的发育期划分时,将小海带期细分为密凹凸期、稀凹凸期。共同特征:叶片薄、窄,中带部出现连串的凹凸。故小海带期可称小凹凸期。

5. 大海带期的再划分:李、田的发育期划分,明确将大海带分为大凹凸期与平直期。共同特征:叶片较厚、宽大、中带部从坑状大凹凸逐渐过渡到中带平直的时期。

到达平直期叶片厚实色浓,为了给收割提出标准,作者经两年的观察之后,将平直期再划分为二,即薄嫩期与厚成期。前者为营养生长期,收割晒干后呈现薄嫩状态,因而产量低,不宜收割。薄嫩期的特征是叶片脆嫩,含水量高,手握叶片纵裂脆断,有响声。后者为干物质积累达到后熟期,含水量下降。厚成期的特征是叶片韧艮,手握艮而不断裂。因此,《海带养殖学》中吴超元等把薄嫩期改称脆嫩期,而不改厚成期的名称,岂不知薄嫩与厚成均指干品而言,活体则是脆嫩与柔韧,脆嫩与厚成相对,实为一鲜一干难以对比。薄嫩期的命名早于脆嫩期5年,而且是在专家参与的会上宣布的,已用于生产。改称不仅在后,而且不科学,未说明改名用意作法上不恰当,特别把薄嫩期贬为"俗称",岂不形成喧宾夺主之举?

6. 成熟期的再划分:1951年,作者为了研究海带的成熟规律,以便可靠地获得大量孢子,把秋苗的成熟期划分为三,即发育象征期、孢子囊形成期、孢子囊成熟期。

发育象征期,在一定的温度条件下,光照适宜,约有一周时间,海带叶片向光透视,因内部有丝状纵垂其中,称作丝状发育象征,有的呈云块状称为块状发育象征等。孢子囊形成期,肉眼可直接看到成片的孢子囊群(sorus)高凸于叶面。孢子囊成熟期,它的明显特征是孢子囊群的表皮呈膜状破碎脱落,到达孢子成熟放散时期。

从以上的发育期划分,以后又不断加以补充,才能满足生产实践的需要,可见发育期对实践的重要性。海带的发育期我们作为一种指标,来衡量养殖技术的效果,因为在不同的时期、不同的海区、不同大小的苗种,施行养殖措施有好、坏与正确、错误之分、要按客观规律办事,判断的标准就是海带生长、发育状况,因此,在错综复杂的环境条件下进行养殖生产,一步一步地按计划进行工作,达到预期的目的,海带发育期成我们的重要指标和标准。

四、二年海带的变态

二年海带是指海带藻体的各部分均是二年生的称为一株完整的二年海

带。

海带的藻体是由根(假根)、柄(茎)、叶片三部分组成的,这三部分都是在第二年里重生的就是二年海带。其中有一部分仍处于一年生的,其他一部分或二部分是重生的,就不是一株完整(全)的二年海带。这种部分一年生与部分二年生藻体镶合在一起的称变态不完全。凡是变态不完全的藻体就是未变态的部分无力变态,即使变态完全的部分其生长也因之受到影响。因此变态不完全的植株不可能长大,往往很早就流失了,或者停滞较长时间,最终于夏前流失而提前结束其一生。

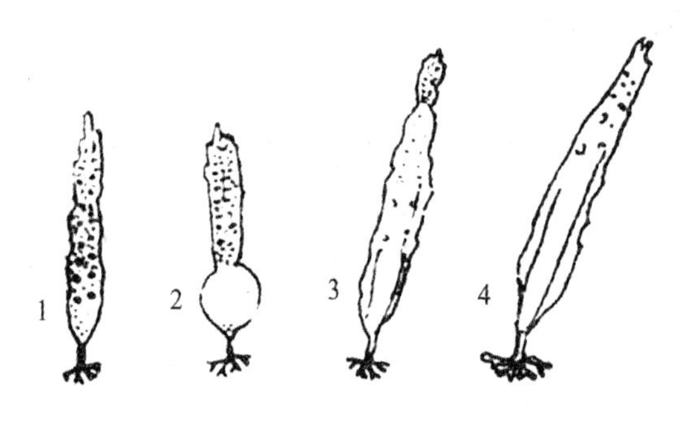

1. 一年小海带;4. 二年海带;2,3. 变态中的海带

图1 山东沿岸一株一年小海带变为二年海带的模式图

(一)二年海带变态的过程

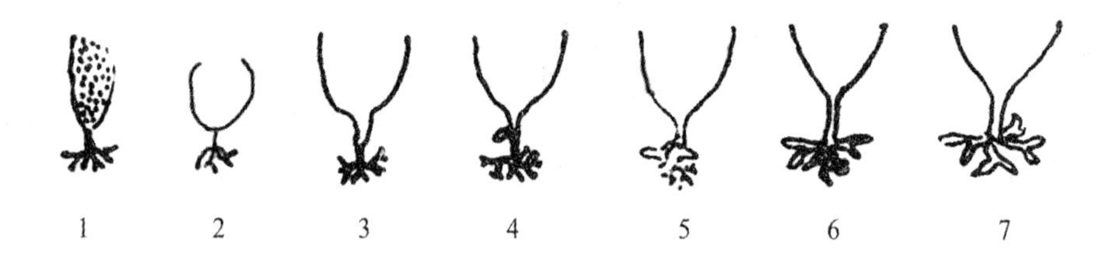

1. 一年小海带(根、茎、叶均一年生);2. 新长出的二年叶片,根茎仍为一年生;
3. 新生二年叶长出二年茎,仍依靠一年根、茎附着;4. 二年茎上长出二年根,一年根上发出二年根;
5. 二年茎长出二年根,二年根与一年根同时附着;6. 二年根茎代替一年根茎;
7. 一株变态完整的二年海带(根、茎、叶全部二年生)

图2 一年小海带变成二年海带的几个主要变态

一株一年生海带向二年海带转变,首先从叶片开始二年生,以后,柄部二年生,最后才是根部二年生。

一年海带的柄叶交界附近的柄上,有一处比柄稍细,呈一圈颜色稍浓的环状色带，二年叶片即从此处向上长出。新生的二年叶片色淡而平整。二年生柄也从此处向下长出。所以此交界处，即环状色环点称分生点。二年海带的根可以在根上长出称根生根，也可以从柄上长出称柄生根。最终必须达到柄生根，在二年根上再生二年根，真正以二年根代替了一年根，才完成了二年海带的全部变态。

(二) 二年海带的变态条件

(1) 外部条件：时期，一年海带经过高温的夏季之后，于9～10月间，即海带停滞生长之后，即秋分到霜降时期开始再生。温度，从高向低降低的过程，于23℃～20℃。光照，从长日照经昼夜平到短日照的过程。光强，光线从强到弱，但处在较弱光线下度夏的植株才适于再生。

(2) 内部条件：一年海带适于变成二年海带主要取决于内部条件。我们的经验是度夏前，一年海带已处于凹凸期，叶片宽度在3 cm以内，柄短，分生点无损伤，柄、根嫩未硬化者为宜。

假设叶片宽超5 cm，一年叶片厚成，由于与分生点不宜接茬，往往因发育而不再生二年叶片，凡是不再生二年叶片的植株，由于营养来源断绝，所以二年柄及二年根则根本不会再生。

以上所述是指山东海区二年海带的变态条件。二年海带的形成也是外部条件与内部条件作用的结果。因此，在日本，一年海带变二年海带是正常的，是自然性的表现，内部条件由于外部条件的作用而大大减少或降低，甚至没有内部条件的限制。

五、二年苗种的培育与存在的问题

(一) 为什么培育二年海带作苗种?

40年前，我们开始接触海带时，不存在这个问题，因为一年海带薄，质量差，只有养二年海带才能得到藻体大，叶片厚的大海带，进口的海带商品就是二年海带，它符合要求，因此，养二年海带是自然合理的，相反，提出养一年海带是有争议的。的确，当时的一年海带，由于无法使其长大，到了夏季高温期，藻体仍然很小，叶片又薄又短，处于凹凸期，达不到商品规格，因此，提出养一年海带是自然不合理的，也无人提出这个问题。养殖用的苗种，选用二年苗是一个正确的方向。

由于二年苗都是自然变态的，数量少，不能满足工作需要，所以人工培育二年苗作苗种就形成客观自然产生的课题。特别在山东沿海发现不同海区的水质不同，有肥区、贫区之分，此后，贫区养二年海带就成为克服贫区养殖难的一种措施。

（二）怎样培育二年苗种？

培育二年苗种就是大量培养二年苗。要获得大量二年苗就必须培养大量一年苗。怎样培育？一是在方法上适于生产的要求，能够达到大量出苗，二是对海带要有控制，按适宜于变态的内部条件要求进行培育。

开始，1951～1953 年，我们采用竹帘采孢子育苗，于贫区养一年小海带，夏季沉入海底度夏，秋后，竹帘上提养于筏上。这种方法出现两个问题，一是竹帘度夏受船蛆钻孔，竹皮被破坏，竹帘折断，不宜移动，苗种脱落；二是竹皮上往往有牡蛎附着，占据海带苗种的地盘，增加竹帘的重量，破损严重。

1953～1955 年，我们采用孢子水采苗技术，用小石块采孢子后投置贫区的适宜水深的海底育苗，小石块集中于一起，互相依靠，在风浪较小的海区育苗。这样，在方法上有四点好处：一是避免牡蛎附着，减少藻食动物的食害，对敌害生物容易处理；二是减少风浪的危害；三是集中便于管理，四是成本低，容易实施。

在对海带生长发育的控制上，利用贫区水质贫，含肥基点低，但幼苗发生生长没有困难的自然条件，采用施肥方法，以肥期、肥量控制海带的发育生长。达到小海带顺利度夏的目的。秋后，从中选用二年苗作养殖的苗种。

（三）二年苗种存在的问题。

小石块海底培育二年苗作为苗种生产存在的主要问题是变态率低，完全变态为二年苗的占比例数小，达不到几亩、几十亩苗种的生产要求。即不能满足大量生产的需要。例如一个小石块上的苗种有的柄过长，有的叶片过宽大，变态困难，适宜的苗种一般有 10～20 株，即 3～5 块苗种石才能供一根苗绳。人工从石块上选苗、搬移均有困难。另一问题是植株间差异大，因为秋后夹苗绳养时，只有叶片是二年生，或者有部分二年柄或二年根出现，这些苗种夹苗后，植株之间差异很大，许多苗变态不全，生长力弱，到了 12 月末，长度不足 1 米，而生长好的则长度达到 2 米以上，大小参差不齐，严重影响产量。

以上问题说明我们尚未解决二年苗种需要解决的两个问题，即大量生产的方法与苗种的生长发育控制。

1955年,海带夏苗工厂化育苗试验成功。夏苗是介于一年生秋苗与二年苗之间的一种类型的苗种,它解决了以上两个问题,一是工厂化生产,二是具有秋苗的优点,即植株间的差异小,生长比较均匀,而且生长力强,不出现生长半途停滞及变态(发育期)问题。由于夏苗的明显优越性,所以代替了二年苗种在贫区投产了。

关于二年苗种问题,我们专指在我国黄海沿岸的特定条件下形成的。因此,我们在二年海带的变态中作为一个专项加以讨论。如果海区的条件有所变化,可能就不是这种情况,因而结论也可能是肯定的。

(海水养殖.1989,1:1-6)

海带施肥养殖的历史与评价

一、贫富营养海区的发现与施肥

（一）绑苗投石海带苗的腐烂

50年代初，我国开始人工养殖海带时认为：没有河流排出大量淡水影响的一般海区就可以养海带。没有海带是由于温度不适宜，或者海流没把孢子带到这个海区的缘故。这种认识无疑是有道理的，也是曾为我国海带养殖技师、日本的大槻于1951年设计“绑苗投石”养殖海带的根据。但是，“绑苗投石”实施的结果，当海带还处于生长适温的4～5月，叶片开始“腐烂”、脱落，6月烂了大半，而在同一水层中的马尾藻、石花菜等其他海藻则生活正常。8月，这些海区（长山岛的雀嘴、烟台的东炮台、威海金线顶、荣成俚岛的后疃、小黑石，青岛的水族馆等）的海带苗却无一生存。因此就不能不认为绑苗投石的根据是不充足的，是不符合山东的实际情况的。这样的现实，当时理论上无法解释。

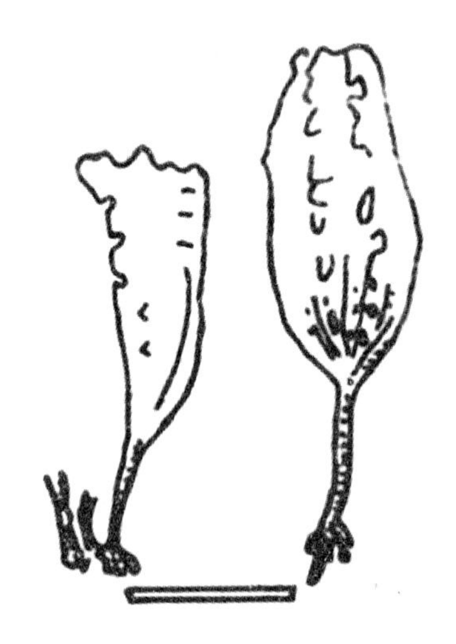

图1　蓬莱刘家旺海区绑苗投石的海带

（1951.6.28. 标尺：2 cm）

（二）不同海区海带苗移植的结果不同

1951年7月20日，李宏基于青岛水族馆海区（现鲁迅公园沿岸）观察绑苗投石的海带苗，先由潜水员从海底把绑着海带苗的石块带到海面，我们接到石块搬上船甲板时，将两根铜丝绑着二根竹皮中的一根于1/3处折断，竹皮长约30 cm，其上采孢子生长着20～30棵小海带，叶片颜色淡黄，有硬感，全部凹凸，顶端白烂粘软与中间一段无色素的白叶片和淡黄色叶片相连，根茎带有黑褐色。

当时，小黑栏有大量裙带菜，色浓而且长得大，水族馆沿岸无裙带菜分布。出于爱惜海带苗的原因，作者把断裂带有不足 10 棵海带苗的竹皮折下，放入帆布桶海水中，移到靠近我们住处的小黑栏这一裙带菜生长好的海区。用铜丝重绑于另一石块上，由潜水员安置于裙带菜水层中继续养殖。

一个月后，这段竹皮上长着的几棵色淡、叶片凹凸的小海带，全部变为色褐、叶片柔软，并且从生长部又新长出一段平直新叶片。藻体鲜嫩有生气。同一来源的海带苗移植到二个海区，海带苗的反应不同。

（三）海区不同营养状况不同与其鉴别

以上情况报告大槻技师后，他抱病亲临现场观察，二个海区的海带苗十分不同，一处白烂殆尽，有的只剩下根茎，一处恢复生长。大槻称其为“外海移内湾的试验”，断定这种变化为养分因素所致。

1951 年 11 月，山东水产养殖场召开年会，在邀请中科院海洋生物研究室（张峻甫、张凤瀛等）、中央水产实验所（朱树片，刘恬敬等）及山东大学生物系、水产系讲师、教授参加的会议上，大槻作了“绑苗投石”总结，其中提出山东沿岸划分为四种营养类型的海区。因此，贫富营养海区的发现为大槻洋四郎绑苗投石失败作了解释。

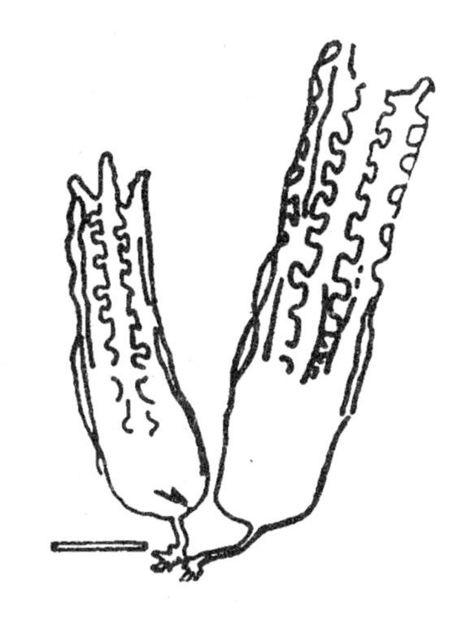

图 2　1951 年 7 月 20 日从水族馆海区的绑苗投石海带移到小黑栏海区（根据 8 月 20 日采的标本描绘，标尺：2 cm）

会议讨论时，李宏基支持大槻贫富营养海区的观点。同时，根据绑苗投石海区与青岛团岛湾、烟台山沿海的海藻种类、色泽等差异，与海带在不同海区的差异相类似，因而提出：以海藻的种类与色泽为指标，鉴别海区的营养状况。为大槻的海区划分增加了确切的物质内容[①]。当时海洋化学在我国尚未开展的时期，具有一定实践意义。

（四）海带施肥的提出

1952 年 10 月，在山东水产养殖场的年会上，大槻离华前作了“山东昆布

① 1985 年上海科技出版社的《海藻栽培学》28 页“大槻洋四郎提出了按生物指标进行海区的选择”，这样的提法是不正确的。

养殖研讨”的报告，在回答提问时，补充了“关于海带养殖的施肥问题”的意见。他正确地预见到山东发展海带养殖需施肥，同时，他还提出海底施肥两种方案，一种以红螺壳盛人粪尿与黄土混拌，晒干后储存，按时向海底的海带丛中投置。另种方法为草包装大粪干绑于石块上沉入海底进行施肥。

由此可见大槻是提出海带施肥养殖的倡导者，也是海带施肥提出的由来。

二、盐田沟中施肥养海带与水动因素限制海带生长的证实

（一）盐田沟中施肥养海带的提出

海洋中施肥主要是肥料溶解快与随潮流流失。因此我们向中科院海洋生物研究室于 1952 年 9 月提出在盐田沟中施肥养海带的合作试验。可能成功的根据大致如下：① 盐田沟中施肥无流失；② 用二年海带从 10 月到翌年 4 月有半年的生长期，海带生长的温变与生长期适宜；③ 沟中光照问题可用遮光方法解决；④ 培养海带的水体每天可以更换 1～2 次，保证水质新鲜。因而基本满足了海带的生长条件。

10 月，于石岛废盐田找到试验点，位于瑛琊岛北的东墩村废盐田，挖一条长 50 m，宽 5 m，深 3 m 的长沟渠，一般潮可以纳水，沟内贮水约 2 m。11 月建成，从俚岛运去二年海带苗进行试验。派工人常驻东墩施肥，换水等。

（二）水运动限制海带生长的证实

二年海带苗移入施肥沟后，色泽由黄变褐，叶片变有软感，但是稍见生长后即停止生长。当时认为沟内水体小受气温影响，水温过低对海带生长不利。翌年春，水温上升，仍不见生长。又将一年幼苗移入，也不见明显生长。海洋生物研究室退出。我们于生长的适温期中进行遮光试验、晃动苗绳试验，均不发生效果，证明不是光合作用与养分的吸收问题。因此分析可能是缺乏潮流、波浪即水的运动因子。所以我们把一年苗用“绑苗投石”方法移出施肥沟，放到涨落潮都经过的“钓鱼台”岩礁旁，经水流冲成的水坑中，水深约 0.5 m，经过 10～20 天，一年海带苗有了显著生长，而施肥沟内的一、二年苗均不见长。证实：① 一天涨落潮各二次，即有 4 次潮流冲动，其余时间处于静水状态的条件下，海带即能进行生长。② 潮流的冲击即水的运动因素为海带生长不可缺少的因子。③ 养分可形成海带生长的限制因子，潮流等水运动也可形成生长的限制因子，二者都是不可代替的。

三、贫区养二年海带的途径问题

(一) 二年海带不施肥长大的原因分析

1951 年秋,海带采孢子培育的幼苗,1952 年秋成功地于威海、俚岛二地获得一批二年生小海带。就是这批二年苗于俚岛海区生长异常良好。这批苗度夏后进行二年生再生长时,生长比较快,当年长到 1 m,株与株间的长势大体一致。1953 年 4～5 月,一般叶片长 2.5～3 m,宽度 0.3 m,叶片较厚。比 1953 年青岛养的一年海带长得好。但色泽淡,无光亮。因此,养殖二年海带可能成为贫区开展海带生产的一个途径。它的可行性必须理解其长大,长好的原因,以便达到人工可以控制其生长好的目的。以下四种情况值得注意。

① 俚岛海区养的一年苗未长大;② 二年苗长得大但色淡;③ 海带筏上的杂藻色淡,无异常;④ 尝食二年海带乏味,状如嚼纸。

分析 1954 年二年海带未长大的原因,与 1953 相比,明显的理由是 1953 年采苗培育的幼苗虽然未长大,但作为二年苗的苗种则嫌大,再生能力低,长势弱。从苗种的植株之间来看,个体差异较大,但均属长势不好的形态。

两年来的情况表明:养二年苗与一年苗不同,二年苗必须掌握二点:一是控制一年苗生长的大小,有适宜的苗种度夏,夏后才能获得好的二年苗;二是选择二年苗种,即选有旺盛再生能力的植株。为了解决这两个问题需要进行一系列的研究,晚期还要施肥改变其乏味,这就不如施肥养一年苗来得简易。

四、海带施肥养殖的几种道路

正当我们重复试验二年苗不施肥养殖时,1954 年我国几个单位先后各自选择自己施肥道路。

(一) 海底施肥养殖

农业部水产实验所首先于 1～2 月在青岛太平湾作裙带菜的施肥试验,并附带作了海带的施肥。选择海底施肥,施加人粪有机肥,收效不够理想,但证实施肥是有效的。

海底养殖海带受到许多自然条件的限制,即使肥区的发展也极为缓慢,虽然海底施肥有流失少的优点,但施肥与养殖一样受到自然条件的限制,难以实施。

左：1953；中：1954；右：1956

照片 1　俚岛海区 1953～1956 年筏养的二年海带同期(6 月)的比较(不施肥)(标尺：0.5 m)

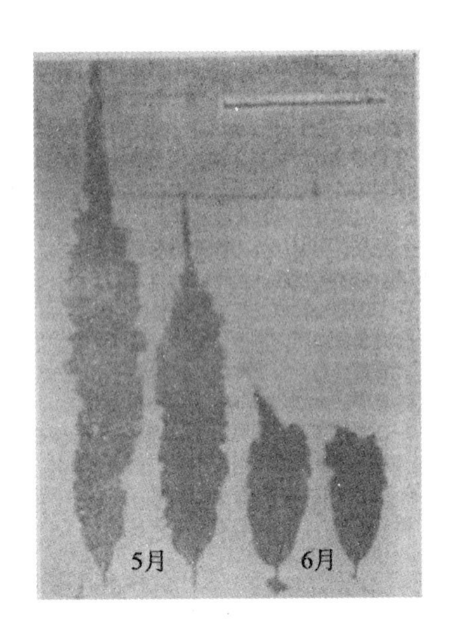

照片 2　1954 年俚岛海区，不施肥筏养的二年海带的白烂(标尺：0.3 m)

(二) 筏式施肥养殖

中科院海洋生物研究室于 4 月于筏上进行施肥试验。用陶罐内盛硝酸钾的海水溶液，对海带进行施肥，证实施加硝酸氮是有效的。这是我国第一次于筏上施用化肥。

筏式养殖人工控制的成分大，同样也对施肥实用。因此，筏式施肥是可行的。

(三) 梯田施肥养殖

山东水产养殖场证实养二年海带有困难后，8 月，在俚岛海底培育的二年小海带的苗丛中，将硫酸铵直接放入土坯烧制的小乌盆内，封口后绑在石块上沉入海底给小海带施肥。经过 2～3 周，约有 1 m 直径的小海带丛，色泽由淡黄变成褐色并有新的生长。肥效十分明显，一个盆的施肥面积为 1～1.5 m^2。

根据这一结果，12 月，于俚岛的琵琶寨，大片潮间带岩礁区建一小型水池(人工石沼或梯田)，进行施肥养二年海带试验，效果很好。

潮间带养殖比潮带下海底养殖大大增加了人工成分，而且保持海底施肥流失少的优点，所以是一条可行的道路。但潮间带的岩礁区有限，而筏式施肥有效，因此优先筏式施肥为宜。

五、筏式陶罐施肥与施肥方式问题

(一) 陶罐施肥的基本结论

曾呈奎教授提出，海洋施肥可以根据生物膜的渗透原理，控制肥料的扩散。孙国玉根据这一要求以陶罐壁的多孔性和微孔来控制肥料的扩散进行施肥。

陶罐施肥是控制肥料向局部小水体范围施肥，是从盐田沟中向整个水体施肥演变而来，其目的为了适应海洋中海水不停地运动，减少肥料的流失。

陶罐施肥于 1955 年上半年进行。结束前曾呈奎教授邀李宏基乘船到太平角看结果。这是一种双架筏平养的篓式陶罐施肥，海带生长达到商品标准，肥效明显，实验是成功的。从生产角度来看，获得以下几点结论：

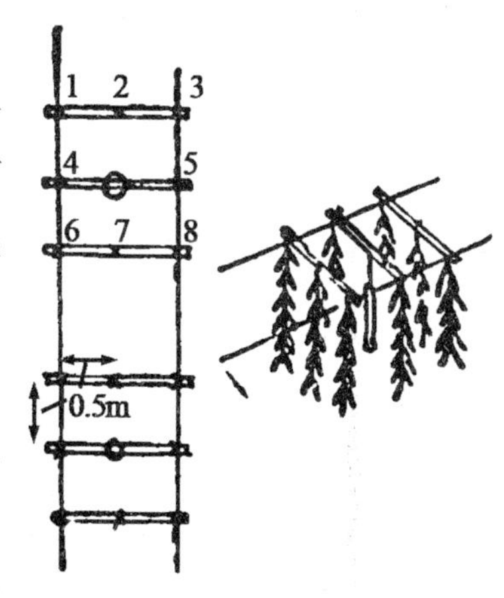

左：平面；右：示意

图 3　三竿式小双架施肥

(1) 夏苗施肥可长到商品标准。

(2) 硝酸铵与硝酸钠均可使海带增产。氮肥与干产量比约为 1∶1。

(3) 施肥的有效距离为 50～60 cm，1 m 以外无效。

(4) 经济核算有效益，每亩海带纯攻入 190 元，纯利约 81.5 元。

(二) 筏式施肥的方式问题

(1) 篓式施肥：陶罐放入竹篓中施肥的方式，从技术角度来看实践性很差，主要是拙笨。大竹篓安置于大双架，竹篓中绑着相当重的陶罐，两侧再绑着二根长满海带的苗绳。作业时，必须把大竹篓拖到船上，解下罐从篓中拉出，更换的新罐捅入竹篓中再绑牢，最后再把竹篓搬到海里，既劳累又麻烦、费时，风浪天气还难以实施。

(2) 三竿式小双架垂养：因为平养方式为苗绳与罐、竹篓为一整体，作业不灵便。改为垂养苗绳与罐分开，省去篓又减轻劳动强度。但必须保持陶罐施肥原理的要求，即一个施肥罐周围在有效范围内放养一定数量的海带，使这些海带达到有效益的产量。据此，我们设计一种三竿式小双架垂养，苗绳布置于罐的周围，苗绳间距约 0.5 m，罐与各苗绳相距 0.5～0.75 m。一个罐所养的海带数量较篓式多。因此改为垂养后基本符合篓式平养的要求与经验。实验证实效果很好。

（三）单架垂养挂罐施肥

三竿式小双架垂养的缺点，用器材多，比单架怕风浪，作业不如单架方便。1958～1959 年山东水产养殖场解体，技术上失去统一指挥管理，所以各地有的直接把施肥罐挂到单架上。这一方式的改变，其实质属于施肥性质的改变，完全脱离了陶罐局部施肥原理的要求。

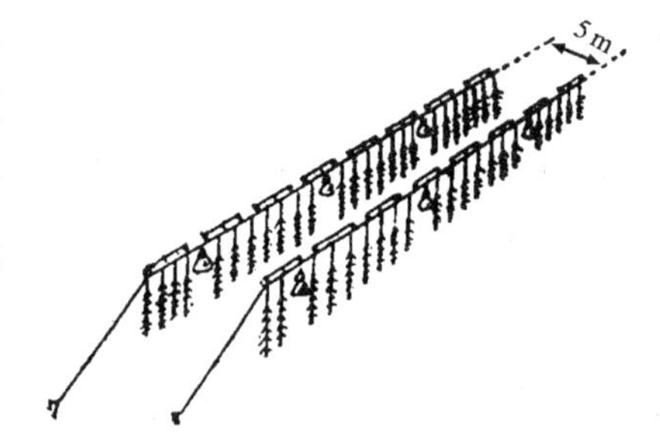

图 4　大单架挂罐施肥

（1）一罐给周围一定数量的海带施肥，变为给少量海带施肥。

（2）给有效范围的海带施肥，变为主要向海水施肥。

（3）以罐为单位施肥，变为以整个养殖区为单位施肥。

这一方式改变的结果，由直观明显的肥效变为不能直观的肥效。

六、陶罐施肥的淘汰

（一）陶罐的缺点

篓式及三竿式小双架用陶罐施肥的经验效果很好，但投产后暴露出陶罐本身的问题。① 陶罐的重量大；② 罐口不圆，无适宜堵塞方法；③ 罐壁粗糙不均，扩散不均，不符合要求；④ 罐与罐的微孔差异很大。

这些问题均属制造的技术，但大量生产中难以解决，所以生产中达不到控制施肥的目的。

（二）陶罐在施肥中的问题

（1）罐挂在海中浮筏上，微孔易为沉淀物堵塞，易生杂藻又不易洗刷；

（2）罐与海带互相摩擦，损伤海带；

（3）罐口小，装肥慢，向外倒水慢，费时；

（4）由于罐的微孔状况不同，施肥结束换罐时，罐内状态不一，有固体肥，有化肥水、有的全为海水，难处理；

(5) 罐外渗化肥水,污染衣服;

(6) 罐重量大,装运及换罐压载,风浪天作业有危险,换罐作业效率低;

(7) 搬运装卸靠人力背,劳动强度大等等。

此外储存怕尘土等使生产工作不便,所以投产后工人反应很大,阻碍生产的进行。由于罐作为一种工具不好用,工人就不能按要求工作,结果形成罐不封口,不按时施肥,肥料施不了等问题,形成名存实亡的陶罐施肥,陶罐仅仅成为盛肥工具而不起控制作用。

因陶罐笨重起不到应有作用,所以很快出现代替罐的工具,以解决陶罐施肥的作业问题,陶罐于 1964 年基本被淘汰。

七、向海水施肥的兴起

单架挂罐施肥虽然是陶罐施肥,但已不属局部施肥,脱离原来陶罐施肥的要求,性质已属于向养殖区的海水施肥。此时称为"罐肥"。由于性质的改变,此时的罐可用许多工具代替,也可用其他方法达到向海水施肥的目的。

首先代替罐的工具为油布做成的小袋,内盛化肥挂单架上施肥,称为"袋肥"。油布为桐油涂于白粗布上,用针线缝制而成,所以很易透水。油布袋解决了陶罐本身及施肥作业的大部分问题,但是,化肥下海很快溶解流失,解决不了控制肥料的扩散,却受到施肥工人的欢迎。

尽管罐肥、袋肥是向海水施肥,但施肥者的目的是控瓶扩散施肥即局布施肥。

人们明显地看到油布袋起不了控制作用,实质是分散向海中撒肥,所以又有直接沿筏架向海中一点点施放化肥,称为"捻肥"。和化肥盛麻袋中于船后拖曳划行的"拖肥"。

捻肥、拖肥的出现是名副其实地向海水施肥,所以进一步改进为化肥溶解海水后,向筏架挨序舀化肥水泼洒海中,称为"泼肥"。泼肥的出现,施肥者的目的性明确了,为提高整个海区的肥力来提高海带的产量。泼肥又从施固体肥转变到施液体肥,施液肥又为施肥机械化创造了条件。从此,彻底解决了分散挂袋方式的作业问题改变了养殖与施肥难以兼顾的忙乱,形成专业化分工。因此,泼肥是施肥技术的新发展,并诞生了新的施肥理论。

泼肥经青岛、俚岛两地先后试用抽水机向海中喷洒化肥水,俚岛海水养殖场邱铁铠等改进用机器一边向船舱吸海水溶解化肥,一边吸化肥水向海中喷洒，利用喷水反作用推动船只前进，形成机械化施肥船。施肥机船的出现，对提高劳动生产率、提高肥效起到好作用。其他施肥方式相形见绌。泼肥兴起了。

泼肥的优点：① 白夫施肥肥效好；② 夜间及风浪天不施肥，省肥；③ 可机器化，速度快；④ 一天多次泼肥，施肥时间长可提高肥效；⑤ 用单架施肥省器材，省施肥工具设备；⑥ 劳动强度低，易实施。

由于泼肥有效果特别具有易实施的特点，从 60 年代兴起持续到 80 年代初，长达 20 余年，在中等肥力的海区是受欢迎的施肥方法。

八、海带施肥养殖的衰退

泼肥也有它的缺点，即向海水施肥的问题。向整个海区施肥必须提高整个海区的肥力，这就形形成两个问题，一个方面是整个海区由于所处的地形，位置的不同，形成潮流风浪等不同，影响施肥后的效果，同一海区的产量不同。如果多单位一起养殖，因为肥效不同，受益状况不同，引起吃亏者不愿施肥，受益者“吃他人大锅饭”。这种状况是泼肥等向海水施肥技术解决不了的。第二个方面是向整体海水施肥由于化肥量及成本关系，不能改变贫区海带产量低，质量次的局面。即不能真正达到商品海带标准。严重影响贫区养殖的积极性。

80 年代，讲求经济效益，海带施肥养殖首先受到人为价格的冲击，施肥解决不了贫区的问题，先从山东南岸贫区“下马”。水产品价格开放后，海带价格下调，波及中等肥力海区的施肥，低产区纷纷停产。海带施肥于 80 年代中期被摧垮。仅仅保持在育苗阶段，作为一种短时间的措施而存在。

九、海带施肥技术的评价

(一) 施肥研究者

大槻洋四郎教授发现山东沿海有贫富营养海区，因而倡导海带施肥养殖。他的预见性与途径通过生产证实是正确的。

李宏基提出潮间带盐田施肥养海带，走出施肥养海带的第一步，并且证实水运动是海带生长不可缺少的因子。

曾呈奎教授提出海中筏式施肥途径及局部施肥的原理都是正确的。控制施肥是海洋施肥技术的突破，有重要实践价值。孙国玉教授设计的陶罐，作为施肥工具是实验研究的好工具。因而获得一批研究成果。为施肥养殖开辟了道路。

邱铁铠高级工程师的机器施肥船，具有快速、易实施的优点，发挥了泼肥的优越性。在中等肥力的海区生产商品海带是一好的施肥工具。

(二) 两种施肥技术

(1) 陶罐施肥：陶罐投产后就达不到控制施肥的目的，不能应用于生产，因而二年后逐渐被淘汰。由于没有新的养殖方法相配套，以致有塑袋代替陶罐控制施肥，终于使局部控制施肥原理不能继续应用，但陶罐施肥于贫区的效果好、历史上的启蒙作用与贡献都是肯定。

(2) 泼肥技术：泼肥不是局部施肥原理的继承。属短时间向整个海区施肥性质，以提高泼肥技术为理论指导的新施肥技术。它是陶罐施肥的演变，但是属于创新性质。泼肥施用范围是有条件的。它适用于大生产。在天然养分基数较高的中等肥力海区，泼肥是一种好的施肥方法。在贫区，一般达不到商品的海带标准，效果较差，所以泼肥的海区是有局限性的。

泼肥是向整体海区的海水施肥，对整个海区养的海带发生作用，因而与局部施肥中的海带对比，泼肥的肥效不明显，所以泼肥不宜应用于少量的施肥试验。

十、展望

施肥可以增产是农业生产的常识。当海带价格上涨到一定程度，海带施肥养殖会重新实施。届时，泼肥是主要方法，单架挂塑袋施肥也会被部分采用。局部施肥没有解决相应的技术问题，不会恢复。因此，贫区养殖海带的可能性很小，除非有新的施肥技术出现。

(海水养殖.1988,1:1-10)

《海带梯田养殖法》的研究与性质问题

《海带梯田养殖法》经过实验和两年生产之后，证实它的可靠性、可应用性，于1956年申请国家发明奖。当时，接受申报的单位为国家工商行政管理局。根据该局答复[①]说：据中科院海洋生物研究室[②]审查认为："《海带梯田养殖法》可以看成潮间带水池养殖的进一步发展。属于技术改进而不属于发明。"答复是简明的，是确切的。但是，问题有两个：

1. 有没有潮间带水池养殖？潮间带水池养殖如果不是指海带梯田养殖是指何物而言？其根据出于何处？

2. 审查发明为何以什么进一步发展等臆断为根据而不依国家发明条例的规定？即三项标准来判断。

为此，现将我们对梯田养殖的研究，形成生产后的性质问题加以讨论。

一、海带梯田养殖法的研究

（一）潮间带养殖海带的提出

我国海带施肥养殖的第一个实验是作者提出并与中科院海洋生物研究室合作的，是一个对比实验。即在盐田的滩地挖沟纳潮蓄水，在其中施肥养殖海带。出乎意料的结果：海带苗（二年苗、一年幼苗）生长了一段时间后停止了生长。因实验失败海洋生物研究室1954年退出。我们为了探索海带不生长的原因，将部分海带移到同一潮区的水坑，由于涨落潮的潮流冲动，海带恢复了生长。实验证明：静水域是海带生长的限制因素。这一发现不仅对海带生长必需的生态因子具有意义，对养殖学也有重要意义。

假设这一实验结论是正确的，逻辑的推理必然会得出：于盐田海滩地带储

① 国家工商行政管理局(57)工商注(发)字第292号文。

② 该室当时海藻分类学及实验生态学等专家组成两年海水养殖专业的专家。

水如能解决水的运动海带即可生长。同一理由,潮间带解决了存水和水动问题,潮间带可能养殖海带。此即潮间带养殖海带提出的历史背景。

(二) 潮间带养殖海带存在的理论问题

大型褐藻类如海带等是自然分布于潮下带的。如果使其分布于浅水的潮间带,是违背海藻垂直分布规律的。解释海藻的垂直分布理论,以往有补色适应说(Theory of chro matic adaptation),补偿点(Point of comoercation)说等。但只能说明分布于深水及其极限,而不能解释不能分布于浅水区的原因。

(1) 海带不分布于潮间带的主要原因:我们于海带分布区的潮间带进行生态观察中发现:① 有的石沼中有零星海带苗发生;② 低潮带的个别干露的岩礁和石块上,冬季正当幼苗发生期无幼苗发生,春季干出时间变短的 4~5 月却有幼苗长出,5~6 月长成半大的海带。

这些现象表明,潮间带不是绝对没有海带生存,由于干露缺水是海带不能分布的主要原因。

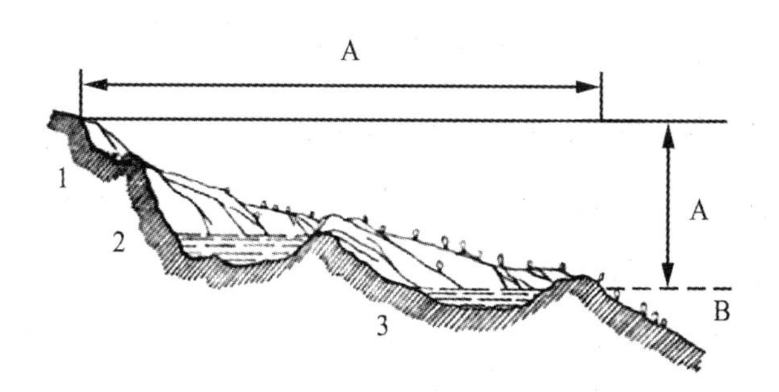

1. 石沼;2. 潮池;3. 潮下带;A. 潮间带;B. 潮下带

图 1 潮间带自然海水储水的三种形式

(2) 潮间带自然储水与海带的分布:潮间带区域地势较高,潮汐运动时,有时被潮水淹没,有时干出,干出时间自然储水有三种形式。一是浅水面积小的石沼(rockpool);二是面积较大,也可能水较深的潮池(tidalpool);三是潮下带式深水区。

潮下带是海带自然分布区。50 年代[①],日本于北海道的潮间带接近低潮线的高地,海带不分布的岩礁,采用爆破方式打低地势,形成不干出的人工潮

① 长谷川由雄,福原英司:1956;シコブの增殖に関する调查(1).北水试月报 vol. 13(10),p4—18,(昭 31)

下带，因而发生了许多海带幼苗，实验得到成功。这是符合自然规律的。

另外的两种方式，即潮间带的岩洞、低洼地势、岩石坑等，均有自然储水，但均无海带大量分布。这也是符合自然规律的事实。

（三）潮间带形成海带分布层的问题

潮间带既可能有海带生存，为什么不能形成分布层？现有的海藻垂直分布理论，文献均没有解释。

从潮间带与潮下带的生态条件比较，前者除了有干露无水时间之外，浅水强光是一个重要特征，浅水区杂藻丛生，种类和数量均多，即生物因素的不同。这三种生态因素均可形成限制因素。

从海带的生态特性来看，海带是耐干性差的种类，这是它不能分布于潮间带的原因之一。海带属耐阴性海藻类，怕强光是它的特性，浅水直射强光对其胚孢子、配子体、与幼孢子体均难以存活，这是不能分布于潮间带的原因之二。其三是海带的微观时期即使未被干死、晒死，它也无法与潮间带分布的好光性杂藻相争。因此，在潮间带的自然储水中，海带不能形成自己的分布层。

（四）潮间带养殖海带要解决的技术问题

养殖技术的任务之一就是解决理论的实践。上述的理论问题要求：① 解决潮间带水的问题；② 解决潮间带的杂藻妨碍海带形成分布层的问题。现分别从技术上说明解决的方法。

（1）水的问题：解决潮间带水问题包括三个内容：① 储水；② 有一定水深与水量；③ 这些水必须每天均能运动。

人工解决这个问题是可能的，但应用于生产则是困难的。潮间带的潮池却具有此三种功能。因此，模拟自然潮池是一条可行的途径。

在底质坚硬的岩礁区域，怎样形成人工潮池？有两种方式可供选择，一是掘挖“地下池”，为爆破形成洼地储水池；二是筑堤式“地上池”，即以堤拦储潮水形成水池。对岩礁地带来说后者更易于实行，也可以二者结合进行。

（2）杂藻与海带人工分布层问题：潮间带地上池解决杂藻与海带分布层这两个问题是可能的。因为它们是矛盾的两个方面。矛盾的实质是解决海带幼苗的发生而形成分布层，也就是必须排除强光与杂藻的干扰。

1）海带幼苗的发生问题：杂藻具好光性，海带具耐阴性，利用其特性的不同设立有遮阴能力的生长基，把二者分离开，以保障幼苗的发生。众多的生长基及其大量幼苗的发生因而形成了人工分布层。

有遮阴能力的生长基，高度要 20 cm，形式四周陡立，形成立体不同的遮阴带，海带根据自己特性选择适宜的遮阴带而发生生长。

2）海带的生长问题：第一是杂藻与海带幼苗的竞争。开始，杂藻在生长基的上部海带在下部，幼苗在生长过程通过强大的假根可占据有利地形，排挤杂藻。第二是海带生长的水深。海带是大型藻类，对水深有一定要求。即生长基高度（＞20 cm）加上海带的挺水高度（＞20 cm）。因而＞40 cm 的浅水池即可保证海带生长的需要。

（3）人工潮池的形式——梯田形浅水池：浅水池可以满足海带形成分布层（发生与生长）的要求，同时它又具有许多优点：① 符合船养殖作业要求；② 符合筑堤施工简易要求；③ 符合阻浪小的要求；④ 符合及时被潮水埋没，增加水动要求；⑤ 符合成本低要求。

但是，浅水池存在的问题是：矮堤围堵的面积小。

图版Ⅰ　通过梯田方法潮间带形成海带的人工分布层

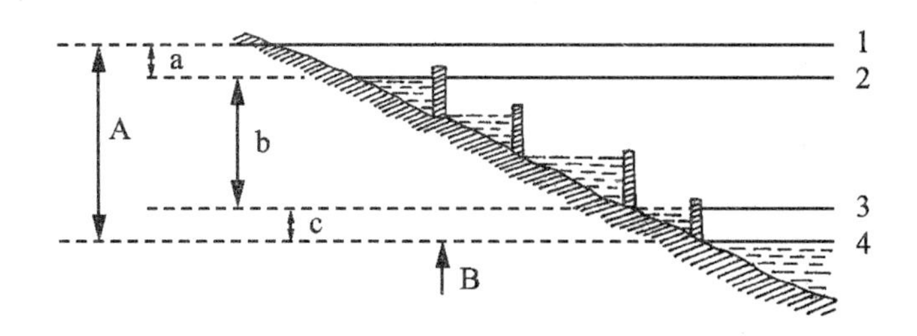

A. 潮间带：a. 高潮带；b. 中潮带；c. 低潮带　B. 潮下带

1. 大潮平均高潮面；2. 小潮平均高潮面；3. 小潮平均低潮面；4. 大潮平均低潮面

图 2　潮间带的梯田式人工潮池（1955 年，青岛团岛湾）

为了解决这一问题，采用梯田形式，随地势高低层层筑堤，可将潮间带适于养殖的地带全部利用。梯田式浅水潮池的堤上，有计划地留有排水口，还可以在干潮时增加池水的流动时间，有利于海带的生长。

梯田式浅水潮池，光照条件好，可以促进海带的早厚成，比潮带下养殖与自然分布的海带可以提前收获，有利于养殖收割的安排。

因此，海带梯田养殖法可以成为海底养殖海带最可行的生产技术。

这是海带潮间带养殖的研究与梯田建筑设计构想的基本情况。

(三) 实验的结果

(1) 结果达到了预期的目的。即梯田形成了海带的人工分布层，海带长成商品海带。

(2) 海带梯田养殖法的研究，是海藻养殖学研究的范畴，是发现静水为限制海带生长因子的启示下而创造的新方法。它的形成不是脱胎于水池养殖，而是模拟自然，以潮池为原型，向自然学习的结果。所以它是完全创新的。

二、潮间带水池养殖的问题

海带梯田养殖可以算是“潮间带水池养殖”。在此以前我们不知有“潮间带水池养殖”之事。

(一) 海水养殖中的水池养殖

如果是指此而言，它既可养鱼、虾亦可养海藻，如台湾养江篱等。这种水池有的称鱼塭、水塘、贮水池等名。但它的建池区一般称为海滩①，而不称为潮间带。因此，不能称潮间带水池养殖。这种水池养殖从来没有养殖过海带等潮下带分布的大型海藻。

(二) 大槻的采苗池

大槻于大连老虎滩的海滩上曾建一个水池，在烟台芝罘岛的洼地挖掘一个三面环陆，一面向海干砌石堤的水池，都是作为海带、裙带菜采孢子之用，它的作用与采孢子船、采孢子水槽相同，所以不是水池养殖，也从未用于养殖海带，也从未见于文献。大槻的两个水池即使勉强称为潮间带水池，也不能称为

① 海滩：平均高潮线与平均低潮线之间的地带。涨潮时被海水淹没，退潮时露出成片的陆地。〈简明水产字典〉P63。

水池养殖，因为它不是一种养殖方法。

（三）盐田沟中施肥试验

如果说是指第一个施肥养海带试验的盐田沟称水池，它正是作者提出的并建议双方合作的。由于海带不生长，实验失败了，不能成为养殖法。假设它是梯田养殖的原型，由于它不是养殖方法，是经过研究改进最后达到成功，当然属于发明，不决定是否有原型及其发展。

如果潮间带与水池养殖概念清楚，就扯不上梯田养殖是水池养殖的发展。例如1955年旅大水产养殖场，参观了青岛的梯田养殖返回大连后，未扩大原大槻的采苗池进行海带养殖，而于老虎滩外的潮间带陡礁群的低洼处围堵了几处小水池，实际是高潮带石沼，由于海带发生少生长小而失败。

山东俚岛水产养殖场，1956年于草岛寨村南的潮间带岩礁区建设一个高石堤混凝土大水池，只能于高潮时从潮流口进水，由于静水养殖海带而失败。此外，黄渤海沿岸不存在潮间带水池养殖。

三、水池养殖与梯田养殖的区别

（一）二者所在区域不同

水池养殖的区域在内湾、港叉、废盐田等地势平缓的海滩或水陆交汇的边缘区；梯田养殖在潮间带的岩礁区域，属外海性海区。

（二）二者与海的关系不同

水池养殖在少风浪的地方，建高堤或大坝保护着水池，池与海之间隔离而梯田养殖是矮堤，干潮与海隔离，满潮则池海浑然一体。

（三）属动水与静水养殖之不同

水池养殖是纳潮或人工提水养殖，属静水养殖；梯田养殖是随潮汐自动出入，满潮后，有潮流与风浪，形成正常海洋环境，属动水养殖。

（四）二者的养殖机理不同

水池不能养海带而梯田则可以养殖海带。

由此可见水池养殖与梯田养殖二者是不同的二件事物。即使后者是前者的发展，应该按新形成的事物定性质。

四、《海带梯田养殖法》研究成果的性质

这一研究成果具有三个特性。

(一) 新颖性

新颖性即前人所没有的。审定本法为1957年。日本北海道大学教授田村正1960年著《浅海增殖学》,其中的"海带增殖"一章中记载七种增殖方法,无水池养殖,也没有潮间带养殖。日本海水养殖专家编写于1965年出版的《浅海养殖60种》中没有一种是潮间带水池养殖的。以中国科学院海洋研究所的科学家为主编著的《海带养殖学》(1962),其中没有"潮间带水池养殖"(海带),但有梯田养殖。由此可见,梯田养殖海带之前,既没有潮间带养殖海带也没有水池养殖海带。

潮间带养殖是养耐干性能高的海藻类,如紫菜、海萝、礁膜、江篱等。这些藻类就分布于潮间带,所以不具新颖性。潮间带养殖海带则是空前的,具有新颖性,即前人所没有的。

(二) 先进性

海带梯田养殖属于海底养殖。海底养殖有采孢子投石、采孢子沉筐,甚至包括海底的人工繁殖和自然繁殖在内,其效果均不如梯田养殖。海底养殖海带一般都是于潮带下潜水作业,放养,收割等。作业慢,费力、费时,方式落后,受风浪的影响等。梯田养殖作业是在干露或半干露的"陆上"作业,作业快,简单易行。

从中潮带到低潮带,梯田养殖的海带产量比自然分布层中养殖的采孢子投石、采孢子沉筐的产量高,稳产,表明梯田养殖的有效性。所以,梯田养殖是一种先进的海底养殖生产方法。

(三) 实用性

海带梯田养殖法的实用性,由以下三方面可以证明。

(1) 从1954～1956年的养殖实践,每年都有近似的产量。表明生产是可靠的、稳定的。

(2) 生产经过几年之后,通过财务核算,生产成本比筏式人工养殖低,可以与筏式养殖并行而无争场地、争劳力等矛盾。

(3) 1955～1956年,俚岛东烟墩村东的琵琶寨,是一片潮间带倾斜平缓

的岩礁区，建立一个人工潮池（即一层梯田）进行海带施肥养殖实验，海带生长很好，表明它可于广泛的海区实施。因而也表明了它的实用性。

左：二年海带；右：夏苗

图版Ⅱ 俚岛梯田施肥养殖的海带（1956年，琵琶寨）

根据我国的发明奖励条例规定，凡具以上三条件的即具发明的性质。

五、结语

50年代，我国刚刚实施发明奖励条例，《海带梯田养殖法》可能是第一个海藻养殖申请发明奖的。由于当时没有设立专门的机构——发明委员会，没有审查水产业特别是海藻养殖的审查员，水产业的发明是由其他有关行业代为审查的，而且没有答辩，仅是“一面之词”。因此，对养殖原理的理解，资料的积累，对发明定义的理解和缺乏经验等原因，产生问题是可能的。但是，是非标准应辨明。为何不用国家标准，国际惯例衡量是否属于发明。为何采用是其发展就不属于发明为准绳？实质是对发明定义的模糊。应该以实事求是的态度，严肃对待成果的性质。

现在已进入90年代，以现在的认识水平，现代微机检索手段，审查就简单多了。我们仍然坚持38年前的意见：《梯田养殖法》属于发明性质符合国家发明奖励条例。

（海水养殖.1994，1：35-41）

关于大连海带的由来问题

1860 年 11 月(中俄北京条约)之后,我国没有天然海带的分布区。从此,海带成为我国的珍贵海藻,也成为舶来品,人们承认"海带不是我国的原产物"《海带养殖学》。[①]

1927～1928 年,于大连沿海突然发现了海带,因此引起了人们的注意。大连海带从何而来就成为人们感兴趣的问题了。

大连海带是从哪里来的？是自然发生的？逐渐传播的？还是人工移植的？关于大连海带的由来迄今没有人持首先是人工移植而来的说法,因而没有讨论的必要,但是却有首先发现自然生长的,因而启发到日本去移植的说法。所以我们对以上两个问题进行分析,并对人工移植问题进行讨论。

(一) 大连海带是不是当地自然发生的?

不是。一个物种的形成,需要经过漫长的岁月,往往要以十万年计。大连的海带与日本的真昆布同[②]。大连的海区条件并不优越,又无其他亲缘种类,数量分布又极少,因此不具备独立形成一个物种的条件。从古地理学来看,同样支持以上的分析,例如:

1. 从黄海形成的时间来说,大大晚于日本海,因此,分布于太平洋两岸和日本海的海带不可能又在黄海独立形成相同的种类。黄海不可能有海带自然发生这一点,中外海藻学家的意见是一致的(曾・新崎)。

2. 古地理学认为,10 万年前的太平洋两岸在朝鲜的济州岛与日本的九州之间到中国的台湾东岸一带。当时的日本和朝鲜以及我国大陆都连于一起,长江在台湾东北不远的地方入海。东海与黄海是相连的一片大平原。距今 11000 年比今日海面低 50 米,9000 年前的海面,在今日海面下 25 米。发

① 曾呈奎,等. 海带养殖学. 1962.

② 冈村金太郎. 日本海藻志(第二版). 1956.

现海带的寺儿沟、大连湾当时均不存在，因此大连海带不可能是自然形成的物种。

（二）大连海带是从发源地自然传播来的吗？

这些说法的可能性是很小的。从海洋条件来看，黄海形成后，暖流（黑潮的一支）经对马海峡入日本海，这支海流温度高，而且为北上海流，这对阻止海带逐渐传播南下起着决定性作用。由于海带不能在朝鲜海峡作长期停留或繁殖，一棵海带就不可能从北方漂流千里越过朝鲜半岛再转向北上千里，到达辽宁半岛的大连。并且在大连发育繁殖后代，因此逐渐传播的可能性是不存在的。

我们还可以裙带菜为例，朝鲜西海岸的黄海南道（仁川以北）的大青岛有裙带菜分布，但其对岸的山东和东北的辽宁都没有裙带菜的分布，裙带菜的繁殖季节比海带长，温度要求比海带广，对养分的要求也比海带低，裙带菜尚未自然传播过来，自然野生海带距我国最近的分布海区为日本海西部的东朝鲜湾，岂能自然到达西朝鲜湾再北上而抵大连湾？

（三）大连海带是人们无意中传播而来。

这样提法是合理的，可信的，理由如下：

1. 1953 年，作者到大连水产养殖场（青云街）找到原关东水产试验场遗留下来的部分资料，在关东水试和关东水产会 1928 年出版的刊物中，仅仅提到于大连湾寺儿沟“发现海带”，没有更详细的记载。这一点点记载只能说明：① 天然发生的；② 偶然发现的；③ 发现时间是 1927 年或 1928 年。

2. 寺儿沟的海带从何而来？日本技师大槻洋四郎曾对作者说过修建寺儿沟栈桥时用的是由海上从北海道拖运来的木料，北海道的海带孢子，附生于木料上，随着木料到大连而繁殖起来的。我们从未听大槻说过寺儿沟的海带发现于什么具体的场所，例如，自然岩礁、贝壳上或浪坝石块等等。更没谈到是他发现的，大连的寺儿沟栈桥是 1914 年（日本大正三年）3 月完成，以后又于 1917 年（日本大正六年），1925 年（日本大正十四年）改建[①]。即从 1914～1925 年完成修建与改建的。从时间而论均在海带发现之前，因此与大槻的说法相吻合。但是根据是不足的，例如，栈桥用木料是否从北海道运来？运木料的季节是否是海带放散孢子的时期？尚有待于证实。即使这两项被证实也仍

① 根据张定民先生提供的耿连奎未发表资料（1979）手稿。

然是一种推测而已，不过这种推测就比较科学、比较可信了。

3.《海带养殖学》中说："这批远路而来的海带也成熟了，所放散出来的活跃游孢子附着在栈桥的新基石上就成长为我国的第一批海带。"这是假设基础上的推论。事实上任何人也不能证实事情就是如此。这样，海藻繁殖的逻辑关系未免太简单了，那只有人们有意识的移植和有意识的检查才能看到。那又怎么能称为"发现"呢？

事实是栈挢的修建不是一年完成，更不是今年打桩明年长出一些海带，马上被发现，如果如此，文字必有记载。实际是在1927年偶然发现的，因而在文字上没有出现与栈桥(1914～1925)的必然联系。

按照海藻类的一般繁殖规律来说，更大的可能性是来自北海道或其他什么地方的海带，在寺儿沟安家落户多代之后，形成一定数量，被风浪打上岸才被发现的。这样分析问题有以下几项理由：

(1) 海带没有一定的数量在海中很难找到即"发现"。

(2) 具有已被发现的数量，一般是经过几代的繁殖以后才形成稳定的群体。

(3) 潮带下分布的海藻，一般都是先被海浪拥上岸后才发现的。

(4) 寺儿沟海区海底平坦为小石及贝壳组成，可以作为海带的生长基，并且易被北风打上岸。

(5) 寺儿沟栈桥修建后改建两次，最后一次因1924年7月被强风浪冲坏前端及中部，故于1925年改建到1926年10月完成，如果木料来自日本北海道并带来海带，最迟于1925年到大连，也经过2代的繁殖，如果木料于1924年秋冬时间运来亦有可能，那就是经过三代的繁殖，经过多代繁殖偶然被发现才是合理的。按正常估计，海带来自1914年栈桥开始修建或1917年改建时期更为合理。例如，青岛海带1950年开始移植，自然繁殖形成巨大种群并几乎遮蔽海底岩礁，但于70年代末(1977～1978)[①]海底找不到一棵繁生的海带，直到1981年，于大风浪后才能于海滩上偶尔见到一棵海带被打上岸，最少经过了五年的时间。

4. 新崎于《海藻》(1975)一书中则说："海带于北海道南岸沿岸产量多，日本海沿岸，北海道西部，库页岛到沿海州，朝鲜半岛东岸的元山广泛分布，而朝

① 1967～1977年作者不在青岛，什么时候什么原因不见海带不详。

鲜半岛黄海不产,北上到大连港口外海的老虎滩及一小岛一处小区域有自生者。”但是,他于《海藻の话》(1978)中在有关我国海带养殖历史中提到:黄海的中国沿岸没有野生的海带分布,然而有例外之处,只限于狭小的区域,即旅顺外海的小岛上生长,大概是日俄战争时期,从北海道运输货物的军用船舶,于其附近停泊,当其放散的孢子而播种下的后代吧。这是新崎与大槻交谈养殖海带时,新崎综合的叙述。然而这两段话与文献记载的于寺儿沟首先发现的说法均不一致,也与事实不符。如果老虎滩及旅顺外海的小岛上长有海带是战争中船只往来频繁带来的,那么,日本占领大连期间,商船及渔船把海带带到大连湾的机会和可能性要更大很多。因而寺儿沟栈桥建成后出现海带,即使不是修栈桥的木料带来,而是船只带来的这种可能性和机会就更大得多了。

总之,大连海带来源于北海道这一点是可能的,来源于朝鲜也是可能的,至于是木料带来还是船只带来都是一样的,均有可能,已不易进一步考证了。但它告诉人们大连海带来源于日本海的自然繁殖区,既不是于黄海自然发生分布的,也不是人工有意识地从朝鲜或日本移植的,而是无意识中传播而来。

三、大连海带的人工移殖问题

所谓人工移植是指有意识进行的工作.大连海带是人们有计划工作的结果吗?我国学者加以肯定。

1.《海带养殖学》(101 页)中的记载:“1930 年又从日本青森和岩手等县运来一批种海带,种苗到我国大连进行绑苗投石的自然繁殖工作”。但是该书上没有说明出处。我们从全文前后连贯看,可能也是根据一个日本技师的谈话,因为该书引用大连海带发现于 1927 年的时间是根据了当时“负责水产养殖工作而新中国成立后留我国工作一段时间”的日本技师,符合这样条件的技师只有大槻及中岛二人,大槻在山东,中岛在大连,作者与他们两人都谈过海带,但他们未如此谈过。1930 年,日本在大连已有水产刊物出版,均未有如此记录。

大槻回国后,曾与日本海藻学家新崎盛敏交谈过养殖海带与裙带菜的事。从新崎的著作中可以看到,其中涉及这段事。新崎[1]引大槻的话说,海带养殖发起于老虎滩出海带而得到启示,接着就从北海道移种苗开始养殖(1976)。

---

[1] 新崎盛敏,1976,海藻。海洋科学基础讲座(5),东大出坂社。

可见曾呈奎的这段话也出自大槻是无疑的了。如中岛回国后，曾于“水产界”杂志上发表文章，报告中国水产业的概况，其中也有海带部分，但是没有谈任何人工移植的事，这不可能是有意疏忽。

1930年从日本移来海带如果是属实的话，那么这一工作是谁主持的？中岛兼文来中国较早，二三十年代从事黄海海洋调查工作，不可能是中岛。五十年代中岛也没有说从日本人工移植的事情。关东州水产试验场的档案中记载大槻开始于1929年在该场工作比中岛晚，很可能是1929年来华并从事海洋调查，这即有文字记载，又有大槻的谈话，大槻曾不只一次谈过他从事黄海北部成山头一带的海洋调查，并说这一带有冷水团，为了搞清这个问题，1953年李宏基等到大连水产养殖场找到原关东州水试的老工人黎在耕，以后又问过大槻的汽车司机唐升琪，是否还有其他日本技术人员搞海带养殖，他们都说只有大槻一人，这样说与文献相同，因此，假如大槻是移植者，那1929年搞海洋调查，1930年搞海带引种，是很突然的，可能性也是很小的。此外《海带养殖学》的说法也存在着以下的疑点：

(1)“从日本本州北部”引种，是指青森还是岩手？具体海区在哪？为何张定民等说为北海道？

(2)海带运来大连后用“绑苗投石”海底繁殖。绑苗投石是大槻1951年在山东的创造，1930年大槻尚不能人工育苗，又怎么会提出这一方法？

(3)其他未记的重要证据缺乏，例如运输方法、使用工具，运到大连什么海区等等。因此，《海带养殖学》中的说法，因为其资料来源仅仅是出自一人之口，又为传说，没有足够的证据。

另一方面，移植或引种的逻辑关系不明：

(1)《海带养殖学》中说“由于经验不足，1927年自然发生的海带及其后代越来越少”。这是提出移植的根据？不，恰恰不是如此，经验不足是积累经验的问题，后代少而未绝种，为何用引种来代替？不是种的问题去引种，引了种不同样会越来越少吗？相反，逻辑的结论应该是：海区条件不适宜而越来越少，或者是人工不能帮助其繁殖，因而不敢引种才是自然逻辑的结论。

(2)按上述，大连海带并未绝种，那就是还能看到有海带（自然繁殖的海带），只要能看到，其数量就相当多，比人工移植的要多得不能比拟，为什么只强调新移植者，而不强调原有者？这样是不符合事实的。

(3)大连的海带三四十年代日本人认为是一种（利尻昆布），50年代我国藻类学家也认为是一种而且均为同一种。因而不禁要问,"为什么大连发生的海带与人工移植的海带为同一个种?难道是自然的巧合?既然是同一个种,为什么还要去移植?所以问人工移植究竟有无其事并非没有道理。

2.《大槻洋四郎对我国海带早期养殖的贡献》①一文中,又转引《海带养殖学》中材料为根据,并引伸成"大槻洋四郎曾参加了引种工作"。这句话在《海带养殖学》中是没有的,也是大槻与新崎谈话中所没有的,这是进一步的新提法,并且形成肯定的语句,这可能是该文作者的推论。此外该文又增加了一些新资料。例如:

(1) 1927年大槻"由东京大学生物系教研室调到大连水产试验场养殖课,担任浮游生物学的研究工作"。

(2)"1930年大槻先生在大连看到利尻海带……他认为大连可以养殖海带,便向上级写报告,提出这个意见。报告提出后,引起某些日本藻类学者的注意。不久,得到了著名海藻学家冈村金太郎和远藤吉三郎的资助,从事了引种工作。大槻先生从北海道的函馆移植海带到大连。从此,海带在大连海区就被正式地养殖起来了。"

这些新资料告诉人们的新事情是很清楚而且很确切。它提供的新材料中,一是大槻1927年来华,而且是搞浮游生物研究的。大槻1927年还在搞浮游生物,怎么与1930年看到大连海带提出养殖相牵连?大槻的报告是向上级提出的,应该是向水试机关领导,最多是向关东州水产厅署机关提出,而不是对外发表的文章,怎么会引起海藻学者的注意?为何未引起养殖学者的注意?不久得到日本一流海藻分类学家冈村、远藤的资助,资助应该在大连养殖,怎么会去引种?新资料比《海带养殖学》大大进了一步,因而也进一步出现以上种种疑问。我们着重分析其中两个问题:

(1) 肯定大槻初期为浮游生物的研究者,则怎么会或者说能否在1930年提出养殖移植海带呢?首先看看当时对海带的知识水平和养殖状况。大槻毕业于水产系,当时日本东京帝大农院水产系属三宅冀一海藻学派,三宅的著名学生有国枝溥和以后的须藤、新绮等。1926年大槻在校时,三宅于泛太平洋学术会议上发表了"我国(日本)昆布科植物的有性世代"。东大理学院属冈村学派,冈村的著名学生有山田、殖田等。1929年殖田才研究海带配子体、孢子

① 方宗熙、张定民,1982:大槻洋四郎对我国海带早期养殖的贡献。山东海洋学院学报12(3)

体的发生适温。

由此可见，该时期刚刚研究海带的生物学。当时，没有一本专门养殖海带的书，也没有专门的文章。仅仅维持在投石增殖的阶段，在这样的状况下，一个不是研究海带的人会不会提出这个问题？即使提出来又有什么根据千里迢迢去北海道移植呢？按理应该是大槻1930年开始研究大连自然生长的海带，而不应该第一步去移植。

（2）大槻的引种移植有三点不合理：第一，大槻参加引种的问题。大槻在中国多年，从未说他自己到日本去移过海带，仅仅对人说当时移植过，没有指明是谁去的。大槻归国后的谈话，从未确认他亲自参加。可是这些话是由我国学者（方宗熙，张定民）宣布并引自大槻女儿大槻一枝女士之笔。大槻一枝并非亲眼目睹或真知者。第二，引种有无此事的问题。如果引种是事实，即使大槻没有参加也是指挥者或参与此事。但是我们没有看到记录文献提到大连海带是从日本移植的，反之，此事却均出自大槻一人之口。为何当时的关东州水产试验场没有报告，关东州水产会的刊物没有记载，而对裙带菜的移植则有记载（关东州水产会1940关东水产4号）。第三，引种得到冈村、远藤的资助问题。怎么证实曾得到冈村、远藤的资助？假设属实，那么冈村金太郎一生写过248部著作的科学家，于1930年以后绝不会只字不提。如冈村1931年出版的《海产植物地理分布》、《岩波讲座》，1935年"关于海藻分布的种种事项"（植物及动物）及1936年的《日本海藻志》一书均未提到大连海带的移植问题。特别是日本海藻志中把海带一节中的（产地）只写"大连"二字。既没有像其他种类中有（备考）又无（冈村记）等批注，这件事如果他资助过不可能不注上"从日本移植"等字样。这绝不是冈村的疏忽，如果漏记，山田给该书订正出版时也会补充。所以资助之说并无证据。讨论以上两个问题之后表明方宗熙、张定民引用的文献其可靠性值得怀疑。

最后，该文的结论是："大槻先生从北海道的函馆移植海带到大连。从此，海带在大连海区正式的养殖起来了。"也就1930年后就正式养殖起来。但是，据日本文献记载：1937（昭和十二）年，关东州水产试验场开始研究人工采苗增殖法（田村，1956），1943～1945（昭和十八～二十）年，大槻在中国大陆沿岸，海带人工采苗养殖技术开发成功（新崎，1978）。也就是从1937～1945年才养殖成功，这与1930年相差7～15年。由此可见方宗熙，张定民先生提出的结论是多么不确切，其结果只能使大连海带的由来问题更加复杂化，把海带养殖历史人为的复杂化。

根据以上理由，我们认为人工移植引种之说的根据是不足的，逻辑关系也不能令人信服。大连原有海带，移植工作即使有其事也是后事，没有舍本求末之必要，更不能与海带来源问题相混淆。因此，建议阐述大连海带的由来应排除移植引种之说。在没有新证据之前暂先不要宣传从日本移植之事，最多以脚注说明有此“传说”，防止以讹传讹，自相扰淆。

（海水养殖.1987，1：7-12）

海带(*Laminaria japonica* Aresch.)的原始种问题

一、引言

1962年,曾呈奎教授首先发表海带(*L. japonica*)的原始种为它的一个地方变种,即碎缘变种。从30年代起,日本海藻学家一直讨论海带(*L. japonica*)及其近缘种类关系,但很少讨论它的原始种。讨论原始种是比较困难的,因为只能依靠现有的分布和形态为根据进行推理,往往由于根据不足,产生不合理的结论。讨论原始种不仅有科学理论意义,而且它对养殖、育种也有现实意义。

讨论一个物种的原始种要牵扯许多近似种类。《藻类名词及名称》(1979)一书把海带分类的目、科、属以海带目、海带科、海带属为汉名,海带属的种名有狭叶海带(*L. angastata*)①、长海带(*L. longissma*)①、掌状海带(*L. digitata*)是以拉丁名的汉译,而皱海带(*L. religiosa*)、海带(*L. japonica*)则为另种命名法,本文为了讨论需要,一般仍按拉丁文汉译名称,如海带(*L. japonica*)称日本海带与通称海带相区别,不适当的如皱海带(*L. religiosa*)采用日文名称的汉译名为"细条海带"。余用拉丁学名。

二、海带发源海区分析

讨论原始种首先应确定发源中心与所在的海区。海带的分布较广,主要分布于地球南北极地的边缘高纬度地区及北纬40度以北的海区。海带属主要分布于北半球,如大西洋北部海区的英国、瑞典、挪威及加拿大东岸、美国东海岸等,太平洋北部的北美和亚洲的东北部:如堪察加、千岛、北海道、本州北

① *L. angastata Kjellm. var. longissima* (Miyabe) Miyabe

部、鄂霍次克海、日本海北部。其中的日本海带只分布于日本的北海道南部及本州北部一小区域，它是一个地方种，但它的经济价值高，日本人认为日本海带是海带类中可以食用的最好种类。因而它被作为科学研究、养殖和加工的对象。研究它的发源地也是人们感兴趣的问题。

日本产海带主要在北海道，这个海岛的东部和南部为太平洋海岸，西部为日本海岸，北部为鄂霍次克海，各海岸均有海带生产，究以何处为发源地？按照藻类学家的通用方法，一般认为一个物种的发源地，大多保持它们最大的天然种群，即分布中心，那里的产量应该是最大的。同时也存在着较多的家族。这是一个物种向外发展的基本条件。

1. 最大种群区域：以产量表示种群的数量，应以野生海带产量为根据。由于70年代以后北海道才有人工养殖海带，以往都是采捞自然资源，所以它代表了各地的自然数量。又因为日本的海带加工是依种类而不同，例如窄叶类海带加工成“长切昆布”，宽叶类海带加工成“折昆布”、“元揃昆布”。因而从加工的种类上大体可知是什么海带类。由于这种原因从采捞量和加工量都可以看出数量分布。

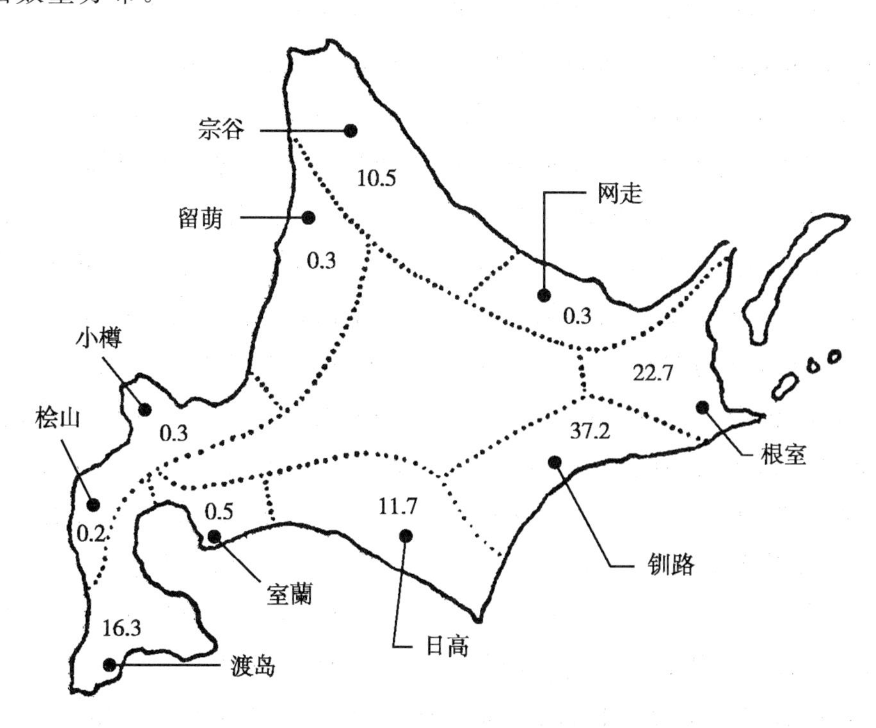

图1　北海道海带的分布数量(%)

(北海道水产部“北海道水产物现势”1975；新崎，1978)

表1　北海道沿岸各地海带的采捞量　　单位:吨(生)

年	根室	钏路	十胜	日高	胆振	渡岛	桧山	后志	石狩	留萌	宗谷	网走
1956	35149	44276	2115	10871	2580	8325	390	1046	5449	5914	7391	68
1957	46886	35285	2865	19939	2738	22185	473	1755	2378	5291	15679	660
1958	40090	40206	3240	17277	2477	16280	396	1097	2598	2329	11083	257
1959	33381	27188	2170	12915	1418	16934	440	835	1904	3374	11976	414
1960	24820	31407	2286	23157	2179	18344	691	2447	3051	5631	9168	1470
千吨平均	35	35	2	16	1	16	—	1	2	4	10	—

从图1及表1中明显可以看出,根室至钏路的产量数最大,约占各地产量的60%,日高和渡岛次之。这些地区都在太平洋海岸。因此,海带主要分布于太平洋岸,最大产量区在钏路至根室一带,所以这一带可能是海带的发源地。

2. 最大家族区域:

(1) 种间比较。海带属内的种间大多互相杂居。但其地理分布则有明显的区域范围。① 钏路至根室是冷水性种类聚栖区,它的主要种类为长海带、鬼海带(*L. dlabolica* Miyabe),杂居着长柄海带(*L. longipedalis* OKam)、革海带(*L. coriacea* Miyabe)、狭叶海带(*L. angastata*)和虾夷海带(*L. yezoensis* Miyabe)等,除狭叶海带外不向钏路以南分布。长海带与鬼海带还向更北的几个岛屿上分布。② 钏路以南为狭叶海带为主的分布区(三石),它向以南伸延到暖流到达的区域。③ 室兰及以西到渡岛,不受亲潮寒流影响,为暖流影响区,这一地区主要为日本海带(*L. japonica.*)的分布区,杂居着南方种类的海带类,如远藤海带(*L. yendoama* Miyabe)。④ 日本海方面,过了轻津海峡进入细条海带(*L. religiosa* Miyabe)的分布区,这一带正受对马暖流影响。⑤ 暖流到达到最北温度已低,鄂霍次克海带出现,即日本称为利尻昆布,曾呈奎称的楔基变种,现学名为 *L. japonica*, Areseh. var. *ochotensis* OKam(日本海带变种鄂霍次克海带),这一带有一定产量。其间杂居着 *L. cichoriodes* Miyabe。③过了宗谷海峡为北海道北岸,属鄂霍次克海岸,主要是霍次克海带分布区。因此,钏路至根室一带分布的海带种类较多。

(2) 从属问题比较:钏路以东海区除了海带属外还有一定数量的日本称黏液昆布(*Kjellmaniella*)的北方种 *K. gyrata* (Kjellm) Miyabe 与长海带混生。室兰至渡岛也有它的一种南方种 *K. crassifolia*,钏路至根室还杂居着日本称为猫足昆布(*Arthrothamnus*),亦有相当数量。室兰至渡岛也有一定数量的裙带菜分布。说明太平洋岸为海带类大家族的聚居地,所以太平洋岸为海带类的分布中心。

三、日本海带的原始种问题

1. 以上分析认为太平洋岸为海带发源海区,其中以钏路至根室一带产量最多,因而可能为分布中心,发源地。它既符合太平洋岸为古老的海岸,有利于物种的形成,又符合亲潮自北向南的流向,有利于种的传播,又有比较低的水温条件,有利于海带的生长与繁殖。因此,曾呈奎认为这一带分布的鬼海带(碎缘变种)为日本海带的原始种(1962)。无疑这一简洁结论是有道理的,也是可能的。

2. 但是,若把鬼海带定为日本海带的原始种,有两个向题。

(1) 最大种群问题:海带发源于钏路根室一带,这有许多种海带,鬼海带只是其中的一种。远藤(1911)、濑川(1983)都认为长海带(*L. longissma*)是海带中产量最多的。中川(1953)将1946～1951年北海道海带干产量制成下表。也表明长海带的产量最多,占总产量的32%,而鬼海带则不占位置。鬼海带的加工品也不会混合长海带制品“长切海带”之中。如果鬼海带与长柄海带(*L. longipedalis* OKam.)相混合是可能的,冈村认为鬼海带是长柄海带的外海型,是长柄海带的变种。即使如此,也不过占0.4%。

藻类学家认为,一个地区如果是某一物种的分布中心,在那里的产量应该是最大的。北海道产量最大的是长海带,如果长海带是狭叶海带的变种,即二者为同一物种,二者产量占北海道总产量的45.3%。显然长海带不分布于钏路以南,钏路至根室主要是长海带与鬼海带的分布区,长海带产量占32%,长柄海带占0.4%,这就不符合一个物种分布中心是产量最大的规律。

表1　1946～1955年北海海带干制品的种类百分率(中川,1953)

种类	长海带	革海带	长柄海带	猫足昆布	黏液昆布	狭叶海带	日本海带	细条海带	鄂霍次克	其他	年平均(吨)
%	32.0	6.2	0.4	1.5	0.1	13.3	5.6	2.9	12.6	24.5	33321

(殖田等,1963)

(2) 长海带与鬼海带是两个物种。如果日本海带不是来自长海带而是来自鬼海带,那就应该鬼海带的分布量比日本海带多;同时,鬼海带应该与长海带一样通过海流向南传播或者在南部有变种存在,而不是向根室以北的千岛

(国后岛等)分布,这不符合海流传播的规律。

由此可见,鬼海带若是日本海带的原始种,只具有海流传播的可能性。

3. 日本海藻分类学者把日本海带、鄂霍次克海带、鬼海带等称为日本海带系。将狭叶海带、长海带作为另一系。远藤(1911)曾说日本海带是最宽的。因而可以说日本海带系是宽叶系。同样,可以说狭叶海带为窄叶系。按分布区的特点,宽叶系属暖流区系,但鬼海带除外,窄叶系属寒流区系。鬼海带应属寒流区系的成员。既然海带分布中心在寒流区,则暖流区系应来自寒流区系。例如日本海带来自鬼海带。但是,能否来自最大种群长海带?

一个物种经过长期演变,包括长距离隔离、条件的变化、突变以及自然选择,形成新物种。把寒流区系的窄叶海带变成宽叶系的海带,应该具有可能性。这样的推理符合以下事实:

(1) 海流的传播与条件适应。海带发源海区在钏路根室一带,以长海带数量最多,它与狭叶海带都有分布,狭叶海带顺海流南下,形成自己的中心,更南到达室兰的暖流影响区,从长海带叶片宽 3～6 cm,到狭叶海带的 6～10 cm,最宽 15 cm,日本海带分布中心在渡岛,为暖流(津轻暖流)海区,叶片宽 20～30 cm,最宽 50 cm。这种发展趋势是可能的。

(2) 日本海带存在窄叶期。个体发育反应系统发育。日本海带的宽叶片是从窄叶期,即我们称为小海带期发展而来,窄叶是更原始一些,宽叶比较为更高的层次。

日本海带的窄叶期,即叶片宽度在 15 cm 以下时期维持相当长的时间,即使在空间非常大的条件下,叶片也不加宽,叶片长度往往可达 1 m 以上,这是它个体发育的一个过程。从时期和温度看,窄叶期在温度较低时出现,宽叶在较高温度时期出现。这与寒流窄叶系向暖流宽叶系发展相一致。

(3) 日本海带可以分离出窄叶海带。一个物种是具有杂种性的,不可能是一个纯种。我们基于这一点,把日本海带这个物种视为“杂种”。杂种是具有丰富的遗传性的。因而采用自交(selfing)形成的分离规律.可以获得不同的植株。我们获得的幼苗中,看不出分离现象,夹苗移栽于筏架上,从中得至一株窄叶(6 cm),叶片平直,边缘不明显的海带,形态很像长海带,它的生长能力很差,只长到 1 m 以上尖端就开始白化衰退。这表明宽叶系可以产生窄叶植株。它在物种形成时可能有窄叶素(基因)的存在。我们的实验与推理,从细条海带(*L. religiosa*)可以得到某些证实,因为它们一般叶宽 6～9 cm,

（它的变异范围可达 25 cm，冈村），是典型窄叶系，日本的藻类学家（川山鸟，1992）将其划为日本海带系，并认定为日本海带的变种或亚种。因此，可以设想：日本海带的原始种为窄叶系的种类，如长海带也是可能的。

四、小结

（1）通过以上讨论表明：分类学家以形态学为根据，把日本海带的原始种定为鬼海带，只符合海流的传播因素，形成可能性。但它不符合发源中心保持最大种群条件，所以鬼海带作为原始种的根据不足。它只是日本海带的一个变种。

（2）由于确定了海带的发源中心，最大的种群为长海带，又有海流条件，窄叶系自北向南伸延，叶片成倍增宽，有可能到暖流区形成宽叶的日本海带。从日本海带的个体发育与遗传学实验，有迹象表明，它有窄叶因素（基因）存在。它的窄叶变种细条海带就是一个例证。由于缺乏长海带作研究材料，尚难以确定它与日本海带的关系。

（海水养殖.1996，1：1-4）

海带夏苗及其育苗法的形成

海带夏苗及其培育法是我国科技工作者的创造，产生了很大的经济效益，促进了我国海带养殖业的发展。

海带夏苗的培育技术，曾作为一项发明申报国家发明奖，但由于对发明权项的归属，单位与个人均持有异议，未能成为事实。国家发明奖要求具有实践性和先进性，有的单位却未达到这一水平；有的单位说明不了发明权项为己所有。从 1964 年 4 月 21 日国家科委的《发明纪录》发表后，争议即起，直到 1983 年分歧仍未能弥合。

作者是海带夏苗的命名者，又是开发海带夏苗培育的第一人，对海带夏苗及其培育法的发展经过，大致有所了解，故现将这段历史简述如下。

一、夏苗及其培育法的产生

(一) 方法的形成

海带幼苗作为人工养殖的苗种.对产量影响很大，育出的苗早、苗大，即意味着高产。由于育苗中有杂藻危害幼苗的生长，1953 年作者用竹瓦育苗器，以其遮光性抑制杂藻的生长，再配合人工育苗措施，提高了育苗效果。1955 年，从海区环境的选择上来躲避杂藻孢子来源，以浮泥多的混水条件遏制杂藻的生长。即在青岛沧口的浅水泥滩带，利用秋季北风波浪形成的混水海区，以长竹瓦于海面上育苗。人工采的孢子形成幼孢子体后.再用长毛刷每天拂洗浮泥一次，结果出苗既早又无杂藻危害。待幼苗长至 3 cm 即移肥区培养，效果好，解决了杂藻问题。但是这种办法受海区条件限制，有局限性，因而产生了建设育苗基地与育苗专业化的设想。

1954 年，曾呈奎等为了解决育苗的杂藻问题，采海带的夏季孢子，用过滤海水，人工环境育苗并在低温条件下度夏，秋后水温下降，幼苗再下海，因而免受杂藻危害。当年育出第一批样品幼苗，翌年进行了它的生长实验。

作者的育苗是常规的途径，曾呈奎的育苗是创新的途径。作者(1955)把常规秋季育出的苗称秋孢子苗，简称秋苗；把夏季成熟的孢子育出的苗称夏孢子苗，简称夏苗。这就是夏苗与其名称的由来。

(二) 方法的发展

(1) 实验室阶段：曾呈奎等(1955)的“海带的幼苗低温度夏试验报告”中说明在夏季低温室内培育的海带幼苗，在低温下度过夏季，秋后再下海养殖，解决了海上育苗的杂藻问题。文中介绍了育苗方法，并着重说明了这种做法得到的效果。

当曾氏的实验在海上进行时，作者看到它的生长状况，辨认出其形态特征与其生产价值，认为它是一个新的优良苗种。因此，立即向曾呈奎要求开发利用他的研究成果并重点学习了培养的方法。因为海藻类的新苗种不同于种子植物，要大量使用新的海带苗种，就必须应用其培养方法。

为了验证其方法的可重复性，1955～1956 年作者与刘德厚进行了试验，认为方法可靠，并可提前分苗而增产，但是这一实验方法的成本很高。

(2) 工厂化阶段(中试阶段)：用实验室方法育苗进行养殖生产是亏本的，为了开发这一新苗种，作者提出了工厂化育苗来降低成本，以达到商品化。山东水产公司章鸣负责制冷工程，建筑合作社巩工程师负责土木，作者负责育苗。曾开会讨论过冷风间接冷却还是氨管直接冷却育苗水问题和利用日光育苗的可能性问题等。章鸣认为不能排除漏氨污染育苗水，作者也提出氨管直入育苗水的重金属，对海带可能有不利影响，因而决定采用冷风方案。章鸣认为冷风育苗既要预冷育苗用水，又要保证育苗的温度，进光的玻璃房中不能排除辐射热的影响。由于没有实验根据，暂先采用封闭式的灯光光源。

封闭式冷库灯光育苗方案确定后，冷库的大小应如何确定？作者提出了培育出的幼苗养成后的增产效益能抵消开支为其最低要求的试验性设备方案，并主持了此次生产性试验。育苗面积 250 m^2，可以出苗 4000 万株。1957 年仅利用 1/3，出苗 1000 万株，放养 1000 亩以上，增产超过苗站费，达到了预定目标，夏苗商品化开发成功。

(3) 自然苗育苗的试验：1955 年 12 月，全国水产企事业先进工作者会议在天津召开，会上作者报告了海带夏苗与增养方法的试验结果。朱树屏详细询问了育苗技术细节，提出低温育苗耗电量大，是否一定要用低温等问题。

1957 年，朱氏等进行了海带自然光育苗试验。作者等参观了冰盐降温、自然光育苗的扁平育苗盘，浒苔多，海带苗少，效果不佳。同年7～10月，在山东大学的山洞内，利用自然低温和自然光照育苗试验。得出了16.5℃～18.5℃和4000 lx可以育苗的结果。

1958年，在青岛太平角建成了用制冷海水和自然光育苗的玻璃房实验室。内设三排木架，玻璃立式扁槽分上中下三层放置，10月出了夏苗，至此朱氏首先提出并领先育出了自然光夏苗。

自然光育苗的实验表明：① 冷水育苗可以控制室内气温对育苗的影响；② 利用遮光方法只控制直射强光，在一定的光照下，可以育苗。

存在的问题：① 利用自然光采取立体育苗形式，在大生产中形成遮光，而且立体育苗作业不便；② 作者1962年夏秋，连续二次观察了这座设备的育苗效果。育苗槽为立式玻璃扁槽，育苗绳缠绕于框架上，近水面的苗大，越下苗越小，上下大小相差悬殊，平均出库苗的大小，不如冷库的效果。

(4) 玻璃库低温水池育苗（工厂化试验）：当原水产部海洋水产研究所（现黄海水产研究所）筹备并在太平角海滨建自然光育苗室时，山东水产养殖场正计划扩建育苗库，并多次评估自然光育苗的可行性与冷库育苗的得失，还邀请朱树屏、刘恬敬、曾呈奎、孙国玉、吴超元等莅会，听取其意见。

最后采用玻璃库开放式自然光，利用冷水控温，水池平面育苗方案。工程于1958年八九月完工。因已误育夏苗时间，改育秋苗进行试验。

1959年育夏苗，张德亮、刘德厚为技术负责人，虽采用平面育苗解决了立体育苗作业不便的问题，但平面育苗无论如何也达不到立体育苗的棕绳数量。为了使水池育苗达到冷库育苗的效果，只能在水池内尽量多地投放育苗器，所以采用滚动式育苗器。因为幼苗受光弱，光照时间短，出苗不好，育苗失败。属责任事故。

1960年育夏苗，改育苗器为半圆式不动小育苗帘。又因制冷及管道被海水腐蚀生锈，锈末脱落严重，污染了育苗水并沉落于育苗器上。再一次发生技术责任事故，育苗又遭失败。

1961年育夏苗，刘德厚为技术负责人。改进了设备，解决了铁锈造成的问题；育苗器改为长帘式，平养于水池中层。又由于光线控制问题发生硅藻大量繁殖，部分幼苗绿烂，出苗1.7亿株。收支平衡且略有盈余，工业化试验成功。

1962～1963年，改进育苗工艺及设备，并采取严格处理棕绳，沉淀过滤育苗水，冲撞育苗帘，洗刷硅藻，以及育苗池加衬白瓷砖，改善光照，消除附着物等措施，提高了育苗效果，出苗 2～2.2 亿株，有盈利，实现了工业化育苗。

这种育苗法可以称为“玻璃库低温水池育苗”以区别于“自然光育苗法”。

二、夏苗及其培育法的性质

（一）夏苗的性质

夏苗的性质是本文第一次提出的。以往，包括《海带养殖学》等书的作者认为：夏苗可以增产，它的作用是由于育苗方法所产生的结果，而作者则仍持开发夏苗培育法时的观点（1955），认为是一个新苗种的诞生。由于对夏苗的认识不同，对其性质的确定也是不同的。以下是作者对夏苗性质的分析。

夏苗是海带人工养殖的新苗种，具有增产作用，与秋苗同一日期分散，夏苗比秋苗增产 10%以上。虽然夏苗不是一个海带的新品种，但它是人工创造的。它的创造属于方法发明。

如果认为夏苗是属于发明创造，那么它的发明点是什么？夏苗的发明点有二：一是夏孢子的利用。自然界海带孢子囊的形成有两个时期，一个在秋季，孢子放散后，水温下降，正适于其萌发生长，形成自然繁殖；另一个时期在夏季，孢子成熟放散后，水温上升，不适于其发生生长，所以不能形成繁殖。夏苗则是利用夏孢子在人工环境中形成繁殖的。

二是人工环境中延长了夏苗的生长期，因而具有增产作用。这两点均是人为的结果。夏苗是人工创造的，是前人所没有的，它具有增产效果，它的增产作用可以在生产中实现。因此，它有创造性、先进性和实践性，符合国家发明的三项要求。

（二）培育法的性质

（1）夏苗的原始培育是控温下的灯光培养方法，属于一种常规生物培育在海带培养上的应用。这种方法类似温室育苗，改“高”温为“低”温，它是曾呈奎等（1955）提出的，属于实验室方法。经作者等的开发研究，1957 年形成工厂化的生产方法。由于达到产业化、实现商品化，有增产效果，在生产中比竹瓦育的秋苗增产 20%～30%，是育苗方法的创新，具有发明性质。

（2）1958 的朱树屏等根据夏苗培育中的问题，变灯光为自然光，以低温水控制开放式育苗的温度获得成功，是夏苗培育中的重大技术改进。

在此之前（1957），刘德厚等也进行过自然光、低温水育苗试验，但没有记录，缺乏总结，规模过小，仅一两个木槽，特别出苗不好，作为科学根据是不够的。

根据《发明记录》朱氏等人申报“海带自然光育苗法”的发明权，他们的方法实际是海带夏苗培育法的一种，也是冷库育苗的改进。这些改进虽然是有价值的、有前途的，但是，不论作为一种方法发明或技术改进，从效果上看并未取得生产实践性与先进性就停止了工作，这是十分可惜的。

(3) 刘德厚等根据冷库育苗存在的问题，主要是立体育苗作业效率低，不安全，采取了自然光育苗的正确办法，主要是利用自然光和低温水控温育苗；根据水池自然光平面育苗产生的问题，主要是杂藻的繁殖，进一步完善了育苗工艺，达到了生产实践。

刘氏等八十年代申报的发明权，说不清楚其发明点归属根据。以后，为了区别于朱氏的自然光育苗，加上“工厂化”自然光育苗，正好说明了是利用自然光而工厂化。其实海带育苗工厂化在冷库育苗时开始，也是海洋生物苗种生产工厂化的滥觞。有的并非育苗法的发明，而是技术条件的计算，起到保障作用，对育苗有贡献。

“玻璃库低温水池育苗”是定型的海带育苗技术，是优点集中，可以广泛应用的育苗方法。它是冷库育苗、自然光育苗的改进和发展，同时也创造了一些配套技术。可惜这些技术是在生产中产生，是群众的智慧；但缺乏识别与提高，说不清根据和创造者，而最基本的育苗技术又是应用前任的。因此，其发明点必然涉及其他单位，所以它是科技进步性质。

(4) 育苗法的小结：“玻璃库低温水池育苗法”是逐渐完善发展而成的。

勿庸讳言，它的基本技术内容，不是一个单位所独有，有的甚至是“你中有我，我中有你”，最后形成一个可以生产应用的低成本，高效率的育苗技术，是我国科技工作者在海带苗种培养方法上的重大革新成果。

这项成果，不论定为什么性质，归属于一个单位既不符合事实也是不适宜的。因为它实际是多单位研究、开发、改进和提高的结果。作为一项国家发明奖项目是当之无愧的。因此，只能属于一项集体发明。

海带夏苗育苗法是海带夏苗的衍生物。作为一项生产方法的发明，它要求具有创造性(前人所没有的)、先进性、实践性。三者缺一不可。即使作为一项集体发明，其代表的发明者(单位)和发明人(第一发明人)可能形成问题，应协商解决。搞论资排辈、嫡亲关系，以及以生产抵消科研的意义或以科研贬低生产作用都是不适宜的。

裙带菜养殖

温度对裙带菜配子体生长发育的影响[①]

裙带菜配子体与温度关系的研究，在20世纪30年代就引起人们的注意。由于它关系裙带菜的发生、生长和产量的高低，因此日本的海藻养殖学家先后用不同的方法进行研究，试图对人工增殖、养殖提供理论根据，并阐明夏季裙带菜在微观时期的生活状况。以往关于这方面的研究曾有日本的木下虎一郎(1933)、斋藤雄之助(1956)和任国忠等(1963)都进行过专门的工作。此外，日本的木下及柴田(1934)、川名(1937)、高山(1938)、木下及石粟(1940)等人还研究过裙带菜孢子放散期的温度与产量的关系。通过这些研究大体了解裙带菜配子体的生长到发育成孢子体与温度的关系，但是以上的研究结果互有差异，并存在一些疑问。这些差别依据在青岛沿岸测得的海水温度，在时间上相差1～2个月。配子体生长发育的适宜温度是关系人工育苗期的安排和幼苗发生的重要问题，这个问题不论在理论上或实践上都有重要的意义，需要进一步进行研究。

一、实验材料与方法

裙带菜(*Undaria pinnatifida* (Harv.) Sur.)采自青岛团岛湾自然生长于海底岩礁上的和人工养殖筏上的成熟种菜。采孢子时，取孢子叶成熟最好的部分洗净阴干，然后把孢子叶放到17℃～18℃的消毒海水中放散孢子。待水中有大量游孢子时，取出孢子叶，用棉布滤去孢子水中的不洁物，然后把玻片及棕绳板放到孢子水中采孢子。待玻片上附着的孢子可以满足观察的需要时，取出并经过冲洗移到不同温度的培养液中进行培养。

实验在低温室内进行，室温控制在8℃。培养箱为白色盛有90 L培养液的木箱，用温度调节器把各培养箱的水温调整成需要的温度。培养液每隔一

① 本文初稿写成于1966年，参加实验工作的还有唐汝江、庄宝玉、崔竞进、许子华等同志。

小时以电动搅拌器搅动20～30分钟，使培养箱的各处温度及养分均一。温度误差为±0.5℃。培养液每三天添加1/3新液，每周全部更换一次，同时清洗培养箱及其中的附属器材。发育的实验采用水浴法，即在培养箱中盛过滤海水，并安搅拌器于培养箱内搅动，其中再放入盛6000 mL培养液的玻璃培养缸，实验材料放于缸内培养，培养液以电动打气机打入空气，温度误差为±(0.2～0.3)℃，并隔一天更换一次培养液。光源为40 W日光灯管，照明强度为1000 lx，光照时间10小时。

培养用的海水经沙层过滤后煮沸消毒，再经过滤、沉淀、冷却后加入营养盐，其成分为0.0002 M的硝酸钠及0.00001 M的磷酸二氢钾。

培养用的生长基质有载玻片及棕绳缠绕于玻璃板上的“棕绳板”，观察以载玻片为主，有疑问时观察棕绳，保证观察的正确性。

观察在自然温度的室内进行，观察时将玻片材料盛于同温度培养液的大指管内，每个玻片每次观察3～5分钟，录用的数据取2～3个玻片任意的20个视野。研究配子体的生长时，为几个发育期来进行的，配子体发育成孢子体从合子开始计算。

二、结果

(一) 温度对胚孢子萌发的影响

游孢子附着于生长基后形成胚孢子。胚孢子一般在数小时后萌发，胚孢子的萌发状况代表着它的萌发能力与培养条件的关系。裙带菜的胚孢子萌发受温度的影响很明显，在适温条件下胚孢子萌发快，萌发量也较多。在30℃的温度中培养的胚孢子不能萌发，并于第24小时全部死亡。在10℃～25℃的温度条件下，胚孢子均能正常萌发。但温度偏低不如温度偏高对胚孢子萌发有利。胚孢子萌发的适温为15℃～20℃，尤以20℃为最适宜。

(二) 温度对配子体生长的影响

配子体形成后有一段时间不能明辨性别，尔后性别特征才表现出来，我们就根据配子体的形成、配子体的生长和明辨性别后的生长三个阶段观察其与温度的关系。

(1) 配子体的形成与生长：观察的结果可以归纳为：① 配子体的形成温度以20℃较快，15℃及25℃稍差，以10℃最差。15℃与25℃形成配子体的数量相差很少。配子体形成的最适温范围在15℃～25℃，又以20℃左右为最适。② 配子体形成后继续生长，数天内尚不能明辨性别，在不明性别时期中的生长，配子体的细胞直径，10℃较小，25℃较大，15℃～20℃的配子体大小基本一致，属于中等。所以配子体的生长大体是随着温度的升高而增大。

(2) 雌雄配子体的细胞生长：在适温条件下一般培养8～9天，配子体细胞直径达到7.5 μm时，可分为雌雄分明的两种配子体，它们与温度的关系如表1。

表1 Ⅰ 中从四次实验看都表明10℃～25℃的温度范围内雌雄配子体细胞直径的增长有随温度的升高而增大的趋势。但是27℃的雌配子体细胞直径又显著小于25℃中的雌配子体，因此雌配子体的细胞直径以25℃中培养那个的最大，15℃～20℃次之。温度过高或过低均较小。根据表1 Ⅱ 中雌配子体的增长情况看，基本与表1 Ⅰ 同，因此认为雌配子体生长的最适温为15℃～25℃。

雄配子体的生长以分裂成多个细胞为特征，因此观察雄配子体的生长状况以细胞数量的多少来表示。

从表2 Ⅰ 来看，雄配子体的生长以20℃中的细胞数量最多，15℃及25℃次之，10℃及27℃较差。因此，雄配子体的生长最适温为15℃～25℃，而以20℃为最适宜。

表1 裙带菜雌配子体在不同温度下细胞的生长(μm)

Ⅰ. 1962年采孢子

生长温度(℃) \ 培养天数 \ 采孢子日	5.14			5.21		8.23		8.6		备注
	12	15	18	12	15	12	15	12	15	
10	11.3	15	15	12.5	13.8	16.3	21.3	17.5	21.3	13.8
15	11.3	17.5	18.8	16.3	18.8	17.5	18.8	20	S	18.8
20	15	20	20	16.3	18.8	20	S	20	S	18.8
25	15	25	25	16.3	20	22.5	25	20	23.8	20
27	—	—	—	—	—	20	22.5	17.5	18.8	—

Ⅱ. 1963 年采孢子

采孢子日 / 培养天数 / 生长温度(℃)	6.17			6.23			7.10			备注
	8	10	12	8	10	12	8	10	12	
10	9.8	12.0	13.7	7.1	11.3	13.9	9.8	12.6	14.9	
15	12.3	14.0	15.7	11.2	12.1	15.6	10.6	13.6	14.9	
20	10.7	12.4	15.3	10.8	11.9	14.7	11.6	13.5	14.5	
25	12.9	15.4	17.1	12.2	15	18.8	11.5	13.8	15.8	

表 2 裙带菜雄配子体在不同温度下的细胞数

Ⅰ. 1962 年采孢子

采孢子日 / 培养天数 / 生长温度(℃)	5.14			5.21		8.23		8.6	
	12	15	18	12	12	12	15	12	15
10	3	7	10	6	8	4	5	4	8
15	8	12	>20	13	>20	4	9	13	S
20	13	18	>20	15	>20	5	S	12	S
25	7	14	>20	13	>20	8	>20	7	10
27	—	—	—	—	—	3	6	2	3

S:孢子体

Ⅱ. 1963 年采孢子

采孢子日 / 培养天数 / 生长温度(℃)	6.17			6.23			7.10		
	8	10	12	8	10	12	8	10	12
10	3	3	5	2	3	5	2	3	4
15	4	8	>20	5	7	>20	5	4	6
20	9	12	>20	7	9	>20	6	5	10
25	5	7	>20	4	4	>20	3	3	4

上述结果说明雄配子体与雌配子体的最适温范围均为 15℃～25℃，但是雄性的细胞数以 20℃中培养者最多，而雌性的细胞直径又以 25℃中培养者最大，这表明了配子体的生长以 20℃～25℃为最适温。

从配子体三个时期的生长与温度的关系来看,有的生长最好者出现于偏高温度,有的出现于偏低温度,这是不同发育时期和指标的差异,但是从不同采孢子时期来看,配子体对温度的反应是相似的。它们的最适温都在 15℃～25℃的温度范围。

(三) 配子体的发育与温度的关系

(1) 配子体发育的最适温范围:对配子体发育的最适温范围,说法颇不一致,日本人的研究结论认为是在 20℃以下[7,9,10],我们的实验结果如表 3。

表 3 裙带菜配子体在不同温度下发育成孢子体的情形

采孢子日	1963								1962				平均	
孢子体	5.14		5.21		7.23		8.6		6.17		6.24			
温度(℃)	天数	%	天数	%	天数	%	天数	%	天数	%	天数	%	天数	%
10	48	5	41	15	29	65	21	10	20	13	15	33	28.8	24
15	27	100	18	100	21	90	15	25	15	17	12	33	18	61
20	27	58	18	60	15	15	15	5	17	6	12	4	17	25
25	(49)	0	(53)	0	(29)	0	(25)	0	21	2	(35)	0	—	0.3

表 3 的结果可以看出,在实验的温度范围内均可出现孢子体,其中 25℃温度中培养的配子体在六次实验中,仅有一次(占实验次数的 16.6%)出现孢子体。为了防止发生偶然现象,又观察了棕绳育苗器,结果也有一定数量的幼孢子体,其大小与玻片上的相同。所以配子体在 25℃中发育成孢子体是可靠的。但因为其他五次实验均未出现过孢子体,因此不是发育的最适温。10℃～20℃的温度范围,对配子体的发育来说是可以保证的,因此是适宜温度。从发育的速度(天数)比较,以 20℃稍快。可以认为 15℃～20℃的温度均属于配子体发育的最适温。这一结果与任国忠等①的研究相一致。木下提出以 12℃～17℃为最适温。斋藤提出以 17℃～20℃为最适温也都在我们的最适温范围内。

(2) 配子体发育的最高温度:从表 3 中我们看到 25℃的温度虽然有出现孢子体的情况,但在较多情况下是不形成孢子体的,因此 25℃是否为高极限温度?恒温培养可以形成孢子体,但经过夏季的高温后秋季是否仍于 25℃

① 根据任国忠等未发表资料(1963,油印摘要)。

开始发育为孢子体，抑“至 20℃时再排卵受精结合为孢子体”?[1] 为此我们又做了高温培养后下降温度的实验，其结果如表 4：

表 4　裙带菜配子体在 27℃培养 20 天后移入 26、25、24 及 23℃10 天的发育状况

温度(℃)/采孢子日	26		25		24		23	
	配子体数	孢子体(%)	配子体数	孢子体(%)	配子体数	孢子体(%)	配子体数	孢子体(%)
5.20	83	0	138	1.4	198	42.9	180	28.3
5.24	158	0	144	13.2	165	40.0	124	16.1
7.20	213	0	187	2.7	156	32.7	210	32.9
7.1	77	0	106	2.6	92	33.7	133	33.8

从表 4 中看出，在 23℃与 24℃温度条件下可以大量形成孢子体，发育的百分数较大；25℃的温度可以发育成孢子体，但发育的数量较少；26℃的温度中不出现孢子体。所以说 25℃是配子体发育的最高温度，26℃以上是配子体不发育成孢子体的温度。这一实验也说明了配子体经过高温处理后，再下降到可以发育的温度，就能够形成孢子体，而不是下降到发育的最适温才形成孢子体。

(3) 高温条件下配子体的发育：裙带菜的配子体在高温条件下为什么不发育为孢子体？斋滕提出了裙带菜的配子体在高温期是在休眠阶段(Resting stage)[10]。而任国忠对海带配子体的研究中指出：配子体于高温中虽然形态上处于配子体阶段，不能形成卵囊和精囊，但并不停止进行发育物质的积累[3]。裙带菜的配子体在不能发育的高温中是休眠呢？还是进行发育物质的积累？为了解决这个问题，我们做了高温中培养不同天数移到适宜发育的温度中进行观察，获得如下的结果。

从表 5 中可以看出，20℃(对照)中培养的配子体于 15 天后形成孢子体。在 26℃培养了 3～14 天的配子体移入 20℃继续培养 3～12 天即可出现孢子体，虽然培养的总天数比对照者延长了 2～5 天，但却不必于 20℃中再培养 15 天。这说明配子体在高温条件下的生活与海带的配子体相同，不是在“休眠”(Dormaney)，而是在高温中进行比较缓慢的发育物质的积累。

表 5 中还可以看到配子体于高温中培养的天数越多，移入 20℃后用较短的时间即可形成孢子体，虽然培育出孢子体的总天数增加了。这说明在高温中培养的配子体在发育的后期受到障碍，发育后期必须在较低温度中才能完成，时间需要三天左右。

表5　裙带菜的配子体培养在26℃不同天数再移入20℃的发育状况

20℃培养天数 \ 发育状况 \ 26℃培养天数	20℃对照	3	6	9	12	14	26
2	—	—	—	—	—	—	—
3	—	—	—	—	—	—	+
4	—	—	—	—	—	—	+
5	—	—	—	—	—	—	
6	—	—	—	—	+	+	
8	—	—	—	—	+	+	
10	—	—	—	—			
12	—	—	—	+			
14	—	—	+				
15	+	+	+				
形成孢子体天数	15	17	18	17	18	20	29

(4) 日变温条件下配子体的发育：实验材料是5月24日采孢子，一直置于不满足光照的自然温度中培养了96天，以后移到27℃温度中满足光处理7天，然后每天按不同时间移入可以发育的24℃中8及16小时，再移回27℃继续培养，如此处理5天后，其结果整理成表6：

表6　27℃温度下培养的配子体每天移入24℃不同时间出现卵子的天数

日期	试验天数 \ 平均温度℃ \ 在24℃的小时	8	16	24	0
		26	25	24(对照)	27(对照)
8.31	1	—	—	—	—
9.1	2	—	—	+	—
9.2	3	—	+	+	—
9.3	4	+	+		—
9.4	5	+			—

表6的结果表明：一直培养于27℃中的配子体是不能发育成孢子体的。从27℃中移入24℃的配子体两天后发育成孢子体。每天移入24℃16小时的配子体两天后也发育成卵囊，3天后发现从卵囊排出的卵子，仍未发现孢子体。每天移入24℃8小时的，日平均温度26℃也能在第四天发育出现卵囊。恒温培养实验证明26℃是不能发育的温度，变温说明配子体利用了一天里间断的发育适温时间，逐渐积累完成了发育后期的过程。一天中有1/3～1/4时

间在27℃生活的配子体，虽然于较低温度时间内完成排卵，甚至受精形成合子，但是受精或受精后的分裂仍然受到障碍，因此观察了一周始终未发现分裂两个细胞的孢子体，并且卵子和合子大量的死亡。把27℃降为26℃，两天后一天2/3时间移到24℃的配子体出现了多细胞的孢子体，3天后一天1/3时间于24℃也出现2～4个细胞的孢子体。

这一结果说明：① 配子体在高温中可以利用间断适温时间进行发育；② 26℃的温度影响卵囊和精囊的形成，27℃更影响受精和受精后合子的分裂。③ 配子体于高温中的感温性十分灵敏，并不呈休眠的状态。

三、讨论

1. 配子体生长的适温问题：任国忠等的研究认为裙带菜的配子体“生长的最适温为20℃～25℃”[①]。但我们的实验从配子体的形成、配子体的生长、雌雄配子体的生长三个时期来比较，配子体各阶段的最适温为15℃～25℃，如果以15℃为最适温低限，25℃为高限，则高、低限温度中的配子体生长情况相差并不显著，从配子体的整个时期来看给予较大的适温范围是必要的。

木下认为裙带菜发生初期（配子体时期）的温度状况影响翌年的产量。他曾用统计法研究北海道三处（寿都、奥尻、福山）的裙带菜孢子放散期的温度与翌年产量的关系（1934～1940）。川名武以同样方法研究了福井县越前地方的裙带菜成熟期的温度与产量的关系（1937）。高山活夫同法研究三重县相差地方的裙带菜产量与孢子放散温度关系（1938）。总结统计法孢子放散期的最适温寿都地方为22.6℃～24℃，福山地方为16℃～19℃，越前地方为21.9℃～24℃。相差地方为18℃～20℃。显然各地都有差异，但是这四个地区不论南北其共同温度范围为16℃～24℃。如果作为配子体生长的最适温来看，这一结果与我们的研究相一致。

日本从培养法研究裙带菜配子体与温度的关系，各地的结果也不相同。斋滕以伊势湾（约35°N）产的裙带菜作培养研究，以17℃～20℃为最适温度。木下于北海道的余市（约43°N）的室内实验，配子体的适温范围为20℃～10℃，最适温为12℃～17℃。

斋藤与木下的研究结果基本包括于我们的结论范围。但与我们的结论比

① 根据任国忠等未发表资料（1963，油印摘要）。

较,他们的结果偏低一些。与日本各地裙带菜孢子放散的盛期16℃～24℃的温度比较也是偏低的。[5,6,7,9,11]

裙带菜的地理分布,南从东海的我国浙江沿海北到日本海的西北部,从分布的广泛来看,裙带菜的配子体的适温不应该十分狭窄。又如青岛裙带菜的成熟期,从5月上旬到8月上旬均可以采到孢子并培养发育正常,高低温差达10℃以上,也说明配子体适温范围较广。因此保持较广的适温范围,既符合我们与日本的一些研究结果,也符合日本裙带菜孢子放散期的温度状况,并且与青岛的自然情况相一致。

2. 形成孢子体的高温界限问题:以往认为裙带菜在夏季以配子体形式度夏,秋季水温降至20℃再发育成孢子体[1,10]。日本的学者虽然没有正式讨论孢子体形成的高温界限问题,但是我们从木下的试验中看到形成孢子体的最高温度为21.8℃[1],斋滕的结果为18℃[10]。配子体发育成孢子体的高温界限是决定裙带菜幼苗发生迟早,影响产量的关键因素,因而需要明确。

我们的试验证明:在恒温条件下,25℃是配子体发育的最高温度,26℃是不能发育的。但于非恒温条件下日最高温度为27℃,日平均温度26℃,但一天中有部分时间低于26℃,配子体也可以发育形成卵囊,不能形成孢子体。27℃的温度降为26℃,日平均温度超过25℃时可以形成孢子体。这说明配子体发育的最高温度界限在26℃。这样我们的研究与任国忠等的"发育的最高温度大约为25℃或略高一些"①的结论是相同的。

3. 配子体的发育与温度的关系对实践的意义:

(1) 裙带菜配子体的生长适温与发育温度的高温界限的明了,就基本阐明了裙带菜的夏季生活和发育的变化。即孢子放散后,水温在26℃以下,有15天左右的时间配子体就大量发育成孢子体,温度升高到日最低水温26℃以后,未形成孢子体的配子体停留于配子体阶段;高温期过后水温回降到日最低水温25℃配子体继续发育成孢子体。按照这种关系推理,可知不同时期采孢子或自然繁殖放散的孢子,在不同时期的发育状况,也可以根据这一地区的水温变化预计出孢子体的形成时期和幼苗发生的大体时间。

(2) 配子体于高温(>27℃)中虽然不能发育成孢子体,但基本上不发生死亡并可以进行发育物质的积累,一旦遇到发育的适温,于三天左右的时间里

① 根据任国忠等未发表资料(1963,油印摘要)。

形成孢子体。因此，我们建议：在自然温度条件下进行室内人工育苗，应该采用高温时期采孢子的方法育苗，利用配子体能耐高温的性能，以大量的配子体渡过夏季高温期，秋季水温下降后，大量配子体可以发育成大量孢子体，因而获得大量幼苗，提高了育苗效果，同时晚采孢子缩短了育苗期，也减少了附着物的危害，十分有利于人工管理。

四、结论

1. 配子体的形成、配子体的生长和雌雄配子体的增长，其最适温虽稍有不同，但最适温范围为15℃～25℃，因此就是配子体生长的最适温。

2. 培养在10℃～25℃温度中的配子体均能发育成孢子体，但以15℃～20℃发育最快，形成孢子体的数量最多，所以是配子体发育的最适温。

3. 配子体发育的最高温度为25℃，26℃的恒温中配子体不能发育成孢子体。

4. 配子体有抵抗高温的性能，在高温中配子体可以进行发育物质的积累，但阻止孢子体的形成，所以晚期采孢子育苗，配子体可以安全度夏，因而秋后可以获得大量幼苗，并缩短了育苗期，有利于育苗工作。

参考文献

1. 山东海洋学院，上海水产学院. 裙带菜养殖，藻类养殖学. 农业出版社，1961.

2. 李宏基，李庆扬. 裙带菜孢子体的生长发育与温度的关系. 海洋与湖沼，1966:8(2).

3. 任国忠. 配子体的生长发育与环境条件的关系. 海带养殖学. 科学出版社，1962.

4. 曾呈奎、吴超元、任国忠. 温度对海带配子体生长发育的影响. 海洋与湖沼，1962:4(1～2).

5. 川名武. 越前地方ワカメの丰凶と水温并に气象要素との关系. 水研志，1937:32(5).

6. 木下虎一郎，柴田幸一郎. 北海道寿都地方にけるワカメの丰凶と海水温度と关系に就て. 日水会志，1934:3(4).

7. 木下虎一郎,石栗俊良.北海道福山地方のワカメの丰凶と水温との关系に就て.同上,1940,9(2).

8. 木下虎一郎.コンブとワカメの增殖关に研究する.日本北方出版社,1947.

9. 高山活夫.三重县外洋浅海生物に关する研究.养殖会志,1938:8(8～9).

10. 斋藤雄之助.ワカメの生态に关する研究Ⅰ,配偶体の发育生长にツいて.日水志,1956:22(4).

11. 斋藤雄之助.ワカメの生态に关する研究Ⅰ,配偶体の成熟と发芽体の发生生长.日水志,1956:22(4).

12. 斋藤雄之助.ワカメの养殖 水产增殖丛书Ⅰ.日水保协会,1964.

THE INFLUENCE OF TEMPERATURE ON THE GROWTH AND DEVELOPMENT OF THE GAMETOPHYTES OF UNDARIA PINNATIFIDA(HARV.)SUR.

Li Hongji and Tian Sumin

(Shandong Marine Cultivation Institute)

(Summary)

1. The optimum temperature is slightly different in the formation and early growth of gametophytes as well as in the increase of male or female gametophytes. Since the range of optimum temperature is at 15℃～25℃. Concurrently it is the same for the gametophyte growth too.

2. Normally gametophytes cultured at the temperature of 10℃～15℃ are capable of developing into sporophytes. The development reaches the top speed at the temperature of 15℃～25℃, during which the quantity of sporophytes formed is the most. This is why it is considered to be the optimum

temperature for gemetophyte development.

3. The maximum temperature for gametophyte development is 25℃. Since gametophytes form no oogonia and antheridia at 26℃ constant temperature. Consequently it is impossible to generate sporophytes.

4. The gametophytes possess the property of enduring high temperature, capable of going on accumulation of developed matter in high temperature and of preventing the formation of sporophytes.

合作者:田素敏

(海洋湖沼通报.1982,2:38-45)

青岛裙带菜夏季孢子体的观察①

青岛裙带菜的成熟期一般从5月开始到8月上旬止。放散孢子的时间，大约有100天，经历的温度从13℃～24℃，这一情况与日本的报道相类似[9,13]。8月中旬以后，近岸大的裙带菜藻体基本不见了，一直到10月下旬或11月上旬，在海底的岩礁上方能见其幼苗(3～5厘米)。在海底见不到裙带菜的时期大约有70～80天。按5月上旬开始放散孢子到11月上旬发生幼苗，其间大约180天，在这样长的时间里，裙带菜在海中的生活状况尚未有过报道。

日本的神田(1935)[15]，木下(1947)[8]，黑木，秋山(1957)[14]，进行裙带菜配子体的研究，他们在培养的配子体中，先后于30～50天获得了孢子体。斋藤(1956)[9,10]，对配子体的培养研究，也在50天后获得少量孢子体，大量孢子体形成于100天以后，并报道配子体于夏季高温时处于休眠阶段。即配子体经过夏季休眠后，秋季才大量形成孢子体。1965、1971，斋藤再一次提出：裙带菜在＞23℃时处于休眠阶段。同时对裙带菜的生活史及其图解中加入休眠期[12,11]。配子体休眠说一直到现在还是日本人工育苗的指导理论，在采孢子的温度与夏季的许多措施都按着这一理论进行安排②[7,6]。李宏基等(1982)[3]的研究结果与斋藤不同，配子体在25℃的恒温培养条件下，大约半个月的时间可以获得孢子体。于26℃的恒温中，配子体不能发育成孢子体，但温度下降到24℃，三天后立即发育成孢子体。配子体反应灵敏，并不表现处于休眠状态。因此休眠说是否存在，是裙带菜夏季生活中的一个问题。

斋藤的休眠说，不能说明裙带菜早期成熟放散的孢子，于高温(＞23℃)到来之前为什么不能大量发育成孢子体，他亦未解释为什么必须经过高温再下

---

① 参加海上工作的还有唐汝江、王友亭、庄保玉等同志。本文曾于1979年于青岛市植物学会上宣读过。

② 根据张金城访日学习报告(1980)

降到 23℃以下方能大量发育成孢子体。对配子体来说，发育成孢子体高温是否必须？李宏基等研究配子体的发育时，曾模拟自然温度变化来说明自然海中可能发生的现象，但自然海中的实际情况仍不明了。同时，也不能说明早期放散的孢子于夏前形成孢子体是用孢子体度夏？

为了弄清裙带菜夏季高水温时期的生活状况，合理解释以上提出的问题，我们于海上专门培养和观察了裙带菜夏季处于微观时期的情况。由于夏季海中动、植物等附着物很多，对配子体进行系统的观察比较困难，所以我们主要研究其孢子体的状况。

一、实验的方法和条件

1. 材料：实验于青岛的团岛湾进行。种裙带菜采自人工养殖筏上培养的，和海底天然繁殖的两种。

培养的生长基为竹制的竹瓦绳育苗器，每根竹瓦绳分二节，每节为 5 个竹瓦组成，每节长 1 米，竹瓦用经过在海中长期浸泡的毛竹制成，与海带秋苗的育苗器同[1]。

2. 采孢子的时间：1963 年 5 月 10 日第一批采孢子（旬平均水温 12.2℃），5 月 20 日第二批采孢子（旬平均水温 13.6℃），每批采孢子用的育苗器为 6 根竹瓦绳，经常观察的两根，余二根为备用，另外有二根不采孢子的为对照。

第三批采孢子在 7 月 27 日（旬平均水温 22.6℃），第四批采孢子在 8 月 2 日旬平均水温 23.8℃，第 3～4 批采孢子用的育苗器，与第 1～2 批采孢子相同。

另外在青岛附近没有裙带菜分布的福岛湾，用棕绳为育苗器，也分 5 月 19 日及 7 月 24 日二批采孢子子进行培养。秋季幼苗发生生长以后，从育苗结果与团岛湾培养观察的结果相比较。另外，为了观察自然分布水深中裙带菜孢子的生长发育状况，还在团岛湾进行了采孢子投石，石块上绑有竹皮以便检查。

3. 培养方法：海上筏式垂下培养，竹瓦绳放养在海面下 1～3 米的水层中。每周清除浮泥及动植物附着物二次。洗刷时把育苗器浸泡在海水中带回实验室，工作过程一直养育在清洁的水槽中。用工具拔去或剥离各种附着物，然后用长毛刷洗净，再送回海中培养，在陆上不超过 4 小时，洗刷工作自始到终从未间断。

4．观察方法：从采孢子以后，结合清刷育苗器时，经常检查配子体的发育和孢子体的出现情况。第1～2批采孢子的（即5月10日、20日采孢子的），大约经过一个月，裙带菜幼孢子体长成1毫米的幼苗，数量多，有如海带秋苗发生的情况。以后幼苗继续生长，长至1厘米左右，幼苗有的脱落，水温超过20℃，幼苗有的脱落，脱落现象随水温上升和时间的延长而越来越多，到基本不见幼苗时，开始显微观察。每周取样一次，取样的部位在第一个竹瓦（距海面1 m），中间的竹瓦（距海面2 m）和最下层的竹瓦（距海面3 m）的两侧及其下部的凸处，3个点取样，选附着物少的地方，如果遇到找不到孢子体的空白处，移动位置取样，观察到的幼孢子体个数为数量值，幼孢子体的细胞数为大小值。

5月10日、20日采孢子时，自然海底上生长的裙带菜亦陆续成熟，并放散孢子，因此于采孢子的育苗器旁挂有未采孢子的对照育苗器，观察自然孢子的附着状况，由于没有幼苗的发生，经过镜检亦未发现幼孢子体，表明实验基本未受自然孢子附着的干扰，因此观察的结果基本反映了裙带菜早期成熟放散孢子的状况。7～8月是最后一批成熟的裙带菜，因此不设空白育苗器对照。

为了表明我们实验期间青岛团岛湾的海水水温变化列表如下：

表1　实验期间团岛湾的表面水温　【平均/幅度℃】

温度 旬＼月	5	6	7	8	9	10
上旬	12.2 11.3～13.7	17.1 15.5～19.8	20.3 19.6～21.2	23.8 23～26	24.2 22～26	20.9 19～21
中旬	13.6 12.4～15.6	18.9 18.2～19.7	21.8 21～23	24.5 24～27	23.6 22～25	—
下旬	14.3 13.2～16.0	20.3 19.5～21.2	22.6 23～25	24.7 24～26	22.3 21～23	—

二、结果

(一) 5 月采孢子的幼苗及其幼孢子体[①]的夏季状况

(1) 裙带菜的夏季幼苗:5 月 10、20 日两次采孢子的配子体,由于温度适宜,很快发育成幼孢子体,并且顺利地长成幼苗,此时海中还有正在大量放散孢子的成熟裙带菜,也有未成熟的各种大小的成株,还有相当数量尚未形成孢子叶的小苗,为了指明这些刚刚诞生于夏季的这批苗子,我们称其为"夏生苗",这样不仅可以与其同时生活的上一代相别。又可以与其同代的秋季、冬季发生的幼苗相区别。

夏生苗生长很慢,形态与秋生的幼苗相似,个体小,一般在 0.5 cm 以下,只有少数达到 1 cm 以上。7 月中、下旬,水温旬平均超过 20℃时,夏生苗逐渐脱落,但叶片并不发生腐烂,育苗器上只剩下星星点点稀少的幼苗,8 月初,剩下的幼苗极少,个体更小。个别的夏生苗可以长成 10 cm 的小苗。但我们在青岛没有看到能够越夏的夏生苗。

(2) 夏季的幼孢子体:夏生苗大量流失以后,开始显微观察,发现育苗器上仍有相当多肉眼看不到的幼孢子体,在不断的观察中,这些幼孢子体的数量逐渐减少:个体的大小也逐渐越来越小,表现了夏季的幼孢子体与夏生苗都在逐渐"脱落"或"流失"。

我们把显微观察到的幼孢子体的数量和大小,每次获得的结果绘制成图 1,其中的 A 线就是第 1～2 批 5 月采孢子(以下称早熟孢子)的幼苗脱落以后检查到的幼孢子体的变化情况。

A_1:代表早熟孢子形成幼孢子体的平均数量曲线,A_2 代表早熟孢子发现的最大的个体大小的变化曲线。这两条曲线的变动大体是一致的即 8 月中、下旬全年温度最高时期处于最低点,一直到 9 月中、下旬水温旬平均降到< 23℃,曲线才开始上升。

(二) 7～3 月采孢子的幼孢体的发生生长

正当早熟孢子的夏生苗大量脱落流失时,第 3～4 批的采孢子(以下称晚

---

① 裙带菜的孢子体,特别在春夏季节,在其群体中,有各种不同大小的藻体,为了互相有所区别,在名称上分为幼孢子体、幼苗、小苗等。幼孢子指肉眼看不到的微观孢子体。幼苗:指肉眼可见大小开始到形成中肋时的苗子。小苗:指形成中肋以后到中肋贯穿全叶片时的苗期而言。

熟孢子)开始。培养成孢子体后,进行显微检查,观察其个体数量和大小,根据获得的资料绘成图1中的B线。其中B_1为晚熟孢子的幼孢子体数量的平均直径,B_2为每次观察到的最大个体的大小。

晚熟孢子是裙带菜成熟末期的最后一批孢子,水温达到23℃以上,用了不足20天的时间形成孢子体,大约经过1个半月的时间,长到肉眼隐约可见的程度,这时进入秋季,9月中、下旬水温稳定下降,因此,这批幼苗是夏季的幼孢子体长成的秋生苗。由于晚熟孢子不形成夏生苗,所以没有大量脱落流失的现象。

B_1. B_2二条曲线是基本一致的,都呈现直线上升,完全看不到斋藤所描述的配子体休眠度夏的情形。

(三)早熟孢子与晚熟孢子的差异

我们从图1中可以看出,不同时期采孢子形成的孢子体,在夏季里的变动是不同的。

(1)代表早熟孢子的幼孢子体生长大小的A_2线,从高到低以后再升高,曲线的最低点在8月下旬。进入9月,曲线开始稍稍上升,但有一段大约20天的时间孢子体没有明显生长的时期。9月下旬水温平均降到22.3℃,开始进入生长较快的正常阶段。

晚熟孢子的B_2线与A_2线不同,于高温的8月下旬和9月上旬,幼孢子体的大小一直在增长,没有生长停滞的现象。因此,早熟孢子的A_2与晚熟孢子的B_2都达到相同大小(400～500细胞),在时间上,二者相差达25～28天。

图版1不同时期采孢子,裙带菜发生的数量与大小比较,上绳:5月19日采孢子,下绳:7月24日采孢子。(1963青岛福岛湾)

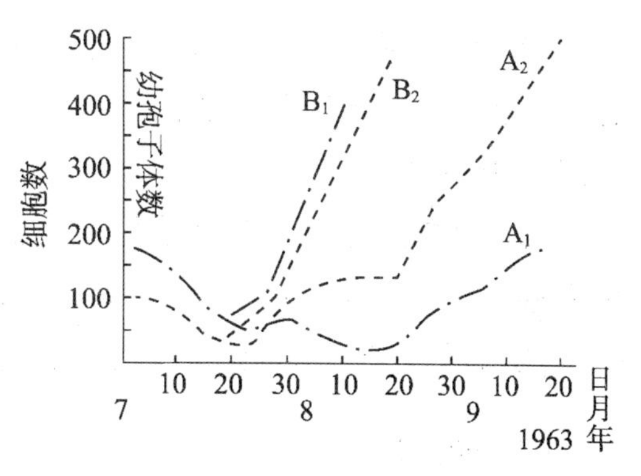

A_1,A_2为5月采孢子,

B_1,B_2为7～8月采孢子(实线代表数量,虚线代表大小)

图1 裙带菜幼孢子体的数量和生长的曲线

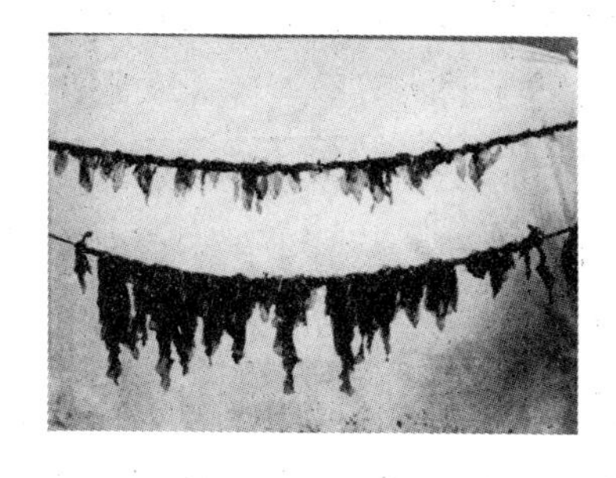

上绳:5月19日采孢子,下绳:7月24日采孢子

图版1 不同时期采孢子,裙带菜发生的数量与大小比较(1963青岛福岛湾)

（2）从晚熟孢子的数量曲线 B_1 来看，与其大小曲线 B2 相同，都一致上升，并且有继续上升的趋势，但是早熟孢子的数量曲线 A_1 不仅不能与 B_1 一起上升，而且还不能与大小曲线 A_2 一起上升，直到 9 月下旬、幼孢子体的数量才明显增多，但其趋势是很微弱的，到了 10 月中旬，水温降到 20℃以下，仍不见较大的增长。说明温度条件虽已适于配子体的发育，因为夏前已大量发育成幼孢子体，剩下的配子体已经不多，所以不能大量增多新的幼孢子体，曲线也不能上升。

（四）福岛湾早晚两批采孢子的育苗结果

福岛湾用棕绳作育苗器，分别于 5 月 19 日及 7 月 24 日两批采孢子，按正常海上育苗的管理方法工作，两批完全相同的方法进行培养，最后到 12 月其结果如图版 I，我们从中可以清楚看出：上苗绳的幼苗小，数量少，这是 5 月采孢子的育苗绳；下苗绳的幼苗大，而且数量多，这是 7 月采孢子的育苗绳，结果与图 1 相一致。

夏季，我们发现海面育苗的育苗器上有幼孢子体的发生和脱落时，检查海底采孢子石块上的竹皮，也发现大量幼孢子体及其流失，但未看到长成的幼苗，情况大体与海面观察的近似，说明我们的实验结果是有代表性的。

三、讨论

1. 晚熟孢子的幼孢子体生长和发生数量曲线（B_1B_2）呈直线上升，而早熟孢子的（A_1A_2）为什么不能一起上升？早晚两批采的孢子确实于同时期表现是不同的。晚熟孢子的幼孢子体数量日益增多、个体增大的时期，而早熟孢子的幼孢子体数量与大小呈现停滞不增的状态。从现象上看，早熟孢子的配子体很像处于斋藤所说的"休眠阶段"，而等待低于 23℃温度的到来。恰恰于 23℃以后，幼孢子体的数量增多。如果早熟孢子的配子体处于"休眠状态"，那么为何晚熟孢子的配子体不处于休眠阶段？显然休眠说是不能解释的。

那么是不是早晚不同时期采的孢子具有不同性能呢？因为早熟孢子是处于 20℃以下较低的温度中形成的，它的配子体必须于较低的温度中才能发育成孢子体，所以夏前长成的幼孢子体及幼苗，不耐高温，高温时脱落流失，未形成孢子体的配子体再要发育成孢子体，也必须较低的温度条件。相同的原因，与上述情况相反，晚熟孢子是于较高的温度下形成的，配子体及幼孢子体对高温有适应能力，所以于高温中能发育成孢子体并进行生长，这种现象在海带配子体的研究中，曾提出过(任国忠，1962)[5]。我们的研究表明：早晚不同时期采的孢子，并不支持有两种不同反应的配子体，早晚形成的孢子的性能是相似的，没有明显的差异[3]。

那么为什么早晚不同期成熟的孢子形成A、B线的差异呢？我们在海上作过附着物与育苗效果的比较。培养裙带菜的育苗器有的洗刷，有的不洗刷，另外一部分育苗器同时在室内水池中在没有大型附着物的条件下培养，然后下海养育，其结果表明：水池育苗下海者幼苗发生早、生长大、海上培养经常洗刷的次之，不洗刷的出苗既晚且小。因此我们认为形成A、B线的差异，主要是受附着物的影响，生长发育受到严重干扰，直到条件有显著变化以后。例如温度下降，有的附着物减退，配子体才能够冲破影响再发育生长。所以在曲线表现上，在受干扰时呈平直状态，温度降低后，才开始上升，在时间上拖延了一个月。

这里需要说明，我们的实验虽然是经常洗刷附着物，尽量排除干扰，但是育苗器上还有许多小型的不易冲刷掉的附着物，在镜检中不得不采用涂片方法才能找到幼孢子体，这是由于早采孢子形成的条件，这正是海中的自然状况。同一理由，晚采孢子的育苗器比早采孢子的在海中的时间短、受附着物的影响小，能够比较顺利地发育成孢子体。我们再次强调A、B曲线是经过人工洗刷的结果，在海底的自然条件下，附着物加上其他生态条件的差异，这两条曲线，相信将会有更大的差别。

2. 关于晚熟孢子的数量曲线(B_2)呈直线上升，是否表明夏季青岛海中的任何温度都可以从配子体发育成孢子体？我们从图1的B_1线看出，幼孢子体出现于8月19日，表明8月中旬平均水温24.5℃，显然孢子体出现在日平均水温超过25℃的条件下，8月下旬，水温旬平均24.9℃，曲线继续上升，幼孢子体数量增加，即有新的幼抱子体继续形成，这似乎表明：青岛夏季海中的裙带菜配子体可以不受限制地发育成孢子体。李宏基等的配子体与温度关系的研究中指出26℃配子体发育成孢子体的最高温度界限。26℃配子体不能发育[3]。海中又确实于高于25℃的水温条件下观察到孢子体，而且数量在不断地增加怎样解释呢？

这里有两种可能性：第一，在夏季8月水温的日平均往往高达26℃～27℃时，但是在日最低温又往往下降到25℃，在一天内形成高低不稳定的规律变化。从表1的旬平均中亦可看到这种状况，实验室的研究证明裙带菜配子体可以利用一天中的低温时间来完成它的发育，并于 26℃中出现孢子体[3]。我们于本实验中观察到的现象应该是实验室工作的证实。第二，在另一种情况下，即在几天的高水温期中，每天的最低温度仍高于 26℃时，配子体受高温阻止，停止发育，待到温度条件允许时，又继续发育成新的孢子体，由于高于 26℃的时间短，检查的时间七天一次，因此表现为孢子体在不断形成，数量曲线继续上升。

由于存在以上二种情况，我们不支持任何高水温中配子体都可以不受限制的发育成孢子体的看法。

3. 关于不同时期采孢子的两种曲线(A、B)的意义是什么？

(1) 图 1 表明：早采孢子于夏初大量长成夏生苗和幼孢子体，它们于度夏时逐渐脱落流失，秋后不获得大量幼苗，而晚采孢子可以获得大量的秋季发生的幼苗，根据以上获得的资料，我们图解成图 2 表示之。从图 2 中可以明了，完全不应采用斋藤的度夏理论，只要晚采孢子就可以省去相当于 20℃～22℃这段育苗期，这一点也为我们的"水池育苗法"所证实[4]。

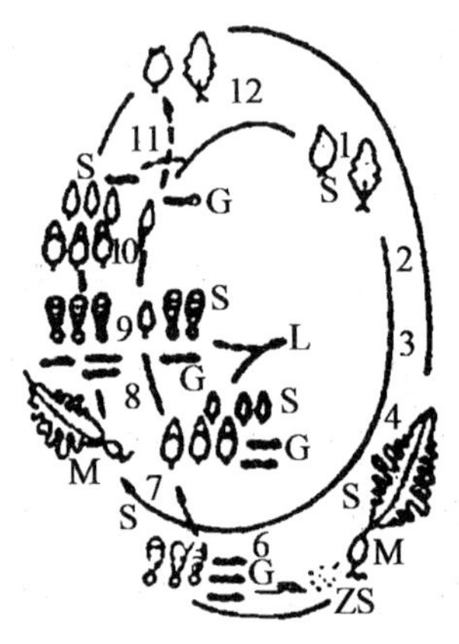

S. 幼孢子体及幼苗；G. 配子体；ZS. 游孢子；M. 成熟种芽；L. 流失；1～12. 月份

图 2 裙带菜不同时期放散的孢子的发生、生长情况

(2) 从图 2 中，可以得到明确的结论：凡是秋季幼苗发生早，生长大的翌年的产量高，但是藻体大，成熟早[2]，由于不宜采孢子，所以作为种菜是不适宜的。凡是幼苗发生晚，生长小的翌年的产量低，但藻体小的成熟晚[2]，则适于作为繁殖下一代的种菜。这样利用晚熟的种菜进行繁殖可能达到高产稳产的目的，同时也为人工增殖提供了理论根据和方法。

四、结论

(1) 裙带菜的配子体不需要经过高温的休眠阶段就能大量发育成孢子体。因此于夏季的海洋中既有配子体度夏，又有孢子体形成，也有幼孢子体和幼苗同时生长。但是还有幼苗、幼孢子体的脱落、流失。根据孢子的放散时间，各自处的条件形成变化着的多形态的而不是以固定的一种形态度夏。

(2) 早熟孢子于夏季高水温到来前，大量形成孢子体并长成夏生苗，但于高温期中逐渐脱落、流失，剩下的少量配子体，度夏后，水温适宜时才发育成孢子体，因此秋后没有大量秋生苗发生。

(3) 晚熟孢子，在夏季很快发育成孢子体，小的孢子体在短时期高温中能够生长，接着水温下降，生长更加顺利，所以无大量脱落、流失现象，因此秋季发生了数量多、生长大的秋生苗。

(4) 由于明了裙带菜的夏季生活状况，因此，利用晚熟孢子进行人工育苗，海底增殖，可能比以前利用早熟的孢子获得更好的效果。

参考文献

[1] 国营山东水产养殖场. 1951～1953 海带养殖工作报告. 山东省水产局，1954.

[2] 李宏基，李庆扬. 裙带菜孢子体的生长、发育与温度的关系. 海洋与湖沼，1966:8(2).

[3] 李宏基，田素敏. 温度对裙带菜配子体生长、发育的影响. 海洋湖沼通报，1982:(2).

[4] 李宏基，李庆扬. 裙带菜配子体在水池度夏育苗的试验. 水产学报，1965:3(9).

[5] 任国忠. 配子体的生长、发育与环境的关系. 曾呈奎，等. 海带养殖学. 科学出版社，1962.

[6] 田岛迪生. ワカメ养殖，1975:12(6).

[7] 田岛迪生. ワカメ养殖，1975:12(7).

[8] 木下虎一郎. コンブとワカメの增殖に关する研究. 札幌，北方出版社，1947.

[9] 斋藤雄之助. ワカメの生态に关する研究 I. 日水志，1956(A)22(4).

[10] 斋藤雄之助. ワカメの生态に关する研究 II. 日水志，1956(B)22(4).

[11] 斋藤雄之助. ワカメの养殖(改订版). 水产增殖丛书(2). 日本水资保协会，1965.

[12] 斋藤雄之助. 藻类养殖一カかめ养殖. 海洋科学. 1971:6.

[13] 须藤俊造. ワカメ、カジメ及びアテメの游走子の放出についこ，日水产志，1952:18(1).

[14] 殖田三郎.水产植物学.水产学全集10.恒星社厚生阁,1963.

[15] Kanda I. 1936：On the gametophytes of some Japanese species of Laminariales Ⅱ, Sci. Rep. of Inst. of Alg. Res. Fac of Sci. Hokkaido Imp. Li - Univ.

OBSERVATION ON THE SPOROPHYTES OF *UNDARIA PINNATIFIDA* (HARV). SUR. IN QINGDAO SUMMER

Li Hongji Song Chongde Tian Sumin and Li Qingyang

(Shandong Marine Cultivation Institute)

Abstract The gametophytes, from the spring spores of *Undarin pinnatifida* (Harv.) Sur., grow well and are capable of becoming sporophytes Hence much sporeings Igrow out from late June to early July. When the temperature goes up, sporelings gradully loss away and not last from summer to autumn. But very little remained gametophytes are able to pass the higher temperature period and moreover develop to sporophytes when the temperature is lower. Nevertheless sporelings grow sparselly.

The gametophytes, from summer shedding spores of *Undaria*, grow well too and develop to sporophytes in wide range of temperature, although the young sporophytes become sporelings at 25℃～26℃ and grow large in September. It is because the sporelings did not loss away in summer that the sporelings grow denser in autumn.

Accordingly there are many living forms of *Undaria* in summer. namely: sporelings, young sporophytes and gametophytes, the slow growing and gradual loss away of *Undaria*.

合作者:宋崇德　田素敏　李庆扬

(海洋湖沼通报.1982,4:52-58)

裙带菜配子体的休眠期

摘 要 裙带菜的休眠期是日本的斋藤(1956)与须藤(1965)提出的,在日本有广泛的影响,是指导裙带菜育苗的理论根据。本文对此提出不同意见。裙带菜夏生苗的发现,是裙带菜配子体没有休眠期的直接证据。

关键词 裙带菜 配子体 休眠期

国内外许多人进行过裙带菜配子体的研究,只有日本少数学者确认裙带菜配子体存在休眠期。我国的研究者任国忠对配子体的研究未涉及此。李宏基等的研究则明确持否定意见[2,3]。《海藻栽培学》(1985)对此曾引用李的论点[1]。

我国裙带菜室内育苗起步于1962年。但迄今还不能稳定生产。80年代,先后有专业人员(张金城、刘启顺等)出国对裙带菜育苗进行过考察。又模拟日本的方法开展试验。以后又有人提出配子体的休眠。因此,裙带菜配子体的休眠涉及育苗问题,需要加以探讨。

一、裙带菜配子体休眠期的提出

(一)斋藤的“休眠期”与休眠

1936年,日本的神田千代一(Tuyeti Kanda)发表了他的《日本几种昆布科植物的配子体》的报告[12],其代表种中有裙带菜。他在6月16日采孢子,室温培养,第20~25天观察到精囊与卵囊,但直到第52天才第一次看到2个细胞的孢子体。他察觉到裙带菜配子体到孢子体发育很慢的现象。1944年,木下虎一郎(Kinoshita, T.)的《裙带菜发生的适温》[5]一文,以不同温度进行培养的方法,比较研究孢子体形成的适温。他们都未提及配子体的休眠。

1956年,斋藤雄之助(Y. Saito)用室温与控温(15℃~17℃,17℃~20℃,20℃~21℃,23℃~24℃)培养裙带菜的配子体,于第50天见到配子体发育成孢子体。温度升高以后，高温里的配子体细胞直径增大，呈球形，色浓，停止生长发育，他称为休眠(dormancy)。当水温下降后，配子体又开始发育幼孢子体。这段停止生长与发育的时期，斋藤称为休眠期(Resting stage)[6]。这是斋藤首次提出裙带菜配子体的休眠期。这在论文的英文摘要及图版英文说明中很明确。

(二)休眠与生活史

斋藤(1956)提出休眠期10年后，他的《裙带菜养殖》(1965)一书中的生活史图里，加入“高温休眠(23℃以上)”的过程[7]。这表示裙带菜生活史存在着23℃以上的休眠阶段。6年后，1971年斋藤的论文中再次提出裙带菜生活史中的休眠期[8]。

日本海藻养殖专家须藤俊造(S. Suto)，他是裙带菜配子体室内度夏的第一建议者。在他的《沿岸海藻类增殖》(1965)裙带菜生活史一节里，也提出夏季裙带菜的丝状体(即配子体)休眠，并注明在25℃～30℃。显然，须藤不仅同意斋藤的休眠说，而且纠正斋藤提出的23℃以上的休眠温度界限。因此，裙带菜配子体休眠成为其生活史的一部分为须藤所确认。但是，休眠说却被秋山、黑田(Akiyama, K. and Kurogi, M.)1982年的论文所引用[13]。

(三)休眠与育苗

须藤与斋藤二博士的休眠理论在日本发生了广泛影响。如赤坂(1970)[10]、田岛(1974)[11]等在指导裙带菜人工育苗时，都提到配子体夏季的休眠。配子体的休眠时期采用弱光培育，甚至提出不给光的黑暗处理。弱光、黑暗条件可以限制杂藻繁殖，利于配子体度夏安全。待水温下降后再给予充足光照，促进配子体发育成孢子体。这是休眠与度夏育苗的基本关系。

80年代初，我国赴日本考察裙带菜育苗时，据说日本还在采用这一技术。

1990年，我国也有“配子体休眠期”与“水温高于24℃～25℃，配子体休眠”，“光照度控制在500 lx以下”，“无光也行”的育苗技术论点。显然这是来自日本。

二、我们研究的结果

我们于60年代曾以不同方法研究了裙带菜配子体的休眠。

(一) 裙带菜配子体生长发育与温度关系的研究[2]

我们采用不同温度(±0.5℃)培养的方法，观察配子体的形态和生长发育的关系。基本可以归纳为以下三个结论。

(1) 10℃～25℃培养的雌配子体,它的细胞直径与水温升高呈正相关。配子体生长的适温为20℃～25℃。不支持23℃以上休眠的论点。

(2) 在恒温(±0.5℃)条件下,可以出现孢子体。在日变温(±4℃)条件下,日平均温度为26℃可以出现孢子体(因而在自然海洋环境中,在日平均水温26℃应该观察到幼孢子体)。不支持23℃或25℃休眠的论点。

(3) 实验证明:26℃恒温条件下培养的配子体,在26天内没有孢子体出现。在对照组20℃条件下的配子体,第15天出现孢子体。26℃培养的配子体移入20℃温度中培养3天就出现孢子体,而不用在20℃度过15天。这说明配子体在26℃并未休眠,仍在缓慢地积累发育物质,并完成了在20℃中需12天的生长发育过程。因此,不支持配子体高温条件下休眠的论点。

(二)海上育苗的观察[4]

1961～1962年,我们先后两次离开青岛有裙带菜分布区(胶州湾口到太平角),到远离青岛40千米外的福岛湾,进行海上育裙带菜幼苗的试验。5月、6月每月采孢子1批,7月采了2批,共4批。每批孢子大约于第50天见到幼苗,即夏生苗。7月采孢子时,水温已超过23℃,达到斋藤划定的休眠温度。但在高温期中仍采到了夏生苗。表明在自然环境生活的配子体,也未休眠。

夏生苗的发现是我们意外的收获,是前人从未报道过的。因此,将第一次采到的夏生苗标本照片予以披露,以证实夏季裙带菜的配子体至少有一部分不休眠而发育成孢子体。夏生苗在整个夏季的高温期中均可采到,它的客观存在,是不支持配子体休眠的直接证明。

(三)夏季裙带菜孢子体的观察[3]

我们发现了夏生苗(1961),但采到的数量却较少。夏生苗是否仅是个别配子体发育的结果?而大批配子体仍需休眠之后才能形成秋生苗?

为了搞清这一问题,1963年,我们于青岛团岛湾进行实验。在旬平均水温12℃～13℃采孢子2批;旬平均水温23℃～24℃采孢子2批,第一次采的2批,大约于1个月后长出密集丛生的幼苗,表明配子体不经休眠就大量形成孢子体,夏生苗不是个别配子体的发育结果。第二次采的2批,大约于45天后长出了幼苗,幼苗的数量也较多。在竹制育苗器(竹瓦)上呈现一片片小区域从生。这证明23℃～24℃采的孢子形成的配子体，于24℃～25℃不经休眠便直接大批发育成孢子体。因此，不论在斋藤划定的休眠高温之下或以上，都有大量配子体发育成孢子体（幼苗）。不管夏生苗是否容易采到，但它确是配子体大量发育的结果。

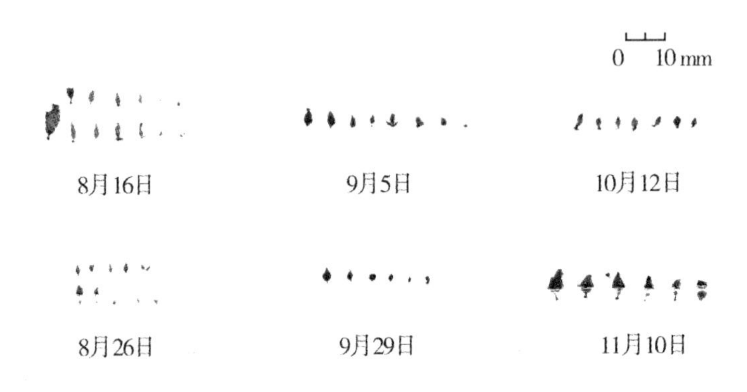

（8～9月的夏生苗，10～11月的秋生苗，1961）

图1　青岛福岛湾裙带菜的夏生苗

从我们以上的实验看，证明配子体没有休眠期。

三、讨论

（一）裙带菜配子体的"休眠"是什么？

通常把植物的整体或某一部分在某一时期内停止生长的现象叫休眠（dormancy）。配子体休眠有两个特点，一是形态的变化；二是生长的停止。后者伴随前者而形成。形态表现为配子体细胞直径增大而呈球形；细胞壁增厚；色素增浓等。这种形态，我们在25℃培养中也曾出现。即雌配子体的细胞短径增长到近似长径而呈球形。这是一种生长表现，不是生长的停止。配子体表现粗壮有力，不是消耗无力。因此，将配子体的这种形态定为停止生长和休眠的标志是不确切的。

（二）裙带菜配子体有没有"休眠"性？

植物具有休眠期的特性，称作休眠性。斋藤认为裙带菜配子体有休眠期，所以自然认为裙带菜配子体有休眠性。休眠性是植物发育过程中一种对外界不良环境的适应。如果裙带菜配子体有这种特性，那就应当不论何时采的孢子，都应在休眠之后再发育成孢子体。

斋藤(1956)提出裙带菜配子体休眠期的论文中，其实验材料有的配子体于夏季高温前已发育成孢子体，表明配子体不经休眠期可以直接发育为孢子体，即配子体不具休眠性。

我们注意到斋藤提出休眠的条件为 23℃以上。如前所述，我们于 25℃的培养条件下见到孢子体，甚至在日平均 26℃中培养的配子体也能发育为孢子体。这说明在 23℃以上或 25℃以上水温中的配子体，不在休眠而在发育。未经休眠期而直接发育成孢子体的事实，是不能支持裙带菜配子体的休眠性的。

因为植物的休眠是系统发育史的结果，如果承认裙带菜配子体休眠期的存在，那么，不经休眠而直接发育是违背系统发育理论的，也是不能形成生活史的一部分的。事实上裙带菜配子体在高温前能形成孢子体，在高温期中又有夏生苗的发生。所以，只能认为裙带菜的配子体不具休眠性。

(三)为什么斋藤的实验能得出“休眠”的结论?

我们看不出斋藤根据什么对不发育的配子体下“休眠”的结论。因为它不符合以下事实：

(1) 如果配子体在高温(23℃以上)期要“休眠”，而休眠是生理特征，斋藤的实验不能证明这个结论。

(2) 斋藤的温度对比实验，证明配子体在高温期停止发育。由于发育不仅受休眠影响，而且也受条件支配。斋藤缺乏海上实验对照，培养条件中具有影响发育因素是不能排除的。

(3) 如果休眠是客观存在的普遍规律，它不能解释我们的实验结果，也不能说明海上夏生苗于 23℃～25℃甚至更高温度中出现的原因。

(四)裙带菜育苗方法的理论根据

裙带菜育苗采用弱光培育度夏，据田岛(1975)的文章中说，这是为了防止孢子体的发生。采用不满足光照或限制光照的措施，控制配子体的发育，表明配子体没有休眠性。

弱光培育的育苗技术，如果是因为休眠而不需要光照或较强光照，或者因为配子体在休眠期以弱光培育对其度夏更安全，这是一种理论根据；为了防止配子体形成孢子体而不满足光照，即采用控制光的方法限制配子体的发育，这又是一种根据。这是两种完全不同性质的出发点。作为技术理由，如果可以混合提出的话，那么，作为科学理论根据，二者是不能混同的，二者是矛盾的。

因此，我们有条件地赞同弱光甚至适当的黑暗度夏培养配子体的做法，目的是防止孢子体、夏生苗大量出现，以免影响秋生苗的发生。

四、结论

通过实验证明，裙带菜配子体没有休眠期，也不休眠。不同时期采的裙带菜孢子，海上育苗均有夏生苗发生。夏生苗是没有休眠期的直接证据。高温（26℃以上）可以抑制配子体发育，因而出现停止发育现象，但不属于休眠。

参考文献

1. 曾呈奎，等. 裙带菜栽培. 上海科技出版社，1985.

2. 李宏基，等. 温度对裙带菜配子体生长发育的影响. 海洋湖沼通报，1982(2).

3. 李宏基，等. 青岛裙带菜夏季孢子体的观察. 海洋湖沼通报，1982(4).

4. 李宏基. 裙带菜海上育苗技术的研究. 齐鲁渔业，1991(1).

5. 木下虎一郎. 关于昆布与裙带菜增殖的研究. 北方出版社，1947.

6. 斋藤雄之助. 关于裙带菜生态的研究Ⅰ、Ⅱ. 日本水产学会志，1956，22(4).

7. 斋藤雄之助. 裙带菜养殖. 1965，6-12.

8. 斋藤雄之助. 藻类养殖～裙带菜养殖.（日本）海洋科学，1971(6).

9. 须藤俊造. 沿岸海藻类增殖.（日本）海洋科学，1965，21-22.

10. 赤坂羲民. 裙带菜养殖.（日本）海洋科学，1970，7(7)：81.

11. 田岛迪生. 裙带菜养殖.（日本）海洋科学，1974，12(6)，12(7).

12. Tiyeiti Kanda. On the Gametophytes of some Japanese species of Lamanariales. Sci. of papers Inst of Algol. Rese. Fac. of Sci. Hokkaido Imp. Univ，1936，1(2).

（齐鲁渔业. 1992，4）

裙带菜养殖研究的若干成果

摘　要　裙带菜养殖科学研究的若干成果被实践证明可应用于指导生产。这些成果的内容包括裙带菜夏生苗的发现，配子体的发育特性，不同时期的幼苗，人工育苗理论，育苗器和生长基质，移栽方法和养殖方式。

关键词　裙带菜　养殖研究　成果

我国裙带菜的养殖研究始于50年代初，着重于自然海区中幼苗发生的生态观察[1]。60年代，着重于育苗[2,5]、生态[6]实验和养殖技术的研究[9]。这些研究的部分结果已发表；部分结果虽已提出，但未详细阐明；还有的根据实践的检验，有必要予以修正。现将这些研究的若干结论分述如下。

一、裙带菜夏生苗的发现

1. 夏生苗的发现　裙带菜的海上育苗，国内外都进行过研究。1961年，作者于采孢子后大约50天发现了零星的小幼苗。通过黏液细胞的鉴定证明为裙带菜幼苗，并命名为裙带菜的夏生苗[2,8]。在此之前未见到裙带菜夏生苗的报道。

2. 夏生苗的特征　夏生苗是指水温高于20℃时期(山东沿岸的6～10月)发生的幼苗(1 mm)。一般泛指肉眼看不清的幼孢子体。夏生苗的形态与秋生苗相同，一般呈叶形、桃形或椭圆形。但它还具有以下特点：

(1) 一般长0.5～20 cm；肥沃海区，大苗可达20 cm。

(2) 5～7月是采孢子时期，即自然界裙带菜放散孢子期。大多有夏生苗发生，且整个夏季均可陆续见到。

(3) 夏生苗的寿命短，一般看不到生殖器官和孢子囊群的形成，大约生活数10天后便脱落流失，故夏生苗不能度夏。

3. 夏生苗发现的意义　夏生苗的发现，有理论上的意义，大致可归纳为以下几方面：

(1) 夏生苗在整个夏季都有发生，这成为裙带菜配子体不休眠和没有休眠期的直接证据。

(2) 夏生苗之后有秋生苗发生，表明裙带菜配子体的发育差异很大，是不同步的。

(3) 单位面积内同时附着的孢子，夏生苗发生多，就能减少秋生苗的发生量；反之，减少夏生苗的发生量，就能增加秋生苗的发生量。

(4) 夏生苗的发现，对裙带菜的生活史有了新的补充，更新了单纯以配子体度夏的传统观念。

二、裙带菜配子体的发育特性

1. 高温能阻止配子体发育　我国的研究认为，配子体发育的极限温度为25℃～26℃，即配子体在25℃尚能出现，26℃则不出现。但在日平均26℃的水温条件下，低于25℃时，它仍能发育为孢子体。这表明配子体是没有休眠期的，同时表明26℃以上水温限制着排卵和受精过程的进行(李宏基，1982)。因此，日本专家提出的23℃(斋藤，1956)或25℃(须藤，1965)配子体不发育而处于休眠状态的论点是不成立的。

2. 高温下配子体不发育但仍积累发育物质　在26℃～27℃高温下，配子体虽不发育成孢子体，但发育物质仍在积累。这一点与海带配子体的发育相同。

3. 高温下配子体变态　26℃～28℃的高温期，配子体细胞特大，色浓，不发育，呈圆形，有的直径大于长度，聚集在一起，与正常发育的配子体明显不同。这是适应性的变态表现。25℃恒温培养的部分配子体亦有此形态。

由于裙带菜配子体具有以上的发育特性，以形成夏季的特殊生活史，影响着下一代经济价值与复杂的繁殖状况。

三、不同时期发生的幼苗及其意义

裙带菜一年四季均有幼苗发生。这些幼苗都来自同代孢子，即5～8月放散的孢子。幼苗根据发生的时期来划分并命名为夏生苗、秋生苗、冬生苗和春生苗。

1. 夏生苗发生在6～9月，可延续到10月，也依海区的温度变化而不同。

它寿命短,不能度夏就夭折。多见于人工海上育苗或室内育苗。虽无经济意义但有理论意义。

2. 秋生苗自然发生于海底,青岛发生在 11 月上中旬,陆续发生至 12 月。在低温(小于 5℃)到来之前,秋生苗早苗可长至 50 cm 以上。由于大苗生长不受低温影响[6],4 月可长到 1～1.5 m,能形成巨大群落。新年至春节就可上市,经济价值高。若海区中秋生苗发生量多,那么翌年将成为丰产年。人工育苗就是要培育秋生苗。

3. 冬生苗 12 月下旬至翌年 2 月的低温期,青岛海底岩礁往往发生一批幼苗,称冬生苗。因它生长受到低温抑制,所以直到低温过后才得以正常生长。冬生苗受外因及内因影响,终生长不大,藻体长度一般在 1 m 以下,株重也较轻。海区中如果冬生苗发生多而秋生苗少,那么,将形成低产年。

4. 春生苗 3～5 月,青岛干潮露出的浅水区,石沼等岩间,有一批不引人注目的裙带菜幼苗,藻体长度 3～10 cm,称春生苗。它发生于水温回升期(5℃～10℃),幼苗生长较快,但受季节影响,生长短小,成熟期也较晚,一般 7～8 月放散孢子。春生苗与秋生苗都是同年放散的孢子发育的结果。7 月中旬以后,出现 23℃～25℃的高水温,浅水区的裙带菜出现"黄梢",故一般不进行采收,经济价值不大。春生苗发生多的年份,往往对翌年丰产有利,具有繁殖意义。

裙带菜的四季幼苗各有其特殊作用。作为养殖用苗种,经济价值以秋生苗最高,冬生苗较低,春生苗没有经济价值但有繁殖价值,夏生苗既无经济价值又无繁殖作用,但具有理论意义。

四、人工育苗的理论

裙带菜是海带类植物,属于温带性一年生种类。特点是:大藻体(孢子体)放散孢子后流失。孢子处于肉眼看不见的时期,正是高水温的夏季。直到秋末冬初,幼苗才发生。因此,以往认为,裙带菜是以配子体的形式过夏。所以,日本的人工育苗于采孢子后,培养成配子体。为了使配子体度夏给以弱光培养(斋滕,1965;赤坂 1970;田岛,1974)。高温过后,满足光条件,促使配子体发育,形成孢子体,长成幼苗下海。

人工育苗是一种控制配子体发育的育苗法,它是以配子体休眠为根据的。这种育苗法也可称为间断发育育苗法或控制发育育苗法。我国在海上培育裙带菜幼苗时，发现了夏生苗，并进行了专门观察[6]，发现在整个夏季均可见到幼孢子体。其中有的长成幼苗，幼苗有的脱落，有的新发生；幼孢子体有的脱落，也有新的发生。这种现象有的发生在同一育苗器上，有的发生在不同育苗器上，直到10月后才逐渐停止。这在早采孢子的育苗器上重复多，中期采孢子的重复少，晚采孢子的可直接发育成孢子体而不出现脱落。

对裙带菜度夏的直接观察发现：裙带菜的配子体可直接发育形成幼苗，所以这种海上培育幼苗的育苗法可称为直接发育法或不间断发育法。直接发育育苗法的优点有：① 缩短了育苗期；② 受沉淀影响少，杂藻危害少；③ 不存在夏生苗的发生及脱落问题；④ 避免了间断发育育苗法的出苗不齐、苗小、苗晚等缺点；⑤ 技术简易，不用弱光，控温度夏；⑥ 成本低。

因裙带菜的配子体无休眠期，同时，山东沿岸出现26℃水温的时期很短。因此，基本不限制配子体发育。如果适当晚采孢子，使配子体在高温期同步发育，直接长成秋生苗，从而可获得出苗齐全、苗多苗旺的育苗效果[5]。

五、人工育苗的生长基质

人工育苗包括海上育苗与室内育苗。生长基质及编制的形式对育苗有重要影响。海上育苗方面，从竹皮绳、竹瓦绳、三合一棕绳等8种育苗器中进行筛选，以三合一棕绳育秋生苗最好，以竹瓦绳育夏生苗最好（李宏基，1961）。室内育苗方面，从棕帘、竹皮帘、棕绳、三角形竹帘进行筛选，以三角竹帘最好（李宏基，1962）。缪国荣等（1987～1988）从棕绳帘、竹皮板、塑料带、维尼纶绳帘及其涂玻璃钢的5种育苗器中进行筛选，以涂玻璃钢者最好[3]。室内育苗的育苗器，基质形式以三角形较好（幼苗无发生于顶部尖棱角处），且以白色绳涂玻璃钢者为好。

六、分散移栽的方法

裙带菜茎的生根区很小，只限于基部数厘米部分。由此向上直到茎叶分生点均为孢子叶的生长区。孢子叶生长区不能发生新的根，裙带菜茎部不断生长只是增长孢子叶生长区，而生根区的增长并不明显。因此养殖裙带菜采用夹苗移栽法，夹住数厘米的生根区就不再有新根发生，以致掉苗率高。幼苗发生好时，密度过大，互争生长基与光照，引起生长不匀、大小差异悬殊；幼苗发生不好时，则出现稀密不均或缺苗断垄等。

近几年，我国有的采用夹育苗绳段法效果颇好。这种方法能克服孢子养成中存在的问题，也能避免直接夹苗法的掉苗缺陷，实践证明是成功的。这种方法是60年代日本学者提出的（斋滕，1965）。

七、养殖方式及其理论根据

所谓的养殖方式相当于农业的栽培方式。它是指在同一养殖面积、一定时间内，养殖的种类及配置方式。原理是充分利用季节、光能、养分和养殖藻的种间关系，组成不同的群体，以提高单位面积产量和效益。

目前，海藻养殖主要采取单作。1965年，作者首先提出在海带养殖筏间养殖裙带菜。这种养殖方式是海藻生产上的第一次应用。当时称为间养[9]。以后，有的养殖者开展了间养试验，称为间作。间作是农业术语。

海带与裙带菜间养，是根据它们的生育期不同而设计的。前期海带叶面积很小，营养面积有余，此时养殖裙带菜可行。后期，当裙带菜长大，海带生长受到营养面积的限制时，裙带菜已到收割期。这种养殖方式，实验证明是成功的，能够增加产量。海带与裙带菜间养的性质，在农业上称为套作。

间作与套作的增产原因或理论根据是不同的。间作是两种作物生育特性、形态结构不同，能达到充分利用光能、地力、发挥边行优势。套作则是两种作物种植和收获期一前一后，彼此错开，充分利用了生长季节和光能并提高了复种指数。间养的概念是模糊的。它可以相当于间作，也可以相当于套作。水产业是农业的一个分支，因此，尽量使用农业术语，将会更加确切。

参考文献

1. 李宏基．青岛裙带菜养殖上的害藻．学艺，1955，25(2).
2. 李宏基．裙带菜海上育苗的研究．齐鲁渔业，1991(1).
3. 李宏基．裙带菜养殖技术研究的进展．现代渔业信息，1991，6(6).
4. 李宏基．裙带菜配子体的休眠期．齐鲁渔业 1992(4).
5. 李宏基，等．裙带菜配子体水池度夏育苗试验．水产学报，1965，2(3).
6. 李宏基，等．裙带菜配子体生长发育与温度的关系．海洋与湖沼，1966，8(2).
7. 李宏基，等．温度对裙带菜配子体的影响．海洋湖沼通报，1982(2).

8. 李宏基,等.青岛裙带菜夏季孢子体的观察.海洋湖沼通报,1982(4).
9. 李宏基,等.海带筏间养殖裙带菜的试验.水产学报,1966,3(2).

Some Achievements of Studies on Cultivation of *Undaria Pinnatifida* (Harv.) Sur.

Li Hongji
(Shandong Marine Cultivativn Research Institute, Qingdao 260002)

Abstract Some achievements of the scientific researches on the cultivativn of *Undaria pinnatifida* were proved in practice to guide the production. These achievements include the discovery of the summer sporelings of *Undaria pinnatifida*, the development characteristics of gametophyte, the sporelings of different season, the theory on the artificial seed—rearing, seed—rearing apparatus and growing substratum, method of transplanting and cultivation.

Key words *Undaria pinnatifida*; cultivation study; achievement

(齐鲁渔业.1993,5:5-8)

裙带菜的毛窠、毛和黏液腺

摘 要 对毛窠和毛进行了专门观察,对毛窠与黏液腺作了比较,对黏液腺的黏液及其消失进行了实验与讨论,得出如下结论:① 毛窠分布于叶片的两面,呈火山口状隆起,开口内一般有白色毛,肉眼看为一小黑点。② 毛长自毛窠内,一般长约 1 mm,个别可 5 mm,为单列细胞组成,每个毛窠中的毛,不是同时长出,故长短、数量不一,可多至百余根。③ 毛窠与黏液腺容易区分,毛窠隆起,内具毛,外观呈小黑点;黏液腺肉眼不能分辨,无斑点,比毛窠小但数量多。④ 1 cm 幼苗的黏液细胞即含有黏液成分,成株裙带菜的衰老部分,黏液腺及黏液成分消失,叶面也失去滑感。

关键词 裙带菜 毛窠 毛 黏液腺 观察

裙带菜是北太平洋西部特有的暖温带性海藻。藻类学家早就报道了裙带菜叶片上有毛丛和毛的存在[13,14]。当时只作为组织结构形态而提出。20 世纪 60 年代,裙带菜人工养殖成功后,在日本甚至发展成为第二大海藻养殖业,年产量高达 10 万吨。产品的加工方法也有所改进,质量要求也不断提高。近些年来,我国裙带菜的产品销往日本,日本客商以我国的裙带菜"多毛"作为质量问题而一再提出。"毛"已成为我国裙带菜出口的障碍,引起养殖者和经营者的注意[7]。目前有关裙带菜的书刊,对裙带菜叶片上的黏液腺多有说明,但对毛窠和毛则缺乏描述。有的对黏液腺和毛窠二者特征的描述也有些混淆。因此,作者对毛窠和毛作了观察,并对毛窠与黏液腺作了比较,现将其结果报告如下。

一、毛窠

(一) 毛窠的形态

毛窠(hair conceptacle),有的称"毛窝"[5],日本称毛窠[13]和毛巢[10,11],广泛分布于裙带菜的叶片上。发达的毛窠可以清楚看出为一个小黑色斑点,因为毛窠对外的开口部分,叶片的表皮细胞呈放射状聚集,并且高凸隆起,因为许多细胞的累积,所以形成色浓的斑点。显微观察毛窠的外形呈月球环形山状或火山口状。开口一般呈圆形,直径约为 70 μm,但也有呈椭圆形的,短径约 70 μm,长径可达 200 μm。毛窠的开口内,一般充满白色毛。

(二) 毛窠的分布

毛窠分布于裙带菜的中肋(rib)两侧的叶片上,其中包括它的中带部和羽状裂叶。在不同部位毛窠的数量不同,一般幼嫩部分数量较少,老成部分较多。

从不同发育期来说,单一叶片的圆叶期,初始阶段无毛窠,有黏液腺,以后出现毛窠,但看不到小黑点。多叶片的羽叶期,毛窠随叶片的老成而增加,小株裙带菜的中肋两侧毛窠开口只有 30 μm,无毛。大藻体充分生长的羽状叶片上,裂叶的生长部毛窠少,中间部较多。

毛窠与毛窠之间的距离不等,有的较近,200～300 μm,有的较远,800～1000 μm。在某些局部,肉眼可见毛窠的距离可达 1 cm 以上。

由于毛窠无规律地散布于叶片上,而裙带菜的叶片又没有反正面之分,所以毛窠于叶片的两面都有,但是两面的毛窠呈不对称分布。

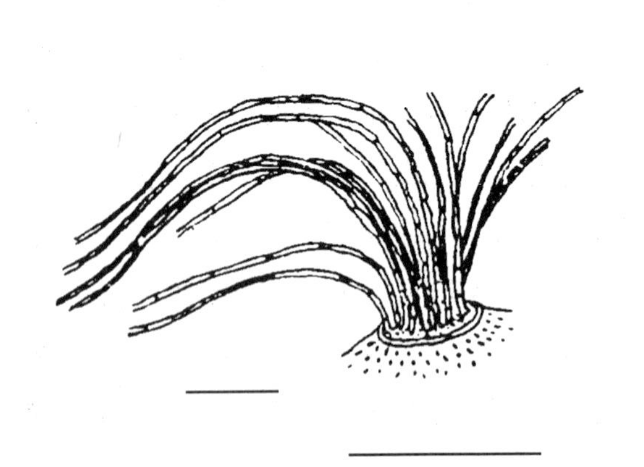

图 1　从叶片有毛窠处撕开,剪一小片置于显微镜下,可看到毛窠中充满白色毛
(标尺:100 μm 示意图)

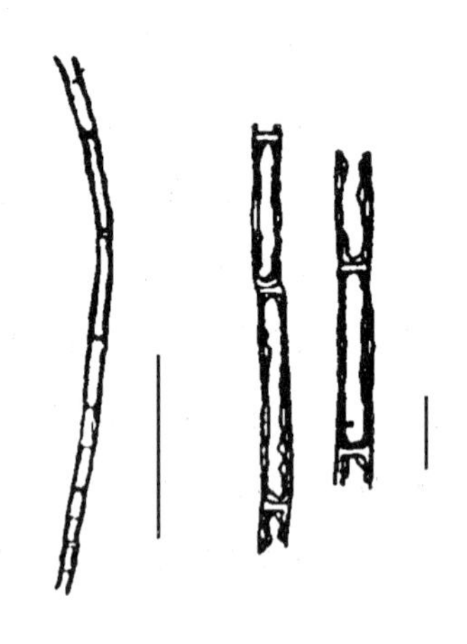

图 2　毛细胞呈管状,有清晰的细胞壁和少量的色素体,毛细胞的长度不等(左),基部短,近顶端处长(标尺:左 90 μm,右 15 μm)

二、毛

(一) 毛的形态

毛窠中有一束白色茸状的短毛(hair)。毛发自皮层至中输组织之间,为毛窠的底层细胞所形成[9],从毛窠的开口处伸出。每个毛窠中的毛丛有150多根。

一根毛是由单列的许多细胞组成。毛细胞的长短不一,靠近毛窠处较短,向顶端处逐渐增长。春季充分生长的毛,由35 μm×7 μm的长管状细胞组成细胞丝。每个毛细胞有清晰透明的细胞壁,细胞内含有颜色极淡的少量色素体。整根毛肉眼看为白色。有时见到的毛粗壮挺立。较长的毛可达3～5 mm。

(二) 毛的生长

毛窠及其发育过程,与毛的发生生长同时进行。当毛窠高凸隆起后,显微观察其开口内有小的圆珠形颗粒并带有晶亮的光泽,小圆颗粒紧密集聚于一起,充满毛窠的底部,但是看不出毛状物(图3a)。进一步生长小颗粒竖立,作者看到有的呈束状互相粘着于一起,尖端呈锥形,向毛窠口突出,如金字塔形(图3b),而一般多为部分毛先长出毛窠,而且长短不一,以后逐渐趋向一致。

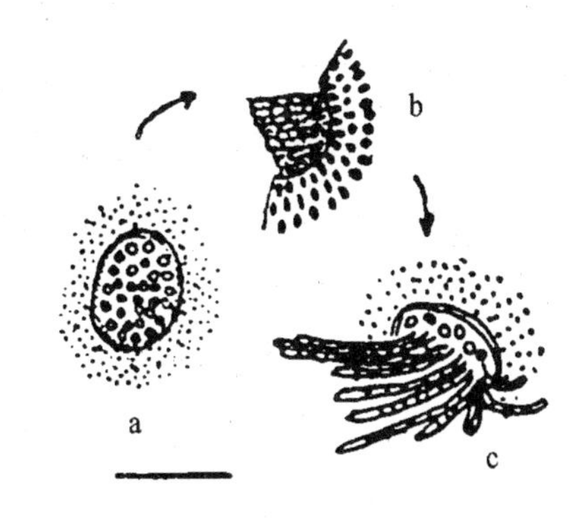

图3　毛窠中的毛,生长过程的一种形式(示意,标尺:70 μm)

上述的小圆颗粒,为一根毛的第一节细胞的顶端部分。以后,每个小颗粒都发育成一根毛。毛长出毛窠分离成单根(图3c),最后形成一簇互相分离的毛丛,随水摇摆浮动。

一根毛的上部细胞较老,用手洗刷裙带菜叶片时,有时可把较老的毛细胞洗掉,但不易全部洗掉。因为近叶片的毛细胞短,互相生长较牢。

盐渍后的裙带菜,叶片变成绿色,毛仍呈白色,贴于叶面看不清晰。泡入清水中,白色毛漂摆浮动,衬于浓绿色的叶片上,毛显得很醒目。

三、毛窠与毛

毛从毛窠中长出，所以先出现毛窠后出现毛。由于年龄、环境条件不同，毛窠大小与毛的生长状况也不同。如初冬叶长 3 cm 的幼苗毛窠 70 μm，内具纤细毛。叶长 10 cm 时其毛窠 70～140 μm。夏季(7 月末)衰老期，虽于生长点附近的叶片上有毛窠，但无毛。同样，在高温期(8 月)看到新发生的裙带菜幼株，藻体高 20 cm，属于羽叶期，它的叶片上可以清楚看到毛窠的小黑点，也未发现内中的毛。这表明高温可能不经显微观察利于毛的生长发育。

裙带菜藻体的顶端、藻体上半部的羽状裂叶的尖端部分都是衰老部分，这部份叶片已失去柔软和滑感，毛窠中的毛逐渐脱落，减短，稀疏直至完全消失。

四、黏液腺与毛窠

黏液腺(mucilage gland)是裙带菜的组织特征之一。裙带菜属的黏液腺首先为日本的冈村(1986)于无肋裙带菜 *Undaria peterseniana*(Kjellm) Okam]的研究中报道[8]。《中国经济海藻志》[1962]对裙带菜属中只记述“有毛窠”、“有点状的黏液腺细胞”。对裙带菜的形态描述只记载“叶面上散布着许多黑色小斑点”[1]。其他有关裙带菜的书刊对黏液腺有或多或少的描述，但缺乏对毛窠及毛的描述。

有的书刊描述黏液腺的特征与本文所述的毛窠相混淆，有的书刊二者分辨不清。以往书刊上对黏液腺的特征记述可归纳为三条：① 开口的四周，表皮细胞呈放射状排列[2,4,14]。② 开口内有白色小颗粒，内含物均为、无色透明的颗粒[2,3,4,6]。③ 叶片有黏液腺的小点[12]，散布黑色小斑点，即黏液腺的开口[3,4,5,6]，干后呈暗褐色[2,4]。

这样描述黏液腺与幼龄的毛窠容易混淆，并有可能是毛窠之误。把黏液腺和毛窠二者加以比较，其不同点如下：

1. 开口附近细胞呈放射状排列：裙带菜幼苗的黏液腺开口，其四周细胞不呈放射状，成体黏液腺的开口，其附近细胞呈放射状排列。毛窠开口附近细胞呈放射状排列，而且高凸隆起，毛窠被推到顶端。

二者主要区别在于毛窠开口隆起高凸，黏液腺则低而不明显。

2. 颜色与小黑点：冈村在无肋裙带菜的观察中报告肉眼容易认出有小黑色斑点(minute dark dots)[8]。他在 30 年代对裙带菜的形态描述中仍说黏液腺为一小黑点[12]。根据作者的观察裙带菜的生鲜成体叶片，肉眼看不到黏液腺，不仅看不到黑色的小点，即使色浓的斑痕也表现不出来。显微观察黏液腺开口内为白色。迅速干燥的叶片呈绿色，肉眼仍不能辨别黏液腺的位置，显微观察仍为白色。另外，作者对日本产的裙带菜（盐渍品）作了观察，也获得相同结果。毛窠所在的位置色浓，肉眼清楚看出为一小黑点。晒干后叶片的小黑点处，显微观察证实为毛窠。

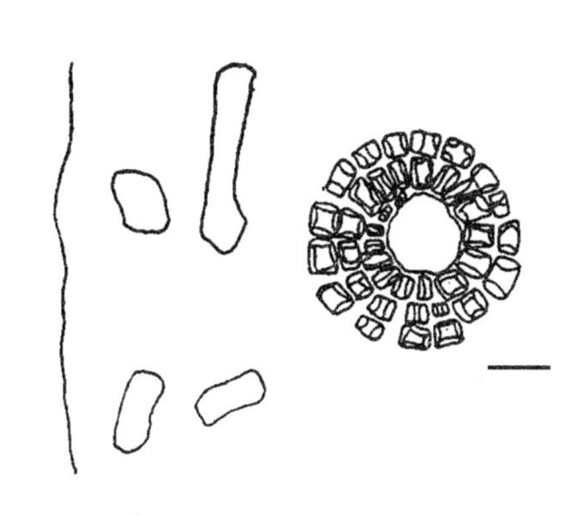

图 4　左：幼苗上的黏液腺不定型，大体呈方形或长方形等（标尺：90 μm）
右：成体黏液腺开口，四周的细胞呈放射状排列（标尺：15 μm）

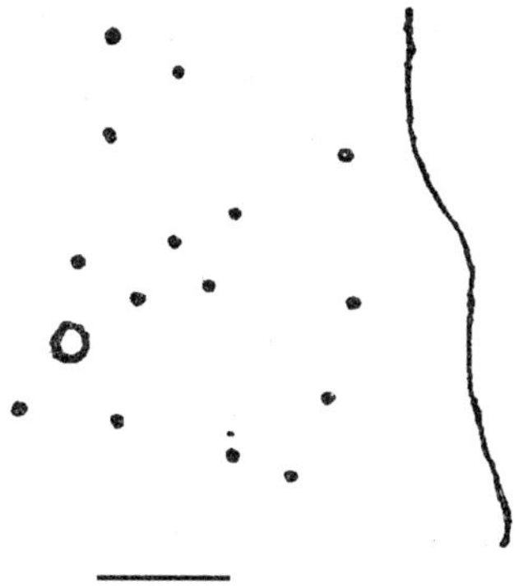

图 5　1 个毛窠与十几个黏液腺搭配分布于叶缘的情况（标尺：10 μm）

3. 数量与大小的比较：黏液腺与毛窠二者从数量比较，黏液腺多，毛窠少。例如初冬时期，显微观察 20 cm 叶片的幼株，同一视野（10×5）里，1 个毛窠周围被有如天星的白色黏液腺所包围。从大小比较，此时的黏液腺直径为 30～40 μm，毛窠则为 110～120 μm（1988. 11. 25）。

根据以上的观察，黏液腺与毛窠二者是绝对不同而且容易分辨的。“小黑点”不是黏液腺，是毛窠。二者在开口内的小颗粒，虽然不同，但不十分明显。

五、黏液腺与黏液

（一）黏液的形成

对裙带菜的黏液腺已有罔村、远藤、笠原（1967）、胡敦清等（1981）进行过研究，都认为有两种形态的黏液腺。即分布于幼苗叶片边缘的无色空白细胞，有的为多个细胞相连于一起，细胞壁消失，整体呈方形、长方形或不定形。形态类似翅藻（Alaria）黏液腺。[13,14]另一种是成体黏液腺，广泛分布于大的成株裙带菜中带及羽状分裂的叶片上，二者形态很不相同。如果腺体黏液腺的功能是分泌黏液，而表面观仅为单一细胞或多个细胞相融合是否也能分泌黏液质成分？为此，进行简单的实验对二者加以比较。

实验Ⅰ用200 mL烧杯将水煮沸，剪切成体裙带菜中下部的小块羽叶投入，叶片变绿之后再取出，投入冷水中冷却，空去多余水，置玻片上显微观察，找到黏液腺，滴加浓盐水。片刻，黏液腺由白变红褐色，红色部分大于开口，深入四周细胞2～4层，呈竖立的桑葚状。

这表明两点：一是成菜黏液腺为一桑葚状的腺体，大小超过黏液腺开口；二是腺体内的成分与叶面一般细胞不同，遇盐呈红色反应。

实验Ⅱ以相同方法处理1 cm高的裙带菜幼苗，显微观察到的白色细胞，遇盐后，一是细胞内含物由白变红，其范围只限于原白色之内，其他表皮细胞仍呈绿色；二是边界明显。这表明：第一，幼苗上的白色细胞与其他细胞成分不同，二者遇盐反应不同。第二遇盐后，与成体黏液腺的反应相同。实验证明，裙带菜幼苗上的无色空白细胞与一般细胞内含物不同，此时，幼苗已经形成了黏液成分。

为了把两种形态的黏液腺区分开来，幼苗上的黏液腺即上述空白细胞称作“黏液细胞”或“初级黏液腺”是适宜的。

（二）黏液腺的消失

1. 7月末，裙带菜处于衰老期，个体小的植株，在生长部两侧的叶片，有粘滑感，显微观察有无毛的毛窠，在叶的边缘能找到黏液腺。经沸水处理冷却后，表现出许多圆形白色黏液腺开口，加盐后，经过数小时，黏液腺开口变淡红色，证明有黏液质成分，但看不到桑葚状腺体，类似于初级黏液腺。

2. 成体裙带菜的顶端，叶片由褐变黄，缺乏光泽，手感粗糙。取这种叶片采用沸水处理，看不到黏液腺的白色开口，加盐后也无红色的黏液腺出现，证明衰老叶片上的黏液腺消失。

综合以上情况可以看出，黏液腺很早就以腺液细胞的形式出现于幼苗叶片的边缘，内中并有黏液质的成分，大大早于毛窠的出现。生长旺季的成株，黏液腺呈桑葚状。衰老期叶片增厚，黏液腺不易直接观察，沸水处理冷却后，黏液腺开口呈圆形白色，但不出现腺体形态，衰老的叶片黏液腺消失。

参考文献

[1] 曾呈奎,等.中国经济海藻志.科学出版社,1962.

[2] 张令民,等.藻类养殖学.农业出版社,1962.

[3] 郑柏林,等.黄海和渤海经济海藻.山东海洋学院学报,1960(1).

[4] 郑柏林,等.海藻学.农业出版社,1962.

[5] 李伟新,等.海藻学概论.上海科技出版社,1982.

[6] 胡敦清,等.裙带菜配子体和孢子体的形态.海洋水产研究,1981(2).

[7] 赵山君.试论影响我国裙带菜生产发展的因素.海洋渔业,1985,7(2).

[8] 川岛昭二.日本产昆布类的分类与分布(16).海洋与生物,1989,11(1).

[9] 奥田弘枝.裙带菜成熟藻体电子显微镜的观察.藻类,1982, 30(3).

[10] 广濑辛弘.藻类学总说.内田老鹤圃新社,1975.

[11] 殖田三郎,等.水产植物学.恒星社厚生阁,1962.

[12] 冈村金太郎.日本海藻志.内田老鹤圃,1936.

[13] 冈村金太郎.藻类系统学.内田老鹤圃,1930.

[14] 远藤吉三郎.海产植物学.博文馆,1911.

Observation on the Hair-conceptacle, Hair and Mucilage Gland of *Undaria Pinnatifida* (Harv) Sur.

Li Hongji

(Shandong Marine Cultivation Institute)

Abstract According to our observing on the hair and hair—conceptacle, comparing the hair—conceptale with the mucilage gland, the results are as follows.

1. The hair-conceptacles are distributed over the both sides of the blades They looks under the microscope like craters on the surface of the blades, But to the naked eye they are only visible as minute dark dots full of white hair.

2. The hair grow up from the hair-conceptacle, 1 mm long in general, but only specific one is as long as 5nim. The hairs are composed of a single row of cells.

3. It is easy to distinguish the hair-conceptacle from the mucilage gland. The hair—conceptacle is bigger and higher while the mucilage gland is tiny and invisible to the naked eye.

4. As the sporeling grows up lmm, its mucilage cells with mucilage composition are as same as those of the adult plant. B it the mucilage gland and the mucilage composition will vanish in the old part of the blade.

(齐鲁渔业. 1990,4:1-7)

裙带菜海上育苗技术的研究[①]

摘　要　以往人工培育裙带菜幼苗时，幼苗发生量少，不能投产。通过本研究发现：裙带菜在高温期有夏生苗发生，并在夏季脱落流失，因而，如果早采孢子，夏生苗发生多，就会影响秋生苗发生量，经过多种育苗器育苗对比实验，选出人工设计的小生境育苗器，即"三合一棕绳"育苗效果好，秋生苗发生量大，附着物少，因而解决了海上育苗的出苗问题。

关键词　裙带菜　海上育苗　三合一棕绳

引　言

裙带菜是一种富有营养价值的养殖种类。70 年代始，我国曾经组织过人工养殖，但由于存在着育苗及加工技术问题而未开展起来。近年来，国际市场上裙带菜价格有所上涨，裙带菜的养殖生产在有些单位中又开展起来，而目前裙带菜养殖生产的主要限制因素仍是苗种培育。山东东部沿海的养殖场，多根据大连经验，采取海上育苗技术。1961～1962 年，我们首先在海上获得大量裙带菜人工苗种。现在有些单位要求提供这方面技术，特整理发表，以供参考。

一、海上育苗存在的问题

裙带菜海上育苗的研究，国内外都做了许多工作，但发表的资料却很少。日本只有木下(1940)于北海道有珠湾的育苗试验，仅仅获得了一些幼苗，人工育苗的途径虽走通，但未解决育苗的技术问题。我国从 50 年代开始，辽宁(汪克贤、王至芬等)、山东沿海均多次进行有关试验，也都不能育出大量幼苗，并

①　参加本研究试验的有李庆扬、殷忠宽、王有亭、李学纯等同志，特此致谢，本文于 1990 年 9 月 15 日收到。

且不能说明其难点之所在。

为什么人工培养不出大量幼苗？我们分析主要有三个原因。

1. 根据日本的木下、川名、斋藤等人研究，裙带菜孢子放散期的水温与翌年的产量关系密切。木下、斋藤还认为裙带菜的配子体在初期不耐高温。显然，可以认为，不同时期采孢子，其结果是不同的。即存在最适宜采孢子时期。因此，这也成为我们研究的第一问题。

如果木下、斋藤的配子体初期不耐高温的结果是正确的，那么，在较低的温度下采孢子，使配子体初期不经受高温可能是适宜的。

2. 同一海区，在温度和营养盐含量完全相同的条件下，裙带菜幼苗于海底岩礁上能大量发生，而人工却培育不出大量幼苗，十分明显，不是基本生活条件的关系，而是人工育苗的培养技术问题。培养技术主要有两个方面，一是培养条件的利用，如光、温、养分、生物因子等；二是生长基，包括材料、质地、性状、形态及其处理等。为了使研究的内容简明，在满足培养条件的状态下研究育苗器对出苗的影响。这是我们研究的第二个问题。

怎样解决这一问题呢？原则上育苗器应具有两种性能，一是适于裙带菜从孢子到幼苗整个培养过程；二是既能避免多种附着物，又能比较容易清除。为了达到这一目的，对不同形态的育苗器进行育苗比较试验，从中筛选出制作简易、效果好、生产上适用的育苗器。

3. 裙带菜在夏季高温期育苗，处于微观时期。以青岛海区为例，大约有100天见不到裙带菜。此时，它怎样生活不甚了解。因此，我们需要进行观察，根据裙带菜夏季实际生活状况，来评价育苗技术。这是我们研究的第三个问题。

二、实验海区条件

1961年5～10月，在青岛东郊崂山西麓的福岛湾育苗。11月，移到市区团岛湾继续培养。福岛湾的育苗条件简述如下。

1. 潮流：福岛湾湾口向南，南有福岛遥对湾口，形成东西向狭窄水道，潮流湍急。湾内宽广，可上溯10余里，湾内的涨落潮也很急。育苗实验区在湾的西侧，大汛潮期。常常把育苗器冲起，与海区呈45°角。

2. 透明度：湾水经常清澈，但大汛期受潮流影响，湾水较混，海水透明度一般在1.3～1.5 m。

3. 水温:7月以前,水温在20℃以下。7月平均水温21℃。8月温度最高,月平均水温25℃以上。旬平均最高水温26℃,日最高水温28℃。9月平均23℃以上。10月上旬水温21℃～23℃,下旬降至20℃以下。

4. 生物:福岛湾没有裙带菜分布,距有裙带菜分布的最近处(太平角)40 km。其他藻类也较贫乏。湾口东西两岸的陡坡岩礁,有马尾藻类(*Sargassum thunbeigii*, *S. pallidum*)、苎藻(*Scytosiphon* sp.)、水云(*Ectocarpus* sp.)、石灰藻类(*Corallina* sp.)等。湾内泥沙滩涂有大叶藻(*Zasfer marina*)及其他附生的仙菜类(*Ceramium* sp.),高潮带泥涂上有少量浒苔,西部堤上有较多石苔(*Ulra* sp.)。因距育苗区较远,育苗时未受其影响。

动物性附着物主要分布在湾口两岸岩礁上及干潮时露出的石块上,主要有牡蛎(*Ostera* sp.)、藤壶(*Blanus* sp.)等,其他种类不多。潮下带深水区域未发现其他附生生物。

福岛湾是附生生物不多的贫区。

三、方法与经过

1. 种裙带菜:采自团岛湾大黑栏海区的岩礁上。选择充分成熟的孢子叶,切去叶片及根,用线绳绑在细草绳上,垂挂于筏上暂养2～3天。采孢子时,盛入网袋,干运到福岛湾。

2. 育苗器:编制育苗器的材料即生长基,选用已被其他海藻证实比较适宜的材料,共分4种,有竹、贝壳、棕绳和炉渣[①]。每种生长茎有1～3种形式。其种类与试验数量如表1。

表1　不同育苗器的种类与数量　　单位:根

基质	竹		贝壳			棕绳		炉渣
形式	竹皮	竹石	文蛤	扇贝	红螺	单根	三合一	块
数量	40	40	40	40	40	40	100	40

其中竹皮绳、竹瓦绳与育海带秋苗相同;文蛤壳绳、扇贝壳绳是每20 cm^2 1～2个贝壳为一组,凸面向上,利用凹面培养;红螺绳、炉渣绳不分位置。三合一棕绳为3根夹海带苗用的棕绳,互相缠绕成螺旋状扭结为一根。另外

① 据朝鲜渔业代表团介绍,向海底投炉渣块,裙带菜发生生长好。

还有育海带夏苗的棕绳帘，后因受到损坏而弃用。实际育苗器共9种。各种育苗器均经严格清洁处理。

每次采孢子各用10根育苗器。第5次采孢子全部用三合一棕绳（60根）。

3. 采孢子日期与水温：青岛裙带菜一般从5月成熟，所以，5月开始采孢子，大约每月采一次，采至7月下旬，见表2。

表2 采孢子日期及水温

采孢子时间（月、日）	5.19	6.13	7.12	7.22	7.25
海上水温（℃）	15～16	17～18	20～21	21～22	21～22.5
采孢子温度（℃）	15～16	17～18	17～18	16～18	16～18

4. 采孢子方法：用孢子水采苗法。当每视野有50个以上孢子时，即取出孢子叶，迅速投放育苗器进行采孢子。

7月采孢子时，水温上升到20℃以上，气温在阳光下高达30℃。为了避免育苗器投入孢子水后引起水温升高，影响附着效果，采用塑料袋盛冰块降温。当采孢子用水的温度降到16℃时，投放孢子叶制成浓孢子水再放育苗器采孢子。

5. 其他培育条件：不作为研究内容，按藻类的一般培养条件，以满足其需要。

（1）水深：5～7月，吊绳长2.5 m，8月4 m，9月20 m，10月1 m，11月幼苗出齐后，垂养改为平养，水深0.2～0.3 m。

（2）施肥：福岛湾属于贫区。幼孢子体发生后施肥。用硝酸钠化肥溶液浸泡育苗器，其浓度为硝酸氮50 000 mg/m^3，浸泡45分钟，5天浸泡一次。

附着物的清除：始终坚持人力清除。对竹、贝壳上的附着物，用镊子或铁器清除，浮泥及硅藻用羊毛软刷拭拂并用水冲洗；对棕绳上的海筒螅直接手拨，浮泥用水冲洗。但附着物数量较多，不能完全清除干净，达到不成为幼苗发生的限制因子即可。

6. 观察方法：采孢子后，从竹及贝壳基质上不断采集试样，观察幼孢子体的发生。幼苗发生后，观察不同育苗器的发生状况。比较不同采孢子期的发生量。因此，整个夏天都在不断观察，直到水温下降至自然界的裙带菜幼苗秋后发生，从中筛选出一种育苗器、一种采孢子时期，再计算出苗量。

四、结果

(一) 夏季不同时期采孢子的基本情况

从5月19日第一批采孢子到7月25日第五批采孢子，均能于50～60天出现幼苗。这些幼苗均出现于23℃以上高温期。

自然界裙带菜幼苗一般发生于11月，所以称为秋生苗。但是，翌年1～2月，仍有大批幼苗发生，称为冬生苗。到了3～5月，还有少量幼苗出现，称为春生苗。因此，出现在7～9月的幼苗应称夏生苗。

1. 夏生苗的发生。

幼苗发生的标准：肉眼可以清楚分辨的大小为1 mm。不同时期采孢子的幼苗发生状况如表3。

表3 不同时期采孢子的幼苗发生状况

采孢子批次		Ⅰ	Ⅱ	Ⅲ	Ⅳ	Ⅴ
采孢子	月、日	5.19	6.13	7.12	7.22	7.25
	水温℃	15.5	18	20	22	22.5
幼苗发生	月、日	7.29①	8.3	9.5	9.23	9.27
	水温℃	23	25	25.8	23.9	24
育苗天数		70(1)	50	54	63	64
见苗育苗器		竹皮	竹皮	竹皮	劈竹	棕绳

从表3中可以看出：

(1) 采孢子与幼苗发生的温度关系：采孢子在15.5℃～22.5℃间进行，各批均有幼苗发生，证明这期间均可采孢子。从幼苗发生情况看，23℃～25.8℃间均有幼苗出现。证明夏季高温季节，裙带菜还在缓慢生长。

(2) 采孢子与幼苗发生的天数关系：第2至第5批采的孢子，幼苗发生天数为50～64天。随着温度升高，见苗天数有延长趋势。但第一批见苗天数为70天，这是因为开始时检查技术生疏，未能及时发现。按规律，第一批幼苗的发生应少于50天。

2. 夏生苗的脱落与陆续发生。根据我们的培养方法，夏生苗的发生量并

① 发现幼苗时，幼苗已达2 mm。

不普遍，在育苗器上只一簇簇出现。由于夏季附着物多，幼苗小，不仔细观察是不易发现的。但是，发生了的幼苗，在高温中缓慢生长，一般长度 2～3 mm，少量达到 5～10 mm，个别植株长达 10 mm 以上。藻体较大的幼苗，经定点观察，25～30 天后数量减少，未发现虫害，我们认为是脱落流失所致。

在较大幼苗流失的同时，小的幼苗却在生长，还有新的幼苗发生。而不是在一个温度水平上制止了幼苗的发生、生长或形成脱落。例如第一批采孢子在 9 月中下旬较大幼苗大部分脱落，第 2 批采孢子的幼苗也明显减少，而第 3 批的幼苗却不脱落，直到 10 月下旬，较大幼苗才减少。小的幼苗仍缓慢生长，与新发生的幼苗混生，脱落状况不明显。根据显微观察，微观的幼孢子体开始的数量很多，以后减少，除了受附着物的影响外，从未能长成幼苗来看，也可能是脱落流失。

裙带菜孢子放散后，有夏生苗的发生、生长及脱落以及幼孢子体的大量形成与流失，都是我们首先发现(1961)的。以前，未见诸文献。

(二) 育苗器、附着物与幼苗发生的关系

育苗器、附着物和裙带菜幼苗发生的关系，可以用表 4 表示。

表 4　生长基、附着物与裙带菜幼苗发生的关系

生长基	种类	竹	文蛤壳	扇贝壳	红螺壳	炉渣	棕绳
	性状	质硬、平	质硬、平	质硬、光滑	质硬、外糙	质硬、多孔	质软、不平
附着物	夏季	○○ · ·	○○ · ·	○ · · ·	○○○ · · · ·	○○○○ · · · ·	—
		XXXX VVV	XXX VVV	XX V	XXX V	XX VV	XXXX VV
	秋季	VV	VV	V	—	—	VVVV
裙带菜	夏生苗	++	++	±——	——±	——±	+—±
	秋生苗	+++	++	±——	——±	—	++++

○○牡蛎　XX 水螅　++裙带菜幼苗　VV 水云　—无　· ·藤壶

从表 4 可以看出：

1. 生长基与附着物的关系：生长基与附着物的关系十分密切。表 4 中附着物主要有 4 种，生长基的质地大体分为两类，一类是硬质的，一类是软质的。凡是硬质生长基上 4 种附着物均有而且数量多，软质附着物少，只有 2 种，其

中一种多，另一种则不多。

硬质生长基中又分 3 类，一是表面光平，如竹、文蛤壳（内）等，附着物多；二是表面光滑的如扇贝壳（内），附着物少。三是表面粗糙或多孔的如红螺壳（外）及炉渣，附着物多。

显然，附着物对生长基有选择性。如牡蛎、藤壶、苔藓虫等不能在软质棕绳上附生，但软质棕绳却附生了大量海筒螅（*Tubulria marina* Torrey）。因而有些生长基能避免某些生物的附着，这就是不同生长基育苗效果不同的重要原因。

2. 附着物与幼苗发生的关系：这种关系是在人工洗刷清除一些附着物的条件下比较的，如果在无人干涉条件下，幼苗的发生将是另一种情况。例如红螺壳及炉渣上的附着物不易清除。裙带菜幼苗的发生量极少。竹及文蛤壳（内）上的附着物人工容易清除，虽然附着物很多，但幼苗的发生量还是较多。说明人工除害的重要作用。另一种情况是附着物并不多，幼苗的发生也很少。这说明不是附着物影响幼苗的发生，而是生长基既不适于附着物，也不适于幼苗的发生。证明选择基质是很重要的。

3. 生长基与幼苗发生的关系：生长基与幼苗的发生关系比较明显。从夏生苗来看，竹与文蛤壳发生较好，其他生长基均不适宜。从秋生苗来看，以棕绳最好，竹次之，文蛤壳较差，其他生长基均不适宜。证明裙带菜幼苗的培育必须有良好的生长基。

（三）育苗效果

育苗效果主要表现在幼苗的大小及发生的数量上。

1. 不同育苗器的幼苗大小：1962 年 1 月，各种育苗器上的幼苗均发生后，取有代表性的育苗器，将其幼苗全部取下，按大小分类计数，结果发现，大于 5 cm 的幼苗，以文蛤壳及棕绳所占比例最多，为 40%～50%，其他育苗器均占 20%以下。1～5 cm 的幼苗，仍以文蛤壳及棕绳为多，占 40%～50%，竹皮也达到 45%，竹瓦约为 30%，其他均在 20%以下。以幼苗大小来看，文蛤壳、棕绳最好。

2. 不同育苗器的幼苗发生量：以幼苗发生量为指标，选择有代表性的育苗器各 1 根，将其幼苗全部取下计数，然后平均到 1 个竹皮、竹瓦、贝壳、一段棕绳（长 10 cm）进行比较，其结果如表 5。

表 5　幼苗发生量的比较

育苗器		竹皮绳	竹瓦绳	文蛤绳	扇贝绳	红螺绳	棕绳
幼苗	棵/个	33/竹皮	648/竹瓦	13.3/壳	1.7/壳	3/壳	79.6/10 cm
	棵/平方厘米	0.54	0.72	0.12	0.01	0.01	0.88

由于育苗器的大小、形状、表面积不同，不便于互相比较，如贝壳绳每 20 cm 内有 1～2 壳；竹制育苗器每 20 cm 绑 1 根竹皮或一个竹瓦，棕绳直接为育苗器等。所以，统一折算成面积进行比较似乎更合理些。表 5 结果表明，以棕绳的幼苗发生量最多，竹瓦次之。

综合幼苗的大小与数量两个指标看，棕绳都是比较适宜的生长基和育苗器。

五、讨论

(一) 采孢子时期问题

经过我们先后 5 次采孢子育苗试验，明显倾向于采孢子越晚幼苗发生越好。具体说来，5 月采孢子幼苗发生少，6 月中等，7 月最多。原因有三点：

1. 7 月下旬比 5～6 月采孢子减少 30～70 天的附着物积累，有利于幼苗发生。

2. 早采孢子有夏生苗发生、时间长、流失多，减少了秋生苗发生量。

3. 晚采孢子很快就到了水温下降期，有利于幼苗生长。

(二) 三合一棕绳育苗器的实际效果

以贝壳作育苗器既不方便效果也不好；竹制育苗器吸水后相当沉重，竹品被海蛆破坏只剩表皮，移动易折。这些育苗器在生产上不适用。

棕绳育苗器试验中原有 3 种，即单根棕绳、棕绳帘、三合一绳。棕绳帘于育苗中期被帆船撞坏损失。单根育苗绳幼苗发生后，数量明显少于三合一绳，移到团岛湾时符号丢失，与三合一对比已无意义。因此，各表中棕绳均指三合一棕绳。

三合一棕绳的育苗器效果我们于 7 月已有察觉。因此，7 月 25 日第 5 批采孢子全部用三合一棕绳。经前后采样测量，表明三合一棕绳为育苗器效果良好，幼苗发生密度大，能达到生产要求，且具有体积小、重量轻、比较耐腐蚀、可合并集中育苗、制作容易、原料来源广等优点。

(三)三合一棕绳育苗效果良好探因

注意一下表4有三点可以说明这一问题。

1. 棕绳育苗器上只有一两种动物性附着物,如海筒螅及少量树枝状苔藓虫。这些动物只附生于高凸面,体有一定长度,附着部很小,很容易直接拔除,大大减轻了对育苗影响。

2. 裙带菜幼苗的发生,一般都在三根绳扭结的遮阴中,而这里很少有附着物,这样的小生境和棕绳生长基适于裙带菜从孢子到秋生苗的培育(见附图)。

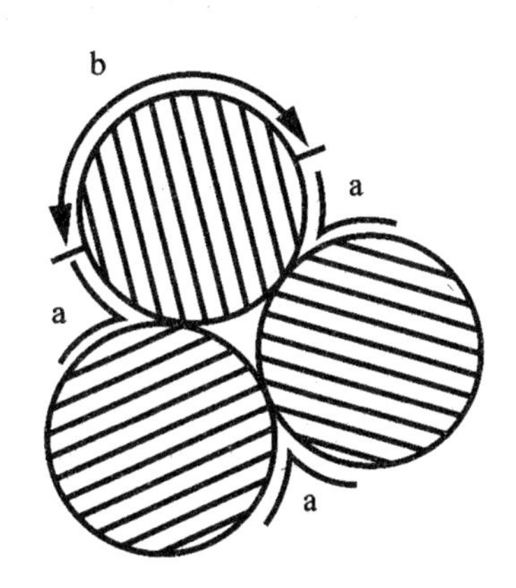

3. 三合一棕绳为黑褐色,质地松软,反光性差,遮阴带光照尤弱,不利于配子体的发育和幼孢子体的生长,所以夏生苗少,增加了秋生苗的发生量。

此外,三合一棕绳还有特殊优点,即10月初水温下降到23℃时,可上提吊绳至1 m;10月中下旬,幼苗陆续发生,可将三合一棕绳拆成单根,避开好光性藻类繁殖水层,仍垂养于1 m以下水中。由于单根绳上原遮阴带的光照得到改善,可促幼苗生长并有更多幼苗发生。之后,再将垂养苗绳改为平养,同时提到浅水层养殖。

六、结论

1. 裙带菜海上育苗是可行的。我们成功地育出首批大量人工苗。

2. 我们首先发现了裙带菜有夏生苗的出现,但夏生苗在夏秋之间脱落流失。

3. 裙带菜采孢子期,在青岛海区5~7月均可,而且晚采孢子效果更好。

4. 从多种育苗器中选出的三合一棕绳,适于生产中培养秋生苗。

参考文献

1. 木下虎一郎. 海带与裙带菜的增殖研究. 北方出版社,1947.

2. 斋藤雄之助. 裙带菜的生态研究. 日水志,1956,22(4):229-234.

3. 新崎盛敏.光对海藻孢子的发芽、生育及影响的二、三、四实验.日水志,1953,19(4):466-470.

Studies on the Technique of Artificial Cultivation of Spores of *Undaria Pinnatifida* (Harv.) Sur. in the sea

Li Hongji

(Shandong Marine Cultivation Institute)

Abstract 1. Artifical of *Undaria* in the sea is feasible of *Undaria* in the sea is feasible because we have succeeded in culturing, a large quantity of them in the sea.

2. The summer sporelings of *Undaria* appearing in the sea was first found by author in l961. But it was usually shedding and floating away in autumn.

3. For collecting the spores, the optimum temperature is 21～22.5℃ and the optimum season is from the last ten day period of July to the first ten-day period of August in north China sea.

4. For collecting the spores, the implements suited to collect sporelings are palm ropes of three strands weaved into a square net. 70%～80% of the ropes were stuck by sporelings.

(齐鲁渔业.1991,1:16-21)

海带筏间养殖裙带菜的试验①

裙带菜的室内水池简易育苗获得成功后[2]，生产苗种的技术基本可以满足养殖生产的要求，目前，如何提高裙带菜的养殖技术就成为需要解决的重要课题。根据裙带菜孢子体的生长、发育与温度的关系的研究中提出：裙带菜的养殖方式可以采用与生长期长及养殖期较长的藻类配合进行间作来生产裙带菜的嫩菜，也可以采用裙带菜的成菜与嫩菜轮养或者连养两茬成菜等方式，开展海面筏式全人工养殖[3]。

裙带菜虽然是一种鲜美的食用海藻，但我国人民除朝鲜族和北方沿海个别地区外还没有食用的习惯。所以在开展裙带菜的养殖事业中先采取与海带间养作为海带养殖的副业进行经营，我们认为这是一条切实可行的途径。因此，裙带菜的养殖应该尽先研究间作的技术。

“间作”是劳动人民生产的经验总结，是农业生产中提高土地面积利用率，增加生产的一项措施。海藻养殖的性质就是“海上农业”。无疑地适当应用农业的耕作理论和栽培经验来发展海藻养殖生产，丰富养殖技术，提高生产水平，是海藻养殖农业化、科学化的奋斗目标。因此，我们选择以海带为主，配合裙带菜进行间养，从而来试探海藻养殖中间作的可能性及其效果。

一、试验方法

（一）海带的养殖方法

养殖海带是根据山东省海水养殖场1964年的“海带养殖技术措施计划”进行的。养殖海带的竹筏行距为5 m，苗绳之间距离41 cm。苗绳分上下两节，夹苗部分共长240 cm，按每簇夹苗2棵，簇距8 cm，全绳夹苗64棵的密度

① 本文曾于1965年中国水产学会广州年会上宣读过。实验在进行过程中承我所张金城同志提供宝贵意见，并有王有亭、唐汝江等同志参加工作，特此致谢。

进行养殖。养殖初期为垂养，3 月以后逐渐改为斜平养法。分苗期为 1963 年 11 月 29 日，幼苗长度 15～20 cm，其中取样测量者，分苗时的苗长 17～18 cm。

试验的数量共 7 行竹筏，每行中间的 1 台筏子进行间养试验，使用 13×30 平方米的面积。

（二）裙带菜的养殖方法

裙带菜养殖于海带筏子竹行中间，但不是每行之间都养裙带菜，而是采取隔一行来间养的方法。裙带菜用平养法，苗绳的行向与海带筏子的行向交叉垂直。分苗期于 1963 年 11 月 15～16 日进行。幼苗长 10 cm，苗绳的夹苗部分长 150 cm，每 5 cm 夹苗 1 棵，每绳夹苗 30 棵左右（夹苗绳用直径 0.5 cm 的细棕绳）。

（三）间养的密度

海带筏子的行间养殖裙带菜的密度分为三种：

（1）绳距 80 cm：每根浮竹上挂 3 根苗绳，每亩放苗绳 150 根，苗量 4500 棵，为稀养试验。

（2）绳距 60 cm：每根浮竹上挂 4 根苗绳，每亩放苗绳 200 根，苗量 6000 棵，为中等密度试验。

（3）绳距 50 cm：每根浮竹上挂 5 根苗绳，每亩放苗绳 250 根，苗量 7500 棵，为密养试验。

以上三种密度的浮竹之间均不挂裙带菜苗绳。由于间养期同正是海带养殖的初期，即垂养时期，海带不会影响裙带菜的生长，因此没有进行单养裙带菜的对照。

（四）间养的时间

裙带菜的分散期比海带早 15 天，海带养殖的开始即进行间养。所以，间养时间是指养殖裙带菜的时期。我们根据裙带菜的特点和生产的实际需要安排了短期间养和延长间养。

（1）短期间养：因为裙带菜是适于嫩菜期食用的海藻，尤以低温期（<5℃）味最鲜美，养殖期短，藻体幼嫩，以生产嫩菜的鲜品为目的，所以间养期仅 60 天。

（2）延长间养：从生产实践来看，生产鲜菜时往往受到收割能力、天气状况以及市场销售等影响，短期间养的裙带菜达到商品标准后，就不可能同时收割上岸。如果延长收割期，间养密度大的势必过分影响海带的生长。由于这个原因常常利用间割以调整密度。密养经过间割以后改成稀养，延长间养期。在短期间养中，生长较稀的部分裙带菜，它对海带的生长影响还不明显，同时养殖时间短产量还很低，适当的延长时间对提高产量有利。延长间养比短期间养延长 24 天。

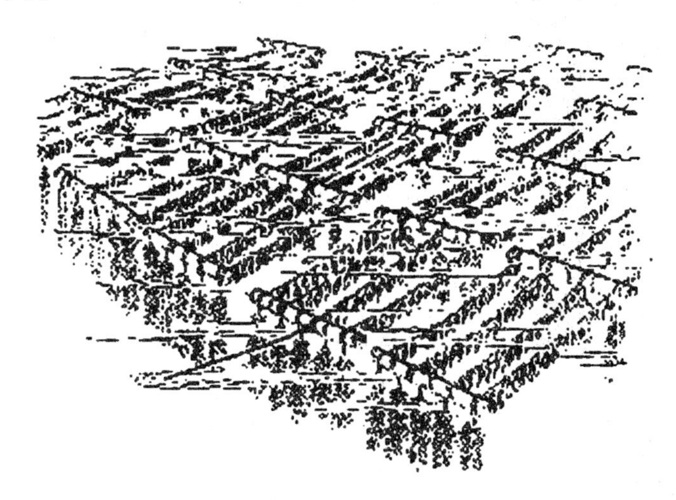

附图　海带竹筏之间养殖裙带菜的情形

Fig　The culture condition of the Undaria pinnatifida between the rows of bamboo rafts with Laminaria japonica

（五）间养的布局

试验区位于青岛团岛湾的小黑栏西部附近。竹筏南北向，行的排列从东向西为序，最东的第 1 行为不同养的海带筏子，即对照行。第 1～2 行筏同为空白区。第 2～3 行的筏间间养裙带菜，裙带菜的密度为苗栅距离 60 cm 的中等密养区。第 3～4 行间空白。第 4～5 行为苗栅距离 80 cm 的稀养区。第 5～6 行之间空白，第 6～7 行为苗绳距离 50 cm 的密养区。第 7～8 行之间空白，第 8 行以西为养殖场的生产筏子。

为了减少间养的互相影响，尤其是影响海带的生长，裙带菜的吊绳较长，使其与海带之间有一段距离，因为海带的行间距离为 5 m，裙带菜的苗绳长 1.5 m，两根连接起来平养不过 3 m 多，按理平养的裙带菜苗绳两端距海带筏子应有约 1 m 的距离，但是由于裙带菜的重量致使实际距离大大缩小。

（六）取样的部位和测量

实验取样的部位以每台筏子中间 1 根浮竹上挂的裙带菜和海带进行测

量。

海带的测量:短期间养的对照行测量 2 根绳,其余各种密度间养的竹均测量 4 根绳。

裙带菜的测量:稀养和中等密度区测 3 或 4 根绳,密养 5 根绳的,测其中间的 3 根绳。

测量的方法,海带每根绳都分上、中、下三部分,各测其中 4 棵长度和宽度,测量后悬挂滴去过多的附着水,然后测鲜重。裙带菜每绳逐棵测长度,然后滴水测鲜重。测量的时间,根据海带和裙带菜的生长状况,一般每 10～30 天测量一次。

表 1　间养不同密度的裙带菜的生长情况

Table 1　The growth condition *of Undaria pinnatifida* in interculture with *Laminaria japonica* under different densities

生长情况 / 日期	密度	棵数	长度(cm)				重量(g)			
			全长	叶片长	叶片增长	平均日增长	平均绳重	平均棵重	棵增重	平均日增重
1963.11.15	3	180	10.6	9.8	—	—	88.5	3.0	—	—
	4	240	10.8	9.9	—	—	90.3	3.0	—	—
	5	180	10.6	9.7	—	—	80.1	2.8	—	—
1963.12.16	3	102	51.2	45.6	36.1	1.2	815.0	48.1	45.1	1.5
	4	135	51.5	46.9	36.9	1.2	706.9	42.4	39.4	1.3
	5	111	53.8	49.0	39.2	1.3	814.2	44.0	41.2	1.3
1963.12.30	3	168	71.7	63.8	15.5	1.1	2519.2	90.0	52.0	3.7
	4	229	67.7	60.1	13.9	1.1	2525.6	89.1	46.5	3.3
	5	167	71.8	62.3	13.1	1.0	2181.6	78.0	42.5	3.0
1964.1.14	3	157	87.9	74.6	11.5	0.8	4369.2	167.0	77.0	5.1
	4	209	84.1	71.9	11.8	0.8	3958.1	152.1	63.0	4.2
	5	159	87.0	72.3	10.3	0.7	3407.1	127.7	49.6	3.3

二、结果

海带筏间养殖裙带菜对海带的生长、发育,总的来说几乎无影响,对裙带菜来说也很适宜。短期间养可以获得亩产 800 kg 鲜裙带菜,延长间养和短期间养结合进行生产则可获得亩产 1200 kg。间养能够增产,即可肯定。现把两种养殖期的间养状况分述如下:

(一)短期间养

1. 裙带菜的生长。1963年11月15日到翌年的1月14日共养殖60天,裙带菜的长度为70～80 cm,达到商品标准。此时正逢低温期,藻体幼嫩,生长期短,恰是裙带菜最适宜的鲜美食用期,而海带的生长也受到一定的影响,所以可作嫩菜生产裙带菜。在不同密度间养的条件下,生长状况如表1。

从表1的结果中可以看出,三种密度间养的裙带菜的长度均为80 cm以上,叶片长度70 cm以上,叶片长度的日增长开始出现差别,密度大的增长少。因为受低温的影响三种密度的叶片日增长呈逐渐下降趋势,叶片尖端渐老化,对生产嫩菜来说已不适于再拖延时间。从重量指标来看,三种密度的重量也有明显区别,尤以棵的平均日增重差别明显,密度越大增重越小。密度小的比半月前增长率也大为降低,这两种指标都说明继续间养对生产嫩菜是不适宜的。如果短期间养者此时全部收割,按表1的结果计算裙带菜的产量如表2。

表2 间养不同密度的裙带菜的鲜产量

Table 2 The yield of fresh *Undaria* under different densities of interculture

密　度	绳数		3	4	5
	营养面积(cm^2)		80×5	60×5	50×5
产　量	绳	kg	4.37	3.96	3.41
		%	128	116	100
	亩	kg	655.5	792.0	852.5
		%	76	93	100

从表2中可以看出:短期间养以绳为单位即稀养者产量高。因为其个体所占的营养面积大,生长也快。但以亩为单位则以密养者产量高,这是因为同一营养面积所容纳的裙带菜棵数多的缘故。根据表1所示,稀养与密养的藻体长度基本相同,因此,从产量来衡量则以密养为适宜。

2. 间养期间及间养结束后海带的生长状况。裙带菜平养,海带垂养,裙带菜长大后逐渐地把海带行间的进光面积遮挡了,显然海带的生长会因此而受到影响。由于裙带菜比海带早分散了15天,裙带菜养殖到60天就是海带间养的第45天,在此期间海带的生长状况如表3。

表 3　间养裙带菜期间海带的生长情况

Table 3　The growth condition of *Laminaria* during intercultural period with *Undaria*

天数	0			15			30			45		
日期	1963.11.29			1963.12.13			1963.12.28			1964.1.13		
间养密度＼生长情况	平均长(cm)	平均宽(cm)	平均棵重(g)	平均长(cm)	平均宽(cm)	平均棵重(g)	平均长(cm)	平均宽(cm)	平均棵重(g)	平均长(cm)	平均宽(cm)	平均棵重(g)
5	17.9	2.8	0.9	43.2	5.3	1.3	76.2	9.6	23.0	105.6	10.8	40.9
4	17.7	3.0	0.9	42.8	5.4	1.5	78.7	10.0	24.6	106.9	11.2	44.1
3	17.4	3.1	0.9	43.8	5.5	1.4	78.4	10.2	25.0	111.8	11.3	46.5
对照	17.6	2.7	0.9	43.3	5.5	1.2	78.3	10.6	25.7	113.8	12.1	54.1

表 3 说明：间养裙带菜对海带的生长有不利的影响。间养 1 个月后，藻体的宽度和重量与对照者比较，表现出差别，但长度未受影响。一个半月后，宽度与重量差别更加明显，而长度也表现出差别，并且这些差别的程度随密度的增大而加大。

海带的生长受到间养裙带菜的影响以重量为显著，平均棵重减轻达 10 g 上下，为对照者的 80%左右。间养海带重量的减轻，能否在间养结束后于单养时期得到恢复，是一个重要问题。根据我们把间养中测量的苗绳移到单养的对照竹筏上以后，其生长的状况如表 4。

表 4　短期间养结束以后海带的生长情况

Table 4　The growth condition of *Laminaria* after interculture of *Undaria*

天数	0			15			30			45		
日期	1964.1.13			1964.1.27			1964.2.11			1964.2.26		
间养密度＼生长情况	长度(cm)	绳重(g)	棵重(g)	长度(cm)	绳重(g)	棵重(g)	长度(cm)	绳重(g)	棵重(g)	长度(cm)	绳重(g)	棵重(g)
5	105.6	2568	40.9	130.8	4061	65.2	156.3	6311	103.5	179.2	8499	141.4
4	106.9	2721	44.1	129.8	4068	68.0	159.1	6436	102.8	184.3	8474	136.0
3	111.8	2939	46.5	136.2	4289	67.3	163.9	6239	99.0	180.4	8320	132.7
对照	113.8	3460	54.1	135.5	4760	75.6	163.3	6710	105.7	178.5	8585	135.2

从表 4 可看出：间养过的海带恢复到单养的条件下，接受充足的光照后，海带的生长得到迅速的恢复，30 天后基本赶上对照者，45 天后长度或重量与

对照者已没有区别。实验证明短期间养对海带生长的影响只是暂时的。

(二) 延长间养

1. 变更密度后裙带菜的生长情况：从表3结果来看，间养的海带虽受到一些影响，但稀养的与对照者差别较小，外表上几乎看不出差异，所以我们把3根绳稀养的除了收割一部分外，其余仍保持原来密度继续间养。对中等密度的与密养的则将其间割1.2根绳，即原来4根绳者间割1根绳，原来5根绳者间割2根绳，全部改为稀养。变更密度后又继续间养了24天，连同密养阶段先后共养84天，收割后其鲜重量的增长状况如表5。

表5　延长间养期同裙带菜的生长情况

Table 5 The growth condition of Undaria during extension of intercultural period

间养密度 \ 生长情况 \ 密度	3～3				4～3				5～3			
	平均棵重(g)	棵数	平均绳重(g)	平均棵重(g)	棵数	平均绳重(g)	平均棵重(g)	棵数	平均绳重(g)	平均棵重(g)	棵数	平均绳重(g)
1964.1.18	168	4427	158.6	168	4427	158.6	168	4427	158.6	168	4427	158.6
1964.1.29	163	6076	225.1	163	6076	225.1	163	6076	225.1	163	6076	225.1
1964.1.8	161	7195	272.3	161	7195	272.3	161	7195	272.3	161	7195	272.3

从表5棵重的增长比较来看，如果以保持原来稀养的(3～3)为100，则原中等密度的(4～3)及原密养的(5～3)同割后在延长间养期内仍旧与原稀养的保持着原来的差距，并未因为延长间养和藻体的继续生长，而使三者之间的生长差距扩大，明明间割起到稀疏的作用。又由于延长了间养的时间，所以平均棵重从124～158 g增长到222～272 g，增长幅度较大。从裙带菜的生长来看，调整密度以后，延长间养对提高产量有利。

表6　延长间养的裙带菜的产量

Table 6　The yield of Undaria by the extension of intercultural period

密　度	3～3		4～3		5～3	
亩产量	绳　数	kg	绳　数	亩产量	绳　数	kg
60天间割	0	0	50	60天间割	0	0
84天全割	150	1078.5	150	84天全割	150	1078.5
合　　计	150	1078.5	200	合　　计	150	1078.5
%	100	100	133	%	100	100

延长间养的裙带菜产量，根据表 1 与表 5 的计算，可以得出表 6 的结果。

表 6 说明：采用延长间养法产量仍以密养产量较高，可以达到亩产鲜裙带菜 1200 千克以上。但密养者使用的器材和幼苗量亦较多。

2. 变更间养密度后对海带的生长影响及其间养后的恢复。根据表 3 的数据说明，裙带菜间养了 60 天后已长到 70～80 cm，此时海带因遮光，生长受到影响，尤其间养密度大的，受影响较大。但经过间割调整成稀养以后，海带的受光状况得到一定程度的改善。在延长间养期间海带的生长状况及其间养结束后的生长结果如表 7。

表 7　延长间养期同海带的生长及间养结束后的生长状况

Table 7　The growth condition of Laminaria during and after the extension of intercultural period

养殖法	测量日期	养殖天数 \ 生长情况 \ 密度	对照				3～3～0				4～3～0				5～3～0			
			棵数	绳重(g)	棵重(g)	比较	棵数	绳重(g)	棵重(g)	比较	棵数	绳重(g)	棵重(g)	比较	棵数	绳重(g)	棵重(g)	比较
间养	1963.1.18	0	125	4075	65	100	250	3775	61	93	252	3551	56	86	252	3540	57	86
	1963.1.23	5	123	4200	68	100	246	4000	65	95	242	3700	61	89	252	3763	60	87
	1963.1.29	11	121	4288	78	100	245	4512	74	94	241	4100	68	87	250	4289	69	88
	1963.2.3	16	120	5250	88	100	241	4863	81	92	239	4550	76	87	250	4775	77	88
	1963.2.8	21	120	5850	98	100	237	5450	92	94	236	5131	87	89	250	5281	85	87
单养	1963.2.18	10	120	6575	110	100	236	6148	104	95	236	5800	98	90	250	6313	101	91
	1963.2.28	20	119	7938	133	100	231	7438	129	96	233	7034	121	90	249	7650	123	92
	1963.3.9	30	118	9400	160	100	228	9063	159	99	232	8700	150	93	247	9738	158	99
	1963.3.19	40	116	10150	175	100	227	10250	181	103	229	10088	176	100	247	10963	178	101

表 7 说明：当改变间养裙带菜的密度以后，间养的海带与对照者的差距不再扩大。例如开始调整密度的 1 月 18 日到延长间养结束的 2 月 8 日的结果，一直稀养的 3～3 为对照者的 93％～95％，4～3 的变化为对照的 86％～89％，5～3 的变化为对照的 86％～87％，这些差距基本是稳定的，但还稍有缩小的趋势。

表 7 还表明：延长间养结束以后，海带的生长不再受间养裙带菜的影响，由于光照充足，单养了 10 天就看出海带的生长开始加快，尤以原来密养 5 根绳调整成 3 根绳而受影响的海带，生长显著地加快了，从间养时为对照重量的 87％跃为 91％。单养 20 天后，间养过的海带与对照的差距正在进一步缩小。

30 天后,基本赶上未间养的对照者。40 天后,已完全赶上对照者。

根据山东省海水养殖场 1964 年的海带养殖技术要求,中等肥区 3 月上旬海带从垂养开始改斜平养。按此标准来看,间养过的海带在斜平养前达到正常状况,并不妨碍技术措施的继续进行。因此,采用调整密度的延长间养法也是实际可行的。

三、讨论

1. 海带和裙带菜间养的增产问题。海带筏间养殖裙带菜的试验证明,间养可以增产。间养的关键取决于间养对象的植物学特点,它们对温度、光照等外界条件和其他生长因素的要求及其互相之间的恰当配合[5]。这个问题主要关系以下三个方面:

(1) 营养面积的合理利用:海带从小到大的生长过程需要相当长的时间,海带养殖的营养面积是按这一海区海带生长的合理群体数量和大小设计的。当海带生长的大小超过预定的叶面积时,海带由于营养面积的不足,或者营养面积利用不合理而发生绿烂,所以生产上采取"切尖"方法来减少叶面积。因为海带营养器官的减少和"切尖"以后群体关系的改变,所获得的营养面积相对的增加了,所以在一定时期内不致由于自身的生长影响以后的继续生长。因此,"切尖"的时期就是充分利用养殖的营养面积的时期,即这一海区的这种群体密度和结构条件下的最大时期。意即这一海区能够容纳的合理范围。但在此以前,营养面积未被充分利用,相对来说有暂时空余的营养面积。例如山东省海水养殖场的技术措施规定,海带筏子的行距 5 m,中等肥区苗绳距离 41 cm,每绳夹苗 64 棵,"切尖"时期以海带长到 2.5 m 长等。根据以上的资料,该场对不同大小的海带实际给予的营养面积状况如表 8。

表 8 海带在不同大小的生长时期与营养面积的此较 (单位:平方米)

Table 8 Comparison of nutrient areas with different sizes of *Laminaria* at the growth period (m^2)

海带的大小	1.1×0.12	1.6×0.14	2.0×0.18	2.5×0.2
棵的叶面积	0.132	0.224	0.360	0.500
60 棵的叶面积平均 1 m^2 叶面积的营养面积 (%)	7.92 0.25 368	13.44 0.152 224	21.60 0.095 140	30.00 0.068 100

我们从表 8 中可以看出，海带生长到 1～2 m 的期间比 2.5 m 的大海带每平方米海带叶片多占了 0.6～2 倍的营养面积，因此在此时期减少一些营养面积对 1～2 m 的海带来说是可以的。这样将筏间地带空出的营养面积，间养其他植物，充分利用海面阳光，提高海藻的单位面积产量，这与农业方面的间作原理是相同的。

（2）间养种类的合理配合：这里要说明的间养种类的合理配合，不是指生物学上有利的互助的种类，而是根据生长期不同，因而对营养面积的利用也不同的种类的配合。例如海带与裙带菜配合间养有以下的有利条件：① 海带的生长期长，大约需要半年以上，而裙带菜的生长期短，约生长到 50～90 天即可。② 海带的"小海带期"不适于鲜食，大海带的"薄嫩期"尚不适于加工晒干。因此海带不宜自身间养。裙带菜则既适于生产嫩菜也适于生产成菜。③ 裙带菜生长的低适温为 5℃，高适温为 15℃[3]。海带生长的低适温与裙带菜相同，高适温为 10℃[4]。在 10℃ 以下二者对温度的要求一致。因此，海带与裙带菜于低温期中间养是合理的。

（3）海带加速生长的能力：间养技术上我们采取了以裙带菜为主的形式。因此实行间养以后，海带的生长随间养时间的长短受到不同的影响，虽然采用了延长间养、间割调整密度等方法来改善海带的生长条件，但海带生长仍受到一定的限制。然而间养结束以后，海带的生长速度不但加快，而且生长速度超过对照者，大约 30 天重量赶上不间养者。当海带生长的早期，短期内得不到充足的光照或营养时，一旦得到了充足的条件，它就会比经常得到相同条件者生长来得更快，并能恢复到正常状态。海带垂养的倒置、施肥等经验已说明了这一点。在裙带菜的工作中也证实了这样类似的能力。因此，间养前期对海带生长造成的影响在间养后期完全能得到补偿。

综合上述，我们认为海带和裙带菜间养是合理的，是发展海面生产的有效措施。

2. 海带间养裙带菜的形式问题：海带间养裙带菜可能设计出许多形式的配合。我们选择了海带垂养，裙带菜平养，二者行向交叉垂直，隔行间养的养育方法。这种间养形式，我们认为可以保证双方的生长条件，有利于间养的经济效果，操作也较方便。

（1）裙带菜平养和行向与海带交叉垂直的问题。实验说明：浅水层生长的裙带菜的产量较高。因此，裙带菜的浅水平养是可能的。由于海带垂养，裙带菜的生长就不会受到海带生长的影响。如果裙带菜采用垂养,则产生二者的苗绳长度、夹苗棵数、行距等一系列的密度问题,这样就给间养带来许多困难,二者就会互相影响。因此,开始间养采用平养的形式较为适宜。

为什么采用间养双方行向交叉垂直呢?因为养殖的初期海带生长尚小,竹筏的浮力没有得到应有的利用,二者行向交叉,裙带菜的苗绳可以直接绑于海带筏上,裙带菜即可依靠海带的器材设备进行生产。如果海带与裙带菜的行向一致,裙带菜的养殖就需要另外增加器材和浮力设备。所以,行向垂直的形式既经济又简便。

(2) 隔行间养的问题。因为行行间养裙带菜而其行向再与海带的行向交叉,裙带菜长大以后就把海带生长需要的光照来源大部遮挡,海带的生长将受到严重影响。而隔行间养的海带,它所需要的光照就可从不间养的行中透入。这样,既间养了裙带菜,也解决了海带的光照问题。隔行间养是否可以成立呢?从营养面积来看是有可能的。如青岛地区,生产上习惯养殖 2.5 m 的海带给予 0.068 m^2 的营养面积(表 8),如果间养行中的光照被遮挡,则海带的营养面积减少了一半,故只能养殖相应减小为 1.25 m 大小的海带,长成这样大小的海带在群体条件下需 70 天以上的时间,两个多月的时间对裙带菜的生长来说是基本满足了,所以采用隔行间养的方法对海带和裙带菜都是允许的。

隔行间养还有便利于作业的优点。因为间养期同的海带需要倒置,裙带菜需要调整密度,二者均需施肥,这些作业,比不间养或行行间养的行间操作方便。因此,实践证明隔行间养是必要的。

3. 间养裙带菜的适宜密度问题。海带养殖筏竹行之间进行间养裙带菜既是可能的,那么间养的数量以多少为适宜呢?这与间养裙带菜的密度有关,也与养殖的海带密度有关,而养殖的密度又与养殖的形式等有关,所以间养的密度问题是比较复杂的。而裙带菜平养,海带垂养的间养矛盾,主要是裙带菜影响海带。间养的适宜密度问题就变成:间养裙带菜的密度对海带的影响和间养的密度与裙带菜的产量关系两个方面。根据实验结果表明,虽然间养不同密度的裙带菜对海带的生长是不同的,但最后都能达到恢复正常的情况,因此,我们只讨论间养裙带菜的密度与产量的关系。

间养采取适宜的密度可以提高产量和降低成本。如果从产量来看,不论短期间养或延长间养均以密养产量较高。如果从使用的苗量和器材的数量来看,则以稀养用量最少,密养最多。例如短期间养以稀养为 100,则器材及用苗量与三种密度的关系是100：120：130，可见短期间养以稀养较省，中等密度和密养增加33%的器材只增产10%。延长间养则与短期间养不同，如表7所示，虽然三种密度的苗量及养殖器材的使用量和短期间养相同，亦为100：133：166的比例关系，但由于延长了养殖期，而又调整了密度，因此产量普遍增长，三者之同的产量关系有所改变，即变成100：111：115。这说明除了稀养较省外，从经济效果来看，又以中等密度比较适宜。但如果嫩菜的产值较高，其经济效果又以密养比较适宜。

因此，间养裙带菜的适宜密度，由于对海带的影响都不大，三种密度都是允许的。我们认为在生产中可以按海区特点，地区销售状况，价格状况以及苗种的数量、大小、时期等，分别采用多种配合较好。

4. 海带和裙带菜间养成功的意义。

(1) 海带养殖在我国已经形成一种群众性的大规模生产事业，提高养殖技术，增加产量是养殖上的重要任务。因此，海带间养裙带菜的实施，将会大大有利于海带养殖业的发展。

(2) 我国裙带菜的产值较低，人工养殖因受成本的限制不宜实行单养。间养成功后，可大大降低成本，不仅解决了生产上的技术同题，而且为间养裙带菜节省了大量器材，为发展裙带菜的养殖开辟了一条切实可行的道路。

(3) 间作技术在海藻养殖业上的应用，对发展养殖业有很大意义。例如以往开展多种养殖时，采用单养，由于两种养殖物各有各自的特点，务必形成各自一套设备和人员，生产成本较高。采用间养形式后，主次分清，充分利用设备和人员，就能经营多种养殖，大大提高了劳动生产率，这是开展海藻多种养殖的好途径。

四、结果

(1) 海带与裙带菜间养，即海带筏间养殖裙带菜。实验证明，间养可以得到增产。

(2) 短期间养裙带菜60天，每亩可产鲜裙带菜850 kg，相当于当地海带亩产量的17%。

(3) 延长间养裙带菜到80天，产量有较大幅度的增长，每亩可产鲜裙带菜1200 kg，相当于当地海带亩产量的20%～24%。

(4) 短期间养或延长间养，对海带的前期生长虽有些影响，但裙带菜收获以后，完全能恢复其正常生长。因此，裙带菜与海带的间养，为人工养殖裙带菜开辟了一条切实可行的生产途径。

参考文献

[1] 山东水产养殖场.海带养殖技术总结(肥区生产部分)1954～1956.山东省水产局.1958.

[2] 李宏基，李庆扬.裙带菜的配子体在水池度夏育苗的初步试验.水产学报，1965，2(3).

[3] 李宏基，李庆扬.裙带菜孢子体的生长、发育与温度的关系.海洋与湖沼，1966，8(2)：149-160.

[4] 曾呈奎，吴超元，孙国玉.温度对海带孢子体的生长和发育的影响.植物学报，1957，6(2).

[5] 艾捷里斯坦.蔬菜栽培学(上册).尹良等译.高等教育出版社，1953.

EXPERIMENTS ON INTERCULTURE 0F UNDARIA PINNATIFIDA (HARV) SUR. WITH LAMINARIA JAPONICA ARSCH

Marine Culfivation institute of Shantung Province

Li HONG—JI SONG CHONG—DE

Abstract 1. Experiments were conducted at Shantung Marine Cultivation Station, 1963, on the interculture of *Undaria pinnatifida* (Harv.) Sur. on the bamboo rafts used primarily for the cultivation of *Laminaria japonica* Arsch. It was proved that the method of interculture was successful in the increase of production.

2. It was reported that for a short period of 60 days interculture, the influence to Laminaria's growth was very slight and temporary, and it was

possible to produce 850 kg of *Undaria*, about equivalent to 17% of *Laminaria per mou.*

3. In the event of extending the intercultural period to 80 days, the yield of *Undaria* could be increased to 1000～1200 kg, about equivalent to 20～24% of *Laminaria* per mou. Although the extension of time somewhat hindered the growth of Laminaria, yet one month after the harvest of *Undaria*, normal growth would soon be recovered.

4. It was concluded that the intercultural method provided a favorable means for developing commercial cultivation of *Undaria*, inasmuch as its exclusive culture was not considered to be economical.

合作者:宋崇德

(水产学报. 1966,3(2):35-41)

裙带菜孢子体生长发育与温度的关系①

裙带菜藻体较大，是一种味道鲜美的食用海藻，浙江称“海芥菜”。由于生长期短，在冬季及早春生产，这种藻类既适于生鲜食用，也可以加工制成干品。我国北方冬季主要依靠几种秋菜的储藏，缺乏足够的新鲜蔬菜，而这期间，正是裙带菜嫩菜生产的季节，因此，生产裙带菜来增添冬季蔬菜的种类，对改善人民生活有着一定的意义。

裙带菜广泛地分布在我国东海及黄海沿岸。多年以前，在大连和青岛就曾经进行过大量的投石增殖这种海藻，但迄今亦尚未进行全人工养殖。在一些不适于海带养殖的海区，裙带菜可能是一种很好的养殖对象。例如，在我国南方沿海，海带的适温期较短，藻体较小，产品质量较差；而北方沿海，有些海区由于初夏受东南季风的影响，海上浮筏住往遭到破坏，生产受到很大损失，收益不稳定，因此在这些海区养殖象裙带菜这样生长期短的种类，是十分适宜的。

人工养殖裙带菜的成菜收割期较短，根据日本著名的裙带菜制品“鸣门和布”的加工经验，以在成熟初期进行收割最为适宜[8]，因此，对裙带菜的发育条件亦是需要进行研究的。

从以上提出的问题来看，生产嫩菜需要了解其低温期的生长；养殖的方式需要根据生长的适温范围和时间进行安排，同时，在养殖期间还必须了解其生长、发育和衰老与水温的关系。这些问题的共同点是受温度的影响，本实验的目的就是要通过裙带菜的生长、发育来研究其与温度的关系，为上述问题的解决提出科学依据。

---

① 本文曾于1964年在青岛由中国海洋湖沼学会与中国植物学会联合召开的全国第一次藻类学专业学术讨论会上宣读过，会后又承中国科学院海洋研究所副所长曾呈奎教授审阅，并提供宝贵意见，特此致谢。

一、实验的方法

根据海带养殖业的发展，曾呈奎教授等在“温度对海带孢子体的生长和发育的影响”一文中[4]，提出了海带南移的科学依据。我们也采用这个方法对裙带菜在不同分苗期进行了生长和发育的试验。海藻学家多以长度表示海带类植物的生长指标，如 Parke（1945 年）对糖海带（*Laminaria saccharina*），木下（1945）及曾呈奎（1957）等对海带（*L. japonica*）的生长研究都用长度为主要指标。但对某些藻体叶片分歧的，如巨藻（*Macrocystis*）的生长研究，Neushul 等（1963），主要使用叶面积表示生长状况，不仅利用长度为指标，而且也采用重量为指标。裙带菜的叶片虽然有许多分裂，但基本上是连接于一个整体的叶片上的。因此，我们也采用长度和重量的指标来测量裙带菜的生长情况。

裙带菜的嫩菜时期，主要是根据藻体的大小和老嫩程度来决定的；生产成菜则以长度、脱落状况和发育程度来决定，而不是以干重为依据，因此，重量指标我们只采用鲜重为标准。

（一）生长的观察

实验材料是 1962 年 8 月 1～6 日于青岛团岛湾采集的种裙带菜采的孢子，在室内以配子体度夏的“水池育苗法”[2]培养的，10 月出池下海，11 月 29 日开始分苗，分苗时幼苗长度为 15 cm，苗距 10 cm，单棵夹于棕绳上，每根苗绳夹苗 12 株，根附着绳上后选留 10 株。每次分散 4 绳，绳距 80 cm，垂下培养于团岛湾海面下 50 cm 水深处。

分苗时期　大约每隔一个月分散一次，共分苗 6 批，即 1962 年 11 月 29 日，12 月 29 日，1963 年 2 月 8 日，3 月 1 日，3 月 28 日及 4 月 25 日。1 月份分散的幼苗，由于在分散过程中操作不慎而被冻坏，因而又于 2 月 8 日补分了一次；鉴于 4 月下旬以后，难以找到适宜分散长度的幼苗，因此，对 2 月至 4 月间的分苗期，又作了适当的调整。

长度测定　以假根到叶片顶端为全长；生长点到叶片顶端为叶长；裙带菜的全长往往受光线和风浪等生态条件的影响，而长度的个体差异较大，所以我们采用叶片长度代表其长度的生长。长度的日生长和脱落长度的测定采用打孔作标记的方法，于叶片尖端部的中肋两侧各打一孔来计算。

重量测定　10 株裙带菜一起称其鲜重量，然后计算平均株重。因此，重量的增减是藻体各部分增长和减退的结果。由于裙带菜的收割标准不是以厚成和最大株重出现时为最适宜,因此,没有采用同期收割的比较方法。

(二)发育的观察

裙带菜有产生生殖细胞的孢子叶,孢子叶的形成和生长与各株间的密度、受光状况等有着明显的关系,而且孢子叶形成时,并不同时形成孢子囊群,因此,孢子叶并不能代表发育的主要特征。方宗熙等(1962)及 Neushul(1963)采用孢子囊形成的面积代表发育的程度。裙带菜孢子叶的大小,形成十分不规则,计算发育面积不便,所以我们把裙带菜孢子叶从生长点到假根分为上、中、下三个等份。孢子囊群开始从孢子叶下部向上形成,因此,孢子囊群发育和成熟程度我们将其相应地区分为"初熟"、"中熟"、"末熟"~孢子囊群发育到孢子叶下部时为"初熟",发育到孢子叶中部时为"中熟",发育到孢子叶上部时为"末熟",所有孢子叶全部出现孢子囊群称为"完熟"。根据观察的材料最早出现形成孢子囊群时,称为发育的开始,最后出现形成孢子囊群时,称为发育的完成。我们就是按这个方法来观察裙带菜的发育状况的。

二、实验结果

(一)生长的观察

1. 长度的生长:裙带菜长度的生长,主要表现在叶片长度的增长,与此同时叶梢亦不断地衰老脱落。为了求得正确的生长长度,就必须研究其脱落的状况。

(1)叶片长度的增长:从图 1 中可以看出叶片长度生长的以下几种状况:

1)第一批分散的裙带菜叶片最长,第六批分散者叶片最短,一般来说叶片长度的增长与分散时间成正比。这主要是分散早的生长期较长,分散晚的生长期较短。

2)各批分散的裙带菜中,长度最大的出现越来越迟,即要求的温度越来越高,而叶片长度则越来越小,这说明裙带菜藻体较小的比大的抗温能力较高。

3)各批分散的裙带菜的生长曲线大体是互相平行的,但是第一批的曲线和第二批比较,在分苗以后的头一个月内两条曲线基本平行;到了第二个月,即 1963 年 1 月 31 日,两条曲线即不再沿着平行方向延伸,而第二批的曲线又下降了,直到 4 月以后才明显上升。类似的情况在第三批分散的曲线上也有反映，而以后各批分散的生长曲线却恢复正常，不再出现下降的情况。这一现象说明第二、三批分散的裙带菜从 1 月到 3 月上旬期间生长缓慢了。由于第二批分散的曲线下降的时间较长，所以第二、三批分散的最大长度基本相同，致使第二、三、四批分散者的最大长度相差很小，因此，形成了这三条曲线比较接近。

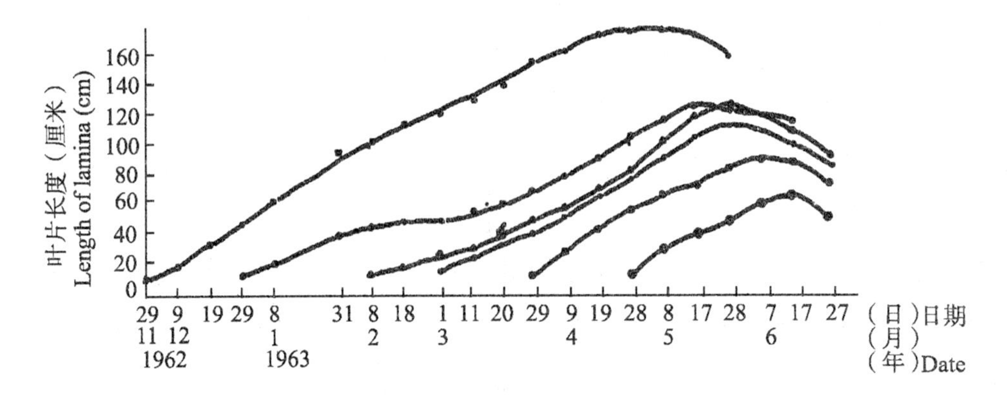

图 1　不同分散时期裙带菜叶片的长度生长

Fig. 1　Average growth in length of fronds of Undaria pinnatifida transplanted at different periods.

为什么第二、三批分散的裙带菜在 1～3 月间生长曲线下降呢？从温度看来，1～3 月是裙带菜生长期间温度最低的时期，可能受低温的影响，然而在同时期的第一批分散者的生长曲线，却没有因为低温的影响而显著下降。由于各批分散培养的条件基本一致，所以我们认为这种差异主要在于各批裙带菜不同，最明显的不同是第一批分散者藻体大，同期第二、三批分散者比较小。如在低温期间，第二、三批裙带菜叶片长度只有 20～30 cm，而第一批的却有 60 cm，这说明裙带菜必须具有一定的长度才能在低温期中进行较快的生长。

(2) 长度的日生长：从图 1 中可以看出叶片长度的增长，实际上它包括了叶梢脱落部分，但为了计算叶片的真正增长值，所以不计算脱落部分的影响。按此我们把叶片的平均日生长的资料绘成了图 2。由于裙带菜长度的平均日增长多在 1.1 cm 以上，我们把 1.1 cm 以上的长度称为快生长，1.1 cm 以下的称为慢生长，图中的 1.1 cm 横坐标线即代表快生长线，这样从图 2 中就可以明确看出以下几种情况：

1) 第一批分散的裙带菜有两个近似的平均日生长的最大数值，生长曲线表现有两个高峰，其他各批分散者只有一个高峰，但是第二批分散者开始的生长度也较高，以后下降，直到 2 月 18 日才开始上升。这段期间的曲线变化与第一批者基本是平行的移动。第三批及其以后分散者的生长曲线从开始一直上升到达最高峰。第一、二批的曲线的变化表明，分散后生长较快，但不久即下降；生长度未达到最大数值前下降的原因，受温度因子的影响是十分明显的。例如第一、二批的生长度下降期间在 1 月 8 日(5.1℃)到 3 月 20 日(5.8℃)，这期间的温度一般都在 5℃以下，在同一时期内分散的第二、三、四批的生长度均处在 1.1 cm 以下。另一方面，温度在 5℃以上分散的第五、六批，生长度却在 1.1 cm 以上，所以 5℃以下的低温对裙带菜的生长是不利的。

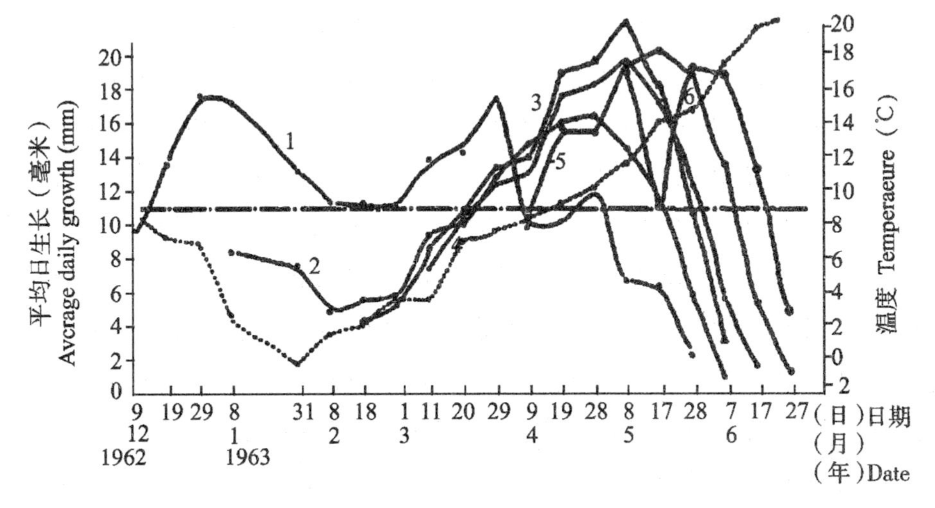

图 2 不同分散时期裙带菜的平均长度日生长

(实线：日生长；虚线：水温)

Fig. 2 Average daily growth in length of fronds of Undaria transplanted at different periods.

(full lines: daily growth; dotted line: water temperature)

2）第一批和第五、六批分散的裙带菜的生长度能够一直超过快生长线，而第二、三、四批的生长度则有一段时间在快生长线以下。如果处于慢生长期是由于 5℃以下的低温所致，那么第一批分散者也经历了一段相当长时间的低温期，生长度虽然下降，却未到达过慢生长的程度。为什么第一批分散的生长度未下降到快生长线以下呢？我们从叶片长度与温度的关系来看：当温度下降到 5℃时，第一批分散的叶片长 58.4 cm(平均日生长 1.71 cm)，第二批分散者的长度则为 21.9 cm(平均日生长 0.84 cm)；温度 3.6℃时，第二、三、四批的叶片长 21.8～51.6 cm，生长度均在 1.1 cm 以下，而同时的第一批叶片长 119.2 cm，生长度则为 1.39 cm；当温度回升到 5.8℃时，第二、三、四批的叶片长度从 31～56 cm，生长度均超过 1.1 cm。因此证明低温(5℃)，对叶片长度<60 cm 的小裙带菜影响很大，而对较大藻体影响较小。

3）从图 2 中可以看到各批分散的裙带菜，分苗期越迟，叶片长度就越短，生长度高峰也逐次向后拖延，即前批的生长度高峰过后在下降的过程，而下批却在形成它们的生长度的高峰。由于分苗晚的裙带菜藻体较小，因此说明藻体小的生长适温比藻体大的生长的适温较高，抗高温的能力亦较大。关于藻体大小与抗温能力的关系，我们还可从以下事例看出：第一批分散者的生长度高峰相差的时间较长，而第二至第六批分散者则比较接近。换言之，第一批分散者的生长度比其他各批分散者提前下降了。是否因为高温的影响呢？假如是温度较高的影响，则第一、二批分散的生长度高峰下降的温度差应该大大地小于其他各批的温度差。事实上，第二至第六批分散者的生长度高峰是在 9.9℃～14℃之间，平均每批相差 1℃左右，而第一、二批的生长度高峰在 6.7℃～9.9℃，二者温差为 3.2℃，所以第一、二批的温差大于第二至第六批的平均温差，即第一批生长度高峰出现的温度比其他各批低得多，显然不是因温度高而过早地影响了生长度的下降。如果从藻体长度来看，第一批的生长度高峰出现时的叶片为 140 cm，而第二至第六批的高峰期的叶片长度却不足 1 m，这是由于第一批分散的，一直处于快生长时期，藻体长大后，生长势减退，适应高温的能力较差，所以生长度提前下降，这说明藻体大的抗温能力较低。

(3) 脱落：裙带菜的叶梢部分衰老最早，以后即逐渐枯萎脱落。衰老部分的大小和脱落的状况与产品的质量和数量都有直接的影响。据日本川名武的研究，认为温度影响叶片的脱落，因而成为决定海底繁殖的裙带菜产量的重要因素[4]。同时叶片的脱落和叶片长度的增长有密切关系，这是一个问题的两个方面，因此了解脱落，也是十分必要的。由于裙带菜的叶片较薄，衰老的叶梢部分不仅受温度的影响而脱落，也受风浪的影响，所以脱落不如生长表现得规律，但大体也表现了与温度的关系。

据测得的资料图解为图 3。为了表现得比较清楚，我们只选择了第一、三、六批进行比较，其中实线代表叶片实际长度，虚线代表假设不脱落的总长度，这样就可以看出，第六批生长到最大长度(60 cm)时，同大小的第三批的脱落比第六批小得多，而第一批又比第三批脱落的小得多。三者的温度第一批为5℃,第二批为8.5℃,第六批则为18.4℃。因此叶片的脱落与温度成正比。这与川名武的结果相一致。

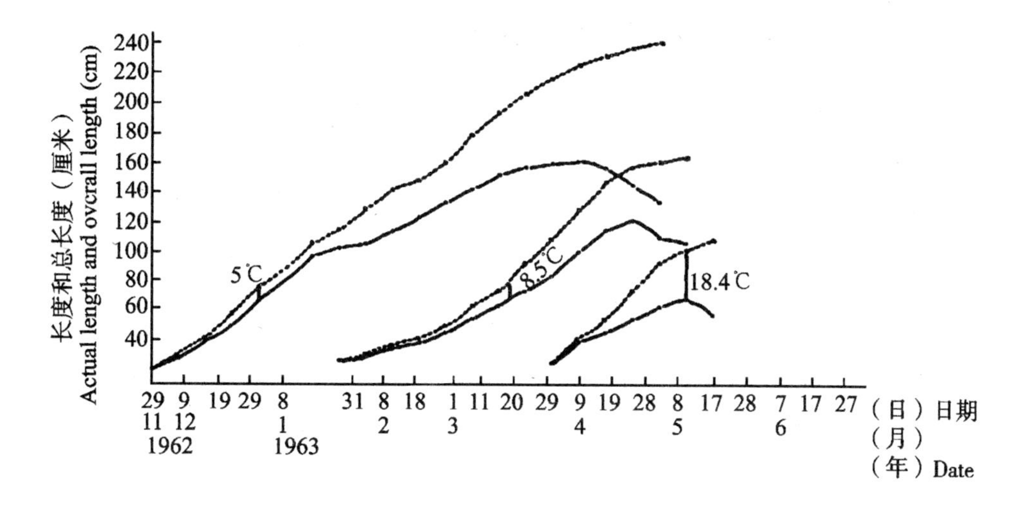

图3 不同分散时期裙带菜的长度和总长度的比较

(实线:长度;虚线:总长度)

Fig. 3 Comparison of the actual length with overall length of Undaria transplanted at different periods. (full lines: actual length; dotted line: overall length)

从图3中还可以看出,第一批的长度比第三批的大,第三批又比第六批的大;而且脱落的长度亦相同,即藻体大的脱落多,藻体小的脱落少。因此脱落也受藻体大小的影响。

我们从图3中可以看出,虚线是一直上升或趋向平稳而未下降,即总长度在不断地增长,这说明裙带菜的叶片的生长是不断地进行的。进入6月以后,藻体成熟衰老,但生长并未因之而完全停止。

2. 重量的增长。

(1) 藻体鲜重量的增长:裙带菜鲜重的测定是在测量长度的同时进行滴水称重的,因此鲜重量包括了叶片、孢子叶及假根等的总重量,同时还稍有附着水的影响,所以鲜重的增长,不如长度(只是叶片部分)单纯。把鲜重量测定的结果,换算成平均株重量制成图4,从图4中我们就能看出重量的增长与长度的增长相一致。例如第一批分散的重量最大。第六批分散的重量最小。重量的增长与分散期成正比。又如最大的平均株重量的出现随分散期的拖后也越来越迟,重量也越来越小。因此,重量的增长也说明小裙带菜的抗温能力较高。再如各批分散的重量增长曲线,虽然大体是平行的,但第一、二批之间的距离较大，也是由于第一批藻体较大受低温影响小，而其他各批藻体小，受低温影响较大所致。但重量的增长比长度增长的最大数值出现的时间稍迟 10 天左右。

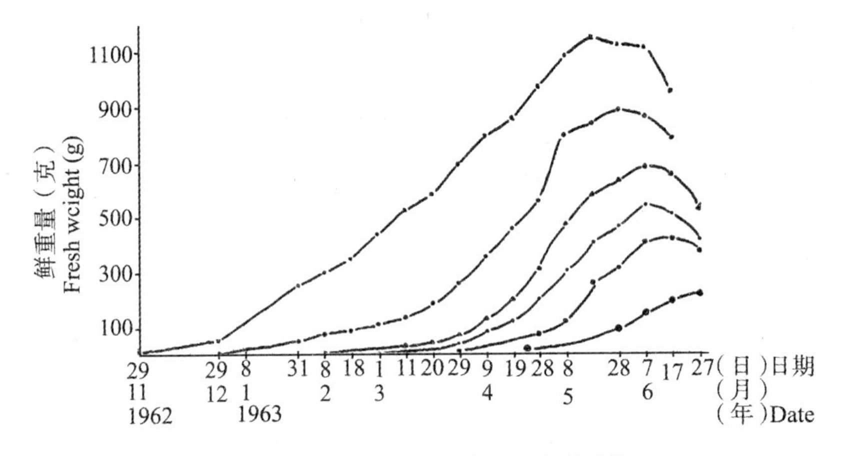

图 4　不同分散时期裙带菜鲜重量的增长

Fig. 4　Average fresh weights increase of Undaria transplanted at different periods.

（2）重量的平均日增长：重量的平均日增长如图 5。图 5 的曲线大体与图 2 的长度平均日增长曲线相似，但是如果把平均日增长超过 5 g 作为重量的快增长，则从图中可以看到两点与长度的日增长有所不同，一点是各批分散的裙带菜都从快生长线以下开始逐渐增长到快生长，而叶片长度的增长则可以不经历慢生长期，而直接进行快生长。这是由于分散后的藻体重量过小，所以开始的时期增长较小，只有达到一定大小后才能快生长。另一点是第一批分散的，增长曲线只有一个高峰，与长度平均日增长有两个高峰有所不同，故重量的增长不如叶片长度的日增长明显。但根据以上两点，我们仍然可以看到第一批和第五、六批分散的，在快生长以下停滞的时期较短，曲线上升较快，而第二、三、四批分散者在快生长线以下停留的时同较长，曲线上升比较平缓，表现了低温也不利于重量的增长。同时，还可以看出第一批分散者虽未出现两个高峰，而于低温期却仍进行快生长，并且这时期里的增长曲线比较平缓。这些现象都说明重量增长的规律和长度的增长相一致。因此，我们认为长度和重量两个指标基本是相同的。

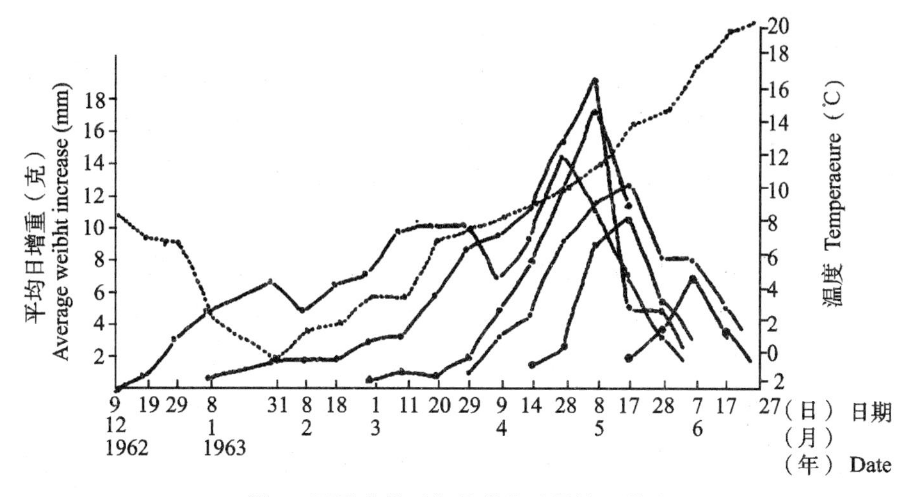

图 5　不同分散时期裙带菜重量的日增重

（实线：日增重；虚线：水温）

Fig. 5　Average daily increase of Undaria transplanted at different periods.（full lines：daily growth；dotted line：water temperature）

（二）发育的观察

裙带菜的发育，我们以孢子叶上形成孢子囊群为发育的标准。发育的程度按发育期进行观察。北方型的裙带菜多是在孢子叶上的长柄两侧还有许多卷曲的、狭窄的边缘孢子叶，可称为副孢子叶（Accessery sporophyll）。副孢子叶上亦能形成少量孢子囊群，由于副孢子叶有无以及数量多少不一，所以我们一律不计副孢子叶的发育以免影响观察结果。根据观察发育获得的资料整理成表 1。

表 1　裙带菜孢子囊群在不同阶段的发育温度

Tab. 1　Temperatures for development of sporangia of Undaria pinnatifida at different stages

批数	分散日期	初熟		中熟		末熟		完熟		平均温度（℃）
		开始	完成	开始	完成	开始	完成	开始	完成	
	1962									
1	11.29	7.2	13.4	8.5	13.4	11.6	13.4	13.4	18.4	12.4
2	12.29	8.4	13.4	9.9	13.4	11.6	16.1	13.4	18.4	13.1
	1963									
3	2.9	13.4	14.0	13.4	14.0	14.0	16.1	14.0	18.4	14.6
4	3.1	13.4	16.0	13.4	14.0	14.0	18.4	14.0	20.1	15.4
5	3.28	13.4	16.0	14.0	18.4	14.0	18.4	16.0	20.1	16.2
6	4.25	18.4	18.4	18.4	20.0	20.1	>20.1	20.1	>20.1	>19.4

表1的结果主要表明以下两种情况：

1. 发育的温度与分散的时期有关。分散早的发育温度低，分散晚的发育温度较高，这是因为分散早的藻体大，分散晚的藻体较小；小的裙带菜，虽处于发育的适宜温度时期，但孢子叶形成晚，而且形成后还需要进行生长和积累发育条件。

2. 发育的速度受温度的支配。如第一批分散的"初熟期"开始的发育温度为7℃，到"完熟期"完成的温度就上升到18℃，二者温差达11℃；而第五批分散者的"初熟期"开始发育的温度为13℃，而"完熟期"完成的温度就上升为20℃，二者温差仅7℃。因此，早分散者开始发育的温度较低，发育完成的温度较高，拖延的时间较长，发育的速度较慢；而晚分散的，开始发育的温度到发育完成的温度相差较小，发育过程所需的时期较短，发育的速度较快。因此，从温度对裙带菜的发育关系来说，高温比较低温发育快，即高温比低温有利于发育。

三、讨论

1. 裙带菜生长的适温。对裙带菜生长适温的了解，是决定养殖期的主要依据。根据我们分散的六批裙带菜，叶片长度都达到60 cm以上，这样的大小都有商品价值，所以六批材料的数据都可以采用。

(1) 长度增长的适温：根据曾呈奎等对海带的生长研究表明，不同分散时期的生长最适温是不同的，在相同温度条件下不同分散时期的生长是不一致的。这说明藻体的大小对不同温度的要求也是不同的。为了了解裙带菜在不同时期分散的生长最适温问题，我们把六批分散的各种大小的裙带菜，不按分散时期，而以长度大小为标准进行了不同温度范围内的生长比较(表2)。

表2　不同长度的裙带菜在不同温度条件下的平均日生长　(单位：厘米)

Tab. 2　Average daily growth in length of Undaria lamina of different lengths at different temperatures (Unit: cm)

温度℃ \ 叶片长	<30	30.1～50	50.1～70	70.1～90	90.1～110	110.1～130	130.1～150	>150	不同温度的平均日生长
<1	—	0.7	—	1.1	—	—	—	—	0.9
1.1～5	0.6	0.6	1.0	1.3	1.1	1.4	—	—	1.0
5.1～10	0.8	1.3	1.4	1.7	1.6	1.4	1.2	1.2	1.3
10.1～15	1.9	1.5	2.0	1.9	1.6	0.9	0.2	0.6	1.3
15.1～20	—	—	1.1	0.7	0.3	—	0.2	—	0.6

续表

叶片长 温度℃	<30	30.1~50	50.1~70	70.1~90	90.1~110	110.1~130	130.1~150	>150	不同温度的平均日生长
不同长度叶片的平均日生长	1.1	1.0	1.1	1.3	1.1	1.2	0.5	0.9	1.0

表2表明了不同大小的裙带菜在不同温度中的生长适温范围，以5℃～10℃和10℃～15℃的温度生长最快，平均日生长度均为1.3 cm。但是5℃～10℃对各种大小的裙带菜生长均比较适宜，尤其是1米以上的大裙带菜生长度快于小的藻体。虽然10℃～15℃对1米以下较小的裙带菜生长适宜，对1米以上的大裙带菜的生长度则显著下降，但10℃～15℃仍是多批分散的裙带菜出现日生长度最快的温度。因此我们认为5℃～15℃是裙带菜生长的适温。

(2) 重量增长的适温：裙带菜重量的增长，不包括叶梢脱落掉的重量，所以比实际增重的数值要小些。如果把各批分散的裙带菜按藻体新鲜重量分类，将其平均日增长数值归并到各自的生长温度范围里去，则得到表3。

表3　不同鲜重量的裙带菜在不同温度下的平均日增重　（单位：克）

Tab. 3　Average daily growth in weight of Undaria fronds of different fresh weights at different temperatures. (Unit: g)

重量 温度℃	<50	50.1~100	100.1~200	200.1~300	300.1~400	400.1~500	500.1~600	600.1~800	800.1~1000	不同温度的平均日增重
1~5	0.6	1.4	2.8	6.5	5.3 10.5 7.97.0	6.8	9.4	—	—	4.7
5.1~10	0.8	2.5	5.7	7.9		10.5	—	10.0	11.4	7.4
10.1~15	1.8	3.2	8.7	10.1		12.2	10.9	11.6	4.8	7.9
15.1~20	—	—	5.5	—		3.4	7.7	5.4	—	5.8
不同鲜重的藻体平均日增重	1.1	2.4	5.7	8.2	7.7	8.1	9.3	9.0	8.1	6.5

结果表明，裙带菜重量的增长以10℃～15℃最快，平均日增重7.9 g。

5℃～10℃增长度较低，平均日增重 7.4 g，5℃～15℃范围内增长值都是很接近的，都超过了各种温度的增长的平均值(6.5 g)。但低于或高于这个温度范围，平均日增重则均低于各种温度增长的平均值。因此，重量增长的适温也是5℃～15℃。

必须指出：① 在 5℃～10℃时，藻体越小生长越慢。例如，重量小于 1000 g 以内的，凡是藻体小的增长亦慢，藻体大的增长亦越快，这说明藻体重量的增长受藻体大小的制约。② 当水温在 10℃～15℃时，一般藻体的重量的增长比较均匀，最大增长值亦出现在这个温度范围内，可见这个温度对重量的增长是适宜的。但对藻体大的来说则温度偏高，藻体已趋衰老，生长势减退。藻体小的在这个温度内的增长亦较小，这是因为重量的增长必须具有一定的叶面积，否则虽在适温中生长亦不快。

以上的分析表明，裙带菜的长度和重量的增长基本是一致的，均以 5℃～15℃为适温。但是木下[7]的研究指出，裙带菜剪切后的生长，以 5℃以下为生长旺盛的最适温，超过这个温度即生长不好。我们则认为 5℃是裙带菜生长的不利温度。木下与我们的结论相反。为什么出现相反的结论呢？这是因为木下的实验以 0.9～2 米的大裙带菜于不同时期剪切，剪切的时间迟，藻体过大，生长势及抗温能力较差，故其结果是越迟剪切的生长越慢，只有在＜5℃时，早剪切的生长最好。其实这与我们对藻体大的能在＜5℃的低温期进行快生长的结论相一致。

2. 裙带菜的发育温度。了解发育期的温度条件，对生产实践具有很大的意义。如收割期的决定、人工繁殖、移植的时期和有计划的培育适宜成熟期的种苗等，都以藻体的发育为依据。根据目前生产上的需要，主要是了解两个问题：一个是发育的温度范围，一个是孢子囊的发育的适温。

(1) 发育的温度范围：在实验的六批裙带菜中，孢子囊最早形成的为第一批分散者，开始发育的温度为 7℃；孢子囊最后形成的为第六批分散的，发育完成的温度为 20℃，所以，7℃～20℃都是孢子囊发育的适温范围。由于第六批的实验，在后期被风浪打掉，因此未获得“末熟”和“完熟”时的完成温度。根据第六批分散的“初熟”及“中熟”的开始到完成的温度关系来推测，可能延至22℃左右。

7℃～22℃只是从 11 月下旬到 4 月下旬分散的裙带菜的发育温度范围。由于 11 月中旬及 5 月上旬都还有少量幼苗符合分散的标准，如果加以养殖，它的发育温度还可能稍扩大一些。

（2）发育的适温：孢子囊群发育的开始和完成的温度可能受到藻体大小和生长状况等条件的影响，所以我们把六批实验的裙带菜总计100株以上，不分藻体大小，按株计算，以4种发育期为单位，凡是出现孢子囊后，分别置于不同温度内，以观察出现孢子囊群的百分率，其结果如表4。

表4 不同温度下裙带菜孢子囊的形成率(%)

Tab. 4 Percentage of sorus formation of Undaria pinnatifida in different temperatures.

温度(℃)	发育期				平均
	初熟	中熟	末熟	完熟	
<10	16.8	16.8	0	0	8.4
10.1～15	50.0	58.3	50.0	33.3	47.9
15.1～20	33.3	25.0	41.6	58.3	39.5
>20	—	0	8.3	8.3	4.2

从表4的结果可以看出，4个发育期中形成孢子囊群的以10%～20%的百分率较高，<10℃或>20℃的，发育率均低，所以10℃～20℃都是发育的适温，但是从孢子囊群发育的主要阶段——初熟、中熟及末熟来看，15℃～20℃发育所占的百分数均小于50%，而10℃～15℃则都达到了50%。

表4的数据说明，中熟以前的发育主要在15℃以下进行，这期间是裙带菜成熟的初期，根据日本生产裙带菜的经验，最好的是用灰干法制成的“鸣门和布”，它的原料就是开始成熟的裙带菜[8]。我们以往生产裙带菜的实践也有这样的经验，即“中熟期”及以前进行收割的成菜是加工上的好原料，所以在15℃以下的温度期间进行收割成菜是比较适宜的。

我们从表4中还可以看出，在20℃以上的温度中，还存在着“末熟”和“完熟期”，孢子囊群形成的数量甚少，但说明了高温期是可以形成孢子囊群的。这是一个值得注意的现象。在表1中可以看到在高温期发育的，主要是最后分散的第六批，即藻体小的发育的温度较高。因此，我们建议利用小的裙带菜以其发育的温度较高、时间较晚的规律，专门培育晚熟的种裙带菜，在高温期间进行人工育苗和海底繁殖，这样就大大缩短了人工育苗的时间，减少了配子体世代受到其他生物的危害，因而可以提高育苗效果和增加繁殖量。

3. 裙带菜的养殖期和养殖方式问题。青岛海底自然繁殖的裙带菜的收割期一般从 5 月开始，幼苗发生早的还可相应地提前收割，自然繁殖的幼苗发生期迟早不一，但其养殖期一般约有 5 个月左右。根据筏式养殖实验的观察，由于受光充足，衰老比海底的早，养殖时间最长不宜超过 4 个月，养殖嫩菜最长也不宜超过 3 个月。

我们根据以上提出的实验资料和生产的基本状况，就可以研究养殖期的安排和养殖的方式问题。

表 5　裙带菜的养殖期和温度、生长状况

Tab. 5　Growth conditions of Undaria in different cultivation periods and temperatures.

分散批	日期 \ 温度和生长状况 \ 养殖天数	40±1			50±1			60±1			70±1			80±1			90±1			100±1			110±1		
		温度(℃)	长度(cm)	重量(g)	温度(℃)	长度(cm)	重量(g)	温度(℃)	长度(cm)	重量(g)	温度(℃)	长度(cm)	重量(g)	温度(℃)	长度(cm)	重量(g)	温度(℃)	长度(cm)	重量(g)	温度(℃)	长度(cm)	重量(g)	温度(℃)	长度(cm)	重量(g)
	1962																								
1	11.29	5.1	58	115	2.3	73	191	0.4	87	268	0.6	93	303	2.3	102	366	3.3	110	441	3.6	119	534	5.8	128	620
2	12.29	0.6	42	73	2.3	45	88	3.2	48	117	3.6	52	146	5.8	56	198	6.7	64	271	7.2	72	371	8.5	85	476
	1963																								
3	2.9	5.8	37	46	6.7	44	71	7.2	53	133	8.5	66	209	9.9	79	315	11.6	95	481	13.4	109	583	14.0	115	636
4	3.1	7.2	51	82	8.5	62	127	9.9	72	200	11.6	85	308	13.4	95	414	14.0	101	417	16.1	98	550	18.4	92	518
5	3.28	11.6	61	167	13.4	67	252	14	77	309	16.1	84	379	18.4	82	410	20.1	69	384	—	—	—	—	—	—
6	4.25	16.1	57	150	18.4	61	195	20.1	49	206	—	—	—	—	—	—	—	—	—						

（1）养殖期：为了便于叙述和具体进行比较，我们又把图 2 及图 4 的资料整理成表 5。如果按生产嫩菜的养殖不超过 90 天，温度＜5℃，成菜养殖不超过 120 天，温度＜15℃来看，表 5 各批分散的裙带菜的情况如下：

1）第一批分散——养殖 90 天，收割前 10 天的平均温度 3.3℃，叶片长度 109 cm，平均株重量 440 g，产量较高，符合嫩菜要求；而且就是养殖了 60 天以后的，叶片长度已达 70～80 cm，平均株重 200 g，即成为嫩菜的良好商品。养殖 120 天，水温 6.7℃，叶片长 140 cm，株重量 704 g，此时尚未出现最大长度和最大重量的数值，符合成菜的生产。

2）第二批分散——温度上升到 5℃时，共养育了 80 天，叶片长 56 cm，株重 271 g，大约相当于第一批分散的 60 天前后，长度虽短，但达到了商品要求，因此可以生产嫩菜。养殖 120 天生产成菜时产量较低，不如第一批及第三批分散者，所以不是最适宜养殖成菜的时期。

3）第三批分散——养殖 40 天时，温度为 5℃，叶片长 37 cm，株重 45 g，藻体太小，不宜生产嫩菜。养殖 110 天时，温度上升到 14℃，叶片长 115 cm，株重 636 g,适于养殖成菜,产量与第一批分散者的同期相同。

4) 第四、五批分散——养殖 70～90 天时,温度 14℃,叶片长 80～100 cm,即已达到这两批养殖中的最大长度,株重 307～400 g:符合成菜的生产要求,唯产量较低。

5) 第六批分散——养殖 40 天时,温度已达 16℃,藻体较小,叶片衰老相当严重,不符合生产成菜的要求。

由此可以得出这样的结论:青岛地区嫩菜的分散期大体在 11 月到 12 月下旬比较适宜,养殖期到 2 月。成菜的分散期较长,从 11 月到翌年 3 月下旬都可以分散,其中尤以 11 月到 12 月中旬及 2 月上旬到 3 月初分散比较适宜,养殖 110～120 天为产量最高的时期,此时,相当于 5 月下旬至 6 月初的期间。

(2) 裙带菜的养殖方式:根据各种海藻类的生物学特性,开展多种方式的养殖,是迅速发展我国藻类养殖的重要措施。我们根据裙带菜养殖期的长短,提出以下几种养殖方式:

1) 间养——海带养殖期较长,一般有 6 个月的时期,生长 60～80 天的海带藻体狭窄,因此利用海带尚未长大之前,在海带筏间合理布置养殖裙带菜的嫩菜,间养期,从 11 月到翌年 2 月。

2) 单养——适于养殖裙带菜的地区,开展部分海区养殖裙带菜,可以考虑以下的方式:

a. 嫩菜与成菜轮养:从 11 月到翌年 2 月生产嫩菜;再从 2 月下旬至 3 月初分散,养殖到 5 月,生产成菜。

b. 嫩菜与成菜间作:从 11 月到翌年 1 月利用密养间割方法,生产嫩菜,间割稀疏以后到 3 月收割成菜。

c. 成菜连养:不适于生产嫩菜的地区而专门养殖成菜时,可以采取连养二茬成菜的方法进行生产。养殖期从 11 月到翌年 3 月,再从 2～3 月分散养殖到 5 月。

四、结语

1. 裙带菜长度的生长和重量的增加以 5℃～15℃最快,这就是其生长的适温范围。

2. 在我们的实验中裙带菜孢子叶上形成的孢子囊,是从 7℃到 20℃以上,可能高到 22℃,但孢子囊发生的最大数量是在 10℃～15℃之间,因此,可以认为这个温度范围是孢子囊群发育的适温。

3. 根据以上的实验结果分析，我们对裙带菜的养殖提出一些建议：

（1）从 11 月到翌年 2 月养殖嫩菜适于鲜食，在这期间温度从 10℃下降到 0℃左右，然后又回升到 3℃，从 3 月到 6 月，温度为 3℃～15℃，养殖成菜适于制成干品，或从 11 月（12 月）到翌年 3 月（4 月）养殖成菜亦是适宜的时期。

（2）利用裙带菜的生长期短，不仅可以培养单一种嫩菜或成菜，并且也可以与其他海藻间作。例如，在海带的生长初期，在海带的竹筏之间养殖裙带菜等。

（3）利用藻体小，发育的温度高，时间迟的规律，在 7～8 月培育晚熟的种裙带菜，以晚熟的裙带菜进行采孢子育苗或海底人工繁殖，这样可以缩短养殖时间和减少其他生物对裙带菜配子体世代的危害。

参考文献

[1] 方宗熙，吴超元，蒋本禹，李家俊，任国忠. 海带"海青一号"的培育及其初步的遗传分析. 植物学报，1962，10(3)：197-209.

[2] 李宏基. 李庆扬. 裙带菜的配子体在水池度夏育苗的初步试验. 水产学报，1965，2(3)：37-47.

[3] 艾捷里斯坦. 间作，蔬菜栽培学（上册）. 尹良，等译. 高等教育出版社，1953.

[4] 曾呈奎，吴超元，孙国玉. 温度对海带孢子体的生长和发育的影响. 植物学报，1957，6(2)：103-130.

[5] 川名武. 越前地方ワカメの丰凶と水温并に气象要素との关系. 水产研究志，1937，32(5)：247-248.

[6] 木下虎一郎. コンブとワカメの增殖に关する研究. 札幌，北方出版，1957.

[7] 涩谷三五郎，广ヤ武男. 新增植法の研究。ワカメ剪切增殖. 北海道水产试验场研究报告. 1950，7：76-79.

[8] 远藤吉三郎. 海产植物学. 东京博文馆，1913，394-402 页.

[9] Neushul，M. and F. T. Haxo. Studies on the giant Kelp Macrocystis I. Growth of young plants. Amer. Jour. Bot. 1963，50(4)，349 353.

[10] ParKe, M. Studies on British Laminariaceae I. Growth in Laminaria. Seccharina (L.) Lamour J. mar. Biol. Ass. U. K. 1948, 27(3), 651-709.

THE RELATION OF GROWTH, DEVELOPMENT OF UNDARIA PINNATIFIDA (HARV.) SUR. WITH TEMPERATURE

H. C. Li and K. Y. Li

(Shandong Marine Cultivation Institute)

Abstract

1. Rapid growth of Undaria pinnatifida (Harv.) Sur. occurs at 5～15℃ which is regarded as the favorable temperature for its growth. When the length of lamina is over 60 cm rapid growth also occurs even at a lower temperature. So the effect of temperature on growth is different at different frondal lengths.

2. The favorable temperature for development of sporangia is 10～20℃. Below 10℃, the large Undaria frond may develop and a little above 20℃, the little one develops may also develop. Thus the temperature for development is associated with the length of fronds.

3. On the basis of the results of this experiment, it was suggested that:

1) at Tsingtao, as well as at other places along the North China coast, cultivation of first crop of the Undaria by artificial method may be made from November to February when the temperature drops from 10℃ to 0℃ and then rises up to 3℃, and from March to June when the temperature rises from 3℃ to 15℃ cultivation of second crop may be effected.

2) because of the short—growing period of Undaria, the method of cultivation may be varied, and cultivation may be effected between the rows of the raft of Laminaria.

3) owing to the fact that the smaller fronds of Undaria develop sporangia at higher temperature, it seems desirable to cultivate special late maturation strains of this Undaria in the months of July and early August.

合作者:李庆扬

(海洋与湖沼.1966,8(2))

裙带菜的配子体在水池度夏育苗的初步试验①

裙带菜是一种味道鲜美，经济价值和营养价值都比较高的经济海藻。自然分布于我国浙江外海嵊山列岛的浅海中，由于它在我国的分布狭窄，产量不多，所以还没有被我国人民普遍作为食用。但它在日本和朝鲜沿海分布很广，并且是当地人民十分欣赏的食品，冬春季节的价格通常较海带为贵，裙带菜的生产状况对其渔村经济有一定影响，所以1901年当日本的海藻养殖科学在萌芽时期，冈村就进行繁殖试验[5]，以后木下1942年开始筏式半人工采孢子育苗养殖[6]，须藤1951年又作了人工采孢子室内过夏的试验[8]，斋藤(1956—1960)继续围绕室内培育的生态条件和海上培育存在的问题进行了研究[7,8,9]，从现有文献来看，日本的裙带菜育苗还处于实验研究阶段。

我国的裙带菜人工育苗，根据海带的经验，一开始就采用人工采孢子育苗法，烟台水产试验场曾用采苗筐于海底养殖(1945)和以竹帘采孢子筏式育苗(1949)，山东水产养殖场曾以海带培育秋苗法进行试验(1954～1958)，旅大市水产研究所也开展过人工育苗的研究(1959)。总结我国以往的研究共同存在的问题是幼苗发生过少，育苗效率低，不能用于生产。

1955年海带夏苗培育法创立后，中国科学院海洋研究所又曾用同样方法培育裙带菜幼苗，但当时低温培育海带夏苗在技术上还有问题，如生产效率低、设备大、投资多、成本高、所以低温培育裙带菜苗种没有引起人们的注意。此后，各地仍从事海上的育苗研究。1961年山东省海水养殖研究所在海上成功地培育出大量的裙带菜苗种，解决了以往技术上的困难，但是海上育苗还有其缺陷，为了适应现代养殖业的要求，我们继续进行了裙带菜的育苗研究。

---

① 本文曾于1963年中国水产学会成立大会及第一次学术讨论会上宣读过，会后又有修改。

一、人工育苗存在的问题与解决的途径

根据我们1961年的研究，认为海上育苗的困难归纳起来是两个问题，一是因为风浪威胁着夏季海上育苗的安全；二是附着物的问题，前者可以通过选择海区和加固筏子来解决，而后者则除了需要选择附着物少的海区外，并且需要采用适宜的育苗器来减少附着物的种类和数量，同时仍需要以人工逐个地清除洗刷。海上育苗除了经常拔除附着物外，还需要冲洗浮泥，护理筏子等工作，花费很多劳动力。此外，在海上育苗由于船只受船蛆（Bankia sp.）的侵蚀，养殖器材受高温影响而腐烂损失较重，这就使得裙带菜的育苗成本比培育海带秋苗大大增加，特别夏季是我国大陆沿海的台风季节，风浪对养殖筏子的安全威胁极大。因此，裙带菜育苗中的实践困难成了妨碍普遍开展养殖的一个突出问题。

既然裙带菜育苗与海带育苗同样为了在海上作业产生了一些问题，因此我们同意曾呈奎等（1955）提出的“裙带菜可以采用低温培育的方向”[3]和须藤研究的人工环境度夏，然后下海养殖的途径。

海带的幼苗在自然环境中度夏困难，所以低温条件是必需的。但裙带菜育苗低温是否也是必需呢？从自然分布来看，我国的东海和黄海的沿岸许多地区都能大量自然繁殖，这说明裙带菜是可以顺利地通过夏季高温期的。根据我们的另外实验，也说明裙带菜的配子体可耐28℃～29℃的高温，青岛沿海夏季海水表面温度只有短时期达到28℃，有时亦会出现29℃的高温，但是高温期的水温旬平均却仅为26℃～27℃，这样在陆上培养裙带菜的配子体，只要能维持海中水温状况，度夏时就可不必像海带育苗一样地在低温环境中培养。

从1898～1948年间，青岛沿海自然气温与海水温度的变化规律可概括为：夏季气温升高快，水温升高慢，气温高于水温，秋季气温下降快，水温下降慢，水温高于气温[1]。夏季裙带菜的配子体在高温中（25℃以上）培养一段时间后，遇到发育的适温（如23℃），只需要几天就可以形成孢子体①根据这种情况推论，在夏季采孢子，如能保持培养水的温度不高于海中的水温（28℃）而以配子体渡过高温期，待初秋气温下降后，在低气温的影响下，使培养水温低于

① 根锯李宏基未发表资料

海中温度，则配子体就可以在数天内形成幼孢子体。因此，从温度条件来看，陆上培养不仅是可能的，而且比海中同时期培养的配子体发育成孢子体更为有利。

在海洋中的自然光照条件下，每年均有大量裙带菜在海底岩礁上发生生长，所以在陆上培养利用自然光照，通过人工适宜的控制，完全能够符合裙带菜的发生生长的要求。因此，我们认为，在陆上在自然光照，自然的室温条件下培育裙带菜的配子体度夏，秋后形成幼孢子体，然后下海养殖是可能的。

二、试验的方法与经过

根据以上的分析，我们利用了普通房屋设计了水池育苗方法。试验分为两个阶段：第一是水池培养阶段，即从采孢子到幼孢子体期间；第二是海上培养阶段，即从幼孢子体下海到长成 1 cm 的幼苗。海上的对照试验，在青岛附近的福岛湾进行，培养到秋季幼苗个别发生后，移到团岛湾肥区，与水池育苗者一起下海，以同一方法培养。

（一）水池培养阶段

1. 种裙带菜及水池培养时间：种裙带菜采自团岛湾的海底岸礁上。1962 年 8 月 1 日及 6 日两天采孢子，培养到 9 月下旬移到海上继续培养，共在水池中培养了 51～57 天。

2. 育苗器：育苗器分为竹皮绳及三股粗棕绳两种。均经过淡水长期浸泡和三次煮沸处理。竹皮绳长 50 cm，粗棕绳长 1 m（直径 0.8 cm），从中折成 50 cm 的双股。育苗时两种育苗器均垂挂于水池中培养。

3. 采孢子：把孢子叶从藻体上切下，每层孢子叶上附着的浮泥、拟菊海鞘（*Botrylloides* sp.）等附着物，于水中逐个地轻轻拂去或摘除，再以过滤海水冲洗，然后干燥刺激 4 小时，最后放入冷却到 16℃ 的过滤海水中放散孢子。此时水温受到孢子叶和气温的影响而上升到 17℃～18℃。7～8 月，青岛裙带菜的孢子大部已经放散，孢子的数量较少，但有的孢子叶仍能以肉眼看到大量孢子被放散出来。将这种有明显放散孢子的孢子叶移向采孢子水的各处，帮助其孢子传播均匀，待采孢子的水变成混浊的淡黄色时，经过显微镜检查，在低倍镜下（150 倍）的任一视野中，有 10 个以上的游孢子时，开始采孢子。由于水中已有足够的孢子数量，可以把孢子叶取出，孢子水稍加搅拌，立刻把育苗器浸入孢子水中采孢子。2 小时后，游孢子基本上全部附着，即结束采孢子，把育苗器移到池中培养。

4. 培养条件。

(1) 水池及培养水——水池为浅的方池子。内盛培养水约 4 立方米，水池共 4 个，南北排列，从南向北顺序编号，分为 1、2、3、4 号池。

培养用水，以电动抽水机抽取清净海水，在沙层过滤槽中过滤，然后引至培养水池中。经过处理后的海水，一般大型藻类及其他较大的无脊椎动物基本上可以清除。每个水池每天添加 1/4 的新鲜海水，每周全部换水一次，同时洗刷水池。

为了保证配子体及幼孢子体在静水中能得到足够的营养，每个培养池中施加硝酸钠及磷酸二氢钾，施肥后达到硝酸氮 4000 mg/m^3，磷 400 mg/m^3。

由于在水池中培养的裙带菜是配子体及幼孢子体，这些植物与在这样大小的水池水体中，培养条件是比较优越的，因此，培养水的酸度和气体状况均未进行观测。

(2) 光照状况——以日光为光源，采东西方向光为主。日光直射水池时用白布帘遮挡，但遮光后的光照仍是全天里的最大光强。光强的控制，是根据裙带菜的配子体到幼孢子体期间的需要[7,8]和能够限制好光性的绿藻生长[10]为限。通过光强的调整，再一次限制难以处理掉或容易接种的绿藻孢子及其生长。我们选择的光强范围是 300～1000 lx。

为了在控制的光强范围内能找出比较适宜的光强，所以将 4 水池分为两种光强，Ⅱ～Ⅲ号池的屋顶，各有一个天窗，光线较强，天气晴朗时，水池内一天之间的最大光强为 900～1000 lx，I 及Ⅳ号池光线较弱，水池中的最大光强为 500～600 lx。当各水池没有直射光时，启开门窗，尽量增加光强，阴雨天气随自然而减弱。

(3) 池水温度状况——培养用的海水是趁早晨温度较低的时间抽海水过滤，然后引至水池中进行培养。因为培养池只有水面与空气接触，池中水体又较大，所以培养池的水温受气温的影响较小，一天当中与同一时间的海面温度比较，一般是水池中的水温稍低。在最高温度期间，海面温度达到 28℃，水池温度只达到 26℃，但有时因为换水处理不当，也出现高过海面温度的情况。9 月上旬气温下降，我们又利用气温突然下降的低温，在过滤过程中冷却培养水，因此池水温度下降的速度与气温相似，而低于海中自然水温，导致以后池水的日最高温度能一直保持低于海面的日平均温度。

表 1　室内水池中光强的日变化

Table 1　Light intensity of diurnal change

单位:lx

<table>
<tr><td rowspan="2">[1]最大光强 / [3]测光点 / [6]测光时间</td><td colspan="4">900～1000</td><td colspan="4">500～600</td><td colspan="2">[2]光照持续时间</td></tr>
<tr><td>21</td><td>31</td><td>24</td><td>31</td><td>11</td><td>41</td><td>14</td><td>44</td><td>[4]起止时</td><td>[5]小时数</td></tr>
<tr><td rowspan="2">8～9</td><td rowspan="2">900</td><td rowspan="2">580</td><td rowspan="2">1060</td><td rowspan="2">780</td><td rowspan="2">570</td><td rowspan="2">540</td><td rowspan="2">370</td><td rowspan="2">310</td><td>7～8</td><td>2</td></tr>
<tr><td>9～10</td><td>1</td></tr>
<tr><td>11～12</td><td>380</td><td>890</td><td>580</td><td>360</td><td>350</td><td>280</td><td>420</td><td>225</td><td>10～13</td><td>3</td></tr>
<tr><td rowspan="2">15～16</td><td rowspan="2">600</td><td rowspan="2">750</td><td rowspan="2">320</td><td rowspan="2">900</td><td rowspan="2">300</td><td rowspan="2">580</td><td rowspan="2">520</td><td rowspan="2">480</td><td>13～11</td><td>1</td></tr>
<tr><td>14～17</td><td>3</td></tr>
<tr><td>[7]10 小时平均</td><td>584</td><td>704</td><td>780</td><td>651</td><td>387</td><td>450</td><td>412</td><td>333</td><td>7～17</td><td>10</td></tr>
</table>

1. maximum light intensity; 2. light duration; 3. determination of point; 4. beginning to end; 5. hours; 6. deternation of time; 7. 10 hours average

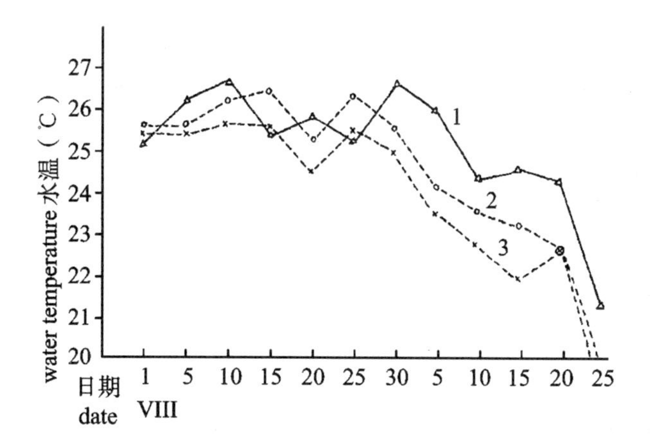

1. 海上表面水温　Surface water temperature in sea;2. 水池的最高温度 Maximum temperature in pool;3. 水池的最低温度　Minmum temperature in pool

图 1　培养期间水池中的温度与团岛湾水温的比较

Fig. 1　Comparison of the water temperature in pool during culture with the surface water temperature of Tuantao Bay

(二)海上培养阶段

幼孢子体从水池移到海上后,以筏式垂养方法养育。培养的水深在 2～3 m 间。因为幼孢子体尚小,所以每周需用羊毛软刷洗刷浮泥一次。半个月后,幼孢子体有显著生长,水深上升到 1～2 m 间。一个月后,继续提到海面以下 30 cm 处养殖。

三、结果

(一) 水池培养阶段

8 月上旬采孢子时，团岛湾沿岸海水表面温度为 24℃，因此，从胚孢子开始就是在较高温度条件下培养。8 月中旬，配子体又经过了最高温度，8 月下旬，水池温度开始下降，但 8 月 20 日前后的水温最低仍在 25℃左右，至 8 月 29 日，共培养了 23～29 天，于光照较好处出现了幼孢子体。以后，孢子体陆续发生，数量增多。又经过 15～20 天，竹皮上的幼孢子体群落长大，使竹皮的表面变成了红褐色，9 月下旬，竹皮的边缘已有隐约可见的竖立毛状幼苗。

根据我们于海上培养的经验，23℃是裙带菜幼孢子体生长的可靠温度，因此，水池中培养的幼孢子体在海面温度 23℃时，便开始移到海上继续培养。下海前在不同光强下培养的孢子体和配子体的数量状况如表 2。

表 2　裙带菜培养在不同光强下的数量

Table 2　Number of Undaria of cultivation underle different light intensity

生长基质 Substrata	竹皮 Bamboo splint		棕绳纤维 Fiber of palm rope	
日最大光强(lx) Diurnal maximum light intensity (lx)	900～1 000	500～600	900～1 000	500～600
孢子体(个)Sporophytes	162	18	34	10
配子体(个)Gametophytes	35	110	—	—

我们从表 2 中可以看出以下三种情况：

(1) 在较大光强处培养者，配子体发育成孢子体的数量多。

(2) 从配子体与孢子体的总数量上比较，在较大光强下培养的数量多。

(3) 从不同生长基质比较起来，竹皮绳上的孢子体数量比棕绳上的数量多。

根据采孢子时的检查，棕绳纤维上的胚孢子数量是相当多的，但经过一个多月的培养，绳上的数量便大大少于竹皮，而且棕绳仅于光线充足处有少量稀疏幼苗，但多数的幼孢子体在 100 细胞以下。竹皮上的幼孢子体数量多，而且一般都达到 200～300 细胞，因此在用软羊毛刷洗刷竹皮时，可以清楚看到凸起的孢子体群落，竹皮的棱角处呈毛茸状，棕绳上则难以看到这种情况。又根据培养过程的连续观察，我们发现从胚孢子阶段到配子体初期，即培养开始的一周前后，是在棕纤维及玻片等生长基质上培养者死亡最多时期。再从同种生长基质而在不同光强下培养的结果来看，在弱光下培养者，配子体的发育数量少，配子体与孢子体的总数量也少，这说明配子体的生活及发育在弱光下是不适宜的。棕绳的育苗效果较差，可能与其形成的光环境偏弱有关。

总之，以上的情况表明：水池育苗如果采用适宜的生长基质（如竹皮等），培养于适宜的光强（如 900～1000 lx）下，就可以育出大量的幼孢子体。

（二）海上培养阶段

9 月 26 日海面温度出现了 22℃的低温，并有继续下降的趋势，将育苗器移到海上继续培养。由于海中温度条件适宜，其他条件如光照，水流等又优于水池中的条件，因此幼孢子体下海后 10 天，比水池中的有明显的生长。经过一个月，所有下海的育苗器全部长出幼苗。此时在海上培养作对照的育苗器上也陆续发生幼苗，所以 10 月 29 日采集取样，其结果如下：

（1）在水池中不同光强下培养的幼孢子体，下海后的生长情况：度夏期间在池中以不同光强培养的幼孢子体及部分配子体于下海后形成的幼孢子体，在下海后经过 32 天相同条件下，其结果如表 3。

表 3　幼苗从水池移到海上培养一个月后生长的长度

Table 3　Growth length of sporelings transplanted from pool to the sea after a month

生长基质 Substrata	竹皮 Bamboo splint		棕绳 Palm rope	
水池期间的光强(lx) Light intensity in pool Period (lx)	900～1000	500～600	900～1000	500～600
4 个育苗器上最大平均(厘米) Maximum average length of four collectors(cm)	1.8	1.4	1.8	1.1
4 个育苗器上的最大者(厘米) Maximum length of four collectors(cm)	2.3	2.1	2.1	1.4

表 3 所示，从不同生长基来比较，竹皮上生长的幼苗比棕绳上的大，原来培养在较强的光线条件下，或培养于较弱的光线下，也一致表现着竹皮生长者大。以不同光强比较，一致是较强光线中培养者比较弱光线下培养者大。因此，从表 3 幼苗的大小上也证明了表 2 的结果，即在水池中培养的光强以每天

的最大光强 900～1000 lx 比较适宜。

(2) 水池育苗与海上育苗的效果比较：水池中培养裙带菜幼苗，在水池阶段基本上防除了附着性的动物、大型杂藻的危害。下海以后的附着物仍然可能形成育苗的威胁，但是一方面利用秋季动物繁殖的衰退，而杂藻尚未开始大量繁殖的时期及时下海；另一方面，利用水池育苗的密度大，来防止杂藻的附着，这样基本可以免除这种威胁。例如我们的实验，竹皮上只发现少量的浒苔（*Enteromorpha* sp.）和水云（*Ectocarpus* sp.），动物性附着物仅见到个别的藤壶（*Balanus* sp.）着生。棕绳上只有水云一种附着物。

海上培育的对照者，在夏季里是经过人工施肥，不断洗刷等一系列的技术措施以后获得的结果。

我们为了比较二者的育苗效果，选择水池育苗适宜光强（900～1000 lx）条件下培养者与在适宜深度海上培养中生长最好者进行比较，其结果如表 4。

表 4　5 厘米长的生长基质上生长的幼苗状况

Table 4　Growth condition of sporclings of 5 cm. length on The substrata

1. 育苗法 5. 夏季光强 8. 生长基质 13. 幼苗长（厘米）	2. 水池培养		3. 海上培养（对照）	4. 自然繁殖（对照）
	900～1000 lx		6. 2.5 m 水深	7. 大低潮线
	9. 竹皮（宽 8mm）	10. 棕绳（直径 8 mm）	11. 棕绳（直径 13 mm）	12. 团岛湾岩礁
1.6～2.3	4		0	
1.1～1.5	34	1	1	
0.6～1.0	108	27	8	
0.2～0.5	12	55	60	
14. 合计 百分比（%）	153 228	83 120	69 100	15. 未发生苗

1. culture methods; 2. culture in pool; 3. artificial culture in the sea (control－1); 4. natural propagation(control－2); 5. light intensity in summer; 6. 2,5 m. depth; 7. spring low tide; 8. substrata; 9. bamboo splint(width 8 mm); 10～11. oalm rope (Dia. 8 mm and 13 mm.); 12. Tuan－tao Bay rock; 13. sporelings length in cm; 14. total and percentage; 15. not discovered

表 4 的结果表明，水池育苗比海上育苗的幼苗数量多，个体大，因此效果显著。例如以棕绳育苗器比较，水池育苗的幼苗发生量为海上育苗的幼苗数量的 120%。以较大的幼苗比较，海上育苗者 5 mm 以上的大苗占全部幼苗

数量的13%,而水池育苗则是33%。显然水池中培育的幼苗数量多,个体大。

海上育苗最适宜的育苗器是棕绳,竹皮较差①,而水池育苗最适宜的育苗器是竹皮,因此海上育苗的竹皮绳不能与水池育苗者的同种生长基质来比较育苗的效果。如果以海上棕绳的育苗量与水池竹皮上的幼苗量比较,水池育苗的幼苗数量为海上数量的228%,以幼苗生长的大小比较,二者相差更为悬殊。如海上育苗同时期尚未有16 mm以上的幼苗,10 mm以上的幼苗仅占全部幼苗的1.4%。而水池中培育的幼苗16 mm以上的占全部幼苗的2.5%,10毫米以上的幼苗占24%。因此,水池育苗有显著的良好效果。

四、讨论

如上所述,裙带菜的水池育苗已获得初步结果。但是在自然光照和室温条件下可能出现"配子体不发育为孢子体"的情况②,因此水池育苗是否可靠?低温培育的幼苗大,生长期长,产量高,再进行水池育苗是否有意义和有前途呢?这些是值得讨论的问题。

(一)水池育苗的可靠性问题

裙带菜的配子体有显著的耐高温性,中国科学院海洋研究所已有报道②,所以它于室温条件下培养可以度夏。秋季温度下降后,在适温条件下又能发育成孢子体,神田已于1936年就观察到,以后亦为斋藤报告过[8]。现在又被我们的工作所证实。所以培养裙带菜的配子体,只要满足其光照和水环境的要求,在适温条件下,配子体能够大量发育成孢子体是可以肯定的。水池育苗的光照基本是人工控制的,培养水也是经过入工处理的,条件是十分优越的,因此,水池育苗的可靠性也是没有疑问的。

(二)水池育苗的效果和前途问题

水池育苗的裙带菜幼苗发生于秋季,我们称其为"秋生苗",低温度夏的幼苗发生于夏季,称其为"夏生苗",虽然这是两种不同的苗种和不同的育苗方法,但是其共同点,都是在人工排除附着物影响的条件下养成孢子体,再以孢子体下海继续培养,当然这两种方法培养的孢子体大小是有差别的。但是,这两种方法不能以海带的低温培育夏苗和海上培育秋苗相比拟,因此海带夏苗

---

① 根据李宏基等未发表资料(1961)。

② 根据中国科学院海洋研究所未发表资料(1959年油印本)。

是以幼苗阶段下海，而同期的秋苗培育才开始，二者不仅相差了配子体和幼孢子体阶段，而且培育的秋苗是与杂藻作斗争中挣扎出来的。夏苗此时却在不受危害的情况下进行生长，所以二省的育苗效果相差很大。而水池培育的裙带菜秋生苗1到11月中旬较大的幼苗已达到15 cm的长度，12月上旬即可按生产要求大量分散，这与低温（10℃）培育的夏生苗于9月中旬下海，12月开始分散[①]的状况相似。

低温培育海带夏苗获得重大成就。这种生产方法是由现代化技术设施装备起来的，设备多，投资大，成本较高，由于裙带菜在我国目前的价格大大低于海带，因此低温育苗的实践价值对裙带菜来说，显然比海带低。同时海带低温育苗主要是使秋季在海上的配子体到幼孢子体阶段能提前在夏季渡过，因而争取了一段孢子体的生长期，所以它适用于像海带这样生长期长的植物，以人工方法延长生长期就可以获得优异的效果。然而裙带菜则在此点与海带不同。例如筏式养殖的海带从12月分散幼苗到翌年的6～7月藻体厚成收获。而裙带菜同一时期分散养殖，到4月即成熟收获，因此裙带菜的生长期比海带短。另一方面海带只适于厚成以后食用，生长期越长，年龄性较老，产品质量越好。裙带菜则相反，它的食用特点是适于嫩菜期而不适于老成期，最迟只能于成菜期，即相当于初熟期就必须收获。以青岛地区来说，3月以前（水温5℃以下）收割最为鲜美。如果养殖嫩菜，从幼苗（15 cm）分散开始计算养殖期，则以不超过90天为宜。如果养殖成菜则其养殖期以不超过120天为宜。假若养殖期过长，虽然藻体重量相应地增加了，提高了产量，但成熟了的藻体老化乏味，产品质量大大下降，所以不论从养殖嫩菜或者养殖成菜的要求来看，水池育苗的秋生苗，完全可以满足养殖的要求。

因此，从育苗的效果和裙带菜的养殖要求来比较低温育苗和水池育苗这两种方法，一致说明水池育苗是卓有成效的，也是有发展前途的。

（三）水池育苗的意义

水池育苗不用低温设备，比低温育苗可以节约制冷电力（根据1962年山东的海带夏苗生产费中，制冷用电就占20％以上），机电人工费和这些设备的其他费用，以及基建的辅助设备，所以低温育苗不论从基建投资，建筑材料和生产成本来说，比水池育苗都增加很大。

① 根据中国科学院海洋研究所未发表资料（1959年油印本）

水池育苗和海上育苗相比，不用大批浮筏等器材，这些器材夏季几乎全部在海中损耗了。特别是在海上育苗，当安全没有保证的情况下，育苗的数量就需要相应地增加，这样就增多了器材和管理的人工，并且需要组织大量人力经常洗刷附着物，而在水池中育苗，只以简单的设备就解决了。并且不必在烈日下洗刷、施肥以及从事其他护理工作，劳动条件可以大大改善。

水池育苗符合我国海藻养殖业发展的要求。这种简易的育苗法给裙带菜的养殖创造了极为方便的条件。例如，裙带菜的育苗期正是海带养殖业的收割、加工季节，劳力比较紧张，此时如果在海上育苗必然影响海带的工作，而水池育苗，因为它与低温培育海带夏苗的性质是相同的，适于藻种业的专门经营，这样就可以解决各养殖场分散培养而发生海上作业的劳力的不足问题。另一方面，由于水池育苗设备简单，用劳力少，也适于沿海各养殖业者单独采用，因而给交通不便或距苗种业遥远的地区提供了养殖条件。

由于水池育苗是利用裙带菜的特性和我国北方沿海气候的特点进行的，所以这种育苗法不仅青岛沿海可以采用，而且在我国北方黄、渤海沿岸的广大地区都可以应用。

因此，水池育苗是经济、简易、安全而且有广泛应用价值的育苗方法。

五、提要

本文分析了裙带菜海上育苗产生的附着物问题，风浪对筏子的安全影响以及其他技术问题，因而提出了裙带菜育苗与海带相同的方向，以室内培育比较适宜，同时阐明了在室温条件下培育的原因。

实验的结果表明：① 室内水池育苗在每天的最大光强 900～1000 lx，水温不超过海上温度，以过滤海水进行培养，裙带菜的配子体可以安全度夏，秋后可以达到肉眼可见程度的幼苗，而基本不受附着物的危害；② 在水池环境育苗，竹皮比棕绳的育苗效果好，所以竹皮是裙带菜育苗的适宜生长基质；③ 水池育苗的幼苗发生稠密，个体大，比海上育苗的幼苗发生量高 20%～128%。

我们对这一新的育苗法讨论了它的问题，并且认为：① 裙带菜的配子体有耐高温的性能，已为国内外的研究所证实，配子体于室内条件可以发育，也为斋藤报道过，因此配子体在水池度夏并能培育出幼苗是可靠的。② 这种方法培育出的幼苗可以满足养殖嫩菜或成菜的要求，所以是一种有效的育苗方法。③ 水池育苗比海上育苗安全，劳动条件好；比低温育苗成本低。

由于水池育苗形式符合海藻培养业的专门经营；又因其技术简易又适于小型分散经营，这种育苗法比海上育苗和低温育苗在我国北方沿海更有广泛的应用价值。

参考文献

[1] 青岛市观象台. 青岛市观象台五十周年纪念特刊(1898～1948). 1948.

[2] 曾呈奎，张峻甫. 中国北部的经济海藻. 山东大学学报，1952，2：57-82.

[3] 孙国玉，吴超元. 海带的幼苗低温度夏养殖试验报告. 植物学报，1953，4(3)：255-264.

[4] 关东州水产试验场. 若布昆布养殖试验. 关东州水产试验场昭和 13 年度事业报告，1939，138-154.

[5] 冈村金太郎. 亡加吣蕃殖予备 11 试验报告. 水产讲习所试验报告. 1901，3.

[6] 木下虎一郎. こんふとわかめの増埴に关する研究. 日本北方出版，1947，79 页.

[7] 斋藤雄之助. わかめの生态に关する研究Ⅰ. 日本水产学会志，1956，22(4)：229-234.

[8] 斋藤雄之助. わかめの生态に关する研究Ⅱ. 日本水产学会志，1956，22(4)：235-239.

[9] 斋藤雄之助. わかめの生态に关する研究Ⅳ. 日本水产学会志，1960，26(1).

[10] 新崎盛徽. 海藻孢子の发芽，生育に及ば寸光影响に关する二、三の实验. 日本水产学会志，1953，19(4)：466-470.

ON THE CULTIVATION OF SPORELINGS BY SUMMERING GAMETOPHYTES OF *UNDARIA PINNATIFIDA* (HARV.) SUR. IN POOL

Marine Cultivation Institute, of Shandong Province

Li Hong Ji   Li Qing Yang

Abstract *Undaria pinnatifida* (Harv.) Sur. is one of the important economic seaweeds of China. So far it has not yet been brought under cultivation by the artificial method, because there is no effective method to cultivate the sporelings. Although the cultivation of sporelings was successful to a certain extent in the sea, there still exist some handicaps which hinder the growing of the sporelings. The spores of some other seaweeds and larvae of various invertebrates adhere to the same substratum on which *Undaria* spores set, and hence they chock the development of the spores of *Undaria*. Besides, the artificial substrata are often washed away by the waves, so the cultivation in the sea is not safe during the summer.

Tseng, Sun and Wu (1955) suggested that cultivation of sporelings of *Undaria* be made at low temperature. According to our studies the gametophytes of Undnria grow well at 25～27℃, and the temperature of sea water seldom rises above 28℃ at Tsingtao. As temperature is not a limiting factor for cultivating gametophytes, so low temperature method seems not necessary. We collected the spores of *Undaria* in July and cultivated them in pools indoors. When temperature dropped to below 25℃, the gametophytes began to develop into sporophytes. Under good light condition the sporelings grew larger and denser. When the temperature of the sea water dropped down to 22～23℃, the sporelings were transfered from the pool to the sea. A month later the sporelings grew to such sizes as 1.8～2.3 cm.

There are three advantages in the artificial cultivation of *Undaria* sporelings in pools. ① The temperature of sea water in pools lowers more quickly than the temperature of water in the sea after middle autumn. Under lower temperature the young sporophytes grow larger than those in open sea. ② Filtered sea water is free from various marine invertebrates, so that *Undaria* sporelings may grow denser. ③ This method of cultivation in pools is safe, simple and economical along northern China coast.

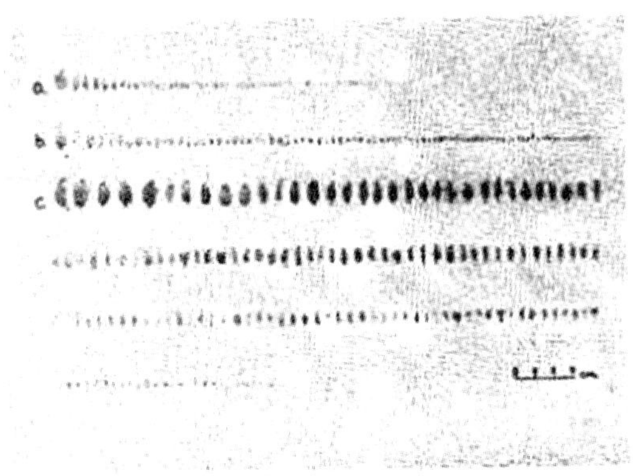

图版说明

水池中培养的裙带菜幼苗移到海上一个月后与海上培养的比较，1932年10月24日。a. 海上培养（对照）；棕绳（50 cm×13 mm）上生长的69棵；b、c及其以下。室内水池培养：棕绳（50 cm×8 mm）上生长的83棵；c及其以下：竹皮（50 cm×8 mm）上生长的158棵。

Explanation of plate 1

Comparison of cultivation of *Undaria* sporolings in pool transplanted to sea a month later with that of sporolings in open sea. Oct,29. 1962.

a. Culture in sea. (Control).

Growth on plam rope(50 cm×13 mm)of 69 plants. b,c and under c: Culture in pool,indoors.

b. Growth on plam rope(50 cm×8 mm)of 83 plants.

C and under c. Growth on bamboo splint (50 cm×8 mm)of 158 plants.

合作者：李庆扬

（水产学报. 1965，2(3)）

石花菜养殖

石花菜的人工养殖研究与存在的问题[①]

一、石花菜人工养殖研究的概况

石花菜(*Gelidiumam ansii* Lamx)是制造琼胶的重要海藻。由于琼胶广泛为食品工业及微生物培养研究不可缺少的原料,所以需要量日益增加,天然石花菜不能满足需要,因此急需解决石花菜的人工养殖。

我国对石花菜的养殖研究开始于1955年。李宏基等根据对青岛沿岸石花菜的垂直分布进行的调查,提出从石花菜分布的低潮带附近向石沼中生长石花菜的地带,人工扩大其垂直分布的意见。换句话说,就是在中潮带建筑梯田式水池进行养殖应成为可行的方法。

1956～1957年李宏基、李庆扬在中潮带养殖海带的梯田中试养石花菜,曾于100 cm×20 cm的面积内,用45 g鲜重的石花菜小枝于90天内获得180 g鲜重的石花菜增长4倍。这给石花菜的人工养殖又开辟了新的途径。梯田养殖途径既解决了采捞问题,又解决了海底人工养殖作业的问题。

1958～1959年,中国科学院海洋生物研究所、山东水产养殖场和黄海水产研究所等单位协作,开展了石花菜的养殖研究。1973～1974年,山东省海水养殖研究所进行石花菜的人工育苗和分枝养殖试验。此外,山东、辽宁等省的许多养殖场也进行了类似的实验研究,但未获得预期的效果。

二、石花菜人工养殖的途径

由于我国有富饶的石花菜资源,我们可以对自然产区及其附近的适宜海区施行适当的保护和人工增殖措施,以增加石花菜的产量。

70年来,石花菜人工养殖技术虽已进行了大量的研究,但人工养殖实践

---

① 本文经我所张金城副所长审阅并提出宝贵意见,特此致谢。

中仍存在很多问题有待解决。

根据我们从事海藻养殖业的经验，我们首先探讨了石花菜的养殖途径。

(一) 海底养殖

日本远山、大野和片田所创造的养殖方法，其共同点是在海底养殖。远山是从半人工采孢子到养成，都在深水海底进行。大野则是用分枝到养成在海底进行；而片田的绑小枝营养繁殖，也是在自然水深的海底进行。石花菜的海底养殖所采用的人工采孢子投石、绑小枝投石及栽培投石都难以大规模实施。因为目前的技术条件，在低潮带以下的深水中，尚不易实行全人工养殖，加之海底作业受限制，人为成分少，效果不易掌握，生产十分不便。

(二) 海面养殖

对海面养殖我们只讨论分枝筏养，因为采用从孢子培养成幼苗再养成的方法，藤森已经试验失败。筏养方法具有许多优点，它不仅可以立体利用水体，而且可以克服海底养殖的作业困难。因此，这一方法刚提出就受到普遍重视，并为当时日本水产界所公认。虽然藤森的方法以后未能被生产者所接受，但由于海面筏养有许多优点，是藻类养殖农田化的重要形式，因而也应该成为石花菜人工养殖的研究方向。

(三) 梯田养殖

当藤森的分枝养殖提出 15 年以后(即 50 年代)，日本已很少有人继续进行这项研究。我们也利用石花菜分枝可以正常生长的特性，在潮间带筑堤拦蓄潮水，建成梯田式水池以进行分枝养殖法的试验，并获得了一定效果，当时提出梯田养殖石花菜的理由是：

第一，海面筏式养殖使用大量器材，难以达到成本核算。第二，变筏养的浮动器设施为固定于梯田中的设施，以减少损耗。第三，可以克服筏养藻体上的附着物、沉淀物等危害。第四，可以克服海底深水养殖的放养、管理和收获的困难。

综上所述，要开展石花菜的全人工养殖只有采用海面筏养和潮间带的梯田养殖。

海面筏养和梯田养殖，这两种方法在海带人工养殖中都采用过并有丰富的实践经验，石花菜的人工养殖，究竟适用哪种方法。应在今后的实践中，去逐步探讨解决。

三、存在的问题

海面筏养和潮间带梯田养殖是研究的方向，但也都存在着一些有待解决的问题。

（一）养成方面

海藻的养成方法大体可以分为三种，一是孢子养成，即从采孢子到养成大的藻体不进行移栽的方法，一般的红藻类都可以采用，因而是一种通用方法。紫菜养殖是这类养成法的代表。第二种是幼苗养成，即从幼苗养到大的藻体的方法。它的幼苗来源，另外专门培育；这是一种移栽法，我国的海带养殖是其典型例子。第三种是分枝养成，即从大的藻体上取下一部分小枝或切下一部分藻块作为苗种进行养殖，而不必经过孢子育苗阶段。麒麟菜、江蓠等多采用此法。

石花菜的养成以往主要采用孢子养成和分枝养成两种方法。孢子养成对石花菜来说，一部分包括于育苗阶段之中，分枝养成的途径已如前述，有筏养与梯田养殖二种，都存在以下问题：

1. 分枝筏养中的问题。石花菜分枝生长的可靠性，在冈村和藤森的工作中都已得到证实。从理论上讲，分枝筏养是不成问题的，但为什么这种方法竟在几十年间却没有人加以补充。完善达到生产应用呢？甚至到60年代初期，竟被殖田等宣布为淘汰的方法。我们分析，可能有以下几种原因：

第一，对于藤森的“撚绳式”，即纺绳夹苗法，从藤森报告中的图版里可以看出的纺绳是把石花菜的小枝杂乱地夹入绳中的，因而形成夹入的不一，这必然影响石花菜的生长。另一种情况是夹苗的稀密不一，多少不一，容易出现苗枝小的脱苗。

第二，石花菜的分枝夹苗法与海带的夹苗不同。海带的夹苗是夹住原有的假根依靠再生新的假根固着于绳上进行生长，所以夹苗是新假根发生前的暂时措施，海带夹苗后，依靠旧假根生活不过半个月而已。而石花菜的夹苗不是夹住假根，而是夹住主枝，终生依靠夹住生长，即不依靠再生新的假根固着生长。因此所夹之苗会被风浪打掉，也可能被夹住的主枝部分长期受海浪冲击摩擦，发生烂枝而掉苗，严重掉苗也可能成为分枝养殖的失败原因。

第三，采取筏式海面养殖方法后，使石花菜的生活条件与原来在海底情况大不相同。例如自然分布海水中的石花菜藻体上，杂藻附着很少，这种情况与紫菜、裙带菜相同。移到海面后光线变强，附着性硅藻大量繁殖，结果受到附着性硅藻的严重危害。另外还受附着性动物的危害，海底石花菜的动物性附着物主要为苔藓虫类，移到海面后由于石花菜与海底摩擦关系改为水中悬浮关系，因而大量增加附着动物新的种类，如各种水螅类、海鞘类等，严重影响石花菜的生长，影响产品的质量，甚至达到无法利用的程度。这也是国内多年试验中所遇到的重要问题之一。

第四，养殖的成本高，用人工多，而产量却较低，入不敷出，也可能是被淘汰的一个原因。

以上四种原因，其中任何一种，都可导致分枝筏养的失败。

2. 梯田养殖中的问题。梯田环境处于潮间带，低潮时，池堤可以裸露，作业容易，这在海带养殖中已被证实。在梯田中分枝养殖石花菜存在的问题主要是被风浪冲击而形成的掉苗。因为分枝夹苗的石花菜，是固定于梯田内的海底，藻体可随波浪摆动，而夹苗绳是固定不动的，所以风浪大时，会使苗绳较松者或所夹藻体技较细又分枝少者容易被风浪拔下。另外也有一部分因被夹住的藻体部分摩擦过重而发生烂枝现象。如果养殖期内风浪较小，即能获得较好的效果。因此，梯田养殖石花菜，如果采用分枝方法，必须解决风浪对潮间带的冲击问题。

（二）育苗及养育方面

从孢子到幼苗的培育过程称为育苗。从幼苗养到可以生产称为养育。石花菜的孢子养成法，即是从采孢子直接养成产品的方法。为了提高养殖效果，把养成的成株石花菜再分技作为苗种，即分为育苗、养育和分枝养成三个环节来完成。后者以前已经阐明。现着重分析育苗和养育中的问题。

1. 育苗。石花菜的孢子直接萌发后，一直进行细胞分裂，扩大藻体，生长成纤细的匍匐枝。匍状枝形态简单，仅有少量的小分枝，生长过程增粗藻体，最后形成直立体。直立体的特征是直立的顶端部钝圆，再于侧边出现 1～2 个侧枝即成为幼苗。所谓育苗就是要培育成幼苗的工作。石花菜育苗的研究，以往藤森、惠本等曾进行过采孢子育苗，但由于下海后受到附着物的影响而失败。1936 年，殖田三郎利用棕绳分段涂抹混凝土，以混凝土部分作生长基，空白处夹成熟石花菜，自然采孢子，效果并不好。1956 年李宏基等以混凝土块为生长基，于梯田中进行半人工采孢子试验，虽然生长基上曾发生了成小片的、有一定密度的红点状幼苗，但长成直立苗后，受石莼、牡蛎、藤壶等附着物的危害，幼苗迅速减少，出苗率也较低。

1974年，李庆扬等室内育苗后下海养育，室内外均受附着物的影响，育苗效果不好。因此育苗的关键之一是如何解决附着物的问题。

育苗中的另一问题是生长基质。作者于50年代在青岛沿岸调查时发现，在石花菜繁殖区中的竹、木、铁器、瓷器、水泥块、混凝土块和棕绳等物体上，石花菜的着生情况以混凝土块最好，而在竹皮等物体上面只有零星的着生。可以看出生长基质是十分重要的。例如1958年，山东、辽宁等许多单位进行裙带菜人工采孢子育苗试验，均未能培育出大批幼苗。其原因就是未能选用合适的生长基质。这一点为我们1961年海上育出大批密集丛生的裙带菜苗所证实。因此石花菜的人工育苗不能成功，也不能排除生长基质的选择问题。

2. 养育。由于育苗未能成功，所以养育问题就无从谈起。而这又是石花菜全人工养殖的重要一环。石花菜的幼苗如果按1～2 cm的大小为准，那么，养育就是从1～2 cm养到15 cm以上的阶段，所以既像“幼苗养成”，也像“孢子养成”。从幼苗养到成株的时间，即使从7月育出幼苗养到12月(约半年的时间)，也难以实现。石花菜是暖水性藻类，低温对其生长不利，故冬季可能停止生长。春暖后何时再开始生长并达到15 cm长，估计至少不能少于一周年，甚至还需更长，这相当于海带夏苗培育的2～3倍的时间。因此，如何安排养育时间、缩短养育期，以及分枝养成相接茬等问题，关系十分重要。这些问题将随育苗和分枝养成的成功，越来越显得重要了。

四、解决的办法

石花菜的人工养殖，不论在养成或育苗都存在着困难。作者认为需要从以下几个方面去研究。

(一) 养成方面

分枝养成的重要问题是掉苗、附着、成本核算。而这些问题又与养殖方法有关。例如梯田养成，掉苗原因主要为风浪造成。减少风浪的影响，目前尚有困难。对筏养来说，附着物是主要危害，特别是春季的杂藻及夏季的动物性附着物十分严重，应研究敌害生物的繁殖规律，才能采取相应的方法克服障碍，达到养成的目的。

关于成本核算，目前主要应把石花菜附属于其他养殖业中，先作为副业经营。如与海带、贻贝等间作，以减少人力、物力的开支。

（二）育苗与养育方面

1. 育苗。育苗的问题主要是附着物生长快和石花菜的匍匐枝生长慢的矛盾。

孢子育苗法还应该从三方面进一步研究：

第一，创造适宜的育苗环境。即创造石花菜可以适应，而杂藻（硅藻、蓝藻等）不能适应的条件进行培养。

第二，采用药物、人工和机械等方法去除杂藻。这种方法虽然不便，但海带、紫菜、裙带菜的育苗实践证明是行之有效的。

第三，选用适宜的育苗用附着基质。我们和日本的经验都认为混凝土是良好的基质，但它笨重、移动不便。应向合成纤维或涂抹不同涂料或胶质物等耐腐蚀、体质轻、对石花菜生长适宜的材料方面进行研究：

2. 育苗后的养育。养育的问题主要是生长慢、时间长。应该从育苗与养育二者进行研究：

第一，利用早成熟的孢子育苗，以增长生长期和研究适宜的生长条件，保证快速生长。

第二，采用营养养繁殖育苗法，缩短育苗期，延长生长期。

第三，利用营养枝能长期生长的特性，连续培养而不进行育苗。

综上所述，石花菜的人工养殖在理论或技术上都存在许多难题。但是，只要通过系统的研究，石花菜的人工养殖业必将很快实现。

参考文献

[1] 李宏基.潮间带建筑梯田养殖海带成功.学艺，1956，25(4).

[2] 冈村金太郎.フんぐさノ繁殖カニ就テ.日植杂，1911，V01.25.373.

[3] 冈村金太郎.趣味カテ见タ海藻ト人生.内田老鹤圃，1921.

[4] 冈村金太郎.日本海藻志.同上，1936.

[5] 农林省水产局.岩面搔破しニよる各地の石花菜增殖.寒天原料增产しニ关する资料（其二），1940.

[6] 德久之种.岩面搔破机及び耕耘机による沿海开拓.海洋の科学，1942，2(5).

[7] 木下虎一郎，平野义见，高桥武司.テソグサの发生适温试验ノリ、テ

ングサ、フノリ及びギソナソサウの増殖に关する研究.北方出版社,1936.

[8] 木下虎一郎,姥谷三五郎.北海道江於けるテソグサの生产状况と主要种テンブグサの结实及びその性状かウ观左增殖施设时期に就ての考察.水研志,1941,36(4).

[9] 高山活夫.之重县外洋浅海生物に关する研究(1).养殖会志,1938,111(8-9).

[10] 殖田三郎.テングサの增殖に关する研究(1).日水志,1936,1.5(3).

[11] 殖田三郎,片田实.テングサの增殖に关する研究(2).日水志,1943,01.11(5.6).

[12] 殖田三郎,片田实.テングサの增殖に关する研究(3).日水志,1949,1.15(7).

[13] 殖田三郎,岩本康三,三浦昭雄.水产植物学、水产学全集、恒星社原先阁版,1963.

[14] 片田实.水产植物学(4).同上.1949,01.15(7).

[15] 片田实,松田敏夫,叶务桓太郎,湖城重仁,三浦昭雄.同上(5)同上,1953,1.19(4).

[16] 片田实.テングサ类の养殖に关する基础的研究.农林省水讲所报告,1955,5(1).

[17] 须膝俊造.海の中海藻孢子の采取定量の法について.日水志,1950,15(11).

[18] 须膝俊造.海藻の孢子放出,散布及び着生に关する研究.日水志,1951,16(1).

[19] 须膝俊造.テングサの孢子放出浮游及び着生.日水志,1950,15(11).

[20] 山崎浩,大须贺穗作.天草增产に关する基础的研究(5).日水志,1960,2.6(1).

[21] 山崎浩,天草增产に关する基础的研究(4).日水志,1960,26(2).

[22] 山崎浩.テングサ(浅海增殖 60 种.P.361～370)火成出钣社,1965.

[23] 猪野俊平.マクサ果孢子发生に就て.植物及动物,1941,9(6).

[24] 远山宜雄.石花菜の增殖に就て.帝水,1939,1.18(10).

[25] 藤森三郎. てんぐさの新养殖法. 水产界 693 号,1940.

[26] 大野角次郎. 天草人工栽培法. 渔村,1955,1.21(12).

[27] 大岛胜太郎. 特殊养殖法(テングサ)海藻と渔村. P93～97,目黑书店,1949.

[28] 村田正,水产增殖学. 纪元社出版株式会社,1956.

[29] 村田正. 浅海增殖学. 水产学会集. 恒星社原出阁版,1953.

[30] 山田信夫. 水中施肥に关する研究(1). 日水志,1961,27(11).

[31] 山田信夫. 水中施肥に关する研究(2). 日水志,1964,30(11).

[32] 杉口完治. 海藻の植付方法. 特许公报,昭 55-1761-1800,P75～76,1980.

(海洋科学. 1982,3:53-56)

温度和水层对石花菜生长的影响

提　要　作者采用石花菜的局部小枝，在海上短时期培养的方法，以重量为指标，清楚地看出温度与水层对石花菜生长的影响，获得以下结论：① 石花菜生长最快的温度为22℃～26℃，它的最适温度为20℃～28℃。石花菜生长的适温以8℃为低限。限制石花菜生长的低温大约为0℃。② 石花菜生长最适宜的水层为0.3 m。随水深的增加，生长越来越慢。③ 根据实验的结果，我们建议：8℃以上作为石花菜的养殖期。即相当于青岛地区从5月到11月。夏季应该消除海洋动物附着的危害。筏养石花菜应利用0.3 m以内的浅水层。④ 石花菜小枝的再生假根以20℃～28℃生长最好，这期间可作为石花菜的人工营养繁殖期。

石花菜(*Gelidium amansii* Lamx.)是制造琼胶的重要原料。日本对石花菜的研究开始得较早。例如，木下、平野、高桥(1935)研究了温度与石花菜孢子萌发的关系，他们认为，石花菜孢子发生的适宜温度为15℃～25℃。片田(1955)认为24℃～26℃是最适温[7]。而关于大藻体生长与温度的关系的资料却较少。殖田和片田(1949)认为，石花菜2～4月生长快[10]。殖田等(1963)认为，石花菜从孢子萌发的幼体，在夏末到秋冬期间生长缓慢，几乎呈停滞状态。石花菜的新老藻体，度过了生长缓慢的秋冬期间，"立春"时开始快速生长，初夏时生长茂盛[8]。须藤(1966)认为，未成熟藻体的生长以25℃最适宜[8]。关于石花菜的分布与温度的关系，木下(1942)提出，月平均2℃以下的温度区域限制了石花菜的分布，并且指出，2℃以下的低温对石花菜有害[6]。这一论点以后又为远藤、松平(1960)所重述[11]。

在我国，关于石花菜生长与温度关系的研究尚无报道，但据《海藻学》记载，石花菜生长的最适温为25℃～26℃，最高限为28℃～29℃[1]。可是《藻类养殖学》(1961)一书中则认为石花菜生长以10℃～24℃为适宜温度[2]。

综合以上的结论，石花菜生长与温度的关系，可以归纳为两点，即：

(1) 孢子萌发期的适宜温度为15℃～25℃，最适温为25℃～26℃。对此没有什么争议。

(2) 大藻体石花菜的生长,有的认为以25℃～29℃的高温期生长最适,有的认为以10℃～24℃为最适。这样,高温(>25℃)对石花菜生长有两种相反的结论,有的认为高温为最适温,有的认为高温不是最适温。因此,石花菜生长的适温是有争议的。

关于石花菜生长的水深要求,《中国经济海藻志》(1962)记载,石花菜生长自大干潮线附近至水深6～10 m间的海底岩礁上,藻体一般呈鲜红至紫红色,是阴生红藻的特征①,说明石花菜属于深水生活的海藻。作者等于1954年对青岛沿岸石花菜的调查发现,石花菜广泛分布于低潮带,但有的分布于中潮带的石沼中,其中大的藻体长至10 cm,即达到低潮带一般石花菜的大小。说明石花菜于浅水中亦可生长很好。日本的须藤著作中指出,神奈川县5～6月,为海面光强15%～30%处的石花菜生长繁茂,40%以上处光过强,5%以下光弱生长不好[8]。这就是说,石花菜的生长有一个适宜的水层。

温度是确定石花菜养殖期的重要根据,所以了解石花菜生长的适温与夏季高温期的生长状况是十分必要的。此外,了解石花菜生长的适宜水层,不仅对人工筏式养殖有实践意义,而且对分析海藻的垂直分布也有理论意义。

一、材料和方法

1. 材料:实验用的石花菜,是青岛团岛湾中的大黑栏附近,自然生长于海底岩礁上的成株。一般选用株高10 cm以上,藻体健壮,附着物少的植株。每次,从采集的石花菜中,选出具备上述条件的10株备用,再从每株最高的顶端并具有完整生长点的主枝,剪取3～4 cm长的一段小枝,称为一棵。每株上剪下5棵,从10株中共剪50棵小枝,石花菜的繁殖期间,以选不带孢囊枝的材料为原则,但于繁殖盛期,只能选孢囊枝少的植株作为实验材料。

小枝的处理:实验用小枝经过用塑料毛刷刷洗,清除浮泥及其他附着物,然后放入盛有清洁海水的长方形浅盘中,从10株上剪下的50棵小枝,共摆成5排,每排均由不同株上剪下的小枝所组成,这5排小枝将分置于5种水层中进行培养。

---

① 根据曾呈奎等“几种底栖海藻的光合作用同光强的关系”(摘要)。1978年全国海洋湖沼学会论文(摘要)油印本。

小枝的称重：秤重时，先用镊子从浅盘水中取出一棵小枝，放在多层消毒纱布里吸取多余的水分，再以精密扭力天平称重，操作时要求迅速，以免水分蒸发影响称重的准确性，或者影响以后的生长。这样操作经过多次证明误差在 0.5 mg 以下。每棵的重量控制在 20～30 mg，一般每排小枝的总重量要求在 250 mg 左右，即平均棵重 25 mg。由于取材的每棵重量都超过要求，因此可以剪去小枝的下部，尽量做到平均棵重的整数相同。

2. 实验的方法：把 10 棵组成一排的石花菜小枝，逐个等距地夹在 15 cm 长的一段白色细尼龙线绳上，尼龙线绳拉紧，固定在直径 5 cm，长 20 cm 的玻管筒中，使小枝在筒中保持既舒展，又不互相遮光的状态。玻管筒的两端用 180 孔粗筛绢扎紧，防止钩虾（*Jassa* sp.，*Amphithoe* sp.）等敌害进入筒内咬食而影响石花菜的生长。最后按不同水层的深度，取合适长度的尼龙绳绑在每个玻管筒的中部，垂挂于浮筏上培养。这一方法与张定民等（1964）研究紫菜生长的方法相类似[8]。

在培养过程中，每隔一天把玻筒里的沉淀物倒出，并冲洗附在石花菜上的浮泥，每次实验的第 5 天用试管刷刷去筛绢上的附着物，以利水流畅通。如果附着物较多就换以新的筛绢。

（1）温度实验：为了保证石花菜能正常进行生长，因此实验在海上自然条件下进行。为了使实验温度的变化幅度较小，同时又可以观测到确实的生长数据，所以每种温度实验确定为 10 天。实验期中，每天测量海水温度二次（早 6～7 时，午后 14～15 时），其平均值为日平均温度，10 天的日平均温度的总平均值为实验的温度。

实验温度共分 11 种，最低温度为 1℃，最高温度为 28℃。由于青岛的旬平均水温一般不出现 1℃及 28℃，所以最低温度在威海港的渔港附近进行，最高温度在龙口湾的渔港附近进行。

由于温度实验在海上自然水温条件下进行，所以，除了最高和最低温度外，其余的温度一年间都出现 2 次，一次是从低向高的升温过程中出现的，一次是从高向低的降温过程中出现的。我们的实验除 1℃外，主要在温度上升的过程中进行。石花菜在适温范围进行生长时，向上升温或向下降温，生长度随温度而变化，但接近于限制生长的温度时，石花菜出现一系列的适应，因而实验材料的基础情况，对结果有重要影响。如在 1℃石花菜处于基本不生长状态，将其移到 2℃～3℃下进行生长，与处于 4℃～5℃尚微微生长状态的石花菜，也移到2℃～3℃的温度下进行生长，二者生长的结果可能不同，所以2℃～4℃的温度实验都重复2～3次。在温度上升过程，石花菜生长度形成高峰，当温度下降再出现这一温度时，也作了重复。凡是重复的实验结果，一律用多次实验的平均值。关于表层的温度状况整理成表1。

表1　实验期间的海水温度

批数		1	2	3	4	5	6	7	8	9	10	11
温度℃	范围	0.1 2.2	0.7 2.6	2.4 5.4	5.7 11.4	10.4 15.2	14.9 18.3	19.3 21.6	21.2～21.0 22.8～23.3	22.4 24.7	25.8 26.7	27.3 29.2
	平均	1 (1.0)	2.0 (1.5～2.0)	4 (3.6～3.8)	8 (8.3)	12 (12.4)	16 (16.4)	20 (20)	22 (22.0) (21.9)	24 (23.6)	26 (26.2)	28 (28.4)
日期		1.20 1.30	1.20 1.30	1.11～1.21 2.13～2.23	1.9～1.19 2.26～3.7 3.4～3.14	3.27 4.7	4.30 5.10	5.21 5.31	6.16 6.26	6.28 7.8	7.17 7.27	7.27 8.7

(2) 水层实验：水层对于海藻的生长来说，是一个综合因素，但影响生长最重要的因素为光线，因为光线的强弱随水层深浅而变化，水层浅光线强，水层深光线弱。因此水层试验，实际上主要是研究光强对石花菜生长的影响，试验的水层分为5种：海面下0.3 m、1 m、2 m、3 m和4 m。水层试验与上述的温度试验同时进行，即在同一温度条件下，分5种水层观察对生长的影响。

关于不同水层的光强状况，经过不同的天气(晴、阴、多云等)，不同风浪形成不同的海水混浊状况，分0.3 m、2 m及4 m三个水层，使用国产2D—Si型浅水照度计进行测量，同时从低温到高温都用7151—20型半导体深水温度计观测不同水层的温度，将其中有意义的结果整理成表2。表2只是说明不同天气于不同水层中光强范围和不同温度条件下于不同水层中的温度差异。

由于浅水层(0.3～2 m)光线充足，当温度适宜时，附着性硅藻于三日内就繁殖起来，试验的材料亦有被硅藻附着的，因此对生长有一定影响。

表2　不同水层中温度与光强的变化

水深(m)	温度(℃)					光强(×1000 lx)						
	1	2	3	4	5	1	2	3	4	5	合计	%
0						56	48	155	80	7	346	100
0.5	25.6	20.0	12.0	4.1	2.1	26	18	75	34	2	155	44
2.0	24.7	19.8	11.8	4.0	2.1	14	10	40	16	0.3	80.3	23
4.0	23.7	19.6	11.7	4.0	2.0	16	4	15	7	0	42	12

3．生长的测定：石花菜经海上培养 10 天后，在海上预先冲洗一次，用塑料桶汲取清洁海水，再把材料浸入桶中带回室内，用刷子把材料上附着的硅藻、浮泥等刷洗干净，按序摆在内盛清洁海水的白色搪瓷浅盘中。再取出逐棵吸水、逐棵测定重量。测定方法与下海前的测重相同。同一水层的 10 棵重量之和为 10 天的总重量，减去原来下海前的重量为 10 天的生长，即增加的重量，最后算出每棵的平均日增重。

石花菜的生长指标，一般都用长度表示。但是长度相同的石花菜并不表示其大小相同，二者的重量可能相差多倍，特别我们的实验是用短期生长的结果，还要研究限制生长的温度，长度生长往往不明显，用普通直尺测量不出增长状况，用测量显微镜测既麻烦又不适用。采用重量指标，对多生长点的石花菜较为适宜，因为重量指标是综合性状，不仅可以测出微量生长数值，而且重量是生产指标，更接近于生产实际。

二、结　果

（一）生长情况

我们使用的实验材料为石花菜的顶端部分，长度大约为 3～4 厘米，为石花菜全棵的重要生长部位，它的生长情况，在一定程度上代表着石花菜全株的生长。根据实验观察的生长情况，可以分为三个时期，即微弱生长期，生长期，快速生长期。

（1）微弱生长期：石花菜生长缓慢时，藻体呈紫红色或鲜红色。各部分颜色一致，或者分枝的生长点颜色稍淡，剪断的切口处，不愈合，保持原来剪切的状态。如果有敌害咬坏生长点，或生长条件不适等情况，大约于 4～5 天就会有以上的反映。但是低温限制生长时，藻体保持实验开始时的原样，不发生明显变化。

（2）生长期：石花菜在适温条件下进行生长，藻体呈两种颜色，例如实验用的石花菜，枝顶端及各小分枝色较淡，其余部分色较浓，根据顶端色淡部分的大小，表示局部的生长状况，色淡部分大，生长快，色淡部分小，生长慢。从整个的藻体颜色来看，生长快时色淡，生长慢时色较浓，藻体颜色的浓淡程度，在一定程度表示生长的快慢。于适温条件下，剪断主枝的切口处，于一周内萌发出短的芽状假根，有的向四周发出长的白色假根。顶端部折断的亦能再生新枝。

表 3　不同温度下各水层石花菜的平均日增重

单位:毫克(鲜)/棵

水层(m)	日期 / 平均温度(℃)	1980 1.20～1.30	1.11～1.21 1.13～1.23	1.9～1.19 2.26～3.7 3.4～3.14	1979 3.27～4.7	4.30～5.10	5.21～5.31	6.16～6.26	6.28～7.8 9.24～10.4	7.17～7.27	7.28～8.7	8.10～8.20	合计	比较
		1	2 .	4	8	12	16	20	22	24	26	28		
0.3	原重量	25.47	25.58	21.05	28.11	25.21	25.61	25.51	24.33	25.55	25.57			
	生长后重量	26.16	26.47	26.63	26.18	29.28	38.43	47.26	51.81	50.38	52.79	46.79		
	平均日增长	0.057	0.100	0.105	0.466	1.117	1.322	2.165	2.630	2.605	2.724	2.122	15.413	100
1.0	原重量	25.28	25.56	25.57	24.12	28.10	24.96	25.89	25.61	24.36	25.46	25.50		
	生长后重量	25.62	26.62	26.57	28.86	37.99	38.61	46.96	47.02	50.11	50.40	44.32		
	平均日增长	0.034	0.106	0.100	0.431	0.989	1.365	2.107	2.141	2.575	2.494	1.882	14.224	92
2.0	原重量	25.32	25.52	25.55	25.64	27.67	24.75	25.65	25.32	24.57	25.55	25.56		
	生长后重量	25.64	26.50	26.77	28.78	35.17	37.21	42.10	43.96	44.18	45.08	39.59		
	平均日增长	0.032	0.098	0.122	0.285	0.750	1.246	1.645	1.864	1.961	1.953	1.403	11.359	73
3.0	原重量	25.14	25.44	25.62	21.12	29.01	25.11	25.56	25.70	24.61	25.71	25.60		
	生长后重量	25.26	26.40	26.88	23.53	33.05	35.30	37.37	40.88	39.81	41.02	30.20*		
	平均日增长	0.012	0.096	0.126	0.219	0.404	1.019	1.181	1.518	1.520	1.531	0.460	8.081	52
4.0	原重量	25.70	25.53	25.66	23.13	28.47	24.83	25.80	25.73	24.62	25.53			
	生长后重量	25.92	26.35	26.88	24.55	31.94	34.97	34.98	39.17	36.74	36.73			
	平均日增长	0.022	0.082	0.122	0.129	0.347	1.014	0.918	1.344	1.212	1.120	(0.900)	(7.210)	46
合计		0.157	0.487	0.575	1.530	3.607	5.966	8.016	9.492	9.873	9.822	6.767		
比较		1	4	5	15	36	60	81	96	100	99	68		

* 实验期间出现特大干潮，材料沉入海底泥沙中 20 小时

(3) 快速生长期：整个营养枝色淡，呈淡红色，枝顶端的色淡部分大，而且与其他部分没有颜色的明显界限，这是生长旺盛的特征。剪断的切口处，于4～5天生出白色短假根，并且有的假根又发出1～2次毛状分歧的细假根，大约于10天后，能够固着于生长基质上，而成为一棵新的植株。

(二) 温度与生长的关系

我们把每次测量的结果，整理成表3和附图。

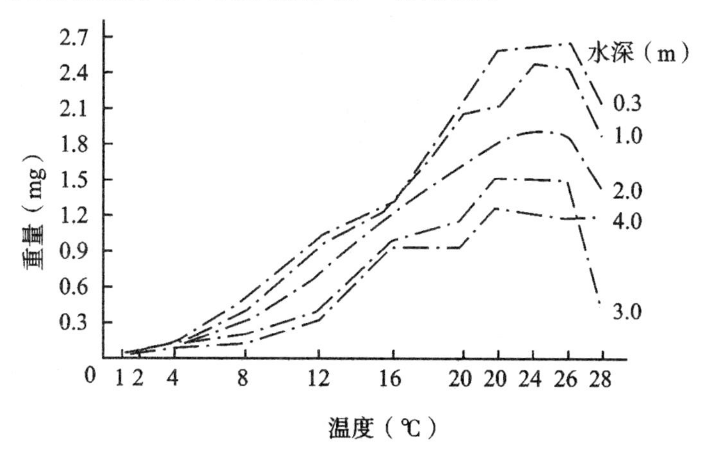

附图　不同温度下各水层石花菜的平均日增重

1. 温度与生长的关系，从表3可以清楚地看出，石花菜在各种不同水层中的平均日增重的合计数以9.873为最大，表示24℃生长最快，以0.157为最小，表示1℃生长最慢，如果24℃的9.873为100，则1℃的0.157为其1%。这表明1℃下石花菜还有微小生长。

如果把温度与生长的关系以时期来表示："立春"以后水温最低，石花菜停止生长。"春分"(3月下旬)以后，逐渐表现出生长的特征。从6月下旬至7月上旬，即"夏至"以后，石花菜生长最快。8月下旬水温最高的"处暑"时期，生长也较快。"立秋"以后，水温下降，生长度亦随之下降，但直到"大雪"还都进行生长。进入寒冬的"大寒"时期，生长很微，大约有半数不进行生长。

2. 实验的温度范围为1℃～28℃，共分11个梯度进行。无论任何水层，生长最好的温度为22℃～26℃，可以视为快速生长的温度。但是附图中0.3米水层的生长曲线，在24℃时意外的向下波动。这是由于选择材料或者因为实验处理过程，引起二棵石花菜小枝发生烂坏，致使影响了准确性。另外在22℃与24℃的浅水层，24℃与26℃的3米水层，都出现了微小不合理的波动，这可能由于生长能力相近，而于不同时间里进行实验，其他因子（如水混、阴天等）干扰引起的。因为22℃～24℃～26℃之间的温差仅2℃，最大的生长差仅4％，实际相差很小，所以于表3相同水层中的生长值，在两种相近温度之间都互有出入。为了减少因为干扰引起的影响，我们从一种温度各种水层生长的总和进行比较，仍可以清楚地看出，温度较小之间的生长差别。如24℃时生长最快、26℃时次之、22℃的生长又次之。

3. 从表3及附图中可以看出，石花菜生长最快的温度为22℃～26℃，相当于7～8月夏季到初秋期间，7～8月是青岛石花菜繁殖的盛期。因此，生长最快的时期就在孢子繁殖的盛期。一般说来生长与发育的关系是比较复杂的，而表现于石花菜则是一致的。

繁殖盛期选择材料时，完全避免其生殖小枝则较困难，所以实验材料中，有的带有少量孢囊枝，最多的一次占实验总棵数的三分之一左右。实验完成检查孢子囊时，发现有的孢子已经放散，但于孢囊枝的顶端又新生一段细长的小枝。说明孢子囊的形成，孢子的放散，小枝的生长互相影响不大。以上现象，又为我们的其他实验所证实，这与日本的殖田等所谓的孢子放散后藻体进入枯萎的“凋落期”[8]是不一致的。

4. 石花菜于平均1℃低温条件下几乎停止生长，但于10天之中尚未出现明显的不良现象。石花菜于夏季28～29℃的高温时期仍然生长很好，由于山东缺乏更高温度的岩岸海区，所以我们尚不明了抑制石花菜生长的高温界限。

（三）水层与生长的关系

从表1及附图中可以看出水层与石花菜生长的关系：

1. 石花菜养殖的水层在各种温度中（从冬到夏各个时期），都表现为浅水层生长较快，随水深的增加，生长亦随之减慢，这种现象在适温条件下表现尤为明显。例如12℃时在0.3 m水层，平均日增长1 mg以上，1 m水层为0.9 mg，2 m水层为0.7 mg，3 m水层为0.4 mg，4 m水层为0.3 mg。又如在22℃时，0.3 m水层平均增长为2.6 mg，1 m水层为2.1 mg，2 m水层为1.9 mg，3 m水层为1.5 mg，4 m水层为0.9 mg。实验的11种温度无一例外。这说明水层对石花菜的生长有明显而又规律的影响。

2. 石花菜的生长在同一水层中不同的温度条件下，生长度越大，不同水层之间的生长度相差越大，反之，生长度越小，各水层间的生长度差异亦越小，甚至出现无规律的现象。例如：24℃的0.3 m水层的平均日增长2.6 mg，4 m

水层为 1.2 mg，二者相差 1.4 mg。8℃的 0.3 m 水层的平均日增长 0.5 mg，4 m 水层为 0.1 mg，两者相差 0.4 mg。而 1℃时 3 m 水层的平均日增长 0.05 mg，4 m 水层为 0.02 mg，二者相差 0.03 mg。以上情况说明，石花菜生长对水层的反应情况与温度有关，当温度形成或接近限制因子时，虽然放养于最适宜的水层却不能比深些的水层生长得更快。甚至出现生长与水层无关的紊乱现象（如 4℃）。

3. 附图中的生长曲线表明，石花菜生长随温度增高，水层之间的差异越大。在 16℃时，0.3 m 水层不仅与 1 m 水层的生长度相近，而且 1 m 水层的生长度，大于 0.3 m 水层，在 3～4 m 水层之间的生长差异也很小，从整个的 0.3 m 与 4 m 之间比较，差异也不很大。出现后种现象是由于实验期间天气晴朗，海水清澈，光线充足所致。这是我们实验过程中天气最好，风平浪静的唯一例外。相同的理由，随温度升高，浅水层与深水层差距加大，也是由于夏季东南季节风影响青岛的天气及海水混浊所致。

三、讨　论

（一）温度和水层与石花菜生长的关系

温度和水层对石花菜生长的影响，都是十分明显的。根据同一温度（时期）在不同水层中，石花菜生长反映出不同的结果，我们说这样的生长结果主要是水层的影响，但是不同的水层中其温度也是有差异的，即有交互作用。但水层影响石花菜生长的理由是充分的。从表 2 可看出：0.5 m 到 4 m 水层之间的温差是很小的，这样小的温差不会比不同水层光强相差 1～3 倍的影响更大。例如不同水层之间温差最大的温度为 26℃，即 26℃的实验在 0.5 m 水层，温度为 25.6℃，4 m 水层温度为 24℃，根据生长的实验于表 3 中表明：石花菜于 24℃中生长比 26℃生长更好，因此，26℃表层 0.3 m 的生长仍大于 4 m 水层（24℃）的生长，说明这种差异主要受水层的影响而不受水温的影响。

我们在重复工作中发现：海水经过风浪搅动变得混浊时，在相同或相近的温度下，于同一水层中获得的结果却有较大的差异，甚至低于或高于临近的实验温度，但是不同水层之间的差别则仍然是明显的，这说明相近温度之间的实验出现不合理的差异，其中存在着由于水的混浊导致光强不同的影响，而且这种影响往往超过 2℃温度之内的差异。

(二) 限制石花菜生长的低温

石花菜生长与温度关系的资料是很贫乏的，尤其对石花菜生长的限制温度的研究更少。日本的水产养殖学家木下(1942)根据日本北海道四周的寒暖流经过的地区，形成不同的温度，这些地区的海水温度与石花菜的分布，经木下的分析研究提出：月平均水温至 2℃以下的地区无石花菜的分布，并且指出 2℃以下的低温对石花菜有害。

我们的实验表明，在 2℃的低温条件下，石花菜仍有微少生长，10 天平均棵增重约为 0.3～0.5 mg，相当于增加原藻体重的 1%～2%，另外的重复实验中还得到 10 天增长 1.5 mg，相当于增加自重的 6%的结果。说明 2℃没有形成限制生长的温度。能够证实 2℃仍然生长的结论，在 1℃的生长试验中也得到说明。如石花菜在 1℃的温度条件下(变化范围 0.1%～2.2℃)，10 天内平均棵增重 0.1～0.5 mg，相当于增长自重的 1%～2%。再从实验的总棵数来看，1℃～2℃中大约都有一半以上的棵数仍然进行生长，但是也有 40%不生长，显然 1℃～2℃不是限制生长的温度，但却接近于这一温度，据此推论限制生长的温度大约为 0℃。

(三) 石花菜生长的适温与最适温

石花菜生长的温度关系从表 3 中已可看出，但是为了便于判断生长的适温与最适温，我们把测得的资料只录用生长最快的 0.3～1 m 水层的生长数据，以自重增长的百分数进行比较，其结果如表 4。

表 4　不同温度下石花菜平均日增重的百分数

水深(m) / 温度(℃)	4	8	12	16	20	22	24	26	28
0.3	0.4	2.4	3.9	5.2	8.4	10.3	10.7	10.6	8.2
1.0	0.3	1.9	3.5	5.4	8.1	8.3	10.5	9.7	7.3
平均	0.35	2.15	3.7	5.3	8.25	9.3	10.6	10.15	7.75
比较	3	20	34	50	77	87	100	95	73

从表 4 看出，24℃～26℃时，平均日增长均在 10%以上，是增长的最大数值，是快速生长期，因此是生长的最适温度。如果把最适温度扩大，按增长最快的温度的一半以上为标准，则 20℃～28℃均可属于最适温度。但在 4℃的温度下，平均日增长 0.35%，相当于最适温度中最快生长度的 3%，显然不是

生长的适宜温度。可是在8℃中，平均日增长2.15%，相当于最适温度中最快生长度的20%，生长度明显增大，所以生长的适宜温度应定在8℃以上。

为什么《藻类养殖学》一书中认为10℃～25℃为生长的适宜温度？该书的资料是引用我们1954年的实验结果。那是采用不同时期分枝养殖的分析结果。养殖结果是综合因素的表现，并不真正反映夏季石花菜的生长与温度的关系。但是这个结果是有养殖实践意义的。

因此，我们认为夏季高温20℃～28℃是生长的最适温度，8℃以上为适宜温度。这样，我们的结果既倾向于夏季高温是适温，也倾向于较低温度对石花菜生长也是适宜的论点。

(四) 石花菜生长的最适光强和水层

须藤记载日本神奈川县的石花菜情况，以海面光强的15%～30%处生长繁茂，40%以上处光过强，5%以下光弱生长不好，即有最适宜的光强，过强过弱均不适宜。关于弱光生长不好与我们的结果相同。但在强光方面不同。我们于0.5 m水层处测得光强为海面光的44%，而我们在0.3 m水层培养的石花菜不仅不表现生长不好，相反比海面光强的23%的2 m水层生长快得多。即使以后的其他试验，把石花菜置于刚刚不露出海面的强光下生长也很好，没有发现不正常情况。这种差异可能由于研究方法不同所致，日本的情况可能为测于自然分布的结果。

关于自然分布方面，曾呈奎等(1978)认为：适宜低光强的深水红藻和阴生红藻类，都是深红色或鲜红色①。石花菜的颜色，一般呈鲜红或紫红色。应属于深水红藻或阴生红藻。远藤吉三郎认为石花菜分布于干潮线附近以下20寻(33 m)[11]。殖田等(1938)于日本的太平洋骏河湾，钱洲外海128 m深的岩礁上采到石花菜[8]。在青岛沿岸石花菜也是分布较深的种类。例如团岛湾的石花菜于冬季特大干潮线下6 m水深处可以采到标本，而在这样的水深中，如海带、裙带菜等弱光藻类，已不见踪迹。以上例子说明石花菜是深水海藻类。但是我们经过十几次的试验，无一例外地表现为浅水层生长快，增重大。这与以上所述的深水分布现象如何解释呢？

我们认为，石花菜可以适应深水弱光与它在筏养条件下的浅水强光中生长得好，属于两类性质。因为能够适应深水弱光的藻类是分布于深水的主要

① 1978年全国海洋湖沼学会论文(摘)油印本。

条件，它包括能够于一生中各个阶段都能适应自然环境，完成它的生活史，才能分布这一水深之中。也就是说海藻类的垂直分布不单纯是光线问题。因此，不能把分布于深水的海藻推论为不适应于较强的光线，特别不能认为所有的深水海藻都不适应较强光线条件。已如前述，我们于1954年就已于青岛沿岸见到石花菜分布于中潮带的石沼中，其中大的藻体长度达到8～12 cm。这表明在较强的光线条件下，石花菜可以长大。而同一水深处的另外场所，或者无石花菜分布或者生长很小，也不为光线所致。

（五）实验结果的实践意义

通过本实验初步明确了石花菜生长的最基本条件——温度和水层（光线）与生长的关系，这为人工养殖石花菜提供了基础资料。

（1）明确了石花菜生长的最适温度为20℃～28℃，适温为8℃以上。这为石花菜的人工养殖期的确定提供依据。

（2）切断的石花菜小枝有再生假根的能力，再生假根的生长温度以20℃～28℃为好，即与石花菜藻体生长的最适温相同。这为石花菜的营养繁殖选择了适宜的时期。

（3）石花菜于筏养条件下，以浅水层生长较好的结果，可以为设计石花菜的筏式养殖技术提供可靠依据。

参考文献

[1] 郑柏林，王筱庆. 海藻学. 农业出版社，1961.

[2] 张定民，王素娟，等. 藻类养殖学. 农业出版社，1961.

[3] 张定民，缪国荣. 条斑紫菜和圆紫菜在不同水层中生长的研究. 水产学报，1964，1(1-2)：139-140.

[4] 曾呈奎，等. 中国经济海藻志. 科学出版社，1962.

[5] 木下虎一郎. ノリ、テングサ、フノリ及び増殖に関する研究. 北方出版社，1949，33-57.

[6] 木下虎一郎. テングサの北限を制约する要因. 海洋科学，1942，2(6)：410.

[7] 片田実. テングサの増殖に関する基礎的研究.（下关）农林省水产讲习所报告，1955，5(1)：43-45.

[8] 须藤俊造.沿岸海藻类の增殖.水产增殖业书,1966.No.9.日本水产资源协會.

[9] 殖田三郎,等.水产植物学.水产学全集 10.恒星社厚生閣,1963.

[10] 殖田三郎,片田実.テングサの增殖に關する研究(Ⅲ)マグサ発芽体の後期成長に就て.日本水产学会志,1949,15(7):354-358.

[11] 远藤拓郎,松平康雄.有用海藻の地理的分布との关系について.日本水产学会志,1960,26(9):874-875。.

[12] 远藤吉三郎.海产植物学.博文舘,1911.

THE EFFECF OF TEMPERATURE AND WATER DEPTH ON THE GROWTH OF GELIDIUM AMANSII LAMX

Li Hongji　Li Qingyang　Zhuang Baoyu

(Shandong Marine Cultivation Institute)

Abstract The materials used in this experiment were the apex cut 3～4 cm long from the branches of fronds of *Gelidium*. They were cultivated under different temperatures and water depths in the sea. The experiment were carried out from March 1979 to March 1980 in Tandao Bay (Qingdao), Weihai Harbour and Lungkau Bay of Shangdong in north China.

The results are as follows:

The optimum temperature of growth of the algae is at 20℃～28℃. The favorable growth temperature ranges from 8℃ above. The low limit temperature for growth probably is 0℃. While the high limit remains unknown.

Although this algae is generally known for living under tidal zone. But it grows rapidly in water depth of 0.3 meter, in the experiment, and increasing the depth slowering the growth of the algae.

3. After 5～10 days, some buds of rhizoid grew up at the end parts of the main branches at the temperature of 20℃～28℃. Hence, it is considered

as the optimum temperature for the growth of rhizoids.

合作者:李庆扬　庄保玉

(水产学报.1983,7(4):373-383)

石花菜分枝筏养的养殖期研究①

石花菜的“捻绳式”增殖法[1,4]，以分劈石花菜小枝为苗种，筏式垂下养殖，两个月养成等为主要内容。我们简称其为“分枝筏养”。这种养殖法曾成为日本轰动一时的浅海养殖技术，并为一些著作所引用[5,6]，但是却未见到继续研究的报道，直到60年代初，据说该养殖法已被淘汰[7]，但其原因不明。由于原报告中没有详细阐明养殖技术和存在的问题[4]，所以我国许多单位先后都做过类似的试验，然而均不能达到预期的目的。我们曾分析其存在的问题，并认为可能有四种原因，即夹苗、掉苗、附着生物和经济核算等，其中可能以附着生物为主要问题[1]。

石花菜生长对温度的要求，我们的研究认为8℃～28℃为生长的适温[2]。海藻养殖只能在其生长的适温中进行。按青岛地区全年8℃～28℃的水温期间，即在4～12月，共有8个月的时间，理应均可养殖，但是夏季附着生物大量繁殖，因此，必须了解附着生物的繁殖规律与石花菜养殖的关系。为此，我们在石花菜生长的适温期间.按不同时期进行分苗养殖，对比选择适宜的养殖期，同时对存在的其他问题也进行了相应的试验。

一、分枝筏养的预备试验

研究石花菜的养殖期，需要解决养殖方法中的其他技术，因为养殖期是养殖技术中的一个因素，其他还有养殖的水层、苗种的大小、掉苗状况、附着生物的影响等等，在这些因素里我们首先研究掉苗和苗种的大小。关于水层我们已经明了，石花菜生长与水深的关系是水越深生长越慢[2]。所以我们取浅水层试验，对影响生长的附着生物采取洗刷排除的方法。

① 本文曾于青岛市植物学会1981年年会上宣读

(一) 不同苗绳及不同夹苗法的掉苗实验

石花菜的分苗是夹住藻体的局部进行养殖的，因此，是否会由于风浪的冲击而掉苗？是否因夹住的部分磨断或发生腐烂而掉苗？总之，这些问题的产生可能与夹苗绳用的材料，及其绳的松紧，弹力大小等有关，也与夹苗的方法有关。而夹苗方法必须既保证不能影响石花菜的生长，又简单易行为原则。所以我们进行不同苗绳及不同夹苗方法的掉苗实验。

1. 试验用的苗绳分为细棕绳、尼龙绳、塑料绳三种；棕绳又分为经浸泡煮沸处理过和不处理的，合计为五种绳进行夹苗试验。

2. 夹苗方法，分为深夹（夹在苗种长度的 1/3 处），浅夹（只夹主枝或假根部），窝生枝夹三种。从 1979 年 1 月 26 日分苗到 4 月 27 日为养育期。每种试验 5 绳（200 棵），经过三个月的观察，各种苗绳和各种夹苗法的筏养结果为：① 以夹假根部或主枝的浅夹法，效果最差，掉苗 14%，其余不同夹法基本不掉苗。② 不同种类的苗绳之间的差异不大，掉苗率均很少。总之，筏养条件下不论夹法或使用材料都不发生严重掉苗，即不存在掉苗问题。

(二) 不同大小苗种的生长实验

分枝养殖的苗种多大小适宜？我们选择平均棵鲜重 1 g 的小枝为苗种，即一般长度为 7～8 cm 并有 1～2 个较大的分枝，用这种大小为苗种，看来适于进行劈枝，出苗量较多，便于夹苗，因此以 1 克重的苗种为重点，分四种大小进行生长比较。其结果如表 1。

表 1　石花菜不同大小苗种的生长比较

单位：克/10 棵平均

养殖天数 / 苗种重	10	20	30	40	50	60	增长比例（始重为 100）
0.5	0.8	1.5	2.0	2.4	2.7	3.9	780
1.0	1.6	2.2	1.6	2.9	4.2	6.7	670
2.0	3.3	3.6	4.1	4.9	6.2	8.6*	430
3.0	4.7	5.3	5.6	8.2	9.2	13.6	453

* 部分枝断落

表 1 的 4 种不同大小苗种，生长了二个月，其结果从重量看，大者仍大，小者仍小。但从增长率看则相反，原来棵小的增长快，原来棵大的增长慢。例如，0.5 g 的苗种生长 60 天后长到 3.9 g，达不到商品大小，但它增长了

680%。1 g的苗种生长到6.7 g,平均棵重超过5 g以上,达到自然生长的一般大小,增长约570%。2 g重苗长到8.6 g,由于部分枝断,受到影响,重量较轻。如果不受影响,可能达到10 g,增长约达400%。3 g重的生长到13.6 g,增长353%。3 g重苗从每棵生长大小来说都是最大的,单位面积的产量最高,但增长率较低,使用苗种的数量较1~2 g的苗种多用2~3倍,比不上相同数量的小棵苗种产量高。可是养小苗所占用的器材,面积要多3倍。因此,采用多大的苗种要根据苗种供应,养殖方式,经营方式,养殖天数等多方面来决定。一般选用平均棵重1~2 g的苗为宜。

二、实验的材料、方法

1. 实验的材料:石花菜采自青岛胶州湾口附近的大黑栏周围,天然繁殖于海底岩石上的石花菜(*Gelidium amansii*)。选择生活力旺盛,附着生物少的藻体,一般色泽鲜艳,顶端部分色较淡,柔软,分枝较密,枝粗壮。如果藻体上有少量的苔藓虫、石灰虫等附着生物,先把附着生物压碎清除,同时用塑料毛刷将藻体洗刷干净,防止有杂藻、动物幼虫附着,妨碍石花菜的生长。作业时避免干出及伤害藻体成熟期中不用孢子囊小枝过多的植株。

2. 分苗绳及夹苗:分苗用的绳子为聚乙烯三股合成的直径3 mm的细绳,苗绳长度为1.2 m,其中夹苗部分1 m,中间夹苗40棵。夹苗方法采用深夹。夹苗时,把下部的主枝部分穿过绳股,除夹主枝外,还应夹住部分小分枝。

苗种的大小:长度在8 cm左右,平均棵重量为1~2 g,全绳的苗种鲜重量40~60 g。

3. 养殖期:根据石花菜生长的适温为8℃以上[2],所以养殖期的安排亦是大体按温度状况决定。我们选择的第一批是3月开始,水温5℃~15℃为一期,即适温前一批,以后按每月一批进行分苗,最后一批为10月,水温为20℃~10℃。先后共分苗8批,每批的养殖要求70天,届时进行收获。

4. 养殖方法:采用筏养垂下式,放养的水深为吊绳1 m,即石花菜养育于海面下1~2 m的水层中,从开始到结束,不变动水深。养殖期内每10天取回实验室清洗,除去附着生物、浮泥及其他敌害,然后再送到海上养育。洗刷时用塑料毛刷刷去附着物,或用手摘去大型动植物。作业时石花菜不离开海水。

5. 试验的数量:每批分苗7绳,经常观察并洗刷5绳,即经常洗刷观察200棵。另外多分苗2绳为不洗刷的对照,比较附着物对石花菜的影响,以便选择适宜的养殖期。

6. 生长的测量:以重量为生长指标。测量时,把全绳石花菜盛在塑料网袋内,用力甩去过多的附着水(每袋甩 10 次),然后用粗天平称重。

三、结果

试验从 3 月 10 日开始到 12 月 20 日止,经过 250 天的时间,先后分苗 8 批,我们把石花菜生长的资料整理成表 2。

表 2 石花菜在不同养殖期生长的比较(1979) 单位:g(鲜)

批号	养殖期	养育天数	棵数	藻体重量	平均绳重	平均棵重	增长比例
				始～末	始～末	始～末	(始重为 100)
1	3.10～5.20	70	200	250～699	50.1～139.8 89.7	1.25～3.49 2.24	279
2	4.10～6.20	70	200	252～876[1]	50.4～175.2 124.8	1.26～4.38 3.12	347
3	5.10～7.20	70	200	256～1345	51.2～269.0 217.8	1.28～6.72 5.44	525
4	6.8	58	200	267～1215[2]	50.1～250.2 200.1	1.33～6.07 4.74	456
5	7.10	28	200	330～830	65.5～166.0 100.5	1.64～4.15 2.51	253
6	8.7	30	200	278～785	55.6～157.0 101.4	1.39～3.29 1.90	237
7	9.10～11.20	70	200	330～1645	66.1～329.0 262.9	1.65～8.22 6.52	498
8	10.10～12.20	70	200	294～1360	58.9～272.1 213.2	1.47～6.80 5.22	462

(1) 5 月 31 日材料取回称重时置于新建水泥池中 6 月 9 日测量时停止生长,结果受到严重影响。

(2) 有薮枝虫附着不易洗掉,重量偏高。

从表 2 中看出以下四种情况:

(1) 增长比例栏中以第三批最高为 525,第 7 批次之为 498,形成马鞍形的双峰。这是生长最好的二批,平均棵重量 6～8 g,棵增重为 5～6 g,达到自然石花菜生长的一般大小，适于作为养殖生产。第三批养于春季，遇到的附着生物为大量的硅藻，每 10 天洗刷时，藻体上长满黄色的硅藻并将其遮蔽，严重时看不出是石花菜。以后又有一些球形的黏膜藻（*Leatheria* sp.）发生生长。根据不洗刷的对照比较，不洗刷的不能长大。第 7 批养于秋季，遇到的附着生物为少量数枝虫（*Obelia* sp.），未发现大量杂藻附着，与对照者比较，不洗刷的生长也很好，二者无大差异。

（2）表 2 增长比例栏的 456、237、253 为第 4、5、6 批，养殖天数分别为 58、28、30 天，均不足 70 天，这些养育天数是试验过程的最大重量出现的天数，以后重量减退.第四批由于附着生物太多，不胜洗刷，数据不足参考，因而停止，按实际情况增长与始重比较也只有 300%左右。第 5～6 批因为附着物太多，水温高，形成烂苗、断枝、掉苗等严重情况，继续进行无意义而停止。

（3）表 2 增长比例栏的 279 为第一批，与第 4～6 批接近。这一批养育 70 天，无掉苗或烂苗现象，附着物只有硅藻，洗刷硅藻后仍长不大，这是由于 3 月中旬到 4 月中旬的温度低，而生长的适温时间短造成的。

（4）第 2 批和第 8 批于表 2 的增长比例栏中分别为 347 和 462，这个数字与其他各批比较处于中等。第 8 批的 462 与第 7 批的 498 颇为接近。第 8 批于 12 月 20 日结束，70 天中有 1/3 的时间的温度接近非适温，所以生长受到影响。这一批藻体相当干净，无大附着生物。第 2 批增长比例较小，养殖 70 天，附着生物不多，温度开始偏低，收获于 6 月中旬，温度也适宜，但比第 8 批数值小，这是由于我们在第 50 天测量和洗刷时，在新建的水泥池中作业，受到水泥池碱性影响，下海后许多小枝变白，致使（50～60 之间）10 天之内没有生长，到了第 70 天测量时仍受到影响。如果不遭此干扰，估计增长比例可能与第 8 批相类似。

总结分枝筏养的石花菜，如尽量排除附着生物的影响后，可以图解为图 1，并简单归纳成以下三种情况：① 夏季，因为附着生物既多，生长又快，既洗刷不及又不易排除，所以石花菜不能生长；② 养殖期间大约一半时间处于生长的非适温期，石花菜生长不大；③ 春、秋二季，石花菜生长受附着生物影响最小，而且生长较好，达到自然石花菜一般大小。

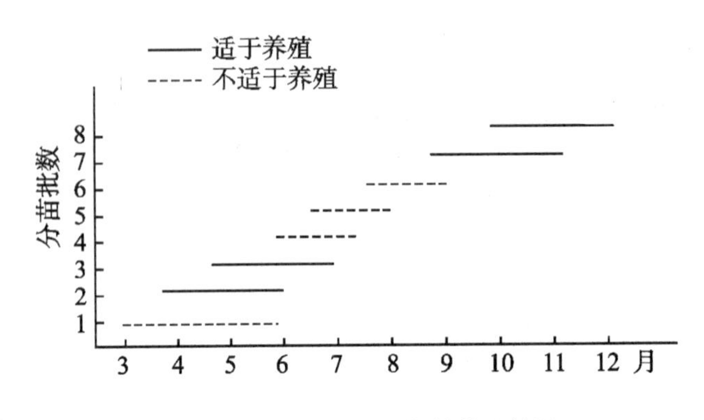

图 1　石花菜不同分苗期的养殖效果

四、讨论

(一) 确定筏养石花菜养殖期的根据是什么?

(1) 实验的结果表明,不同时期筏养石花菜的共同问题是附着生物的危害。因此,确定养殖期,必须选择附着生物不多,而石花菜可以长大的时期。根据这个标准,第 7 批(9～11 月)和第 3 批(5～7 月),可以认为是适宜的养殖期。

(2) 这样确定的养殖期,还存在两个问题:① 第 3 批、第 7 批石花菜的生长是否可靠? ② 它的分苗期有多长? 有无实践的可能?

第一个问题。第 3、7 批养殖的石花菜,我们把各批分苗养成的温度状况整理成表 3 进行比较。

表 3　不同养殖期的温度比较(1979)

批数	1	2	3	4	5	6	7
日期	3.10～5.20	2.10～6.20	5.10～7.10	6.8～8.6	7.10～8.8	8.7～9.7	9.10～11.20
范围平均(℃)	5～15 10.0	10～19 14.4	13～23 18.9	19～26 22.6	21～26 24.5	26～25 25.9	24～12 19.5

(青岛团岛湾大黑澜)

表 3 可以看出:第 3、7 批的养殖温度范围 12℃～24℃和 23℃～13℃,平均温度为 18.9℃及 19.5℃二者基本相同。其他的养殖方法相同,附着生物经过洗刷被排除,二者的结果相似,应该认为是规律性的,因而是可靠的。关于第二个问题,我们在表 3 中可以看出,第 2 批(4 月 10 日分苗)和第 8 批(10 月 10 日分苗),养成的平均温度均为 14℃,温度范围也类似,这二批生长的结果

较第3、7批差。第8批的生长结果，接近于第7批，如果第2批不受干扰达到第8批的水平，则第2～3批及7～8批之间的一段时间，可以作为分苗时期，并可以适当调整养殖期。因此，从分苗与养殖需要的时间来看，可以满足生产实践的要求。

这样，从9月中旬(23℃～22℃)分苗，养到12月上旬(10℃～8℃)停止，由于放养于秋季，可以称为“秋茬”。从4月中旬(8℃～10℃)分苗，养到7月上旬(21℃～22℃)停止，放养于春季，称为“春茬”。即春秋二茬均在石花菜生长的低适温期(＜20℃)中进行养殖。

(二) 春、秋二茬养殖期为何附着生物较少?

春、秋二茬养殖期中的附着生物较少，不是偶然现象，不会在同期近似的温度出现如同第4～6批的大量附着生物。其理由也是很明显的，从海水温度变化与附着生物繁殖的规律方面而言，实验的八批结果是：养殖期的温度超过20℃时附着生物多，低于20℃时附着生物少(表3)。海洋生物就是依赖于海水温度的变化规律进行繁殖。海洋动物如此，海藻类也是如此，不过低等植物情况更为复杂一些。向石花菜藻体上附着的藻类主要是附生藻类，有温水性种类和冷水性种类。春季水温上升，冷水性种类处于衰老时期，温水性藻类处于尚未发生或尚未成熟时期，故只有硅藻和个别温水性种类附着生长。秋季水温下降，冷水性种类尚未繁殖，温水性种类处于繁殖末期，所以繁殖的数量比其他时期也较少。因此，决不会出现如4～6批那么多的附着动物。但是从生物的分布方面而言，养殖区中的附着生物，不论动物的幼虫或藻类的孢子，在一定的阶段都呈浮游状态，分布状况受潮流、风浪、时期、潮汐等影响。因此，一个地区的附着生物，出现或多或少或无的情况都是可能的。总的来说，春、秋二季附着生物较少是一般规律，但遇到较多的附着生物的可能性也是存在的。

关于养殖期仍然还有一些附着生物为害，影响石花菜的生长，甚至是严重影响石花菜的生长，这是养殖中存在的问题，有如农作物受虫害一样，其性质属于另一范畴，是研究清除敌害的问题。我们将在以后专题报告。

(三) 从养殖期分析石花菜的筏养应采取什么方式?

(1) 海带与石花菜间养：石花菜的秋茬养殖期在9～12月，在此期间于海带筏间养殖石花菜比较适宜。因为70年代以后，我国的海带养殖业使用的器材，全部采用化学合成材料，常年放置在海中，海带收割后，养殖筏空闲着，直到11～12月分苗后才使用。此时海带的藻体窄，苗绳可以暂时密挂，让出空筏养石花菜，石花菜收获后，海带苗绳再恢复计划养殖的面积。或者采用海带筏间养殖裙带菜的方式[3]来养殖石花菜，可以多养一茬石花菜，只增添养石花菜的器材。而人力、筏子、船只、管理费等则不增加。但是间养影响海带1～2个月，会不会引起海带减产？不会的，这在海带筏间养殖裙带菜的试验中已经得到证实[3]，因此，海带、石花菜间养是合理的配合。

(2) 裙带菜与石花菜轮养：在我国北方，养殖裙带菜的嫩菜，从11、12月开始，养到翌年的3～4月[3]，即在全年的低温期中进行。裙带菜收获后，水温上升至石花菜生长的适温，利用同一设备再养石花菜，成为适宜的轮养配合。

(3) 贝藻间养：如果春茬能解决杂藻的附着，一年养殖二茬，就可以考虑专业化生产。在专业化生产中，我们认为石花菜和筏养贝类相结合的途径也是适宜的。例如利用贻贝、扇贝等养殖筏间养石花菜。因为贝类不需要考虑遮光问题，只要兼顾双方的特点，设计适宜的养殖形式，进行藻贝间养是可行的。据有关资料介绍：海带、贻贝间养可以提高双方的产量。这种互利方式应该得到更广泛的应用。

五、结论

1. 石花菜的养殖期应该由两个因素决定：一个是附着生物危害最轻的时期，一个是这个时期为石花菜生长的低适温期(8℃～20℃)。

2. 青岛沿海石花菜的养殖期，可以分为春、秋二茬，春茬在4月中旬到7月上旬，秋茬在9月中、下旬到12月上旬。

3. 养殖期中仍然还有一些附着生物危害石花菜的生长，这是养殖中存在的问题，它是我们努力的新方向。

参考文献

[1] 李宏基.石花菜的人工养殖研究与存在的问题.海洋科学，1982，3.

[2] 李宏基，李庆扬，庄保玉.温度和水层对石花菜生长的影响.水产学报，1983，7(4).

[3] 李宏基，宋崇德.海带筏间养殖裙带菜的试验.水产学报，1966，3(2).

[4] 藤森三郎.てんぐさ新养殖法.水产界,693号.1940.
[5] 火田久三.水产增殖と知识.锦城出版社,1943.
[6] 大岛胜太郎.海藻と渔村.黑目书店,1949.
[7] 殖田三郎.水产植物学(水产学全集).厚生阁,1963.

合作者:李庆扬　庄保玉

(海洋渔业.1985,7(4):159-161)

石花菜筏式养成技术的试验[①]

石花菜的人工养殖经过长期的探索研究，直到七十年代末尚未获得解决。关于其中的问题和解决的办法，第一作者曾作过分析[1]。我们根据提出解决问题的途径，先对筏式养殖技术进行了研究。随后又确定了石花菜生长的适温和适宜水层[2]。对适温期内的养殖做了研究，找到了适宜的养殖期[3]。以后又对养殖期中的一些敌害进行观察和研究，制定出比较有效的防除措施和方法[4]。因而利用自然繁殖的石花菜作为苗种进行人工养成生产获得成功，它为我国石花菜的人工养成生产开辟了一条有效途径。

为了验证石花菜适宜的养殖期和防除附着生物研究的有效性，我们又在青岛团岛湾进行筏式养成试验。在这次试验中，我们按生产要求，各养殖了大约 0.1 亩的春茬和秋茬，进一步观察技术效果和产量情况。养成的石花菜，经青岛海洋渔业公司水产品加工厂研究室对其含胶量进行了测定，其结果与天然石花菜含胶量相同，符合琼胶加工的要求。现将石花菜养殖试验的结果报告如下。

一、试验的方法和经过

(一) 实验方法

(1) 苗种及其处理：石花菜的苗种由潜水员采自团岛湾大黑澜海区海底岩礁上生长的天然石花菜。选择藻体附着生物少，生长点完整、棵大、枝粗壮、色泽鲜艳的苗为苗种。然后进行分枝，把每株石花菜分劈为 2～4 棵小枝，长 7～8 cm，具二、三个小分枝，其鲜重约为 1～2 g 的苗种。分劈的小枝，大者与小的分别放置于水桶中。每棵分枝都要用塑料毛刷进行洗刷，除去附着物，即可进行夹苗。

---

① 本文于 1982 年 9 月 10 日山东水产学会海藻专业学术讨论会上宣读过。

(2) 夹苗:苗绳选用180股合成的聚氯乙烯细绳。绳的长度,夹苗部分为2 m。绳捻要紧些,苗种经过数棵搭配称重,每80棵重100 g,夹于2 m苗绳上,每间隔2.5 cm夹苗一棵。但长度符合标准而重量不足1 g时,可以把长度相似的二小棵合为一簇作为一棵夹苗,夹苗时,苗的主枝要穿过苗绳,並夹过藻体长度的1/3以上,即要求夹住主枝及其一二个小分枝,以防脱苗。但也不要夹的过大而影响生长。

(3) 筏架与苗绳的布置:石花菜养殖的筏架为了便于间养,可以利用海带筏。每行筏长60 m,每二行筏用4 m长细竹竿相连。竹竿与竹竿之间为2 m,形成一台大双架。苗绳就绑在竹竿之间,苗绳距离40 cm,即每二根竹竿之间养5根苗绳。

(4) 产量的计算:根据预定养殖天数、温度、附着物状况等条件决定收获。在养殖试验中,其他目的的试验材料也并行排列,尽量做到类似生产的形式。收获时,从中依次挨着取10绳石花菜进行称重。称重时,苗绳放入网袋中甩去过多附着水,然后称每绳的重量。产量按鲜重计。

(二) 实验的经过

实验Ⅰ:春茬养殖,养殖期为4月23日至7月2日,共70天。这期间的温度范围为10℃~21℃,温度变化为上升过程。从5月下旬水温16℃到6月中旬水温18℃的时期,遇到钩虾(如*Ampithoe* sp.等)、海藻虫(*Caprella* sp.)等移动性动物群为害,海藻虫多时往往呈大群爬于藻体枝部的顶端,以致看不到石花菜的颜色。而钩虾则大量咬食石花菜的生长点及其小嫩枝,并在枝丛中间利用沉淀浮泥做窝居于其中。我们采用含氨成分的化肥,以1%浓度的海水溶液,于6月间先后药杀2次,防除了虫害。春茬的杂藻只有硅藻和少量的黏膜藻(*Leathesia*)附着,由于黏膜藻的数量不多,而且柔软脆嫩,容易除去,对石花菜的生长不形成太大的危害。当出现动物性附着物(固着性动物群时),即到了春茬的收获时期。

实验Ⅱ:秋茬养殖,养殖期为9月30日至12月3日,共63天。这时间的温度范围为22℃~10℃,温度变化为下降过程。多数动物性附着生物停止繁殖,只有薮枝虫(*Obelia* sp)仍在繁殖生长,我们还没找到一种办法,能全部排除薮枝虫的附着,所以一定程度上受到危害:影响石花菜的产量和外观质量。但基本未见有杂藻的附着。

实验Ⅰ、Ⅱ于试验期间,除了作一般观察、调整苗绳浮子的浮力外,不进行洗刷附着物或补苗等管理工作。

二、结果

实验Ⅰ,春茬养成:春茬石花菜于7月2日收获。养殖期为70天。从实验的苗绳中顺次选10绳,称其重量,计算棵数,算出平均棵重和日增重,总结出增产比例,见表1。

表1 石花菜春茬养成的增产效果(1981.4.23~7.2) 鲜重:g

放养				收获					
绳	棵数	重量	平均棵重	棵数	重量	增重	平均日增重	平均棵重	平均棵日增重
1	80	100	1.25	79	1040	940	13.42	13.16	0.170
2	80	100	1.25	80	1000	900	12.85	12.50	0.160
3	80	100	1.25	77	1080	980	14.00	14.02	0.182
4	80	100	1.25	76	1130	1030	14.71	14.86	0.194
5	80	100	1.25	79	1050	950	13.5	13.29	0.172
6	80	100	1.25	69	965	865	12.35	13.98	0.181
7	80	100	1.25	74	920	820	11.71	12.43	0.159
8	80	100	1.25	75	995	825	12.78	13.25	0.171
9	80	100	1.25	70	995	895	12.78	14.21	0.185
10	80	100	1.25	79	855	755	0.78	10.82	0.136
合计	800	1000	12.5	758	10030	9030	128.95	132.1	1.710
平均	80	100	1.25	75.8	1003	903	12.89	13.2	0.171

从表1我们可以得到以下几点结论:

1. 春茬养成方法掉苗很少,约为5.25%,与海带夹苗的掉苗率近似,有实践意义。

2. 实验的800棵苗种,共重1 kg,养殖70天达到10 kg多,增长9倍,产品符合加工琼胶的要求,说明其有生产价值。

3. 实验的苗种每绳80棵,重100 g,平均棵重1.25 g,养成后达到平均棵重13.2 g,比青岛夏季裸潜采捞的石花菜(平均棵重5 g)高2.5倍,说明人工养成的产品,达到商品中的一级品标准。

4. 苗绳每绳100 g重,根据试验,平均日增重12.89 g,即平均每7~8天即增重 100 g 的速度增长。因而养殖期是十分珍贵的，必须在养殖方法上严加要求。以便保证石花菜的高速生长，而取得高产。

实验Ⅱ，秋茬养成：秋茬于 12 月 3 日收获，养殖期为 63 天，秋茬因为受到薮枝虫附着，既影响石花菜的生长，又不便于计算石花菜实际增长状况。因此，称鲜重后，即行全部晒干。薮枝虫干后甚脆，可以粉碎除掉。分别称石花菜干重和薮枝虫的干重，再把石花菜换算成鲜重，见表 2。

表 2　石花菜秋茬养成的增产效果(1981. 9. 30～12. 3)　　鲜重：g

放养				收获					
绳	棵数	重量	平均棵重	棵数	重量	增重	平均日增重	平均棵重	平均棵日增重
1	80	100	1.25	75	754	654	10.38	10.05	0.139
2	80	100	1.25	75	801	701	11.12	10.68	0.149
3	80	100	1.25	74	762	662	10.50	10.21	0.142
4	80	100	1.25	64	781	681	10.80	12.20	0.173
5	80	100	1.25	75	541	441	7.00	7.21	0.094
6	80	100	1.25	74	569	469	7.44	7.68	0.102
7	80	100	1.25	77	493	393	6.23	6.40	0.081
8	80	100	1.25	7	659	559	8.07	8.55	8.115
9	80	100	1.25	76	582	482	7.65	7.65	0.101
10	80	100	1.25	79	605	505	8.01	1.65	0.101
合计	800	1000	12.5	746	6547	5547	88.06	88.36	1.197
平均	80	100	1.25	74.6	654	554.7	8.8	8.83	0.119

从表 2 的结果，显然可以看出，秋茬不如春茬生长得好，但也可以得出类似表 1 的几点结论：

1. 秋茬养成的掉苗率较高，约为 6.75%，比春差的掉苗率稍高，但可以认为是正常的。

2. 实验用苗种 800 棵，重量 1 kg，养殖 63 天，达到 6.5 kg，增长 5.5 倍，且产品符合琼胶加工的要求。

3. 实验的苗种每绳夹苗 80 棵，重 100 g，平均棵重 1.25 g，养成后达到平均棵重 8.1 g，为裸潜采捞(平均棵重量 5 g)的 1.6 倍，达到商品优等级别。

4. 苗种每绳 80 棵，100 g 重，平均日增重 18 g，即平均每 11～12 天增重

100 g 的速度进行生长。

综合表 1、表 2 的结果可以看出,春茬和秋茬都具有生长快,达到商品要求的标准。但明显的差异在于秋茬的产量低于春茬。造成这个差异的原因有四点,一是秋茬有薮枝虫附着,影响石花菜的生长。二是秋茬掉苗率比春茬多 1.5%,三是秋茬养殖期比春茬少 7 天。四是温度,春茬期间,18℃～20℃为时 1 个月,13℃～17℃为 1 个月;而秋茬期间则温度偏低,16℃～20℃为时 1 个月,11℃～14℃为 1 个月。显而易见,秋茬养成期间的温度明显的低于春茬,影响到石花菜的生长速度。

三、讨论

1. 实验证明筏式养成石花菜可以增产。春茬养成的石花菜,其苗种重量的增长比例为 1∶10,秋茬菜的增产比例为 1∶6.5,全年二茬,合共可增产 14 倍,二茬平均增产比为 18∶25。产品符合商品和加工要求。但是这种养殖方法和增产结果是否符合经济效益,这是考核这种方法的实践价值和标准。

(1) 面积和产量的计算:计算养殖的面积有两种方法,一种是筏式养殖筏间的作业区也是养殖必须透光的营养面积(如垂养或者深水平养),这一类如海带筏式养殖面积的计算法。另一种是以实际养殖水面为计算单位,而作业区不计,这一类如网箱式的养殖面积或体积的计算法。石花菜的养成我们采用放养面积计算。

用于实验所用养殖筏是利用海带的养殖筏,筏长 60 m,浅间行距为 5 m,用 4 m 竹竿把二行连接成为一双行,苗种平养于双行之间。一双行养殖面积为 60 m×4 m(240 m^2),苗绳间距 0.4 m,每一行挂苗绳 300 根。2.775 双行为一亩,每亩养殖筏挂苗绳 832 根。

春茬平均每绳产量为 1.003 kg,合亩产 832 kg;秋茬平均每绳产量为 0.654 kg,合亩产 544 kg,合共全年亩产 1.378 kg(鲜),约折合干菜 400 kg (3.3:1 为 417 kg,3.5:1 为 393 kg)。

(2) 成本计算:支出方面,分为材料费、苗种费、人工费及管理费四个方面。其中材料费的计算,是按单养石花菜使用的器材规格,包括养殖筏的浮梗、浮漂、竹竿、苗绳、缆浥、橛等,折旧后计算,大约每亩需 250 元。苗种费,以二斤菜选出一斤作为苗种,挨每根苗绳 80～100 棵,重量 100 g 的苗种,约值 0.3 元,每年二茬约需 500 元。人工费,按每人管理二亩,年资按 1000 元计,平均每亩500元。另外，尚有选苗、夹苗费，平均每绳按0.3元计，每亩也需500元，合共人工费1000元。管理费平均每亩分摊300元。以上四个方面的支出(即成本费)，总计平均每亩共需2050元。

收入方面，按每亩年产400 kg干菜计，根据青岛海洋渔业公司水产品加工厂的要求，按质论价，可以每千克6元收购①，则每亩产值(收入)2400元。收入减去支出，每亩可以获利350元。

以上是按单养并按专业经营石花菜养殖来计算的，且已达到了较高的经济效益。如果这项事业是由公社来经营，则每亩人工费即可收入1000元，加上纯利，每亩可以收入1350元，这个收入数与青岛市农业经济作物种植业比较，以1980年的花生为例，平均每亩收获120 kg，若超额交售按议价(每千克1.06元)计算，才得127.2元的收入由此可见，大约10亩花生田的收入，才能相当于一亩石花菜的收入，如果与其他海藻或贝类实行筏式间养，成本还可进一步降低，因而石花菜的养成，从经济效果来看是大有可为的一项海水养殖业。

2. 筏式养成石花菜的试验，经过经济核算，它的实用价值是应予以肯定的，但是还存在一些问题例如苗种问题和敌害问题等，都有待于今后进一步研究。

(1) 苗种：试验期间，在采捞天然苗种时，发现天气和海况经常影响工作，不能保证按分苗时间完成夹苗放养工作。这里有两个问题，一是石花菜资源有限，不能满足需要，甚至养的地区不生长石花菜，因此，必须建立苗种基地，加大密度便于采捞。二是受天气、水温的限制，不能潜水采捞，必须研究新的采捞方法。如可以通过人工设置适宜的生长基，使用长柄耙、拖曳耙等，提高采捞的效果。从多方面增加苗种的来源。当然，彻底解决苗种问题，尚有待于研究新的技术。

(2) 敌害：石花菜的敌害，主要是动物性的。一是咬食害虫，一是附着害虫。

1) 咬食害虫：主要为钩虾。钩虾少时，可以不必注意，但繁殖多时，必须予以消灭，否则，它们将石花菜生长点咬坏，严重影响生长。我们在春茬养成

① 暂定价，以便计算收入。以往无人工养殖石花菜，故无政府批准价。根据青岛市农业局供给资料(1981)。

临近收获时,曾药杀二次。此外,在此期间,还有另一种敌害一海藻虫,它们占据石花菜枝的顶端,密集群栖,影响石花菜受光。所以在药杀钩虾的同时,将海藻虫一起消灭掉。

2)附着虫害:主要为薮枝虫,对这种敌害的大量繁殖,只发现于胶州湾口内外,其他海区则较少。至于对其进行防除研究的实际意义,目前尚难肯定。采用药杀,特别在早期尚未长成分枝硬壳以前,可能达到预防目的,这个问题有待于今后在实践中进一步观察。

3. 筏式养成的意义:

(1)石花菜筏式养成成功,是石花菜全人工养殖中的一个阶段性的突破,解决了我国从50年代以来不断试验研究的课题。这种养成法设备简单,方法易于掌握,特别容易被海带养殖业所接受,适合我国的经济现状和技术水平。尤其与海带、扇贝、贻贝等养殖业相结合,进行多品种间养,可以大大降低成本,为我国海藻养殖业增添了新的种类,为海藻养殖学的养殖技术原理,增添了新的内容。

(2)石花菜生长和养殖的低适温为8℃～20℃,这个温度范围,在我国南北沿海有广大地区具有这样的条件,不仅北方的黄、渤海和东海沿岸一带海区,甚至南海北部海区也具有这种条件。特别是采用筏养方式,更符合我国沿海特点,因而石花菜筏式养成技术易于在我国沿海大面积推广应用。

(3)我国琼胶工业大约每年需要原料海藻1000 t,而实际只能满足此数的1/3到一半。从国外市场来看,近十几年来,制作琼胶的原料海藻,特别是石花菜,其产量正急剧下降。以消费琼胶最多的日本来说,平均每年必需琼胶2000 t,而它的石花菜产量1967年为,8672 t,到1976年则下降到3500 t,1976年又下降到2000 t。据1970～1976年的统计资料,日本从国外进口制胶藻类原料,平均每年7484 t[①],这个数字越来越不能得到保证。由此可以明显地看出,国内外都急需解决琼胶原料海藻的生产问题,如果按试验产量400 kg推算,养殖2.5亩即可生产一吨干菜,要取得8500 t原料,大约养殖21250亩,即可满足我国和日本对制作琼胶原料的需要,显现出筏式养殖的优越性,这是海底养殖无论如何也不能解决的。因此,筏式养成石花菜对发展琼胶工业,扩大

① 日本三井物产株式会社资料(1977)

水产品出口，换取更多外汇，为沿海渔业社队开辟一条新的门路，增添就业人数，提高社队和渔民收入，以及巩固渔业经济，均具有多方面的重要意义，是很有发展前途的一项海养事业。

四、结语

1. 石花菜的筏式养殖方法，在目前一年可以养殖二茬，春茬增产 900%，秋茬增产 554%，通过试验推算，亩产可以达到 1378 kg，折合 400 kg 干菜，符合经济条件。在纯收入方面，养殖一亩石花菜，可以相当于 1980 年青岛地区 10 亩年产 125 kg 花生的农田收入，因此它的实用价值是可以肯定的。

2. 筏式养成方法，使广大不生长石花菜的海区，可以养殖石花菜。它的优点在于养殖期短（65～70 天），生长快（5.5～9 倍），而且产品质量符合加工琼胶的要求，保持原有成分不变，它是一项产值高，收效快的海养事业。

3. 筏式养成的秋茬，可以在海带放养前的筏上收获一茬，不影响海带的生长，适合于同海带间养。春茬和秋茬都可以与筏养贝类同时间养，从而大大降低成本，这将更有利于石花菜养殖事业的发展。

上：分苗时的苗种（100 g）；下：收获时生长的情况（1003 g）

图版Ⅰ　春茬筏式养成的石花菜（1981.4.23～7.3）

上:分苗时的苗种(100 g);下:收获时生长的情况(654 g)

图版Ⅰ 秋茬筏式养成的石花菜(1981.9.30～12.3)

参考文献

[1] 李宏基.石花菜的人工养殖研究与存在的问题.海洋科学,1982,3.

[2] 李宏基,等.温度与水层对石花菜生长的影响[未刊稿].1979.

[3] 李宏基,等.石花菜分枝筏养的养殖期研究[未刊稿].1980.

[4] 李宏基,等.几种养殖因素对石花菜附着物的影响[未刊稿].1981.

合作者:李庆扬　庄保玉

(海水养殖.1982,1:1-8)

养殖方法对筏养石花菜附着物的影响

附着物是海藻养殖中难以解决的问题。1909 年，日本的冈村在“浅草海苔”一书中就有附着硅藻、藤壶等危害紫菜的阐述[8]。迄今紫菜养殖已有长足进步，但是采壳孢子的网帘下海后，往往遇到杂藻的附着，除了采取暴晒网帘以外也没有其他有效的方法[3]。海带筏式人工养殖中的秋苗培育，也受到大量杂藻的危害，而只能用人力去拔除[5]。这些附着生物与紫菜、海带争夺生长基而影响其幼苗的发生生长。海带夏苗的培育及巨藻(*Macrocystis*)等的育苗，硅藻的繁殖也是很猖獗的[4,9]。硅藻不仅占据生长基，而且向海带的配子体及幼苗上附着生长，以上所述的杂藻均属附生藻类(Epiphyte)，消灭这些杂藻的方法，国内外仍是依靠人力清除或水流冲洗[9]。我们在研究筏养石花菜方法时，也同样遇到了附着物的问题，严重影响石花菜的生长。

根据对石花菜养殖期的研究，春季海水温度在 10℃以上的时期，有大量硅藻附着于石花菜藻体上繁殖。水温超过 20℃以上时，又有大量动物繁殖。秋季水温下降到 20℃时，仍有少数动植物还在繁殖[1]。因次，春秋二季附着生物虽然较少，但仍受其害。如果不解决附着生物的问题，也就不能有效地进行生产。

作为海上生产，当然不能依靠人力洗刷清除，那么如何解决这一问题？由于其他试验的需要，我们曾研究过附着生物与生长基质的关系。我们认为附着生物对生长基质有较广的适应性，但也有选择性①。因此，石花菜作为附着生物的一种生长基质来说，只能适合于某些种类，而这些附着生物的发生生长和繁殖，对环境条件有一定的要求，因为不同生物种类对不同环境条件的适应能力不同。同一理由，不同养殖方法形成不同的环境条件，又对附着生物产生不同的影响。因此，养殖方法可成为环境发生变化的一种因素。这种不同程

① 根据李宏基未发表资料(1961)。

度的因素对附着生物的附着产生不同的影响。我们根据这一原理，从中找出了减少、限制甚至防除附着生物的方法，为筏式养殖石花菜技术和理论奠定基础。

一、试验材料与方法

利用养殖方法中的四个基本因素，即苗种、密度、水层、放养期之间的不同关系，观察附着物与石花菜生长的关系。

1. 试验材料：采自青岛团岛湾大黑栏海区自然繁殖的石花菜（*Gelidium amansii* Lamx），选择生长正常，具有生长点，藻体健壮，无附着生物的植株，逐棵用塑料刷子清洗干净，然后分劈成一定长度和一定鲜重量的小枝为苗种，夹入长 2 米的苗绳，夹苗的数量及密度等，根据试验的要求进行。

2. 试验筏及养成法：试验筏子为海带养殖筏，每 2 行间用 4 m 长竹竿相连接，撑成长方形的一双行，其间每距 2 m 绑一根竹竿，每二根苗绳相连成 4 m 苗绳，二端与竹竿平行绑在浮绠上。苗绳距 40 cm，苗绳中部加浮子。除了 9 月 10 日放养试验的曾遇到钩虾及海藻虫大量繁殖进行药杀清除外，试验期间不作其他处理。

3. 附着生物与石花菜产量的计算：石花菜藻体上附着的杂藻计量时，把苗绳从海上取回实验室，在水池内逐棵拔下附着在石花菜体上的杂藻，然后包在纱布内压去多余水，直接称鲜重。附着动物粘着于石花菜上，计重时分为两种方法。

（1）以石花菜的棵数计量的，把害虫逐个用镊子取下，泡在有海水的玻璃器皿中，再用滤纸滤出附着物称重，同时也称石花菜的重量。

（2）以绳计量的，称鲜重后晒干，然后将害虫打成粉末，称其干重量，再称石花菜干重，最后按鲜干比换算成各自的鲜重量。

4. 试验的内容：

（1）苗种大小：以重量为单位表示。棵重分为：0.5 g、1.0 g、2.0 g 三种，经过（1981 年 9 月 10 日、10 月 8 日及 10 月 13 日）三次重复。

（2）夹苗密度：以棵距大小（cm）表示。分 2.0 cm、2.5 cm、3.3 cm 三种，即 2 m 苗绳夹苗 100 棵、80 棵、60 棵三种密度进行试验，为了观察密度对附着生物的影响，同时又以不同大小苗种进行养成比较。

（3）不同水层：水层分为三种，即 0～0.2 m，0.3～0.6 m 和 0.6～1.0 m。

在同一个时期(9 月 30 日～11 月 14 日)进行试验。

不同放养时期:1981 年 9 月 10 日、9 月 30 日、10 月 8 日、10 月 13 日四批放养试验。这四批放养时期又作同时期的三次比较观察。

为了与以上试验比较,从开始我们就在同一筏上,紧挨着以上的试验又设计一种自动摩擦方法的养成试验,使用的苗种、密度和水层都与对照相同。经过 9 月 10 日、9 月 30 日和 12 月 8 日重复三次,了解摩擦对不同时期附着生物的影响。

二、结果

(一) 苗种大小与附着物的关系

1. 苗种大小与杂藻的附着量:当养殖期过早、或遇到适于杂藻繁殖的条件时,石花菜藻体上长满杂藻,但杂藻的附着量与苗种的大小有密切的关系,如表 1 所示。

表 1　石花菜苗种大小与杂藻的附着量　　单位:g(鲜重)

Ⅰ(1981.9.10～10.13)

杂藻＼苗种	0.5	1.0	2.0	备注
平均绳 平均棵	224 2.80	136 1.70	81 1.01	每绳 80 棵苗种

Ⅱ(10.8～11.9)

杂藻＼苗种	0.5	1.0	2.0	备注
平均绳 平均棵	257.5 2.57	137.5 1.37	25.0 0.25	每绳 100 棵苗种

从表 1 中可以看出,不论在 9 月 10 日分苗养成者或 10 月 3 日分苗养成的,都是苗种小的附着杂藻多,苗种大的,附着杂藻少。即苗种的大小与杂藻的附着量成负相关。由此可见分苗放养时,用大苗可以减少附着藻类的附着。因此,把石花菜放养于最适宜的条件下,使其迅速生长,就越来越会减少杂藻的附着。

2. 苗种大小与三胞苔虫的附着量:动物性附着物与石花菜苗种大小亦有关系。根据 10 月 13 日放养的不同大小苗种,附着的主要害虫为苔藓虫类的三胞苔虫(*Tirceltaria* sp.),其数量关系如表 2。

表 2　不同大小苗种与三胞苔虫的附着量(10.13～12.7)　　单位:g(鲜重)

苗种	石花菜		三胞苔虫		
	平均绳	平均棵重	平均绳	平均 1 棵	平均 1 g 菜
0.5	14.40	2.1	70.8	1.0	0.5
1.0	431.5	5.6	93.0	1.2	0.2
2.0	597.0	7.6	142.9	1.8	0.2

从表 2 中可以看出,三胞苔虫的附着量与苗种的大小有明显关系,即小的苗种附着量少,大的苗种附着量多。这一点在平均每绳上取下的附着物和平均每棵所分摊的数量都是一致的。但大的苗种重量大,小的苗种棵重量小,故按每克鲜菜上分摊的三胞苔虫数量则是小的苗种分摊的多,而大的苗种,平均于 1 克鲜菜上分摊的数量少。

(二) 苗种密度与附着物的关系

1. 夹苗密度与杂藻的附着量:从表 1 中可以看出,小的苗种杂藻附着量多,大的苗种杂藻附着量少。这一结果是用棵数相同,即棵距相同而苗种的大小不同而取得的。

苗种的大小以重量而论,相互之间差 1～4 倍,显然棵数相同,占有的空间不同,形成实际密度就不同,即大的苗种密度大,小的苗种密度小。这样就形成密度大的杂藻少,密度小的杂藻多。出现二重因素一致的关系。密度究竟是否影响杂藻的附着,经过采取不同大小苗种、夹苗密度不同的试验,其结果如表 3。

表 3　不同夹苗密度与杂藻附着量(1981.9.10～10.14)　　单位:g(鲜重)

附着杂藻＼密度	棵距 2.5 cm(80 棵 100 g,平均 1.25 g)	棵距 2.0 cm(100 棵 100 g,平均 1 g)
平均每绳	150	75
平均每棵	1.87	0.75
比　　较	249	100

表 3 表明:棵距 2.5 cm 的苗种,平均棵重 1.25 g,棵距 2 cm 的苗种,平均棵重 1 g,即密度稀的(2.5 cm 苗距)用的苗种较大,密度密的(2 cm 苗距)用的苗种较小。按苗种大小而论应如表 1 的结果:大的苗种杂藻附着少,小的苗种杂藻附着量多。但是由于密度的变化结果相反,棵重小的 1 g 苗种,因为棵距

小杂藻附着量少。由此可以得出结论,1 g 以上的苗种,密度对杂藻的附着起到主要的影响。

2. 夹苗密度与三胞苔虫附着的关系:石花菜夹苗密度与三胞苔虫附着的关系如表 4。

表 4　夹苗密度与三胞苔虫的附着量(10.8～12.7)　　单位:g(鲜重)

每绳棵数	石花菜		三胞苔虫		
	平均棵距(cm)	平均绳重	每绳重	平均棵附着	平均每克菜附着
60	3.3	341.25	61.8	1.0	0.2
80	2.5	462.75	82.1	1.0	0.2
100	2.0	494.25	124.9	1.3	0.3

表 4 的结果说明:苗距小的,即苗种密度大的三胞苔虫附着量多;苗距大的,即密度小的附着量少。从平均每棵石花菜藻体积平均每克重的石花菜上附着的三胞苔虫,均表明了密度大的附着的三胞苔虫多。这是由于三胞苔虫多附着于石花菜的主枝部分,密度大,苗种的棵数多,主枝也多,即附着基多的原因。

(三) 水层与附着物的关系

石花菜的生长与水层的关系:我们的研究证明,生长与水深成负相关,即水层越深石花菜生长越慢[2]。在筏养条件下石花菜藻体上发生许多附着物,而在自然分布的深水中,则附着物很少。浮游生物在水中的垂直分布是不同的,并随时期、昼夜而不同,因此附着物是否与水层有关?经过分别于海面 0～0.1 m,0.3～0.6 m、0.6～0.9 m 三个水层养殖试验其结果如表 5。

表 5　不同水层对石花菜和附着物的影响(9.30～11.14) 单位:克(干)/(绳・米(水层))

重量＼水层	0～0.1	0.3～0.6	0.6～0.9
石花菜	162.5	82.1	60.9
比较	100	50.5	37.4
附着物	54.1	86.4	81.0
比较	100	159.7	149.7

(附着物主要为三胞苔虫及海藻虫无杂藻)

从表 5 中可以看出，石花菜的产量确实与水深成负相关。水深 0.3～0.6 m 的苗绳与海面养殖的苗绳比较，二者明显不同，不仅藻体大小方面表现出海面长得大，而且色泽红，深水的藻体较小色泽发黄。由于水层不同，附着生物的状况也不同。海面浅水的附着生物只占石花菜与附着物二者总重量的 25%。中间水层约占二者总量的 51%。深水层则约占总量的 57%。从附着生物的种类来看，海面养成的为三胞苔虫和海藻虫，大约各占一半。中间水层的，主要为三胞苔虫、海藻虫较少。而深水层则基本全为三胞苔虫。由于海藻虫只暂时栖于石花菜藻体上，如果经过驱除不作为一种附着生物看待，附着生活的三胞苔虫与水层也有明显关系，即使在 1 米以内不同水层中进行养殖，三胞苔虫的附着量也是海面少，深水多。

(四) 放养时期与附着物的关系

1. 不同放养时期的附着生物的种类及数量变化：随时期不同水温发生变化，因而影响营附着生活的海洋动植物的附着。根据采用 1 g 大小的苗种，海面 0～0.1 m 水层，棵距 2.5 cm 的密度进行养殖，在不同时期观察的结果如表 6(Ⅰ～Ⅲ)。

表 6 不同时期放养石花菜的附着物变化

Ⅰ(1981.11.1)

附着物 \ 放养日	9.10	9.30	10.8	10.13
胞苔虫	+++	++	±	—
多管藻	+++	+	±	—
群体硅藻	±	±	—	—
浒　苔	+	—	—	—

Ⅱ(11.16)

附着物 \ 放养日	9.10	9.30	10.8	10.13
三胞苔虫	++++	++++	++	+
多管藻	+	+	±	±
群体硅藻	±	±	±	±
浒　苔	++	—	—	—

Ⅲ(12.5)

附着物 \ 放养日	9.10	9.30	10.8	10.13
三胞苔虫	++++	+++	++	+
多管藻	—	—	—	—
群体硅藻	—	—	—	—
浒　苔	—	—	—	—

通过表 6(Ⅰ)可以看出:9 月 10 日放养的,附着生物种类多,数量亦多。9 月 30 日放养的,种类少,数量亦少。10 月 13 日放养的则无任何附着生物。这些附着生物随养殖期的延迟发生明显的变化。如表 6(Ⅱ)于 10 月 13 日放养的,有的出现三胞苔虫,有的出现一定量的多管藻(*Polysiphonia*),而 9 月 10 日放养的,三胞苔虫继续增加,而多管藻却大大减少。到 12 月 5 日,除了三胞苔虫外,其他杂藻基本不见了。因此表 6,可以概括为三点:第一,放养期与附着生物的种类数量的关系为:早放养附着生物多,晚放养附着生物少。第二,同一放养期的附着物种类在养殖期中是变化的,有的增多,有的减少。第三,不论放养早晚三胞苔虫均有附着,但时期越晚数量越少。

2. 不同放养时期三胞苔虫的附着量与石花菜的生长关系:

三胞苔虫的附着量于表 6 中已明了,基本随养殖期的推迟而减少,但看不出对石花菜的影响。我们于 12 月 5 日从不同放养期的苗种中,从绳的中间部,任意连采 5 棵相邻的石花菜,经过杀死钩虾及海藻虫并洗去浮泥后,此时只剩下三胞苔虫一种附着物,最后逐个用镊子取下,称石花菜及三胞苔虫的鲜重,算出各占的比例数。

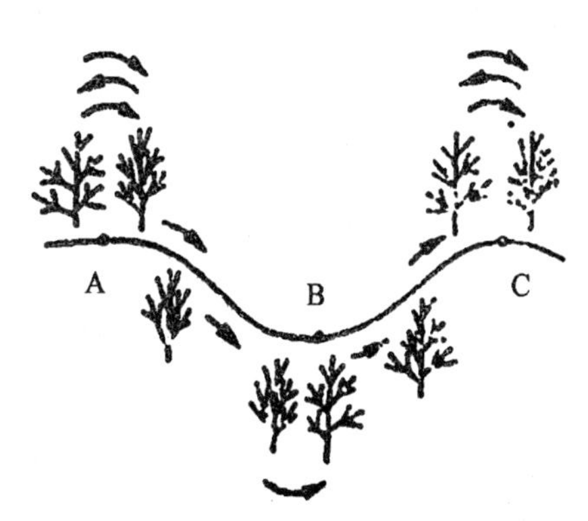

苗绳上的一株石花菜在 A、B、C 间运动时,它的枝间之伸缩运动状况。于 A、B、C 三处出现的伸缩次数与波浪力的大小、速度、时间等有关

图 一次波浪运动与一株石花菜枝间的运动

表 7 不同放养期对石花菜与三胞苔虫的影响(1981) 单位:g(鲜)

重量 \ 放养	9.10	9.30	10.13
石花菜	32.0	46.0	25.5
平均棵重	6.4	9.2	5.1
三胞苔虫	15.5	10.2	3.9
平均每棵附着	3.1	2.04	0.78
比 较	397	261	100

表 7 可以看出二种情况,① 放养期不同,三胞苔虫的附着量不同,放养期早,三胞苔虫附着多,放养期晚,附着量少,放养期相差 15～20 天,而附着量则

相差2～3倍。② 放养期不同，石花菜重量的增长是不同的，并不以放养期早，生长期长而棵重量大。例如9月10日放养的平均棵重为6.4 g，晚放养20天(9月30日)的则为9.2 g。需要说明：9月10日放养者取样时，其中有一棵较小的，重采时，仍然遇到一棵较小的苗，称重后看出，即使不计这一小棵，平均棵重仍小于9月30日放养者。因此生长小的原因主要受附着生物的影响。10月13日的附着物虽少，但生长期太短，而且生长期的温度较低，所以石花菜生长较小。

三、讨论

1. 实验的结果说明放养时期、苗种、密度和水层对石花菜养殖可以起到遏制附着生物的作用。

为了说清楚这个问题我们将四个因素分为三类性质来叙述：

第一，养殖时期。放养时期不同就是养殖时的温度不同。表6说明越放养晚的石花菜，藻体上附着生物越少。显然，秋季里的时期越晚温度越低，动物繁殖的种类和数量越少。对附生藻类来说也是如此，温度越低，越接近温水性藻类的繁殖末期，而这种温度对冷水性藻类来说，尚不适于发生生长，因而从时期上可以避开许多动植物的繁殖和附着，这在养殖期的研究中已经作了解释[1]。

第二，水层。为什么水层起到防除作用？是否因为海面0～0.1 m水层比0.3～0.6 m水层中的附着生物少呢？不是的。这可以从表1～4得到证明。虽然附着生物的分布与水层有关，但在半米以内是一般风浪的混淆水层，生物分布未必有如此大的差异。但是可以从风浪的推动力量与水层的关系来解释表5的结果。

根据Gerstner的余摆线波理论，每一液体质点是沿着半径的圆弧运动，半径的大小随深度的增加而减小[6,7]。因此，海面的波浪摆动最大，随深度的增加，摆动逐渐变小。因此0～0.2 m水层与0.3～0.6 m水层，受风浪影响的程度不同。小的风浪也能动摇海面放养石花菜的小枝，而不能影响0.3～0.6 m水层。风浪大，海面放养者的枝间植株之间动摇也大，小枝之间与植株之间因为动摇而形成互相摩擦也大。由于附着生物的附生部位在主枝或老成部分的外部，以便接受更好的生活条件。当石花菜的小枝间与植株间受到波浪的冲动而形成摩擦时，对刚附着的生物来说，这种摩擦是被动的，极其频繁的(见图)。石花菜的藻体比较“坚韧”,可以把附生藻类柔软的藻体和怕摩擦的动物清除,同时也对未能清除的一些生物起到遏制生长的作用。

第三,既然海面经常有波浪推动石花菜枝间、株间的摩擦起到防除作用,为什么苗种大小也起到影响呢?这是因为大的苗种枝多、枝长,小的苗种枝短、枝少,在波浪的作用下,枝多互相摩擦多,枝长摇动大,摩擦的力量也大,枝少互相摩擦少,枝短动摇小,摩擦力小。因此,大苗种比小苗种附着生物少。

为什么夹苗密度也影响生物的附着呢?理由与苗种大小相同,株间的苗种,互相不发生摩擦或摩擦很小,合理密植的则摩擦较大,因而对附着生物的附着有着明显的影响。

总结四个因素对附着生物发生影响是三种性质所决定,一是利用温度和时期避开大部分附着生物的繁殖期;二是利用无偿的波浪为动力与石花菜“坚韧”的藻体自动摩擦防除附着生物;三是利用适宜大小的苗种和合理的密植加强摩擦作用。因此,这四个因素都对附着生物起到各自的限制作用。

2. 以上的分析,说明适宜的养殖方法能够发生摩擦作用,因而起到防除附着物的效果,但是另有证明吗?作者曾设计了与四个因素相同的摩擦法进行对比,经过三次(9月10日、9月30日,10月8日)不同放养期的观察,摩擦法养成的石花菜都相当干净,除了有三胞苔虫潜入石花菜枝间栖息外,没有任何附生藻类,猖獗的多管藻也不见踪迹。证明摩擦是防除附着生物的有效方法,间接说明养殖方法的各因素起到防除附生藻类的作用主要为摩擦原因。

摩擦法对动物性附着物是否能起到限制作用呢?回答也是肯定的,表5已证实海面三胞苔虫附生少,就是摩擦的作用,我们从摩擦法中可以进一步看到它的效果。

表8　摩擦法对石花菜和三胞苔虫的影响(1981)　　单位:克(鲜)/绳

方法	石花菜	比较	三胞苔虫	比较
摩擦法	839.2	145	336.0	69
海面法(对照)	578.4	100	842.4	100

我们从表8看到,在9月10日动植物繁殖都处于盛期,不仅防除了杂藻,而且对三胞苔虫的附着也减少31%,有利于石花菜的生长,虽然摩擦法在一定程度上也影响石花菜的生长,但仍然比对照增产45%。可见采用摩擦法可能直接应用于生产。它的原理对丰富养殖学有重要意义。

四、结论

1. 适宜放养时期，大苗种，合理密植和海面养成是养殖方法中的四个基本因素，可以限制或防除附生藻类向筏养石花菜的藻体上附着生长，对附着生活的海洋动物，也有较好的遏制作用。

2. 养殖方法起到限制或防除附着生物的作用，其动力是波浪。经常性的波浪运动，使石花菜的小枝之间、植株之间发生摩擦，形成自动洗刷，致使附着生物的生长受到相当的遏制。

参考文献

(1) 李宏基，李庆扬，庄保玉. 石花菜分枝筏养的养殖期研究. 海洋渔业，1985，(4).

(2) 李宏基，李庆扬，庄保玉. 温度和水层对石花菜生长的影响. 水产学报，1983，7(4).

(3) 中国科学院海洋研究所实验藻类生态组，藻类分类组. 条斑紫菜的人工养殖. 科学出版社，1978.

(4) 曾呈奎，孙国玉，吴超元. 海带幼苗低温度夏养殖试验. 植物学报，1955，4(3).

(5) 国营山东水产养殖场. 海带养殖工作报告(951～1953). 山东水产局，1955.

(6) 南京大学地理系自然地理教研组. 普通水文学. 人民教育出版社，1961.

(7) [苏]H. JI. 罗烈著(大连工学院水道及港口研究生). 海浪理论. 高教出版社，1956.

(8) 冈村金太郎. 浅草海苔. 博文馆，1909.

(9) J. S. Devimny and J. Leventhal. New methods for mass calture of Macroc-ystis pyrifera. Aquaculture, 1979, 17(3).

THE EFFECT OF RAFT CULTIVATION METHOD ON THE FOULING ORGANISM OF *GELIDIUM AMANSII* LAMX.

Li Hongji　Li Qingyang and Zhuang Baoyu

(Shandong Mariculture Institute)

Abstract　There are four basic factors of raft cultivation, of Gelidium method. They are optimum culture period, longer young plants, rational close planting and culture under surface of sea water. Cultivation of Gelidium amansii is under this condition, results a decrease in fouling organisms.

Because of continuous wave movement of sea surface, it push the branches and plants of Gelidium swaying against each other and forming a natural washing for culture. Thus, the fouling organisms adhered to the plants become less and can not grow larger, while Gelidium grows very well.

合作者:李庆扬　庄保玉

(海洋湖沼通报. 1987,3:57-64)

石花菜的筏式施肥养殖试验

石花菜是一种广泛分布于我国北方沿海的经济海藻。它既生长于营养盐丰富的海区，也能呈大群落地分布于营养盐含量少的海区。因而人们认为石花菜是一种耐低氮的海藻。经过 1981～1983 年在黄渤海沿岸十几个点试养结果表明，秋季海洋中营养盐含量较高，石花菜生长良好，而同一海区的春季，营养盐含量较少，石花菜的颜色变淡，呈淡黄或黄绿色，藻体纤细，重量较轻，产量较低。

山东沿海海水营养盐的分布状况，除了几个营养盐含量较高的"肥水区"外，一般海区营养盐含量较低。肥水区域已布满海带养殖筏，如果不能广泛利用一般海区，石花菜的养殖生产将是有限的，特别春季广大海区将不能利用，为了解决石花菜在贫瘠海区的养殖，提高其产量，我们进行了施肥养殖试验，观察施肥量与施肥期对石花菜生长的影响，找出合理施肥方法。

一、试验的海区

对养殖海带来说，山东北部海区一般优于南部，以养殖石花菜而论则相反，一般南部优于北部[1]。南岸的胶南县琅琊湾即杨家洼——贡口——董家口沿岸一带海区，曾养殖海带一万余亩，平均亩产量不足一吨，由于产量低利润少，现仅剩下 3000 余亩，勉强维持。但这一海湾沿岸是石花菜的著名产区。群众对养殖石花菜有迫切要求，因此，我们选择这一海区进行试验。

琊琊湾是可以放养万余亩海带的大海湾。我们试验的位置在其西北部，是原养过海带而后被放弃的区域。干潮后水深 4～5 m。东南风或西南风时有涌浪出现，西北风，从陆上向湾口吹动，形成表层波浪。由于湾内水浅，水温变化受气温影响较大，但日水温差一般不超 2℃，为了避免和减少杂藻为害，选定的试验区距岸较远。

二、试验的方法

(一) 苗种

为 1982 年在薛家岛湾人工养成的秋茬石花菜,经过室内人工保种越冬,到了翌年 4 月放养时期,按养殖技术要求,每棵菜分劈成 7～8 cm 长,棵重 1 g 以上的植株为苗种。

(二) 养殖方法

采用养殖紫菜用的小双架子,每台筏由 4 根 2 m 长竹竿组成,竹竿之间距 2 m,平行排列,近竹竿之二端,各用一根浮梗与竹竿垂直绑成梯形筏。每根竹竿档的 2 m 间距平行绑 5 根石花菜苗绳,苗绳上绑施肥袋进行施肥养殖。每根苗绳的夹苗部分长 2 m,夹苗鲜重量为 100 g。

(三) 施肥方法

采用塑料袋(21 cm×10 cm)施肥法。袋内盛定量(61 g)硫酸铵化肥,然后将袋口用线绳扎紧,直接绑于夹苗绳的菜丛之中。施肥量按亩计算,平均分配于每亩放养 800 绳的每绳应该享有的肥料量,再以每个竹竿档的 5 绳为施肥单位,决定挂多少肥袋。肥袋不是平均挂于每根苗绳上,而是 5 绳中有的挂袋,有的不挂袋,并固定不变。苗绳上挂袋的数量 2～3 个,根据施肥要求而定。为了控制肥料的外渗,于袋的中部用针扎一小孔,使其逐渐扩散,在无风浪的条件下,肥料一般于一周内消耗完,因而每周更换肥袋一次,相当于每个袋平均每天施肥 8.7 g。

不同施肥量设置不同的施肥筏,筏子之间保持一定距离,以避免互相影响。不施肥的对照苗绳专设空白筏进行养殖。

(四) 试验的内容

1. 施肥量:施肥量分为两种,一种每亩施加 350 kg 硫酸铵的,另一种比前者的施肥量增加三倍,即 1050 kg 硫酸铵,观察施加大肥料量的结果。由于每亩石花菜放养 800 绳,所以施肥 350 kg 就相当于每个竹竿档的 5 根苗绳,每天施肥 35 g,即挂 4 个施肥袋。施肥 1050 kg 者,相同数量的苗绳应施肥 104 g,即挂 12 个施肥袋。

2. 施肥期:养殖试验的 70 天,分为早、中、晚三个时期,每期 21 天,三期共 63 天(4 月 23 日到 6 月 30 日)。施肥前后约 1 周时间不施肥。为了肯定肥期的结果，同时施两种肥量进行比较。三个施肥期中，我们都设置了施肥与不施肥来对比施肥的效果，因而各期之间可以互相比较。即分为：早期不施肥，中、晚期施肥组；中斯不施肥，早、晚期施肥组和晚期不施肥，早、中期施肥组。

两种施肥量分别为 466 kg 和 350 kg。由于施肥期仅为二期，三期中有一期不施肥，所以前者相当于每个竹竿档 5 根苗绳每天施肥 35 g，即挂 4 个肥袋，后者施肥 52 g，挂 6 个肥袋。

相同施肥量均在同一筏上施肥养殖，但有的有不施肥时期，不施肥时将这部分苗绳移挂于不施肥筏架上。这就形成：挂 4 袋、6 袋、12 袋及不挂袋共 4 种，故设 4 行架子。

(五) 测重

各种施肥量的不同施肥期及收获的结果，均按 5 绳的平均鲜重量表示。秤重时，先将肥袋解下，捺去藻体上的过多附着水，然后称重。每周换肥袋时同时测重。最后一次测重后，计每绳菜的棵数，晒干，再测干重量。

不同施肥期的结果为鲜重，施肥量的效果用鲜重和干重两个数字表示。

三、结果

(一) 施肥量与产量的关系

施肥对石花菜可以增产，国外 70 年代已有报导，但从其资料中可以看出，效果并不十分明显[6]。所以产生施肥效果究竟如何？有无经济效益？多施肥是否可以高产等一系列问题。据同一作者于 60 年代对石花菜的施肥培养研究中指出，施肥浓度过大还会产生药害作用[5]，因而大量施肥会不会出现药害问题等。根据我们试验的结果列成表 1，表示之。

表 1 施肥量与石花菜产量的关系(1983.4.21～7.4) 单位:g

产量 \ 亩肥量	1050000	350000	0(对照)
棵/绳	72	75	70
平均绳鲜重	795	715	515
平均绳干重	230	206	160
平均棵干重	3.19	2.75	2.29
折合亩干产	184000	164,800	128,000
比较(棵/亩)	139/144	120/128	100

以上提出的四个问题，我们从表 1 中可以看出其中的三个问题基本解决。

1. 亩施肥量 1050 kg 化肥者，平均绳产量 795 g（干产 230 g，折合亩产 184 kg），施 350 kg 肥者，平均绳产量 715 g（干产 206 g，折合亩产 164.8 kg），而不施肥者则为 515 g（干产 160 g，折合亩产 128 kg）。表明施肥成倍增加明显提高产量，多施肥可以高产。

2. 亩施肥 350 kg 者比不施肥者可以提高产量约 28%（干），亩施肥 1050 kg 者，而产量仅提高约 44%（干），表明肥料成倍增加而产量仅能相应有所提高。

3. 试验范围的施肥量，在采用袋施肥方法后未发现药害现象。证明即使亩施 1050 kg 的肥量，在实际养殖中不会达到药害程度。

（二）不同施肥期对产量的影响

合理施肥，包括合理施肥量和合理施肥时期，二者均极为重要。根据我们划分的早、中、晚三个时期进行施肥，其结果为表 2。

从表 2 中可以看出以下几种情况：

1. 从早、中、晚三个施肥期中比较施肥的效果，可以看出：每期中凡是不施肥的产量均较低。三期中均不施肥的对照 2，在每期中和最后的收获量均为最低。在每一施肥期中，施肥均可表现出增产，即施肥在每一施肥期都发生作用。

表 2　不同施肥期对石花菜产量的影响　　单位：克/平均绳

施肥法 \ 肥期 \ 肥量	350000				233000			
	早	中	晚	收获	早	中	晚	收获
早　中　0	397	845	860	750	392	730	740	620
早　0　晚	400	655	1000	1060	391	687	860	950
0　中　晚	352	775	910	900	362	720	860	850
早中晚（对照 1）	368	720	890	850	—	—	—	—
0 0 0（对照 2）	348	630	750	600	—	—	—	—

表中数字均为鲜重（包括绳及附着水重和掉苗）

2. 从三个施肥期最后的产量来看，两种施肥量的结果均以晚期不施肥产量最低。反之，凡是晚期施肥而不论早、中期施肥与否，其产量量均较高。例如,早晚期施肥,中期不施肥产量最高,中晚期次之。说明晚期施肥是决定产量的关键时期。

3. 施肥期间再划分为三个时期,其中二个时期施肥,一个时期不施肥者称为二期施肥,三个时期都施肥的称为三期施肥:相同施肥量(350 kg)二期施肥与三期施肥比较,除了晚期不施肥者外,二期施肥比三期施肥的产量高。这是由于 350 kg 肥量施于三期,每天相当于施肥 35 g,而集中施于二期,相当于每天施肥 52 g,增加肥量 50%而形成多施肥产量高的结果,这个数字要超出早期施加少量肥的效果。

四、讨论

(一) 石花菜施肥期的早、中二期以何期为更重要?

从表 2 可以看出,产量最高者为早晚期施肥,中期不施者。中晚期施肥,早期不施肥者次之,二种施肥量的结果基本一致,这是否说中期施肥不重要,早期施肥比中期重要呢?我们认为以上结果只能表示晚期施肥的重要性,早期与中期的关系不能这样引出结论。为此,我们把表 2 的资料整理成表 3 进行比较。

表 3 不同施肥期中施肥(233～350 kg)与不施肥的产量差 单位:kg

肥期	早	中	晚
施肥产量	368～400	720～845	860～1,000
不施肥产量	352～362	655～687	740～860
差	16～38	65～158	120～140
平　均	27	111	130

表 2 中表示的 8 种施肥结果,我们将其最高与最低的产量,按照早、中、晚三期分为施肥与不施肥进行排列组合。已如表 2 不同施肥时期的产量结果说明,即施肥者产量高,不施肥者产量低,二者之间的差即这一时期的施肥效果。表 3 中明显看出,早期施肥比早期不施肥的差数为 16～38,比中期、晚期的差数都小;中期的差数 65～158 为中等;晚期的 120～140 为最大。从平均数来看亦表示相同的规律。因此,中期施肥比早期更为重要。但从三个时期中的差的变数范围来看,晚期施肥最小,表示施肥效果普遍明显,很稳定,相互之间

差异不大。中期变异范围最大，表示施肥有的很明显，有的不很明显。早期施肥者处于中等，但接近于晚期，表示早期施肥虽然不很明显，但均有效，互相差异不大。

（二）施肥的经济效益问题

据报道，石花菜的海底施肥有经济效益[6]。在海面筏式养殖施肥有经济效益吗？这是施肥有无经济价值的关键问题。因而我们进行了简单的核算。由于多数养殖单位认为石花菜的筏养效果，如能达到 1.5 亩产 120 kg 干菜，收入 700 元以上即可盈利，所以，以此为标准，计算施肥增加的肥料费即可看出其效益。根据我们试验的结果，扩大为亩产量及亩施肥量进行核算，其结果如表 4。

表 4　每亩石花菜筏养施肥的经济效益　　单位：元

No	施肥量(kg)	施肥法	干产量(kg)	产 值	肥料费	比不施肥多收入
						～　平均
1	0	0 0 0	128	768	0	
2	233	早 0 晚	167	1002	65.24	169
3	233	0 中晚	164	984	65.24	150 } 147
4	350	早中晚	165	990	98.00	124
5	350	早 0 晚	199	1194	98.00	328 } 210
6	350	0 中晚	174	1044	98.00	178

注：1. 施肥为硫酸铵，每千克 0.28 元，未计施肥的其他费用。2. 干菜每千克按 6 元计算。

表 4 的结果说明：

（1）施肥养殖可以获利。例如，亩施肥 233 kg 者大约可比不施肥者多获利 147 元，亩施肥 350 kg 者可以比不施肥者多获利约 210 元。因此，施肥可额外比不施肥产值（768 元）增加 19%～27%。所以施肥养殖有明显的经济效益，是可行的，也是有实践意义的。

（2）每亩施肥 233 kg 比施 350 kg 的产量低，收入少，因而适当增加施肥量可以增产，而且也可以获得较高的经济利益。

（3）表 4 中 No.4 的施肥期为三期都施肥者，施肥量为 350 kg，但其产量与 No.2～3 的二期施肥施肥量 233 kg 者基本相同，比相同施肥量的 No.5～6 二期施肥者的产量均低，因此，二期施肥大大优于三期施肥。

（4）不施肥养殖石花菜的产值为 768 元，如果施加 350 kg 化肥（硫酸铵),产值超过 900 元,增加的产值已减去了肥料费,基本属于利润,因此,养殖石花菜必须施肥,其利润将超过当地 1982 年海带养殖生产平均每亩盈利 55 ~172 元[①]。

(三) 合理施肥量与施肥期问题

施肥技术包括施肥量、施肥期(时间及长短),施加方法,施加次数,人工数量,劳动强度,使用的设备等许多内容,除了应有一个有效的施加方法外,主要是施肥量和施肥期二项。假设我们的施加方法合理而有效,我们试验使用的施肥量及施肥期,以何种最为适宜?

1. 施肥量:表 1 中表示多施肥可以提高产量,但是产量却不能与施肥量一样的大幅度增加,因而就有经济效益问题,当然不合经济效益就是不合理。我们将表 1 和表 4 的结果整理成表 5,可以表示出这样的关系。

表 5　施肥量、产量与经济效益的关系　　单位:元

施肥量(kg)	产量(干)(kg)	产值	肥料费	比不施肥多收入
1050	184	1,104	294	42
350	165	990	98	124
0(对照)	128	768	0	—

表 5 的结果说明,尽管施加 1050 kg 肥料可以继续提高产量,但增产值有限,付了肥料费以后,从经济效益上看则寥寥无几,远不如施加 350 kg 肥者。从表 4 看,也以施 350 kg 肥者较为有利,因此,施 350 kg 硫酸铵者较为合理。

2. 施肥期:表 2~3 的不同施肥期中施肥与不施肥比较,中及晚期施肥最为重要,早期施肥效果甚微。如果早期施肥不重要,为什么早晚期施肥中期不施肥组的产量最高?比中晚期施肥早期不施肥组高?按上述理由分析,应该以中晚期施肥组产量最高,但事实并不支持这样的结论。那么,为什么早晚期组会赶上中晚期组呢?我们认为:中期已进入 5 月中以后,石花菜已具备快速生长的光、温条件,此时不施肥者,由于营养形成限制石花菜生长的因素,一旦满足了这一因素,它就会更快地进行生长。这样的事例在海藻养殖中是常常可以遇见的。如海带[3]、紫菜[4]等均有类似的情况。此外,我们还认为,早晚

① 根据胶南县泊里公社海带养殖场,琅琊公社海带养殖场供给资料(1983)。

期施肥组的产量即使数字不偏高，不比中晚期施肥组高，它的产量高还有另外的原因。早期施肥因为温度低，限制石花菜的生长[2]，致使早期生长数比不施肥的差距不大，但施肥者具有一个良好的生长基础，如再生芽枝凸出的数量多，比较粗壮等，当遇到良好的条件后，再生力得以发挥，表现出早期施肥的优越性。

3. 究竟怎样选择施肥量与施肥期？

我们综合以上的论述，提出以下的施肥技术：

(1) 二期施肥是省工、省料效果好的方法；

(2) 施 350 kg 肥量，以早晚期施肥组可以作为基本的施肥量和施肥期；

(3) 由于早期施肥温度低，即便多施肥，也难提高产量，因而应减少施肥量，例如采用亩施肥 233 kg 的二期施肥的施肥量为宜。晚期施肥的时间可稍提前，将早期节约的肥料施于晚期，这将进一步发挥施肥的效果。

五、结论

1. 黄、渤海的一般海区养殖石花菜的产量低，施肥可以增产，多施肥可以获得高产。

2. 施肥养殖期间，划分为早、中、晚三个时期，各期中施肥均可看出肥效。对产量来说，晚期是决定性的时期，最为重要。中期次之，早期又次之。

3. 相同的施肥量(为 350 kg)，平均施于三个时期，其效果不如集中施于早晚或中晚二期中，二期施肥节约人、物力。

4. 不施肥的对照说明：只要养殖技术得法，全年养殖一茬石花菜即可获得 128 kg 的产量和 768 元的产值收入。这个产值数比 1982 年当地海带平均每亩产值 500～700 元高约百元。如果每亩施加 350 kg 硫酸铵，减去肥料费，比不施肥者多收入 210 元，施 233 kg 硫酸铵者比不施肥的多收入 147 元。因此，施肥养殖石花菜有实践价值。

参考文献

[1] 李宏基，李庆扬. 山东沿岸石花菜的分布. 海水养殖，1983，(1).

[2] 李宏基，李庆扬，庄保玉. 温度和水层对石花菜生长的影响. 水产学

报,1983,7(4).

[3] 李宏基,宋崇德.海带筏间养殖裙带菜的试验.水产学报,1966,3(2).

[4] 牟永庆,谢连庆.紫菜回转式淋水育苗试验.山东水产学会会刊,1980,(3).

[5] 山田信夫.水中施肥に关する研究 I,窒素添加培养によるマクサの窒素成分の变化.日水志,1961,27(11):953-957.

[6] Yamada, N. Current status and future prospects for harvesting and resource managment of the Agarophyte in Japan. J. Fish. Res. Board Can. 1976, 33: 1024-1030.

STUDIES ON THE MANURING BY RAFT CULTIVATION OF GELIDIUM AMANSII LAMX

Li Hongji Zhuang Baoyu Sun Fuxin and Tang Rujiang

(Shandong Marine Cultivation Institute)

Abstract The crop of cultivated *Gelidium* gathered in the natural sea of Yellow—Sea was ow. So, an experiment of cultivation by application of manure by raft method was carried out at Jiaonan on the southern coast of Shandong and the result was as follows:

After being manured, the growth of *Gelidium* was speeded up and the crop increased. The more the quantity of $(NH_4)_2SO_4$ is applied, the higher the crops of *Gelidium* will be harvested.

The period of manuring is divided into 3 stages. The application of (NH ^SC)* to Gelidium to be carried out in different stages. Throughout all stages, the fertilizer effect of $(NH_4)_2SO_4$ is obvious. But, the last stage is an important one in which the higher productivily is most concerned. From begining of the stage until early May, the temperature is low. During then, the plants can not grow rapidly, therefore it is unnecessary to use a large quantity of manure.

合作者:庄保玉　孙福新　唐汝江

(海洋湖沼通报.1984,2:57-63)

药杀筏养石花菜的附着物试验

石花菜是制造琼胶的主要原料，它的养殖难点之一为防除附着物。例如秋茬的放养期，只能于9月下旬以后，即水温降到21℃～22℃时开始，早则受到多种动物性附着物的附着，严重影响石花菜的生长；中晚期则有杂藻的附着。春茬石花菜的早中期主要敌害为杂藻，收获期也有动物为害。夏茬养殖的初期可能有杂藻，中晚期有动物危害。因此，筏养石花菜的附着物问题，是影响石花菜的产量与经济效益大小的重要问题。假设这些敌害生物已经附着而未能达到预防的目的，清除这些敌害的方法，根据农业化学除草及杀虫剂的广泛应用经验，药杀也应该是海藻养殖的重要手段。可是，化学除害对石花菜生长的影响，海洋生物种类多，数量大，繁殖时间长的特点，以及施药技术等均有待于研究，但我们认为首先应解决的任务有四项：

1. 选择适宜的药物；
2. 按附着物的不同种类分别进行耐药性试验；
3. 不同药物不同浓度不同时间对石花菜的影响；
4. 归纳出最适宜的方法，一次消灭多种敌害，以适应生产的需要。

化学防除的药品选择：

海藻养殖是于浅海中进行，海水随波浪、潮流、潮汐而运动，因此在海水中施药，既不同于农田、也不同于池塘等固定水体环境，所以在海洋中对动植物施药，不能与农作物一样地直接喷撒于作物上，也不能与养鱼一样直接施药于水塘之中，因而化学防除的药品只能施加于一定的水体内、再将石花菜及其附着物一起移入药液中，达到致死敌害的目的。为此，对药品除了应有良好的杀伤力外，还应适于海上作业的特点和符合经济效益的要求，具体应具备以下条件。

1. 短时间内发生药效，致死敌害生物；
2. 对石花菜不发生药害或甚轻微；

3. 具有速溶等适于海水中使用的特点；

4. 对人无毒，便于作业；

5. 使用简易，不要特殊设备；

6. 价廉、适于大量使用；

7. 来源广、易运销、好贮存。

从以上要求来看，常用的有机磷及含氯成分的农药显然是不适宜的。除草剂、杀虫剂即使能够触杀致死附着物，但必须一批一批地进行工作，需要很长时间，所以需要穿戴防护衣物，而露天作业的日晒、闷热与波浪则很难于海上作业，同时药液与皮肤接触也是难免的，容易引起中毒，而且用过的药液倾于海中也有污染之嫌，所以我们认为一般农药不宜使用。

农药的另一个特性只宜于＞20℃的温度下施用。＜20℃药效明显下降。对养殖石花菜来说，我们利用20℃以下石花菜生长的低适温养殖春、秋茬，因此，有许多农药不能使用。

由于敌害生物中有杂藻也有动物，有自由游动的，也有附着于石花菜上营固定生活的，所以要求药品能同时消灭多种敌害。又因为海洋生物的繁殖规律为一批一批地进行，使用的药品应该具有既能杀灭幼虫，又能杀死成虫，既能杀死微观的杂藻，又能杀灭较大的丛生藻类，因此，对药品的要求是多方面的。

危害海藻养殖的敌害生物，我们于50年代就发现钩虾咬食海带夏苗，群众用人尿和化肥浸泡幼苗施肥时看到同时可以杀死钩虾。60年代，证明杀死钩虾的机理为非离子氨氮（NH_3N）中毒，所以我们试验含氨成分的药品对其他动物及植物的作用，试验证明可以致死绝大部分石花菜附着物，因而成为无毒、高效、易溶于水，可以直接触杀、来源广、经济有效的无机除藻剂和海洋杀虫剂。

硫酸铵、硝酸铵是高效农用化肥，我国大量进行工业化生产，因而将其作为海藻养殖的除藻剂和杀虫剂是较为适宜的，因为它不仅较为经济，也是最易大量获得的。无机营养盐类在海洋中作为杀污药物，既不污染海水，而且能起到施肥的作用，这是颇为适宜的。

一、试验方法

(一) 材料

材料分为杂藻及动物性附着物两类

1. 杂藻:试验用的杂藻为春秋二茬石花菜养成中的主要杂藻。春茬杂藻中比较难以消除的、数量多的种类以点叶藻为主,因而我们选择点叶藻为材料,经过显微鉴定无误后使用。

点叶藻大小分为 2.5 cm、2 cm、1 cm 的三种。

秋茬杂藻中,分布广、数量多、出现早、危害大、难以剔除的杂藻主要为多管藻类。多管藻采自附生于石花菜藻体上的为材料。由于能杀死这两种海藻,同时,也可以杀死水云、硅藻等多数杂藻,所以选为试验材料。药杀杂藻的实验在青岛进行。

2. 附着动物:试验用的动物为营附着固定生活的种类。黄海沿岸夏季繁殖危害石花菜的习见种类,有 10 种以上。这些附着性动物多为危害于野生石花菜如苔藓虫类、石灰虫等,有的则危害于筏式养殖的石花菜、如水螅类、贻贝、海鞘类等。以上动物主要采自威海的海域,少数种类采自胶南琅琊湾海区并就地进行实验。

(二) 药杀试验方法

1. 药品:为了实用目的,采用工业生产的硫酸铵及硝酸铵两种。

2. 药杀杂藻方法:先做预备试验,找出可以应用于生产的杀死的浓度范围、时间和杂藻死亡过程的特征等。试验时,将杂藻冲洗干净用镊子投入配好的药液中,并时时活动藻体,使叶面与药液充分接触,然后按预定时间用镊子取出,入清洁海水中冲洗,最后移入清洁海水的浅搪瓷盘中,按浸泡药液的不同浓度与时间排列于盘中,上部一排为未浸泡药液的对照材料,经过 10 小时后对照仍正常,施药者发生死亡,然后确定药杀的方案。

3. 药杀动物性附着物的方法,预先于预备试验中找出不同动物的药物反应,如生活状态、死亡特征、恢复状态等,然后逐种进行药杀试验,此时将材料冲洗干净后置有海水的培养皿中,进行显微观察,最后移入较多水量的培养缸中,观察恢复状况。

二、结果

(一) 杀灭杂藻

1. 春茬药杀点叶藻:春茬养殖中,采自野生的苗种,从 11 月到翌年 3 月间,我们于青岛团岛湾以竹片自然采孢子,竹片上均长出点叶藻,证明这期间均有点叶藻放散孢子。在低潮带的石花菜往往有点叶藻生长,就是这种附生藻类繁殖的结果。但是春茬养殖中,开始(4 月中、下旬)苗种上没有点叶藻,以后又长出来,这是因为苗种上附着的点叶藻,没有得到生长的条件而未能长大,由于随苗种上升到海面养殖,有了充足的光照而迅速长大,所以形成危害。点叶藻可以从 12 月到 3~4 月出现,从形态而言可以是大藻体,也可以为 2~3 cm 的小藻体,甚至是微观的。作为药杀措施,应该消灭杂藻于萌芽之中,这样不仅不影响石花菜的生长,而且因为长大的杂藻即使死亡后有的种类(如点叶藻)于短期内不能自行脱落,因而死亡后仍继续影响着石花菜的生长。

药杀点叶藻在幼苗期进行,因为 2~3 cm 的小点叶藻虽然尚不致形成严重危害,但是此时已出现孢子囊,甚至可形成第二代的危害。

以下是我们对点叶藻的药杀试验结果如表 1。

表 1 药杀点叶藻的致死状况(%)

Ⅰ 2 月 8 日(水温 3℃~4℃)

时间(min)	硫酸铵海水溶液			硝酸铵海水溶液		
	浓度(%)	点叶藻<2 cm	点叶藻>2 cm	浓度(%)	点叶藻<2 cm	点叶藻>2 cm
2	10	10	5	5	20	12
	15	50	40	7	40	30
	20	100	100	10	100	100
5	10	50	40	5	20	15
	15	70	50	7	100	95
	20	100	100	10	100	100
10	10	100	100	5	100	100
	15	100	100	7	100	100
	20	100	100	10	100	100

Ⅱ　2月28日(水温6℃～7℃)

时间 min	硫酸铵海水溶液			硝酸铵海水溶液		
	浓度(%)	<2 cm	>2 cm	浓度(%)	<2 cm	>2 cm
2	10	10	7	5	40	15
	15	80	70	7	50	40
	20	100	100	10	100	100
5	10	10	50	5	40	20
	15	80	60	7	100	100
	20	100	100	10	100	100
10	10	100	100	5	100	100
	15	100	100	7	100	100
	20	100	100	10	100	100

从表1的结果我们可以明了以下几种情况：

(1) 从点叶藻的大小看，<2 cm的苗死亡率高于>2 cm的苗；

(2) 使用同一种药品的浓度越高，致死的时间越短；

(3) 两种药品杀死点叶藻的效力比较：硝酸铵比硫酸铵效力高一倍以上；

(4) 温度高较温度低时的药效好。

根据以上的结果，如果用10%硫酸铵的海水溶液必须10 min，时间嫌长，20%硫酸铵的用量多，价值太贵。如果用5%硝酸铵海水溶液，也必须10 min，7%硝酸铵5～10 min即可全部致死点叶藻，因此7%的硝酸铵作为杀灭点叶藻的药液是比较适宜。

这里需要说明：药杀点叶藻的试验，我们使用的材料是点叶藻的幼小时期，即在冬季时期进行的，水温3℃～6℃时为石花菜生长非适温，因为虫产药杀温度在8℃以上，或10℃以上养殖时期施用，所以以上的结果对生产是有效的。

2. 秋茬药杀多管藻(表2)

从表2可知：

(1) 硫酸铵海水溶液10%仅仅2 min即可杀死多管藻，而硝酸铵仅以2%的海水溶液，2 min亦可令其致死。2 min后，从药液中取出，在清洁海水中冲洗，置于浅盘中培养，5天后，泡药者变色死亡，对照(不泡药)者正常。

表 2　秋季药杀多管藻试验

时间(min)	硫酸铵海水溶液			硝酸铵海水溶液		
	浓度(%)	多管藻	石花菜	浓度(%)	多管藻	石花菜
2	10	—	+	2	—	+
	15	—	+	5	—	+ → ±
	20	—	+	10	—	±
5	10	—	+	2	—	+
	15	—	+	5	—	±
	20	—	+	10	—	±
10	10	—	+	2	—	+
	15	—	+	5	—	±
	20	—	+	10	—	±

—死亡，+正常，±生长部变红

根据以上情况说明：多管藻比点叶藻容易被杀死。

(2) 10%～20%的硫酸铵浓度 2～10 min 均能致死多管藻，同时对石花菜并无明显药害。但是 5%的硝酸铵海水溶液 5 min 即对石花菜发生药害，只在 2%的浓度 2～10 min 的时间太短促了，难以保证不超时间而出现药害。另一个问题是 2%～5%的浓度差异太小。因此，硝酸铵虽然药效好，但不安全，生产实践中难以掌握。

(3) 综合表 1、表 2 来看，使用 10%硫酸铵，10 min 杀死点叶藻是安全的，但用 5%的硝酸铵不安全，所以可以得出共同结果：用硫酸铵 10%较为适宜。

(二) 药杀动物附着物的试验

向筏养石花菜藻体上附着的动物性附着物，在黄海沿岸有 10 余种，但主要为苔藓虫类、水螅类、复海鞘、贻贝等，但贻贝只是限于某些贻贝繁殖场及其邻近海区。我们于 1984～1985 年夏季在威海及胶南琅琊湾试验结果如表 3。

从表 3 的结果可以出，动物性附着物一般用 10%硫酸铵海水溶液浸入 5 min 即可被杀死，因此，杀动物附着物的效果与杂藻基本相同，甚至比杀死杂藻更为容易。

表 3　夏季药杀动物附着物的结果　(1984,7,8～9,2)

名称			药品浓度	致死时间(min)	杀后征	出现时间	药杀时机
门	纲	属					
拟软体动物	苔虫藓类	三胞苔虫＊	硫酸铵 10%	2	触手不伸	6～7 月　8～10 月	
		琥珀苔虫	硫酸铵 10%	5	内部不动	7～8 月	
		白琥珀苔虫	硫酸铵 10%	5	变色	7～8 月	
		分孢苔虫	硫酸铵 10%	5	触手不伸	7～8 月	
腔肠动物	水螅类	薮枝虫	硫酸铵 15%	5	破碎 卵脱落、	7 月中到 8 月中	
		棍螅＊	硝酸铵 5%	5	触手不伸 破碎	5 月下到 9 月中 不能恢复	
原索动物	海鞘类	红复海鞘 灰白菊海鞘	硫酸铵 10%	5	收缩变色	6 月下到 8 月	
环节动物	多毛类	石灰虫 （螺旋虫）	硫酸铵 10%	5	触手不伸	7～8 月	
			15%	2			
软体动物	辨鳃类	紫贻贝	硫酸铵 10%	5	贝壳张开	6 月下到 7 月下	白色稚贝期 贝壳未全时

＊1985.7.10～9.10

表 3 的结果表明水螅类是使用浓度最大，药杀时间最长的种类，特别是棍螅，在 7 月螅茎的弯曲基部又长出新的幼体，抗药力强，于 15%硫酸铵溶液中 10 min 或硝酸铵 5%后移入无药海水中约半小时后均能恢复生活。只有在 5%硝酸铵溶液中浸杀 5 min 后，棍螅的头部才收缩，触手不伸或微伸，有的触手破碎，卵脱落或变形而死，不能复活。

由于石花菜养殖的主要附着物有了有效的药杀方法，即在基本上解决了养殖上的难题，剩下来就是药杀的技术方法，即作业的效率如何适应生产要求的技术问题。

三、讨论

根据实验的结果还有两个问题需要进行讨论：

1. 药杀对石花菜的影响问题：使用高浓度的硫酸铵可以致死许多种附着物，从表 4 之对照中亦可看出，对石花菜并无明显药害，这是指在外部形态上的变化而言，但是否影响其生长，影响产量的增长等等。因为消灭杂藻或动物附着的目的就是为了清除影响生长因素，保证石花菜的生长。最好是用药之后能促进石花菜的生长，至少是不大影响其生长，这样就可以认为是成功的。为了观察用药对石花菜生长的影响，需要实验不同温度条件下，对不同浓度浸泡不同时间的关系。春茬石花菜的养殖，是从较低温度开始，在升温的过程进行养殖，点叶藻从低温到 18℃均可生长，而且有一批批小苗发生，因此从＞8℃～18℃期间均可进行药杀杂藻作业。根据石花菜生长适温中生长点幼嫩易遭破坏的特点，选择 5 月及 8 月水温 15℃及 20℃以上时期试验，结果如表 4。

表 4　硝酸铵与硫酸铵溶液对石花菜生长的影响

Ⅰ　5 月 20 日～5 月 27 日（水温 15℃～17℃）　　单位：10 棵增长（%）

浓度（%） 时间（min）	对　照	硝　铵		硫　铵
	0	5	10	20
0	39	—	—	—
2	—	47	37	—
5	—	28	—	30
10	—	—	—	27*

* 其中一棵丢失小枝，但不影响结果

Ⅱ　8 月 5 日～8 月 12 日（水温 19℃～23℃）　　单位：10 棵增长（%）

浓度（%） 时间（min）	对　照	硝　胺		硫　胺
	0	5	10	20
0	70	—	—	—
2	—	80	33*	—
5	—	28*	—	69
10	—	—	—	58

* 药杀后有的小枝变色

我们从表 4 的两个表中可以看出，5 月水温在 15℃～17℃时，不经药液浸泡对照者 7 天生长 39%，而 8 月水温上升到 20℃以上时生长 70%，随温度升高，生长加快，而经药杀之后，出现两种情况，第一，5%硝酸铵溶液浸泡 2

min，不论低温或高温，其生长度均高于对照，即起到施肥的作用，但浸泡药液的时间延长到5 min则起到药害作用，比不施肥生长小，尤其在高温时期明显，并且浸泡药液后，有的植株立即表现生长点变色。第二，20%硫酸铵溶液浸泡5～10 min，其生长均小于不施肥者，即发生轻微药害。

根据表4的结果，可以认为对石花菜用药，以硫酸铵为安全，使用硝酸铵则必须严格掌握浓度与时间。施用硫酸铵的浓度应低于20%，时间短于10 min，对石花菜才是安全的。

从表1中可以看出，施用硫酸铵10%浸泡10 min，才能将点叶藻致死，表3中致死薮枝虫必须15% 5 min，因而使用20%的浓度是不必要的，而且20%硫酸铵5～10 min均发生药害，所以我们采用较低浓度进行观察。

表5　不同浓度硫酸铵溶液对石花菜生长的影响(1984，8威海)　(7天增长(%))

浸泡时间(min) ＼ 浓度(%)	试验棵	对照	硫酸铵		备考
		0	10	15	0
5	10	—	30.8	35.7	+6.6，+1.7
10	10	—	32.3	34.3	+5.1，+3.1
0	10	37.4	—	—	—

表5结果说明硫酸铵海水溶液10%～15%浸泡5～10 min与对照比较，出现生长减慢，重量减轻现象。如10%者减5%～6.6%，15%者减1.7%～3.1%，从药害而言，10%应小15%，其结果则相反，所以是不合理的，只能认为这个浓度与时间范围内均发生药害，受害2%～7%，这只能认为在7天时间对生长的影响，或者说发生较微药害。我们认为石花菜的生长受到此范围(2%～7%)的抑制，而能消灭敌害，则是可允许的，因为在生产实践中，往往由于缺肥或其他技术措施执行不当而生长受到影响比此要大得多。

2. 杀死棍螅的问题：从表3中可见黄色的棍螅虽可以杀死，但因其耐药力强，硫酸铵溶液15% 10 min对其不发生作用，5%的硝酸铵溶液5 min才能致死。从表4 Ⅰ～Ⅱ的硝酸铵溶液对石花菜生长的影响中可知，15℃～17℃发生药害20℃～23℃发生严重药害，所以对棍螅不宜采用此两种药液浸杀，可改用洗刷清除之。

四、结论

由于附着物严重影响石花菜的生长，因而防除附着物是石花菜养殖的重要技术工作。我们的药杀试验可获得以下结论：

药杀附着物一般可采用硫酸铵海水溶液，浓度10%，浸泡10 min，可以致死绝大多数附着物，对石花菜的生长发生较微影响，是可以使用的。但此方法有局限性，对少数种类不能被杀死如浒苔、棍螅等应该选用其他方法处理。

THE EXPERIMENT OF KILLING OFF FOULING ORGANISMS WITH CHEMICAL ADHERED TO *GELIDIUM AMANSII* LAMX BY RAFT CULTURE

Shandong Marine Cultivation Institute

Abstract *Gelidiums* are farmed along shandong coast. But there are some other seaweeds and larvae of various invertebrates come to the branches of *Gelidium* that are entwined in rope filaments and cultivated on rafts. The fouling organisms, when growing larger will affect the *Gelidiun* growth. Therefore, for *Gelidium* cultivatiom, the work of preventing and killing off the fouling organisms is imperative.

Our experiments of killing off fouling organisms were carried out from Spring to Autumn. A favorable result is obtained as follows; use $(NH_4)_2SO_4$ sea water solution, with a concentration 10%. After soaked in a good method for the production of rope culture. However, there still exist a few species which showed be killed off by anther means.

合作者：李庆扬　孙福新　庄保玉

（海洋药物．1987，22(2)：25-31）

石花菜潮下带越冬保种的生产性试验

一、问题的提出与解决的办法

石花菜分枝筏养的试验获得明显效果后，1982～1983 年于黄海沿岸开展多点试验，发现春茬用的苗种于各地均难采到足够的数量，苗种异常缺乏。因为早春水温低，加上冬春时期杂藻丛生，又经常受到天气、风浪、水混等自然条件的影响，所以限定时间采捞相当数量的野生石花菜往往有困难，因而石花菜春茬养殖用的苗种就成为问题。由于我国北方冬季沿海水温一般在 0℃～2℃临近石花菜生长的限制温度，石花菜停止生长，显然利用自然低温条件，对人工养殖的秋茬石花菜进行保种越冬也是可以的，但是作为保种技术，必须达到以下几项要求：

1. 安全可靠：即这种方法风险小，对养大的成菜保存安全、不丢不烂。

2. 保种的质量好：越冬后的苗种无附着物，符合春茬养殖需要。

3. 成本低：对春茬苗种增加的越冬费少，这就必须一是保种效益高，即占用空间小，保存量多；二是消耗少，越冬耗用的器材、设备、能源少，省人工。

4. 有广泛的应用价值：可以不受限制地大量采用。

这四个条件，主要是一、二条，三、四条是评价方法的实践性。

为了达到一二条，我们模拟自然的方法，1982 年冬于青岛大黑栏干潮线下的砂质海底区域以竹竿扎成方形框架，把养成的秋茬石花菜苗绳密集挂于其中，再用石块坠于干潮线下 1 米的海底。1982 年 4 月将沉设的底框架提到海面，越冬的石花菜良好。

采用沉设框架式越冬方法，可以认为安全可靠，保种质量好。

但是这种方法、必须在底质平坦，硬砂质，适宜水层，风浪小的海区；以上这些条件就大大限制了框架式海底越冬法的广泛应用，因此，1983 年冬我们采用在养殖筏上将苗绳沉深水层越冬试验。春天检查，效果良好。筏式越冬就克服了沉设框架越冬的缺点。

根据我们的越冬成果，1983～1984 年期间，首先在胶南县各养殖场推广筏式越冬方法。琅琊海带场（1982～1984 年），琅琊海珍品场（1984～1985 年），胶南县海水养殖场（1985～1986 年）等均采取筏式越冬，但在海面或浅水区越冬，其结果：杂藻丛生，石花菜的梢部冻白，形成局部死亡，效果不好。

为了解决石花菜养殖生产用的春茬苗种问题，1985～1986 年冬，我们与琅琊海水养殖场合作，进行石花菜深水越冬保种的生产性试验。

二、试验的方法

1. 越冬保种的原则，仍按以上提出的四项要求，即：① 不受风浪威胁；② 杂藻等附着物少；③ 使养殖单位增加很少如越冬成本；④ 保种的效率高。

2. 达到原则的三条措施：

（1）为了达到第 1～2 个原则采用深水方法越冬，即深水筏越冬。根据冬春主要杂藻点叶藻的垂直分布，大约可达到浮筏以下 5 m 的水层[①]，因而固定于干潮线下 4～5 m 水层应该是可靠的。根据余摆线波理论，水越深摆动越小，深水越冬比海面越冬受风浪影响小，安全可靠。

（2）利用养殖单位现有的养殖筏和器材，不增加新的材料，以减低成本。

（3）采取束（1～4）绳式密挂，以提高越冬效率。

3. 越冬海区与越冬石花菜：

（1）海区：在琅琊湾海域的贡口湾的中部靠东岸的海区，经过干满潮测量水深，找出大干潮后 4～5 m 的水深处，潮流畅通，水质清澈的海区越冬。

（2）成菜及留茬菜：越冬的石花菜分为两种，一种是秋茬养成的石花菜，我们称为成菜，一般每绳 0.7～1 kg。另一种是秋茬养成的石花菜，收获时采取留下底茬，只采收一部分的留茬苗。

4. 越冬保种方法：将养殖筏移到越冬海区，把成菜或留茬苗绳，按春、秋茬放养时的束挂方式绑牢，午潮时把橛缆收紧，每行筏架长 60 m，每距 10 m 即 5 个竹竿档的两个头各绑一根绳长 1 m 的石块（约 20 kg），同时绑一根绳长 4 m 的浮子（直径 30 cm），一行架子共绑 8～10 个石块。从架子的一头开始沉入海底，这样筏架由于竹竿的浮力，而在距海底 1 m 的水层中悬浮着。越冬

---

① 根据李宏基等未发表的资料（1983 年）

苗绳不受海底的摩擦，也不受风浪的猛烈冲击。

检查越冬的情况时，最好在干潮时，沿浮子的绳拉起，即可看到苗绳上石花菜的情况。

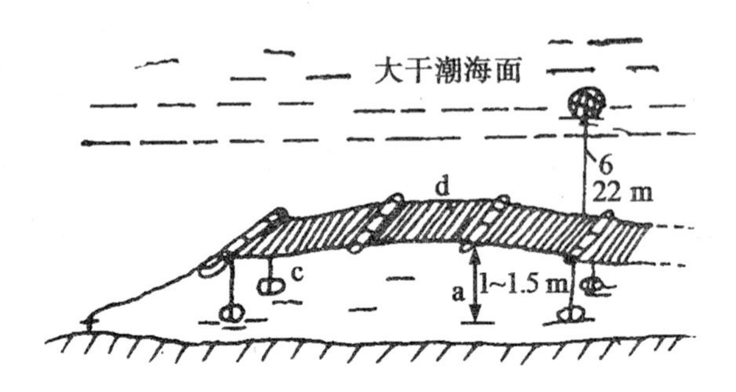

a. 距海底 1～1.5 米不<0.5 m；b. 距大干潮线>2 m；

c. 坠石（重约 20 千克）；d. 成菜苗绳 3～4 根成束绑于筏上

图　石花菜沉设海底越冬保种示意图

三、经过与结果

1. 越冬保种的数量：成菜 2 亩，可分春茬 6 亩，留茬苗 15 亩。二者共折合春茬苗种 21 亩。以后又从其他越冬处移来成菜 3 亩，可分春茬 9 亩，在同一海区以相同方法越冬。

以上二批越冬石花菜合计约 30 亩。

2. 越冬保种的经过：1985 年 12 月中旬（11～17 日），海水温度 7℃～8℃时，海面上的石花菜出现水云等附着物时，第一批石花菜沉入海底。而大部分的石花菜仍在海面。由于自然肥不足，人工肥停施，原来淡红色的苗种，有的植株由红变黄，自黄变绿，12 月下旬（20～25 日）从个别植株发展到相当的数量，但仍占少数。此时全部下沉海底，形成第二批越冬。

1986 年 1 月上旬检查时，越冬成菜中变绿的程度进一步严重，1 月中旬，发现绿菜有的从主枝中烂断，而早沉海底保种的藻体色泽仍呈红色，没有异常现象。

2 月，水温最低在 2℃，苗无大变化，3 月水温上升到 5℃，绿苗的尖稍有发黄象征，表明情况好转。

3. 越冬结束的现场验收：海区水温上升到 7℃～8℃时（3 月下旬），保种绿苗进一步由绿变黄，4 月初水温上升到 9℃，普遍上提到接近水面。

4 月 4 日经山东省海水养殖研究所与胶南县科委、县水产局、琅琊海水养殖场共同组成验收小组，于海上现场检查：

（1）苗绳上的成菜和留茬苗丢失很少，未发现烂苗与明显掉苗形成缺苗断垄的现象；

（2）未发现掉苗绳，开苗绳的现象；

（3）未发现丢竹竿，竹竿甩开的现象；

（4）成菜和留茬苗越冬时期新生的附着物不多，无沉淀泥，整个苗绳比较干净；

总的看来在潮下带深水层越冬保种的方法，达到了安全可靠、节约、高效的目的，因而有应用价值，达到双方预计的越冬效果。

四、经验与教训

1. 深水底筏式越冬存在的问题：

（1）成菜的主枝上仍有顶丝藻（*Achrochaefium* sp.），对丝藻等附着，还有可以越冬生活的棍螅（*Coryne* sp.）附着。

（2）这种方法固定于海底检查不便、上提很吃力。

总的看来附着物不多，而且有些附着物是秋茬遗留的，冬季继续生活（如棍螅）。这说明越冬的成菜需要处理干净。应在附着物少的海区越冬，水层应适当加深，方法需要进一步完善。

2. 深水筏越冬方法具有多种优点：

（1）方法简易、作业方便；

（2）越冬需要的器材少，不需要特殊设备；

（3）安全可靠，只要成菜符合越冬要求，不出现掉苗、烂苗或被风浪打坏等现象；

（4）成本低；

（5）可以大规模实践，基本解决了春茬养殖用苗种问题。

3. 在海上越冬的水条件（水流、波浪、水量）是十分优越的。在低温条件下，不会形成石花菜生活上的限制因素。

但是，越冬菜应储存充足的养分，增加适应能力，保证翌年越冬结束时，不需经过恢复期就能转入正常生长。办法有两种，一是秋茬养殖末期即 10℃以上的温度时，如果自然肥不足应施足化肥，使菜色浓呈紫红色；二是在成菜色泽未减退而水温 8℃左右时，即下沉海底，减低光强，使石花菜的藻体保持红色，即在技术方法上争取适时越冬。

五、小结

1. 潮下带深水层筏式保种越冬是成功的，通过 1985～1986 年我所与胶南琅琊海水养殖场以 30 亩石花菜的越冬规模进行试验和胶南琅琊海珍品场采用我们的方法以 8 亩越冬的验证。它的方法简易适合于生产者采用。它的优点多，特别适于大量苗种的越冬，但是选用越冬菜时应以无附着物或处理干净的菜为宜。海上越冬可能受到附着物的危害，因此需要选择附着物少的海区，同时在水层偏深(干潮线下 5～6 m)处越冬。

2. 潮下带深水筏越冬主要应该适时越冬。一可以减少附着物；二可以减少海运、人工管理的时间；三可以防止出现苗变绿的现象，适时越冬和越冬前生长期的施肥相结合，前者保证越冬菜储存充足的养分，减少越冬损失，后者又可避免环境的变化，保证越冬菜的安全，减少恢复期，有利于春茬的养殖。

3. 潮下带深水越冬保种存在的问题，如检查不便等还需要进一步加以完善。

合作者：李庆扬(山东省海水养殖研究所)　肖维忠(胶南琅琊海水养殖场)

(海水养殖. 1987,1:43-46)

石花菜夏茬养殖试验

1984年,我们于夏季水温较高并且石花菜分布量较多的山东胶南县琅琊湾海区开展养殖试验。根据以往的经验,海洋中的动物性附着生物,以海面较少,以水下较多。因此,夏季养殖仍以海面养殖方法进行,首先研究夏茬养殖中应该解决的三个问题:① 夏季高水温期中石花菜的生长情况;② 夏季养殖的适宜养殖期;③ 夏茬养殖中的问题。

一、试验条件与方法

(一)试验条件

1. 海区:试验海区位于胶南琅琊湾的贡口湾海区。该海区的南北风向均有风浪,干潮后的水深5～6 m。

2. 水温:贡口湾口向南,湾底向北,由于北部水浅,又有数千亩对虾池,水温变化受湾底浅滩及虾池排水的影响较大,所以夏季水温较高,持续时间较长,试验期间的水温变化如表1。从表1看出,夏季海水的平均温度为22.9℃～27℃,这是石花菜生长的适宜温度[2]。

表1　青岛胶南县贡口湾夏季的水温状况(℃)

旬 \ 水温(℃) \ 月	7		8		9		注
	范围	平均	范围	平均	范围	平均	
上	21.8～23.4	22.9	25.8～27.7	26.6	24.5～27.4	25.7	8月19～20日9号台风
中	23.2～24.2	23.7	26.3～27.6	27.0	21.4～25.5	23.1	
下	23.5～26.7	24.8	25.0～28.0	26.4			

(二)试验方法

1. 试验材料(苗种):试验用的石花菜苗种是1984年采集的野生石花菜,该样采回后,经分枝养殖而成为秋茬,又经越冬保种而成为春茬。因此它是第二代营养繁殖的苗种。

2. 苗种的处理：从春茬石花菜中选择大小适宜、附着物较少的植株，逐棵仔细洗刷，特别是对较粗的主枝黏附的黄色棍螅(*Coryne* sp.)[1]的螅根、螅茎、沙蚕及管状体等，均用手工加以清除。对照用的苗种，系选择春茬中附着物少的石花菜，经冲洗浮泥后，按标准大小分枝夹苗，但未经彻底清除附着物。

3. 养殖方法：采取海面筏式放养。夹苗及养成方法与春茬相同，即苗绳夹苗部分为 2 m，夹苗 80～100 棵，每绳夹苗鲜重 100 g，放养于双架式竹筏的竹竿档中间。分苗期为 7 月 5 日，7 月 20 日及 8 月 5 日三批，每批分苗 12 绳，按 60～70 天养成。对照的按生产实际需要在 7 月 1 日到 7 月 10 日分苗放养。

4. 观察：试验期间每 10 天称重 1 次，第 60 天称重时除去附着物和用纱布包裹捺去水分。为适应 9 月 20 日前后进入秋茬养殖期，第一批分苗试验共养殖 70 天，第二、三批均养殖 60 天，到 10 月 5 日结束。

5. 基本情况：试验期间对照及三批苗一直处于海面强光之下，但生长正常。8 月 18 日大雨之后，1985 年 9 号台风于 19 日在青岛一胶南一带登陆，海面风大浪高，风后检查，苗绳上的石花菜明显减少。对照的由于苗种未处理，放养后生长差，10 天后即出现烂苗、掉苗，所以未称重。8 月下旬以后，称重的数字与台风掉苗后的重量相同。

二、结果与讨论

(一) 结果

1. 夏茬石花菜的生长情况 1985 年在胶南进行高水温期石花菜不同分苗期的放养与生长的试验结果如表 2。

从表 2 可以看出：① 从第一批分苗来看，7 月 5 日到 9 月中旬，历经 70 余天，平均绳重 790～1000 g，与春、秋茬的养殖产量接近[2]。在正常养殖情况下，夏茬石花菜的增重较快，可以增长原苗绳重的 7 倍左右，即可达到 1∶7.5。② 从 9 月中旬比较三批分苗的重量可以看出：增重多少与养殖期长短有关，即养殖期长，增重快，反之则慢。③ 相同的生长天数比较三批苗的鲜重

---

① 经中国科学院海洋研究所唐质灿先生鉴定。

② 李宏基，等. 石花菜筏式养成技术试验. 海水养殖，1982.

增长情况，表现为早分苗者增重快，晚分苗者增重慢。如在40天时，其重量分别为440～570 g，270～440 g和370 g。50天后，第一、二批分别为470～600 g与300～620 g。从生产的需要来看，夏茬养殖不宜太晚，应有足够的生长期，以利菜苗尽快长大长密，这是防除附着物与抵抗风浪的一种保护性措施。

表2　夏茬石花菜不同分苗期的鲜重增长(克/绳)

批＼鲜重增长＼旬＼月	7			8			9			10
	上	中	下	上	中	下	上	中	下	上
1(7月5日)	115	180	250	330～410	440～570	470～600	680～840	790～1000		～
2(7月20日)		～	115	200	220～300	220～310	270～440	300～690		～
3(8月5日)			～	150	～	120～170	190～210	370		580～640
注				8月19日 (1985年9号台风)						

2. 不同分苗期养殖夏茬苗生长的比较：养殖结果表明，不同分苗期对石花菜的生长是有影响的，如相同的养殖天数，早分者生长快，个体大，而晚分者生长慢，个体小，这些差异，对分出秋茬苗种量有着相当大的影响。表3列出了三批不同分苗期在养殖期相同(60天)的条件下，对分出秋茬用苗种量的影响。从表3可以看出：① 养殖60天后的夏茬苗绳，从鲜重与分出秋茬苗种的数量来看，早分的苗绳增重快，出苗率高，有实际生产意义。晚分苗者增重慢，苗的长度不够，出苗率低，不适于苗种生产。② 养殖夏茬作为生产苗种的方法，放养的苗量与分出苗量之比，可以达到1∶3.5，即放养1亩可以分出秋茬用苗种3.5亩。许多苗虽达不到分苗的长度，但可进行干品生产。③ 上述数据是经台风袭击后的实测结果，这表示夏茬养殖虽然是在灾害性风暴天气中度过的，但其结果仍具有生产价值。

表3　不同分苗期夏茬石花菜生产苗种的数量(绳)

批(月，日)	千克/绳								分出苗数(100克/绳)	
	1	2	3	4	5	6	7	8	绳数	出苗比
1(9.4)	0.82	0.60	0.65	0.82	1.05	—	—	0.80	17.5	1:3.5
2(9.18)	0.62	0.45	0.55	0.82	—	—	—	0.61	8.0	1:2.0
3(10.5)	0.80	0.75	0.47	0.45	0.50	0.47	0.65	0.56	10.5	1:1.5

(二)讨论

1. 夏茬养殖中的附着物与烂苗、掉苗的关系:上述结果表明,三批不同的分苗期均未发生过严重的烂苗情况,这主要是因为附着物较少,因而烂苗、掉苗亦较少。而对照的由于对使用的苗种未作处理,附着物中的水螅类来自春茬的种苗,夏茬夹苗时将苗种与附着物夹在一起,附着物死亡腐烂后,因而出现了大批烂苗、掉苗的不良情况。从而可以看出:在夏茬养殖中彻底清除苗种上的附着物,是非常重要的。夏季应清除的附着物的主要种类有多管藻(*Polysiphonia* sp.)、水螅类(*Tubalaria* sp.,*Coryne* sp.)等。

2. 夏季风浪的防范问题:由于有了1985年8月19日9号台风的经验,因而在养殖夏茬石花菜时,防范台风袭击,免遭破坏和损失是可能的。主要应考虑以下几点:① 海区的选择:放养海区应有可靠的自然屏障以防东南风的袭击。特别是在山东的南岸,若有山嘴、岬角、海岛等天然地形,可挡住从南部海洋上来的风,即可保证养殖筏不致遭受破坏。② 加固筏子的机构:加固筏子分两个方面,一是使用材料的规格不宜太小,要充分估计到风浪的冲击力;二是制作要绑得牢,扎得紧,尤其浮竹与浮绠要绑紧,浮绠与橛缆连接好,橛要打的深,绝对不得出现拔橛事故。③ 养殖方法应考虑到大风浪的冲击。山东沿海一般进入7月下旬的高温期后,同时也是台风季节,此时养殖筏的橛缆,可稍放长,但筏与筏不能接触,留有高波上浮养殖筏的缓冲余地,以保证筏的安全。同时苗绳可稍放松,不要绷得太紧,当高波出现时。苗绳可做第二次缓冲,免得将菜苗从绳上拔走。

3. 夏茬的经济效果:评定夏茬养殖的经济效益,有两个标准,一是以生产秋茬用的苗种价值,另一个是生产量计算价值。① 苗种价值:根据试验结果如按第一批分苗的出苗重量来看,平均每根绳0.8 kg,可以分出3.5绳,即1亩夏茬可以放养3.5亩秋茬。单养夏茬的成本,大约每亩1000元,养殖70天后达到3.5亩,折合每亩苗种费285.7元,再将不符合苗种标准的菜加工成干品,则苗种价还可降低。从海底采的石花菜作为苗种,常有许多杂藻(如石灰藻、鸭毛藻、凹顶藻等)混入。苗种中的杂藻、残碴等高达30%(毛重)以上,按每千克鲜石花菜3.0元计算,每亩用净苗种80 kg,再增加30%的毛重,折价312元。因此夏茬苗比野生苗便宜,所以夏茬苗种是有实用价值的。夏茬苗种的优点在于,有了夏茬养殖法,秋茬生产需要多少苗种,事先可安排夏茬进行生产,解决了苗种影响生产的问题。② 生产价值:夏茬养殖的产量,约相当于春、秋茬的产量，也就是说夏茬可以单独进行一茬生产。由于增加了一茬生产，提高了设备利用率和劳动生产率，带来了一系列的经济效益，扩大了再生产的能力，因而是非常有益的。

4. 夏茬养殖的存在问题：① 处理夏茬苗种上附着物的技术方法问题；② 春茬收获期与夏茬放养期互相争时间的问题；③ 合理密植的问题。上述问题仍有待于我们在夏茬养殖试验中完善解决。

参考文献

[1] 李宏基. 石花菜的人工养殖研究与存在的问题. 海洋科学，1982，3：53-56.

[2] 李宏基，等. 温度与水层对石花菜生长的影响. 水产学报，1983，7(4)：1：373-383.

[3] 黄礼娟，等. 石花菜孢子育苗的初步研究. 海洋湖沼通报，1986，2：49-56.

[4] Correa J，M. Avila and B. Santclices. Effect of some environmental factors on growth of sporelings in two species of Gelidtum. Aquaculture 1984，44：221-227.

[5] Shunzo，Suto，1974. Mariculture of seaweed and its problems in Japan. NOAA Technical Report NMFS CIRC—388. 7-16.

合作者：李庆扬

（海洋科学. 1989，1：71-73）

石花菜夏茬养殖的技术试验[①]

摘　要　本文报道了石花菜夏茬养殖中存在的三个生产问题的试验结果。结果表明，利用绳养的春茬石花菜，以采枝法收获后，留下底茬进行夏茬养殖，其效果则是产量稳定，省去分苗夹绳的工序，节约了人力，节约了时间，使一年连养三茬成为可能。另外，放养夏茬的种菜，采用踩洗法可以解决苗种上附着物的清除问题，采用多种防治措施能抑制养殖中附着物的危害。多茬养殖的苗种用营养繁殖解决之后，开展双绳养殖提高光能的利用，可以提高产量达60%以上。

石花菜的夏茬养殖试养了5亩，结果表明，养殖技术可行，克服了烂苗、掉苗及敌害生物的影响。

1985年，本研究的第一部分[4]，对夏茬养殖中的三个问题获得结论。即石花菜在高水温期间进行养殖生长良好，技术措施适宜，养殖期中的附着物不致造成危害。分苗期以7月初为宜，养殖生长期必须达到60～70天。养殖期中的附着物主要为动物性生物，植物性附着物较少，其中危害较重的为黄色螅茎的一种棍螅(*Coryne* sp.)，这种水螅在春茬时期繁殖并附生于春茬养殖的石花菜上。分苗时，对苗种处理干净一般不出现烂苗、掉苗问题。这三个问题的结论已经解决了夏茬养殖的可行性问题。通过以上研究还发现有三个生产方面的技术问题。

第一，春茬石花菜作为夏茬养殖用苗种的处理技术。即如何清洗生产用大量苗种上的附着物问题。

第二，春茬与秋茬二个养殖期之间大约有75天(7月5日至9月20日)，夏茬养殖期需要70天，春茬的收获期只有5天，因而形成如何安排夏茬分苗期的问题。第三，夏茬养殖成立之后，采用营养繁殖方法达到连续养殖连续留种，石花菜养殖的苗种问题基本解决。因此，限制苗种使用量的技术措施，应

① 1989年11月25日收到初稿，1989年12月26日收到修改稿。

该改变为增加苗种合理密植提高总产量、增加收益的问题。

本试验就是为了解决以上三个问题而设计的。

一、方法与措施

夏茬养殖的面积为 10 亩，我们与胶南琅琊海水养殖场合作，我们管理 5 亩，该场管理 5 亩。养殖方法基本与春、秋茬相同[2]。为了保证生产可以应用夏茬技术，我们研究采取以下方法与措施。

（一）苗种的种类

试验用的苗种分为三种，主要以春茬养殖的成菜作苗种，其中经过采枝收获后，再分劈成适宜大小的小枝作为苗的称之采枝苗。采枝时，于苗绳上有意识地留下一部分底茬作为苗种的，继续进行养殖者称为留茬苗。另外，少量从海底采集的石花菜作为苗种者，称为海底苗。以海底苗作为采枝苗及留茬苗的对照。

（二）清洗春茬成菜的方法

石花菜一般均有附着物，必须处理干净始能作为夏茬养殖的苗种。

1. 海底苗：主要跗着物为苔藓虫类、石灰虫等，一般采用棒击，将其锤碎脱落洗净使用。

2. 采枝苗：春茬成菜上的附着物，主要为水螅类及植物性杂藻。经过多种试验对比，采取踩洗法进行处理。方法是将苗种盛入网袋，沉放在浅水中，最好在舢板船舱中，以双脚踩洗，不停践踏，并且经常翻转网袋，最后将网袋提到海中冲洗，反复作业二次可将苗种洗干净。

3. 留茬苗：春茬成菜上的附着物，主要在藻体的中部并向其上下两端蔓延，初夏尚未扩展到夹苗部分，所以底茬比较干净，一般进行冲洗，少量附着物较多的，也可采用踩洗方法洗净。

（三）放养方法与数量

试验的海区中，共设置双架式浮筏 20 行，每行有 20 个竹竿档，每个竹竿档的距离2.5 m，其间绑 10 根苗绳，苗绳与竹竿平行排列，均匀绑于浮绠上，每行筏架挂苗绳 200 根。

竹筏南北设置，自东向西排列（20 列），折合 5 亩养殖面积，其中采枝苗及海底苗各 4 行，即各养一亩，留茬苗养 12 行，合 3 亩。以行为单位，三种苗互相掺杂排列，尽量减少因海区条件的差异而影响实验结果。为了便于管理和减少开支，养殖的初期，苗绳采取束挂方式，根据石花菜生长状况分三批逐渐稀疏到单绳养殖。

三种苗放养于20行筏架上，每行筏架为一种苗，这些都是单绳养殖。双绳养殖是在20行筏架的中间部分各取3个竹竿挡，一律用留茬苗进行养殖。故双绳养殖的面积共0.6亩。即在每行三个竹竿档中原来每挡挂10根苗绳变为挂10根双苗绳(20根单苗绳)，也就是在相同的营养面积内放养的苗种量增加1倍。施肥方法、施肥量及防除附着物措施等管理方法三种苗，单、双绳均完全相同。

二、试验的结果

(一) 三种苗种的生长比较

根据夏茬分苗放养期的试验[4]，以7月初放养最好，因此我们从6月26日开始进行分苗，到7月4日放养结束，并分苗10天放养5亩。先分散采枝苗，再分海底苗，最后放养留茬苗。为了便于观察三种苗的生长，这三种苗均按标准各分8绳养于同一筏上，按每10天测重量一次其结果如表1。

表1　三种石花菜苗种的生长状况　　鲜毛重:克/8绳平均

苗种	采枝苗	留茬苗	海底苗	备考
测重日	1986.6.26	7.4	6.30	分苗放养
始重	100	175	100	四绳束养
7.17	223	262	218	四绳束养
7.27	305	345	340	二绳束养
8.6	465	546	517	一绳单养
8.16	605	637	680	一绳单养
8.26	840	840	915	一绳单养

从表1的结果可以看出以下几种情况：

(1) 种苗的生长比较，采枝苗与留茬苗二者基本相同。即我们以往采用的分枝夹绳养殖法与留茬养殖法生长的结果一样。说明留茬苗和留茬养殖法的效果很好。这二种苗与海底苗相比，生长较差，这种差异在于分苗开始相同重量的苗绳，海底苗显著比采枝苗长。而苗株长的抗附着物能力强，有利于生长，这是早已明了的[1]。但从整体看，这二种苗的差异并不如测重结果明显。

(2) 春茬菜分成的采枝苗绳与留茬苗绳，平均产量每绳鲜重0.8 kg，与

1985 年同期分苗放养于台风后的 9 月上旬的重量(0.7～0.8 千克/绳)基本相同,同样不发生大量烂苗、掉苗现象。从采枝苗放养的 1 亩与留茬苗放养的 1 亩来看,也均苗全苗旺。而同海区的胶南海珍品场放养的苗种约 8 亩,未经踩洗处理,可以作为我们试验的对照,烂苗、掉苗严重,存活率在 30%以下,大致与我们 1985 年对照的相似。说明踩洗法处理有附着物的苗种效果良好,又能处理大量苗种,因而生产上可以采用。

(3) 三种苗的生长都很好,基本不受附着物危害。在 5 亩试验田中大体与表 1 中一样,说明夏茬养殖防除附着物的技术措施是有效的,可以应用于生产实践。

(二) 夏茬养殖的产量与双绳养殖的增产效果

5 亩夏茬养殖试验是在贫区进行的。以人工施肥方法维持石花菜的旺盛长势[8],每亩施硫酸铵化肥 250 kg,石花菜颜色一致,呈紫红色。这三种苗经过 63～70 天的生长日到 9 月 5 日验收①,经 5 亩的广泛观察,生长大体一致,所以随机取样,三种苗各取 5 根苗绳,双绳法也取 5 根双绳(10 根单绳),从试验区带回陆上测重,苗绳在船上干露约半小时,苗绳已不滴水,直接称鲜重量,然后晒干称重,其鲜干重量如表 2。

表 2　石花菜夏茬养殖的产量与双绳养殖产量比较　　单位:克/绳

苗种	海底苗(对照)		采枝苗		留茬苗			
养殖法	单绳		单绳		单绳		双绳	
试验亩	0.8		0.8		2.8		0.6	
取样	鲜	干	鲜	干	鲜	干	鲜	干
1	720	225	595	195	520	170	1120	320
2	520	165	595	195	595	190	1145	340
3	595	200	570	190	620	210	1045	300
4	570	190	420	125	745	240	1020	280
5	670	225	520	180	620	195	970	300
合计	3075	1005	2700	885	3100	1005	5300	1540
平均	615	201	540	177	620	201	1060	308
折亩产(kg)	492	160	432	141	496	160	843	246

① 1986 年由任国忠研究员,牟绍敦副研究员及曲广富、徐国光、石光汉高级工程师验收。1987 年由任国忠研究员,张佑基、牟绍敦副研究员,谬国荣副教授,曲广富、徐国光高工验收。

从表 2 中看出两个结果：

(1) 夏茬养殖的产量从三种苗的单绳养殖来看，平均绳干重 193 g，折亩产 154 kg。这个产量低于肥区春茬的产量，但大约相当于肥区秋茬鲜产 544 千克(折干产 160 kg)[2]。因此，夏茬养殖经过重复证实达到了投产的水平。

(2) 从养殖方法比较，单绳养殖平均折亩产 154 kg 干菜，双绳养殖的产量折亩产干菜 246 kg，二者相差 92 kg。相当于单绳养殖法产量的 159.7%，提高产量近 60%。因此，利用春茬菜提供的苗种养殖夏茬，使夏茬的苗种来源获得可靠的解决之后，开展双绳养殖可以增产。

双绳养殖平均每一双绳鲜重 1060 g，大约相当于春茬的肥区产量[2]。但是，单绳养殖生产时，虽然可以出现许多达到 1 kg(苗种与产量为 $L=10$)的亩绳，而普遍达到亩产 800 kg 鲜产量(折干产 200～240 kg)的水平，则不易实现，它受苗种好坏及养殖技术等限制。开展双绳养殖，则苗种与产量比仅为 1∶5，比较容易于生产中实现。因而双绳养殖成为高产稳产的有效措施。

三、讨论

(一) 清洗春茬成菜的技术及防除附着物的方法

我们放养 5 亩夏茬石花菜，藻体基本干净，附着物不多，不出现烂苗、掉苗问题，证明采取的技术措施是有效的。附着物问题是随海区、年份、季节而不同，我们的措施是严格清洗放养的苗种，彻底致死附着物，保证以石花菜的生长对抗附着物的生长。

(1) 踩洗法：本法是清洗春茬成菜作为夏茬的苗种的洗涤方法。本试验海区，在春茬养殖期间有棍螅大量繁殖。棍螅有三个特点，一是簇生，有分生、再生能力，二是附生于石花菜的中部，并向菜的上、下蔓延，三是繁殖量大，时间长。因此难以药杀，即使杀死，管状壳内“共肉”能够再生。附生棍螅的石花菜作苗种夹绳，棍螅死后的螅根、螅茎不能脱落，很快腐烂，并引起石花菜烂枝，因而必须清除。

踩洗法清除棍螅效果好，而且能处理大量苗种的清洗问题。为什么能达到以上二项效果？因为踩洗法是采用摩擦原理和以棒槌洗衣服使局部振动，松解污垢的原理，对石花菜苗种上的附着物加以清除。踩洗法不是依靠以脚把附着物一个个直接踩死，而是一种洗涤方法，反复践踏相当于重力锤击，产生压力与振动，直接作用于堆放于一起的石花菜及其附着物上。苗种如盛在网袋中或夹在苗绳上，也同时作用于网袋与苗绳上。网袋、苗绳、苗种与附着物互相重叠，参差错落地挤压着，由于各植株所处的状况不同，践踏振动受力不匀，发生不同的大小、方向、角度的拉力、压力和水的冲击力。经过反复作用，不时翻转移动苗种的位置，出于附着物结构脆弱，先被松动、离解，最后被水冲掉，而石花菜的组织结构紧密，藻体韧性大，耐摩擦，因此，踩洗后石花菜完好附着物被除掉，清洗效果好。

（2）药杀法：有了干净的苗种，附着物仍能向藻体上附着，我们主要采用药杀法清除。这是一种化学防除法。药杀法可以致死多种附着物。例如夏茬中的多管藻、水云、硅藻、钩虾、麦秆虫、沙蚕等，杀死快死亡率高，复活率少，效果明显[6]。对水螅类，苔藓虫类的群体，即使致死也不能自行脱落，所以应于其幼小的发生期加以药杀。但对绿藻类的石莼、浒苔均无效。

药液对石花菜生长有影响，因而不宜连续使用，施药一次要彻底将附着物致死。

（3）选有波浪的海区：石花菜的筏养伊始，我们就注意了波浪的作用[7]。夏茬养殖时，当石花菜生长到一定大小，附着物仍威胁其生长，利用波浪的作用对抗附着物是有效的。在养殖规模越来越大的情况下，波浪的作用越来越明显。所以选择有涌浪和经常性风浪的海区进行养殖，是一项不可缺少的措施。

（二）留茬苗在夏茬养殖上的作用

留茬苗的生长与以往我们使用的采枝苗、海底苗基本相同，因此，留茬苗也可以在生产中采用。留茬苗是利用原来夹在绳上的石花菜枝，长大后，采收一部分枝，留下底茬作苗种继续养成，因此，它也可称谓留茬养殖方法。这种苗与这种方法对养殖夏茬有特殊意义，明显具有以下几种好处：

（1）留茬苗已长在绳上，原夹苗处及绳的两边均有枝，基本不出现掉苗。

（2）避免了从绳上采下，再分散夹苗的工序。

（3）采枝收获与留下底茬苗，于采收工序一次完成，因而收得快，放养快。

（4）夏茬与春、秋茬的衔接期紧，留茬养殖法可以保证夏茬的养殖期。而且可以在春、秋茬中采用。

但是，留茬苗是在老的枝上重新生长，是否存在年龄性影响生长的问题。实践证实留茬苗的生长能力并不差。因为采枝收获法是采长枝留短枝，并不像海带一样在老叶片上继续生长，也不靠老的断枝再生，而是侧枝继续生长、增生新枝，实际是未长大的枝的继续生长。

(三) 双绳养殖的增产与效益分析

(1) 双绳养殖法可以增产。主要原因有两点，一是双绳养殖比单绳养殖增加了一倍的苗种，对光能的利用充分，提高了总产，而且对现行施肥技术的肥料流失得到进一步利用，所以不增施肥料就能增产。二是多1倍的苗种而生长的重量并不增长1倍，平均每根绳低于单绳，所以二绳作为一组有明显的抗浪作用，即风浪作用于一根苗绳上的力量，在双绳养殖中分散于二根苗绳，再分摊到每株石花菜上，双绳每株生长比单绳小，因而受力就大大小于单绳，所以单绳掉苗多，双绳掉苗少，结果双绳养殖获得较高的产量。

(2) 双绳养殖的效益。石花菜干品的价格按1982年青岛海洋渔业公司暂定价每千克6元计，夏茬双绳养殖每亩240 kg的产量，产值为1440元。一年三茬都用双绳养殖总产量720 kg，产值4320元。夏茬养殖成功前(1981)，我们于青岛肥区养殖春、秋茬，二茬亩产干菜400 kg，产值2400元，三茬比二茬产值多1920元，这就是夏茬双绳养殖成功增产的产值，但应扣除贫这需要三茬施肥的肥料费300元和四茬苗种费约1000元，增加夏茬损耗费100元，仍有盈利520元，纯属夏茬的经济效益。

春秋二茬每亩利润350元，加上夏茬利润520元，合计870元，再计入提高劳动生产率，提高设备利用率所降低的成本和加速资金周转形成的经济效益，全年三茬每亩可创造900元以上的盈利，平均每茬亩创利300元。因此，夏茬养殖的作用和价值超过春、秋茬的经济效益。

(四) 夏茬养殖产生的技术效果

石花菜的春、秋茬养殖原是以野生石花菜为苗种，一年两次采苗种养殖二次，春茬与秋茬互不联系。1981～1985年，我们研究解决了越冬保种技术[3,5]，将秋茬养成的石花菜保种越冬后作为翌年春茬的苗种，把第一年的秋茬与第二年的春茬连接起来，夏茬养殖成功，又将当年的春茬与秋茬连接起来，完成了春、夏、秋三茬的串联，因而形成多茬养殖，再经保种越冬达到了完整地循环，完成石花菜养殖体制的系列化，从而大大减少依靠自然野生苗种进行养殖石花菜的局面。

由于采枝留茬的实现，养殖技术又增加了新的收获方法和养殖法。它可以使一年三茬分苗变为一茬分苗三茬收获，向一年内不分苗只采收的方向发展。如果翌年需要换茬，越冬结束前提早进行春茬的分苗夹绳，而不影响春茬的养殖时间，所以春茬分苗为全年采收三茬奠定了基础。

由于夏茬养殖的成功，对石花菜人工养殖起到桥梁作用，其生产程序可图解如下：

图1表明，石花菜从苗种到养成达到自身的循环生产，这说明石花菜养殖大大提高了全人工化的程度，这种人工养殖是以人工营养繁殖完成的。因此，夏茬养殖技术在人工养殖中的地位为枢纽环节，丰富了石花菜养殖技术内容，1985～1986年的夏茬养殖试验成为首次解决石花菜养殖生产的技术方法，使石花菜生产达到了投产的水平。

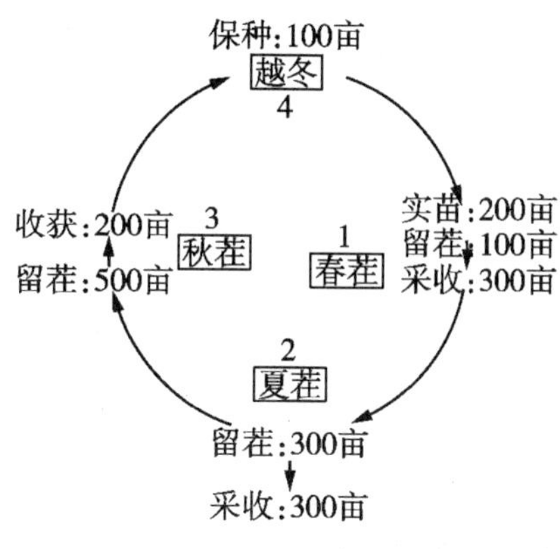

图1　石花菜多茬人工养殖法

（全年放养900窗，采收800窗）

四、结论

1. 夏茬养殖的三项基本技术为：① 留茬养殖法：留茬养殖可以省去繁杂的夹苗工序，达到了一次夹苗多次收获，争取了养殖时间，节约了人力，降低了成本。② 踩洗法：解决了营养繁殖苗种上的附着物的清除问题。③ 多种防治附着物的措施的联合使用，抑制了附着物的危害。

2. 夏茬养殖成功，变一年二茬为三茬养殖生产，即形成多茬养殖。而多茬养殖是根据我国北方沿海的条件下而提出的方法。

3. 夏茬养殖的石花菜亩产达到150 kg干菜。由于夏茬养殖而解决了苗种的营养繁殖，因而开展双绳养殖成为可能。在生产中，双绳养殖的亩产量可达240 kg干菜，即提高产量达62.5％。

参考文献

［1］李宏基，等. 石花菜分枝筏养的养殖期研究. 海洋渔业，1985，7(4).

［2］李宏基，等. 石花菜筏式养殖技术试验. 海洋湖沼通报，1988，32.

［3］李宏基. 解决石花菜苗种途径的分析. 海水养殖，1987，(1).

［4］李宏基，等. 石花菜夏茬养殖试验. 海洋科学，1989，(1).

[5] 李宏基,等. 石花菜潮下带越冬保种生产性试验. 海水养殖,1987,(1).

[6] 李宏基,等. 药杀筏养石花菜附着物的试验. 海洋药物,1987,6(2).

[7] 李宏基,等. 养殖方法对筏养石花菜附着物的影响. 海洋湖沼通报,1987,31.

[8] 李宏基,等. 石花菜的筏式施肥养殖试验. 海洋湖沼通报,1984(2).

THE EXPERIMENT ON TECHNIQUE OF SUMMER-PLANTING OF *GELIDIUM AMANSII* LAMX

Li Hongji　Li Qingyang　Tang Rujiang and Zhuang Baoyu

(Shandong Marine Culture Institute)

Abstract The Summer-planting of *Gelidium* is successfully conducted. The technical problems are solved and the results are as follows:

1. By Summer-planting, it is possible to produce 150 kg of dried *Gelidium* per mou with single rope culture method and 240 kg with double rope method.

2. In Spring, the plants of *Gelidium* are growing vegetatively. The adult plants split into small pieces which provide the "seeds" for Summer planting. The summer adult plants do the same for the next crop. It differs from the traditional seaweed cultivation as this method depends on vegetative propagation. With this method it is possible to produce three crops a year in the northern China sea.

合作者:李庆扬　唐汝江　庄保玉

(海洋湖沼通报. 1990,3:58-64)

石花菜营养枝养殖研究成果与商品化问题

国家要求科技研究的成果迅速转化为生产力以促进国民经济的发展。石花菜营养枝养殖研究的成果为何迄今尚未商品化？是石花菜没有需要，生产没有前途吗？不是，关于这方面已有不少报道。是研究得不成熟，商品化不可行吗？讨论此问题前首先应肯定，科技成果的研究是一项科技活动，它为商品化提供理论和基本方法；商品化阶段也是一项科技活动，它以提供商品为目标。为了统一认识，根据联合国教科文组织的规定，把两个阶段及其关系简单加以说明，再讨论石花菜营养枝养殖研究成果的技术状况，最后进行关于这些成果商品化的状况及其存在问题的探讨。

文末，我们还分析了影响石花菜营养枝养殖研究成果商品化的原因，同时，也提出了一些原则性的改进意见。

一

（一）研究与试验发展(R&D)

我们一般称为科技研究就是指 R&D。它由三部分组成：基础研究，应用研究、试验发展。由此三部分共同完成一个任务，即 R&D 的要求与目的。它的定义："为增加知识的总量，以及运用这些知识去创造新的应用而进行的系统的、创造性的工作。"

R&D 的成果具体与形象的东西是论文、原理、样品等等。

（二）商品化阶段

它是指科技成果转化为商品的阶段。商品"是能满足人们某种需要并用以进行交换的劳动产品，它具有使用价值和价值二种属性。"商品不能停滞于样品，不仅生产的产品在数量、质量等方面达到一定的指标而且达到产品化与商品化。

商品化阶段有它自己的三部分组成。即设计试制、中间试验、工业化试验等。显然商品化阶段的三个组成部分与 R&D 的三个组成部分不同,它是 R&D 的伸延,属于非 R&D 的活动。根据规定商品化阶段的定义是"为了将 R&D 活动的成果产品化和商品化而进行的科技活动。"

商品化从效果上是取得了经济效益和社会效益,否则商品化就有困难。即技术上不具先进性与实践性。

二

(一) 石花菜营养枝养殖的 R&D 阶段及其成果

1. 基础研究:水产学是应用科学,为了应用而进行的基础知识的研究是必要的。没有这些知识,应用研究就是无根据的或者是根据不充分的,因而它是不可缺少的。

(1) 石花菜自然生态的研究。于山东半岛的南北海岸进行自然分布的调查,以数量分布与自然生态观察为主要内容。发现石花菜主要分布于南岸,数量多,藻体长,重点产区在青岛附近(从即墨到胶南)。南北岸的产量比约为 1∶4。在自然生态的分布,发现分布区为其繁殖季节的向浪海区。垂直分布从中潮带到潮带下均有分布,低潮带在冬季有大片石花菜的干出带。

(2) 生长测定的研究。石花菜的生长及其指标以往缺乏报道。经作者研究,石花菜为多生长点的海藻.长度测定很不准确;又因为它受附着物的影响,重量也难以表明其增长。因此,作者设计了具有一个生长点的单片局部的小枝,以毫克(mg)重量作生长指标。以中短期(10 天)测定生长的方法,得到良好的效果,为石花菜的生长生理与实验生态的研究提供了手段。

(3) 生态条件的研究。以往对石花菜的生态只是观察自然的结果,缺乏数量概念。由于有了测定生长的方法,测出了生长与温度、水深与生长的关系等,从而获得了生长的适温与最适温,生长的最适宜水层。打破了传统上对石花菜垂直分布的解释。即阴生习性与生理需要等理论,树立了新的概念。

(4) 繁殖方法的研究。以往认为石花菜的繁殖有两种,即孢子繁殖与匍匐枝繁殖。我们通过自然观察与实验,组织培养实验,证实它还有第三种繁殖方法,即假根的营养繁殖。这一新的发现,曾于 1989 年获得了山东省自然科学优秀学术成果贰等奖。

2. 应用研究。有了以上的基础知识就可能进行应用于养殖的研究。

（1）营养枝的筏养与梯田养殖的比较。50年代，二者进行过对比实验。结果是梯田生长好，附着物少，怕风浪，掉苗多；筏养的附着物多，生长不好，有烂苗问题等。当时是垂养于1米以下的深水中。根据生长研究获得的与光温的关系重新进行实验。梯田养殖的夹枝、营养枝附生、假根附生等均出现严重掉苗，筏式养殖的夹营养枝浅水层养殖，生长好。因此，决定研究筏式养殖技术。

（2）筏养的养殖期研究。为了解决养殖多长时间收获适宜和养殖周年的附着物问题，进行养殖期的研究。实验结果：在生长适温期中，养殖约70天，营养枝可增长原重的8～10倍；夏季附着物很多，春秋二季较少。因而，提出养殖春、秋茬的意见。

（3）筏养方法与附着物的关系。根据附着物对生长基质及环境有选择性的理论，以苗种的大小、夹苗密度、不同水层，不同放养期等因素，形成不同的环境来比较附着物的附生状况。结果获两点有价值的结论：一是在适宜的养殖期以大苗种，合理密植和海面筏养的方法，可以抑制和限制附着物的附生；二是养殖方法所以起到遏制附着物的作用，其动力是波浪，因而波浪对石花菜筏式养殖是不可缺少的条件。

（4）夏茬养殖与保种的研究。夏茬养殖有两个难题：一是附着物。苗种上及养殖过程均有附着物；二是夏茬的分散夹苗，作业需要一定的时间，养完春茬后到秋茬放养前只有70～80天，采收春茬与夏茬放养70天之后，没有夹夏茬的时间。我们采用踩洗法清除了苗种上的附着物，以药杀、洗刷方法控制了养殖中的附着物。我们又通过“采枝留茬法”解决了采收春茬与夏茬夹苗争时间的问题。因而夏茬养殖成为现实，达到了一年春、夏、秋三茬连养。

冬季低温限制石花菜的生长。山东沿岸不能养冬茬。采取密集方法越冬以防敌害。在海上深水越冬，在室内水池换水越冬，防除了附着物与冻害，为翌年春茬苗种提供来源。即营养繁殖方法解决了三茬的苗种问题。实现了营养枝多茬养殖。为此获得山东省自然科学优秀学术成果贰等奖。

3．试验发展。通过以上的研究养殖具有可行性，为了证明本方法具有广泛的适应性与规律性，仍需要进行发展的试验。

（1）养殖原理与样品的提出。根据应用研究中的各种实验归纳出石花菜养殖的基本原理，为广泛地区进行试验提供依据。同时，试验提出无根石花菜为生产的样品。

（2）黄渤海沿岸的广泛试养。北从河北省的秦皇岛、辽宁的大连，经山东的龙口、蓬莱、烟台、威海、荣成、青岛、胶南、日照沿岸的试养证明：① 南部海区比北部低温期长的海区生长好；② 肥区生长好，贫区较差，施肥是必要的；③ 各海区有时都可能遇到敌害，应坚决清除敌害（附生或咬食）。

（二）石花菜养殖的商品化阶段及其存在的问题

1. 设计试养时期。根据R&D的研究，我们设计以夹枝方法与营养繁殖作苗种提供无根石花菜产品。经过从低温到高温的实验证明：夹枝方法是可靠的，人工营养繁殖是可行的，无根石花菜产品具有优点。因此，肯定了营养枝筏式养殖的实践性。

2. 中试时期。即小批量生产试验。

（1）利用海带养殖筏，二筏间每距2 m横加4 m长竹竿，两端固定于各筏上，形成大双架子。将石花菜苗绳与竹竿平行养于海面。试养了春、秋两茬，得到可喜的经济效益。青岛海洋渔业公司于试养中多次出海考察，并于成果鉴定会上宣布，以高出市价66％收购养殖的无根石花菜。此项养殖技术于1983年获得山东省科技研究成果贰等奖。

（2）夏茬与春秋茬连养。夏茬从可行性试验到中试（1985～1987年），以5～10亩与协作单位的40亩同时进行试验，连续获得与春秋茬近似的产量。形成三茬连养，经济上有盈余，生产了近20 t干产品，连续两年都经专家进行验收。命名为石花菜营养枝的多茬养殖技术。该技术经国家发明委员会的答辩会，获得1989年国家发明三等奖。

石花菜的苗种可以从多种途径获得。传统的孢子育苗可给营养枝筏式养殖提供苗种，又可作为营养繁殖的换代苗种。孢子育苗以2亩规模，连续两年的试验，出苗效果好。两年均经专家验收，1990年通过部级鉴定。这是迄今国内外人工孢子育苗的最好纪录。

3. 工业化试验时期：石花菜养殖迄今尚未达到这一时期。主要原因：

（1）缺乏试验资金。因为石花菜养殖投入工业化生产试验需要专用设备，如清洗苗种上的附着物及养殖中的附着物，在规模小时可用人力清除，规模大时要机械清除，而机器要试制，需要试制费，具有一定风险性。

（2）苗种问题。形成工业化生产，苗种就是决定的因素之一。孢子育苗虽然效果是空前的，为解决苗种提供了可能。但是，苗种生产尚未达到成本核算。苗种生产不能商品化，就严重影响工业化生产试验的进行。

解决这一问题的办法，必须扩大试验，在生产中降低成本提高效益。海带夏苗从亏损到盈利，经历了大约10年(1995～1964年)时间。

三

科技成果的商品化和产业化，它涉及许多方面.它是科技与工农业生产、基本建设、内外贸等方面都有关系的系统工程。特别是运用现代技术解决传统的养殖问题，更具艰巨性和复杂性。因次，科技成果转化为商品不是一蹴而就的。科技成果转化为商品有许多影响因素。石花菜养殖成果的商品化主要受以下因素的影响。

(一) 观念上的因素:即认识上的问题，这方面有种种表现。

1. 对R&D愿意投资，种种原因对商品化不肯投资。实质是重科研，轻成果转化推广。

2. 对商品化过程的艰巨性认识不足。认为转化中的问题是成果不成熟的表现。

3. 以传统的观念看待技术应用于养殖。

观念上的障碍是一项重大的影响因素，有的来自上边，领导机构，有的来自下边，来自基层。

(二) 价值与利润因素

商品是有价值的，它的生产受利润的支配。从事海水养殖业者，什么有利养什么，什么利大养什么，什么收益快养什么，这样做是可以理解的。作为科技成果转化为商品就不仅从利益上而且从国内外市场的需要状况，生产的技术状况、产供销的状况，以及前途状况等多方面看问题。

石花菜养殖比其他筏式养殖种类的产量低，利润少，成为商品化中的问题之一。但是，利润的大小与产量、质量、养殖技术有关。根据海带养殖的经验，在试养时期，单位(绳)产量为100计，是亏本的。三年后，完成中试时期，单位产量为352，收支基本平衡，规模化试养时期，单位产量为549，达到了企业化。因此，产量与利润不是固定不变的。应该向前看。石花菜是世界性的短缺物资，我们的养殖生产技术是唯一的，是极有发展前途的。

(三) 设备和基建因素

产业化试验阶段、设备和基建在现代生产中是必不可少的。海水养殖，特别是筏式养殖，专门设计一种机械保障养殖条件，是前所没有的。例如，石花菜的苗种上有附着物，养殖过程也有附着物，中试时期，前者用农用石滚子碾压，或用人力踩洗可以解决问题，后者，养殖遇到附着物就盼风浪自然冲刷，人力踩洗亦颇有效，惟效率太低。因而设计专用机械是进入工业化生产所必须。与机械相配套的基本建设也是必需的。

以现代技术解决石花菜养殖中的问题，是可行的途径。但是，它既需要投资，又要进行试验，成功后才能保证工化生产的进行，这是形成难以开展的原因之一。

四

我国的石花菜养殖研究，已经引起国际上的重视。1990 年 9 月曾召开了国际石花菜研讨会，中国科学院海洋研究所的费修绠先生应邀作了中心发言。可见我国石花菜的养殖研究是有成效的。这一成果的商品化刻不容缓的。为此，特提出以下建议：

1. 领导重视：科技成果的转化是科技与经济的结合，应给予优先的地位；其次是加大政策的导向力，调动科技部门与经济部门为产业化的积极性。

2. 建立科研企业联合体进行共同开发。大型综合性的渔业企业，以它的财力与市场贸易经营的优势与科研单位的人力共同开发，使石花菜养殖生产达到商品化。

3. 人才的合理使用，从科研单位中分流出有开拓精神，知识面广，具有开发能力的科技人员，从事商品化的科技工作。把从事科研工作富有成效的人，保持其工作的稳定性，发挥其特长。给不同类型的科技工作者都能各得其所，发挥其积极性，以达到人才合理使用的目的。

合作者：唐汝江

（海水养殖.1992，1：4-7）

石花菜营养枝筏式多茬养殖技术研究

紫菜养殖生产已进行了几百年，但是真正科学化地人工养殖起始于Drew，K. M(1949)发现壳斑藻之后。50 年代我国海带的人工养殖及 60 年代日本裙带菜的人工养殖，均建立在可靠的科学基础上，因而发展迅速，形成各自的重要养殖业。但直到 80 年代初，世界上尚未实现石花菜的人工养殖。1987 年，我国科技工作者先以人工营养繁殖方法完成了这一任务。本文为首次报道其全面情况。

一、人工养殖石花菜的必要性与可行性

我国人口众多，物质消耗量大，而海洋资源有限。因此，解决我国人民需要的琼胶藻类石花菜不能依靠各国通用的方法，即采捞海洋中的自然资源，而必须以人工方法加以繁殖。繁殖石花菜可以采用多种方法，主要分两类，一类为人工增殖，即在自然繁殖区中进行投石、沉没种菜、增施肥料、改进采捞技术等以达到增产的目的。另一类为人工养殖，即在适宜的海区中，用人工方法进行养殖。日本采取人工增殖途径，迄今尚未解决琼胶业所需原料问题。每年依赖进口琼胶藻类约 8000 吨。显然我国不宜走此途径。但采取人工养殖是否可行？人工养殖需要大量设备、苗种、人力及肥料[3]等，实为一项成本高的生产，国外视为艰难途径[5]。我们要解决这个问题必须以收入抵消成本支出，高效率、高产量地进行生产。这种客观要求，对 10～20

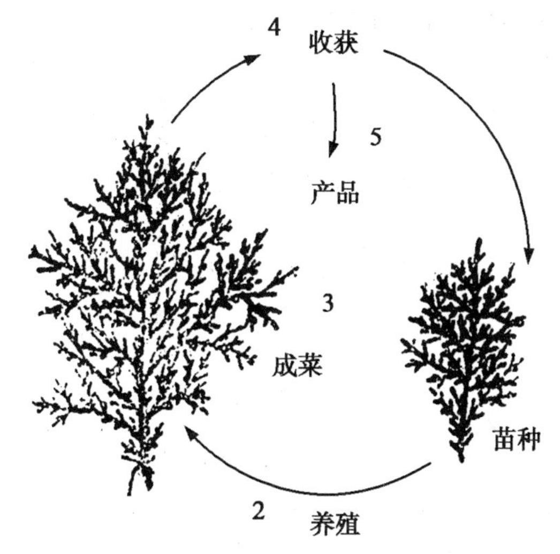

图 1　中国北部沿海石花菜营养枝的多茬养殖

cm 大小的石花菜来说是否有此可能？为此，我们作了如下分析：

1. 筏式养殖是必需的。根据有三点：① 我国石花菜自然分布的海区北自河北、辽宁，南到福建、台湾。但重点海区在黄渤区的山东沿岸，其他海区产量很少。这一特点就决定了只有开展人工养殖才能增加产量。② 我国沿海受江河径流的影响，透明度小，形成泥沙底质的浅海；受季风的风浪影响，冬季山东北岸水混，南岸水清，夏季则反之。江、浙、闽沿岸近海区冬季水混。由于一年中有相当时间为混水期，光照不足，海藻垂直分布带狭窄。这一特点，决定了不宜海底增殖石花菜为主要途径，而必须进行筏式养殖。③ 海带养殖业的经验，证明筏式养殖有许多优点。基本优点有三，一是能按计划进行生产，受自然干扰少；二是能主动满足养殖对象的生态条件，可以高产；三是筏养有广大的海区，可以满足大生产的需要。这些优点同样会在石花菜养殖中显示出来。

2. 采用人工营养繁殖达到高产高效益是可能的。依据石花菜在适宜光照和最适温度条件下生长试验，平均每天可以生长自重的 10%以上[1]。以适宜大小的营养枝作苗种，在适温中进行生长试验，其结果可在 70 天内生长自重的 9 倍。因此，石花菜具有高产潜力。石花菜生长的适温为 8℃～28℃，这个温度范围内，黄渤海区每年可有 8～9 个月时间。按 70 天为一茬的养殖周期，则一年之间可以连养三茬。因此进行石花菜人工养殖，可以获得高产量、高效益。

根据以上分析，加上我国人力资源优势和广阔的养殖区域，在我国开展石花菜营养枝养殖是完全必要的，可行的，也是大有前途的。

二、多茬养殖的基本程序

经过 1979～1985 年的研究，石花菜多茬养殖法的基本内容可以概括为：在石花菜生长适温期内，按 70 天(60～70 天)划为几期，每期为一茬。上茬采收时，苗绳上留下一部分营养枝作下茬苗种(seed piece)，继续进行人工养殖。直到水温下降到还适宜石花菜生长时为止。在适温期中连续养殖，其苗种可以来自野生石花菜，也可以来自采收后的人工养殖石花菜，或者其他方法生产的苗种。

石花菜生长的非适温期，在我国北方沿海一般不在高温期，而在低温期。因此在非适温期内须进行保种：即保护成菜(adult plant)安全越过冬季。冬去春来，再以越冬成菜作为苗种，进行春茬养殖。因此，多茬养殖生产的基本程序为养殖—采收—养殖—采收—养殖—采收一部分，另一部分越冬保种。

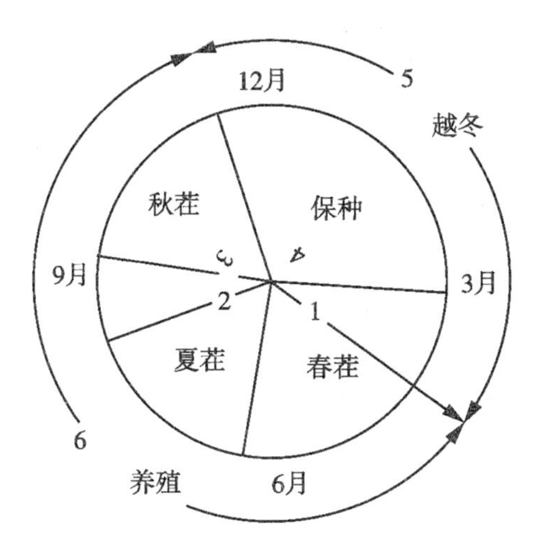

图2　营养繁殖的苗种与成菜的关系

三、营养枝多茬养殖技术特点

为了保证石花菜一年养殖多茬，我们研究了一套符合生产需要的养殖技术，它的主要特点是：

1. 大苗种绳养：多茬养殖必须采用大苗种，夹苗后在筏上进行绳养。大苗种基础大，生长量大，其适宜长度为7～8 cm，棵鲜重1 g以上。大苗种应具有壮苗条件。大苗种与夹苗绳养是本法的重要特征。

2. 浅水平养：根据石花菜对生态条件的要求，采用浅水层平养方式，也是本法的特点。在浅水层平养的优点，一是可以满足石花菜生长对光照的需要；二是能满足大藻体石花菜生长对波浪的需要；三是根据余摆线波原理，越近海面波浪越大，在合理密植条件下，可以起到抑制附着物生长的作用[2]

3. 收与种结合①：一年之间养殖多茬，上茬与下茬之间衔接紧，收与种必须结合进行，即采收上茬的同时放养下茬。因此，必须采取一些专门技术来达到这一目的：① 采枝收获法。成菜收获时，将大枝、长枝、密枝分劈一部分，或有附着物的枝，或全部小枝，进行收获。② 留茬放养法。将不符合继续养殖的苗枝采下来，余者按放养要求（即大小、数量、密度、无附着物等）留在原苗绳

① 根据李宏基等未发表资料(1987)。

上，作为下茬养殖的苗种继续放养。采收与留茬二者有别，但于一个工序中同时完成。

4. 人工除害：筏养石花菜的方法与采用大苗种，常有大量敌害生物为害，有的咬食，有的附着，有的作巢栖息，严重影响石花菜的生长。这些敌害生物随着季节的变化，种类与数量亦发生变化，因此人工驱除是必需的。我们采取化学药杀及物理性致死方法加以清除①，以保证石花菜的生长，并获得高产。

5. 留茬与保种结合解决苗种：石花菜营养枝的多茬养殖，即连养留种，是用人工营养繁殖方法来取得苗种的。在生长的非适温期，采取保留苗种方式，以渡过不适宜养殖的季节，待适温期到来再进行放养，开展生产，这是本法的特有方式。

四、人工营养繁殖的根据

人工养殖石花菜采用营养繁殖方法的理由，一是符合石花菜的自然性；二是符合生产的需要；三是农业生产中广泛采用。

1. 符合石花菜自然性。石花菜在自然界存在着自然营养繁殖。人工养殖采取营养繁殖方法是模拟自然的结果。石花菜的生物学特性有两点对人工养殖有特殊意义。第一，石花菜为多年生藻类。青岛大黑栏海区的石花菜主要于7～8月放散孢子，当年低温到来之前，最大植株可长到6 cm[4]，一般只能从葡匐枝长到1～2 cm。冬季从海底采到的石花菜一般10～15 cm，显然为二年生者。20 cm以上的植株很少，应属三年生者。三年生石花菜的主枝上，可以看到几处接茬，为多次生长的痕迹。同株不同部位接茬的长度，大体相等，差异并不明显。这表明多次生长的枝不存在年龄越老生长越小的现象。第二，再生力强。石花菜的再生力是著名的。1911年，日本的罔村就试验了离体小枝的再生长。而且石花菜于再生时还可以在一定条件下形成不同的器官。如石花菜的成菜假根，离体培养能转变为小枝；不同情况下又可变为葡匐枝[4]。石花菜的顶端小枝可变为假根或形成束状假根[4]。至于营养枝离体作为新植株，生长正常，而且我们1982年已成功地完成了生产性试验，以后，又为胶南县养殖场的生产所证实。

多年生与再生能力的结合即形成人工营养繁殖的条件，符合其自然性。

① 根据李宏基等未发表资料(1985)。

因此，营养枝多茬养殖既是可能也是可行的。

2. 符合生产的需要。人工营养繁殖具有繁殖快、苗种生产容易、效益高三个优点。符合低消耗、高产量、高效益的要求，易于被生产单位接受，因此符合生产的需要。① 以青岛海区一年养殖三茬而论，只有人工营养繁殖才能完成多茬养殖任务。② 苗种生产容易，因为养殖与苗种生产合二为一，其产品既可以是干商品又可以是鲜苗种，不需另行培育苗种和庞大的培养设施。③ 经济效益高，养殖周期短，产量高，收效快。

3. 人工营养繁殖是农业广泛采用的生产方法。自然营养繁殖植物界高等植物和海藻类存在的一种无性繁殖方式。人工营养繁殖是利用植物的再生能力，把植物器官之一部分与母体分离，使其独立地发展为新植株。这在农业为常规的繁殖方式，如分林、扦插、压条、嫁接等，广泛应用于花卉、果树、蔬菜(蒜、姜、韭、马铃薯、山药等)、甘蔗、茶、竹、及杨、柳等。海藻特别是再生力强的种类，更具有营养繁殖的能力。青岛胶南琅琊海水养殖场，1985～1987 年连续以人工营养繁殖与保种结合进行石花菜营养枝的多茬养殖生产，也证实了这一点。

综上所述，石花菜人工营养繁殖的成功，形成了独特的养殖体系和生产系统，成为海藻养殖的新方法，使我国首先实现了石花菜的全人工养殖。并于 1986～1987 年，由青岛琅琊海水养殖场生产了大约 20 t 干石花菜。

参考文献

[1] 李宏基，等. 温度和水层对石花菜生长的影响. 水产学报，1983，7(4)：373-383.

[2] 李宏基，等. 养殖方法对筏养石花菜附着物的影响. 海洋湖沼通报，1987，(3)：57-64.

[3] 李宏基，等. 石花菜筏式养殖施肥试验. 海洋学报，1984，(2)：57-63.

[4] 李宏基，等. 青岛沿岸石花菜种群繁殖方法的研究. 海洋湖沼通报，1983，(2)：51-58.

[5] Shunzo Suto. 1974, Mariculture of seaweeds and its problems in Japan, NOAA Technical Report NMFS CIRC-388, 7～16.

Introduction of Repeated Cultivation Method of *Gelidium* Amansii Lamx · on Rafts

Li Hongji
(Mariculture Research Institute of Shandong Province)

Abstract The propagation of *Gelidium* has been studied by many Japanese researchers for many years, but the studies on the rope culture have not yet been fully made, because of no effective method for cultivating the sporelings of *Gelidium*. The cultivation of *Gelidium* sporelings differs from that of *Laminaria* and *Undaria*. Although the sporelings of *Gelidium* in cultivation was successful to a certain extent, but they grew slowly, and the production period lasted a longer time, and some problems on wildly cultivating sporelings remain unsolved with economic profit as particular one. Therefore, a simple procedure was selected, relying on vegetative propagation of *Gelidivm*. In the first time, the wild plants were collected and splited into small seed pieces. Those seed pieces were entwined in rope filaments and cultured on rafts. When the plants grew up, the large ones were splited into small pieces, which could be cultured again in the followingly favorable temperature for its growth.

(齐鲁渔业. 1988,2:7-10)

琼胶藻类与石花菜的人工养殖

石花菜是最早用于制造琼脂的海藻。原为我国古代劳动人民大约于1000年前所创造。琼脂于山东沿海通称为凉粉。形态颇似淀粉制的凉粉，但比淀粉制品透明度好，硬度大而且不带黏性，是优良的消暑食品。以后琼脂传入日本称为“心太”。相传日本德川时代的明历年间(1655～1657)，冬季，于山城国纪伊郡(今京都地区)的美浓氏偶然发现凉粉。经多日夜间冻结，白天融化后可成干品，当时称为“心太的干物”，后改称“寒天”[2]。寒天即我国称为琼胶。

琼胶在我国的名称很多。1937年山东青岛首先利用当地生产的石花菜制造条状琼胶销售。因为其状似粉条，在冬季冻干而成，故青岛称为“冻粉”，北方各地多延用，因历史上进口而称其为“洋粉”。上海、江浙称为“洋菜”，港粤称为“大菜”，由于小段条状琼胶形似“燕”故亦有“燕菜”之称。1931年药学名词审查委员会根据各书籍用琼枝、琼脂等名称选订为“冻琼脂”。1950年科学界又根据曾呈奎教授建议以“琼胶”代替琼脂、冻琼脂的名称。

琼胶的用途相当广泛，我国以往主要用于直接食用，作为‘高级宴席的佳肴’清代末期，年进口量高达500 t[1]。现代主要用于食品工业，作为稳定剂、凝固剂和保藏食品用。其他工业上也作为糊料，酿造、涂料等、化妆品工业、医药工业也都有许多用途，特别在细菌培养基大量使用。在抗美援朝战争中，琼胶作为反细菌战的重要物资而被重视，因此，琼胶对人民的生活和战争均有广泛而重要的影响。

琼胶有如此的重要性，而且随着人民生活水平的提高，需要量越来越大，这已引起许多国家的注意，但制造琼胶的原料主要依靠自然界的琼胶藻类(Agarophytec)资源，因而研究开发这一资源，提高琼胶产量是值得探讨的海藻养殖的重要课题。

一、琼胶及琼胶藻类的生产状况

(一) 琼胶的生产状况

第二次世界大战前,日本几乎垄断了琼胶业的生产,故其自称为“琼胶王国”。由于战争关系,日本琼胶对各国出口断绝,其他许多国家相继发展了自己的琼胶工业。目前世界琼胶年产量约为 6000 t[5、6],其中年产量在 100 t 以上的生产大国有 10 余个(表 1),而日本、丹麦两国的产量占世界的产量之半。在百吨以下的国家为印尼(产量 50～80 t),法国、新西兰(40～50 t),意大利、菲律宾(30～50 t),印度(30～40 t),巴西、墨西哥(20～30 t)。

表 1　世界主要琼胶生产国的产量状况

序号	国家	产量(t)	140	国家	产量(t)
1	日本	2000～2300	7	摩洛哥	200～250
2	丹麦	1000～1200	8	南　非	150～200
3	西班牙	700～800	9	苏　联	150～210
4	朝鲜	560～690	10	美　国	100～150
5	阿根廷	500～550	11	澳大利亚	80～100
6	葡萄牙	300～400	12	智　利	80～100

(山田,1976)

(二) 胶藻类及其生产状况

1. 胶藻类的种属一世界各国使用的琼胶原料海藻的来源,除了日本等少数国均取自本国的海藻资源。由于地理位置不同,使用的海藻种类也不相同,大约有 10 个属的海藻为主要种类,其中用石花菜类和江篱类最为普遍(表 2)。

表 2　各国琼脂业使用的主要琼胶藻类

序号	国家	海藻种类	
1	中国	1) 石花菜(*Geldium*)	2) 麒麟菜(*Eucheuma*)
2	日本	石花菜(*Geldium*)	3) 江篱(*Gracilaria*)
3	朝鲜	石花菜(*Geldium*)	4) 伊谷草(*Ahnfeltia*)
4	美国	石花菜(*Geldium*)	
5	墨西哥	石花菜(*Geldium*)	
6	智利	石花菜(*Geldium*)	

续表

序号	国家	海藻种类
7	澳洲	江蓠　　　　麒麟菜
8	新西兰	5）鸡毛菜（*Pterocladia*）
9	南非	6）苏氏藻（*Suhria*），江篱
10	丹麦	7）叉红藻（*Farcellaria*）
11	苏联	伊谷草
12	印尼	麒麟菜，江篱，石花菜
13	印度	8）凝花菜（*Gelidiella*），江蓠
14	英国	9）杉藻（*Gigartina*）

（殖田等，1983）

从表2中可以看出二项值得注意的情况，一是一个国家制造琼胶的海藻可能是使用一种海藻，也可能使用二种海藻，尤其是领土较广的大国。二是各国制造琼胶的主要海藻有9属，这9属中的4个属为石花菜科植物。它们是石花菜、凝花菜、鸡毛菜和苏氏藻，因此石花菜类为制造琼胶的主要种类。

2. 辅助原料的种类一加工使用的原料除了以上所说的主要原料外，还掺入一些辅助原料，以增加琼胶的产量。辅助原料使的种类和数量的多少，与加工的技术有关。以往，我国很少有意识地使用辅助原料。在原料收购中，欢迎有扁江篱（*G. textoriisur*）掺入，而日本则大量使用其他红藻等辅助原料，其中主要有七八种（表3）[4]。其中有些种类完全没有凝固力或多少有些凝固力。

表3　日本琼胶制造使用的辅助原料海藻

序号	种类	序号	种类
1	刺楯藻（*Acamthopeltis*）	5	杉藻（*Gigartina*）
2	钩菜	6	麒麟菜（*Eucheuma*）
3	凝菜（*Campylaephora*）	7	鸡毛菜（*Pterocladia*）
4	仙菜（*Ceramium*）	8	沙菜（*Hypnea*）

（高桥，1951）

3. 琼胶原料海藻的产量：世界琼胶原料海藻的年产量大约为30000 t[5、6]，原料海藻的产量与琼胶的产量关系大约为5∶1。以琼胶的主要原料海藻而论，石花菜类的产量大约为15000～18000 t，江篱类的产量大约为13000

～20000 t，其他种类约为4000～6000 t。70年代中(1973～1975年)各国制造琼胶使用的原料海藻的产量，如表4、表5所示。

表4　世界各国石花菜类的产量(1973～1975，山田)　　单位：t

序号	国家	产量	属名	序号	国家	产量	属名
1	日本	3000～3300	石花菜	8	西班牙	4000～5000	石花菜
2	中国	150～210	石花菜	9	葡萄牙	2500～3000	石花菜
3	朝鲜	2100～2500	石花菜	10	法国	300～400	石花菜
4	菲律宾	200～300	凝花菜	11	摩洛哥	1000～1500	石花菜
5	印度	400～500	凝花菜	12	美国	150～200	石花菜
6	印尼	400～500	石花菜	13	墨西哥	1000～1500	石花菜
7	新西兰	50～100	鸡毛菜	14	智利	100～150	石花菜

据日本三井物产株式会社调查[5]，非洲的阿联产石花菜450 t，南非产300 t，马达加斯加100 t。

表5　世界各国江篱等琼胶藻类的产量(1973～1975，山田)　　单位：t

序号	国家	产量	属名	序号	国家	产量	属名
1	日本	1000～1500	江蓠	8	巴西	2000～3000	江篱
2	中国	500～650	江蓠	9	阿根廷	4000～4500	江蓠
3	朝鲜	500～700	伊谷草	10	智利	4000～4500	江蓠
4	菲律宾	1000～1500	江篱	11	苏联	2000～2500	伊谷草
5	印尼	300～400	江蓠	12	丹麦	2000～3000	叉红藻
6	澳大利亚	500～600	江蓠	13	意大利	100～200	江篱
7	新西兰	100～200	江蓠	14	南非	2000～2500	江篱

从表4、表5中可以看出，琼胶藻类以石花菜及江篱为主，二者产量相近。由于江篱生长速度快，藻体大，分布于潮间带，江篱的养殖引起各国科学家的注意，并且首先于我国台湾省突破池塘养殖技术，已推广群众进行生产。我国大陆沿海，有广大的滩涂，为江蓠养殖可以提供许多优良养殖场，其发展是大有可为的。

二、石花菜人工养殖的前途

(一)市场的需要

1. 琼胶藻类供不应求：从以上提供的资料，我们可以明显看出，世界各国的琼胶生产的大户日本，琼胶产量由世界产量的30%以上，而它的石花菜产量，虽然也是生产大户，占世界石花菜产量的20%，但只占世界总的琼胶藻类产量的10%。因而不能满足琼胶加工业的需要，即原料严重不足。又例如巴西、智利等琼胶生产小户，却占据着江篱生产的大户地位。显然必将发生原料海藻的贸易，所以日本每年从世界各地大量收购原料，其中以南美和非洲为重点。

据日本的贸易统计资料[5]，1970～1975年间，日本从各国进口的石花菜和江蓠，最高9656 t，最低额5761 t，进口的国家和地区达十余处。

日本大量进口制胶藻类的原因有二，一是石花菜的产量锐减，1967年的8672 t，到1976年的3500 t，减产达60%，江篱的产量也从1961年的2000 t，减到1976年的1000 t，减产一半，因此，不得不大量进口加以补充；二是日本为琼胶消费的大户。它有“羊羹、果酱、蜜豆”全国性的三大需消品，加上大约500 t以上的出口量，所以全年总需求量必须2200 t，才能满足市场的要求。

表6　日本进口制胶藻类的数量表(1970～1975)　t

国家	智利	阿根廷	南非	埃及	马达加斯加	葡萄牙	墨西哥	印尼	菲律宾	巴西
原藻	3102～3.917	452～2356	22～806	50～113	70～226	87～200	5～128	19～247	6～1407	189～2337

(三井物产，1977)

按日本需要琼胶2200 t计算，以1∶5换算成原料海藻，大约为11000 t，而它自己的生产只能解决4500 t，尚缺6500 t；只有依赖于进口，即60%的原藻靠国外供应，才能维持生产。据报道近些年来，国外原藻生产出现减退[5]，因此日本琼胶业已为原料问题所威胁。

由此可知，日本每年缺的6500 t原料，是目前世界上任何一个国家或地区的资源都是不能满足其需要的。即使像西班牙、阿根廷这样的生产大户，年产量也不过4000～5000 t。特别在浅水生长的江篱、极易采捞，又易为陆上排污所污染或受害，资源产量难以得到保障，因此，估计今后的琼胶藻类必将趋向日益缺乏的局面。因此养殖琼胶藻类作为原料出口，可以有稳定的国际市场。

2. 琼胶供不应求：日本不仅是生产琼胶的大国，同时也是进口琼胶的国家，例如，从1961～1975年进口琼胶量有逐年增加的趋势。1961～1963年，进口71～375 t。1964～1965年升至484 t，1969年增至619 t，1972年又增至

757 t,1973 年达到 858 t 为高峰,以后虽有所减少,但仍在 500～700 t。最近国外商人,要求我国每年供应琼胶 1200 t,即平均每月出口 100 t。这些情况表明,国际市场上至少需要 1700 t,因此琼胶出口大有可为。

3. 国内市场的需要:我国食用琼胶之消费量,已如前述,廿世纪初,即清代末年时期,从日本进口每年达 500 t,当时的人口大约为四亿,苦难的旧社会,我国尚要消耗 500 吨琼胶,现在人民生活大大提高,人口按十亿计,增长 2.5 倍,如果琼胶消费也按 2.5 倍计算也得 1250 t,加上新发展的食品工业,医药工业等大量需要,估计我国每年需要的琼胶数量,没有 1500 t 是不能满足市场的要求。这么大的数字相当于世界琼胶产量的 25%,这还没有计算沿海人民凉粉、梨糕等清凉食品之需要。

(二) 发展石花菜的前途

我国人民是世界上以勤劳著称的民族,在历史上创造了光辉的文化,在今天,又于自然条件非常不利的我国海域,创造了世界上海带生产最多的数量,有理由相信,在石花菜的养殖生产方面,于自然条件相当有利的我国海域里,一定会再一次创造出世界瞩目的一项新的海藻养殖业。

根据目前的客观需要来看,石花菜养殖业可能发展到什么程度呢? 仅仅按日本每年需 6500 t 原料海藻,国际市场上已提出由我国供应的 1700 t 琼胶,而 1700 t 琼胶按 5∶1 折合原料海藻 7500 t,国内市场需要琼胶 1500 t,折合原料海藻 7500 t,三者合计即需要琼胶藻类 22500 t(干重),这个数字接近于全球琼胶藻类产量 3 万吨之数,大大超过全球石花菜的产量(18000 t)。在自然界没有这样大的资源的情况下,不用人工方法是无论如何也解决不了的。因此,开展石花菜的人工养殖,有着广阔的前景。

根据以上所述,国内外市场对琼胶的需要量如此之大,自然资源又解决不了,因而只有通过人工养殖的途径才是唯一的出路,而人工养殖的研究,已度过了半个世纪,人工增殖也进行了上百年,这些历史经验告诉人们,再也不能走老路了,小改小革的技术手段是满足不了时代的要求,必须走能够大规模地、迅速发展的技术途径,这样的途径我国海带的全人工筏式养殖已经证实是可行的有效的,日本的第二大人工养殖海藻一裙带菜的养殖,就是根据我国海带的经验而获得成功的。因此有理由相信石花菜的养殖走筏式养殖的路也是可能的。

如果采用筏式养殖石花菜能够解决客观提出的庞大数量么? 回答是肯定

的。假如石花菜平均每亩年产量 0.4 t 干菜，大约有 60000 亩即可生产出现在客观提出的需要量。即 24000 t 干石花菜。回顾我国海带养殖的历史，70 年代的最盛时期，全国养殖面积 24 万亩，相对比较石花菜养殖面积区区 6 万亩，仅仅山东省也可能实现，这绝不是什么海阔天空的幻想，它应该成为我们第一个奋斗目标。

24000 t 干石花菜为第一个奋斗目标是完全可以实现的，它对国际市场没有什么竞争意义，是完全可靠的。每吨干菜产值以 6000 元计，每年可为国家创造 1.44 亿元的财富，这是十分诱人的前景。这一光荣而又艰巨的任务就落在我们一代人的双肩之上，让我们共同努力去承担这一历史重任吧。

参考文献

[1] 曾呈奎，纪明侯，张峻甫. 琼胶与琼胶工业. 中国植物学杂志，1950，5(2).

[2] 冈村金太郎. 趣味カウ见夕海藻と人生. 内田老鹤圃，1922.

[3] 殖田三郎，等. 水产植物学(水产学全集). 恒星社厚生阁. 1963.

[4] 高桥武雄. 海藻工业. 工业图书株式会社，1951.

[5] 日本三井物产株式会社. 关于石花菜. 油印中译本，1977.

[6] No buo Yamada, 1976: Harvesting and resource man agement of Agarophytes J Fish Res Board C, 1976, 33: 1024-1030.

(海水养殖. 1985，1:1-6)

解决石花菜苗种途径的分析①

石花菜是制造琼胶的上好原料，由于受天然资源的限制，要发展我国的琼胶工业，首先必须解决原料的生产问题。中外海藻养殖者均认为石花菜分枝筏式绳养，石花菜生长好，但苗种是其中存在的一个问题[2,7]。因此，作者对其进行了分析。

一、解决石花菜苗种的可能途径

石花菜苗种是指筏式分枝绳养需要的苗种，即养成需要的苗子。

农业及海藻养殖业都十分重视苗种的培育。对于培育适于移栽的苗种，一般的要求有两个条件：一是大小适宜，稍加适应性培育即可正常生长；二是苗全苗旺，能够多出苗，出好苗。对于培育苗种的方法则以宜于大量实施，成本低廉为原则。这些要求条件对于石花菜苗也是适用的。

根据石花菜养成技术的要求，以使用大规格苗种为宜，因为小的苗种经济不合算，易受敌害之干扰。石花菜的生物学特性确定它具有匍匐期，长度生长慢，因此生长时间长，养殖苗种有一定困难。生产实践要求我们解决大苗种，那么，如何解决大苗种呢？可能接近或者说较有可能性的途径有那几条呢？我们认为：有四个途径可供选择。① 自然繁殖的野生苗种；② 人工育苗；③ 留种连养；④ 人工保种。

二、途径的分析

以上提出的四途径，不可能是相同的，究竟何者最有实践的可能性，可作如下的分析。

---

① 本文为1981年作者于课题组苗种问题论证会上的发言稿，以后又经修改补充。

(一)自然繁殖的野生苗种

迄今为止,自然繁殖的野生苗种是研究石花菜人工养殖技术的唯一苗种。如果自然资源丰富,采捞野生苗容易,以野生苗种进行养殖是可行的。然而,我国的石花菜资源,多有分布,而无产量或产量不多。采捞野生苗种的主要困难为数量不足、质量不好(附着物太多)或受天气影响不能采捞等等,因而天然野生苗种来源的可靠性是很差所以作为一种养殖生产,完全依靠野生苗是大受限制的,也是没有前途的。但是有条件的海区,加以人工辅助,建设人工保护区或人工繁殖的苗种基地,作为一项小的集体事业,亦是可取的。

野生苗种基地的建立,应注意抓二个关键:一个是增加苗种的密度和扩大养殖面积。可以沉设成熟的种菜①,增加孢子来源,加大密度。同时,可以逐步投置人工生长基(如大石块,四面体的混凝土块)扩大养殖面积,增加苗种数量。另一个是人工保护减少损失。可以采取防浪措施,减少风浪的损失,以政府法令或集体公约,按计划进行开采,防止人为的不合理采捞。

建设自然苗种繁殖场的优点:简易可行,根据经济力量逐步扩大,因适于初期的人工养殖需要,特别在有优良自然条件的海区,不仅可以作为权宜之计,也可以作为集体单位(村、乡)的长期生产基地。

建立自然苗种基地是否可行?我们认为是可行的,有实践意义的。日本曾用此法进行生产,并且可以达到经济核算的程度[3],因此作为苗种生产就更为相宜。根据以上的理由,我们建议:有条件的海区,应该大力发展自然苗种基地,增加养殖苗种来源,满足生产发展的需要。

(二)人工育苗

解决海藻苗种问题的通用方法为孢子育苗如海带、裙带菜,石花菜的苗种当然也可以用孢子育苗的方法来解决。由于石花菜的特性,它的苗种也可以用另外的方法解决,因此产生优选的问题。

1. 孢子育苗:孢子育苗即从孢子开始到培育成苗种②。但孢子育苗更应从种菜培育开始。因而孢子育苗分为二大部分,一部分是关于种菜和采孢子方面,一部分是关于孢子培育和养成方面。

(1)种菜与采孢子的技术问题:

---

① 指形成孢子囊的成热种苗。

② 关于石花菜孢子育苗的问题,作者将另有专文进行讨论。

1）种菜的培育：大量人工采孢子，必须有充足的种菜，即有大量的孢子囊枝的种菜，例如我们需要于 8 月采孢子，那就必须于 8 月有充足能放散孢子的种菜，这就需要于事先培养，届时能够成熟。这需要培养种菜的工作和控制孢子囊形成与催熟技术。

2）孢子放散与制造孢子水技术：石花菜的孢子放散有两个特点，一是日周期以 11～16 时为重点[1,5,6]，二是一个孢子囊的孢子不是一次放散完毕，每次只放几十个，以后再放，一次的放散量小[1]。如何能够催促于一起大量放散，就像海带类植物，可以采用干燥刺激，迫使孢子同时大量放散那样，以便采孢子。

3）孢子囊成熟度的识别：有孢子囊，但不一定能放散孢子，它的成熟特征及其简易的识别方法需要研究。

不能解决这些问题，只能大量采捞天然野生的有孢子囊的种菜直接布满于苗帘上采孢子，这样，这一方法只能用于石花菜有一定产量的海区，而这样的海区是较少的，以它的广泛性受到很大的限制。

（2）培育技术的几个问题：

1）出苗不平均问题：由于孢子、采孢子和培育条件的差异，必然形成出苗的不平衡，即分为一、二、三等帘子及一、二、三类苗，甚至出现无苗帘，如何保证苗全苗旺，多出一类苗？怎样避免三类苗帘和无苗帘的出现？这是孢子育苗不可避免的结果，也是育苗必须研究的问题。

2）敌害的清除：从室内的孢子育苗到室外的幼苗培育，必将有大量硅藻及其他杂藻，甚至动物性附着物，这些问题是形成育苗不平衡的主要原因之一。

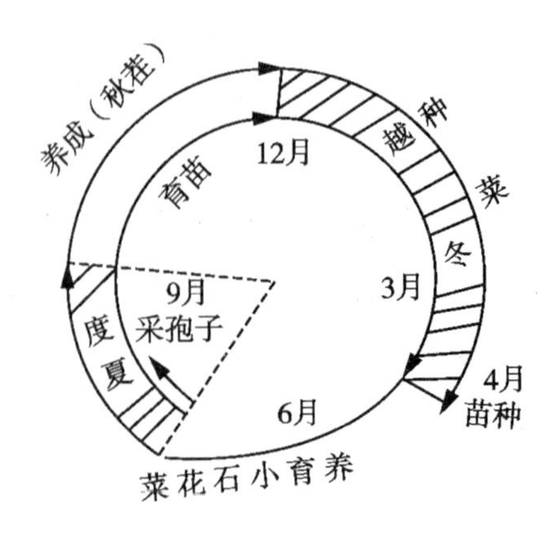

图 1　孢子育苗生产一次苗种需要 19 个月

石花菜的养成必须供应大苗种。根据图1孢子育苗可能要14个月或19个月的时间才能完成。养成时期的敌害如何解决？敌害不能解决，就可能在育苗绳上形成苗稀苗少和大段缺苗等现象。

3）度夏和越冬问题：第一是度夏。孢子育苗就必须度夏。因为秋茬养成9月上、中旬开始，即7～8月期间培育的苗基本长大，到9月长大的苗种(7～8 cm，棵重1 g)才能分苗，这期间一般说来动物性附着物很多，特别是苔藓虫类、水螅类、贻贝等大量繁殖，度夏的管理与安全可能形成问题。第二是越冬。长达4个月的越冬期，杂藻丛生，需要人工管理，这些都是孢子育苗不可避免的过程。它意味着敌害多与时间长。

4）经济核算问题：按一切顺利而言，需要19个月供应春茬苗种，即使最佳状态按14个月供应秋茬苗种来说，不计培育种菜，仅仅海上育苗和养成就需要12个月(365天)即超过分枝养成三茬(210天)的时间；为海带育苗时间的3倍，时间长，成本高，苗种贵是不言而喻的结果。

应该认识到石花菜孢子育苗与海带、裙带菜等不同，它不仅是培育幼苗，而且包含养成的内容，所以它时向长，问题多。仅仅形成幼苗作为养成的苗种是没有意义的。因而，作为苗种生产的方法，必须对以上问题得到技术验证，那时候才能说孢子育苗是否可行。因此孢子育苗作为解决苗种途径进行讨论，它属于问题多，时间长，任重而道远的一个途径。至于孢子养成直接收获生产的可行性，则不属本题的讨论范围。

2. 营养育苗。营养育苗是农业上应用相当广泛的一神方法，如果树、林木、花卉、蔬菜、薯类等种类均有，但海藻养殖业尚未被广泛采用，因此对棵数多，藻体不大的石花菜来说，似乎是理论方法，不易为人们所接受。

石花菜确实进行孢子繁殖，但也确实有营养繁殖，石花菜自然繁殖的新区，属孢子繁殖为主，对老区来说营养繁殖具有同样的重要性[4]。由于孢子育苗要解决一些孢子来源的问题，其优点则仅仅解决了一次播种问题，所以营养育苗省去采孢子及育苗中有待解决的问题如育苗条件、附着物问题等，而把力量集中于解决移栽问题上似乎更简易，而且赢得了从孢子到匍匐期的一段时间。

我们曾以器官培养方法[4]，培育成新的石花菜假根，然后移栽，培养直接到达孢子育苗的匍匐枝阶段，一句话营养繁殖能缩短时间，当然营养繁殖也要解决营养繁殖的一些技术问题如：① 生长基质；② 移栽技术；③ 培养条件等。

营养育苗作为一项新技术是值得进行探索的，但是营养育苗即使从匍匐期开始，当年也解决不了秋茬用苗种，因而也不属于最佳方法。

（三）留种连养

假设我们处于这样一种环境，水温周年在10℃～20℃，即相当于石花菜养殖的春茬和秋茬的养殖水温。那么，理应可以周年进行养殖。如果按一年养四茬而论，除了春茬和秋茬之外，还要增加夏茬和冬茬。这样，把每茬养成的菜，留一部分作为下一茬的苗种。这种营养繁殖方法，我们称为“留种连养”。因而留种连养就全部解决了石花菜养殖生产中的苗种问题。这是理想的苗种来源和解决的办法。

以上是假设，我们实际并不处于这样的环境之中。青岛地区的水温条件，夏季为21℃～27℃～23℃（7～9月），冬季为5℃～1℃～5℃（12～3月），显然冬季水温为石花菜生长的非适温，所以青岛不能养殖冬茬，可是如果在福建，浙江则有可能。按石花菜生长的适温与青岛水温的实际情况而论，青岛应该可以养殖夏茬。为什么不养夏茬呢？主要原因是夏季高水温时期是多种海洋动物的繁殖季节，大量附生动物向石花菜藻体上附着生活，石花菜无法生长，反被其坠掉，如果能研究防除的方法，解决了动物附着物的危害，利用最适温养成夏茬，则秋茬养成用的苗种问题就可能解决。

一年连养四茬的条件，我国黄海区是不具备的，而一年连养三茬。黄渤海区则有广大的海区，问题就在于解决夏茬的养成技术，这是值得研究的一个方向。总之，留种连养是理论方法，也是可实现的，我们应该打通这条渠道，因为它属于人工营养繁殖方法，途径是正确的。

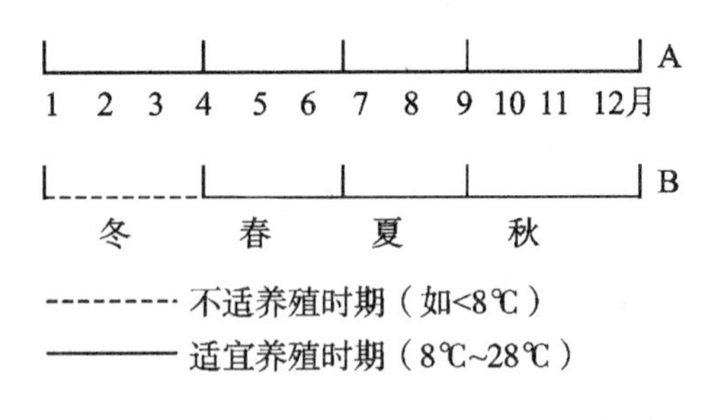

图2 A. 冬季水温＞8℃的海区可以连养；
B. 青岛12月～1～3月＜8℃不能连养

我国台湾江篱的池塘养殖、菲律宾的麒麟菜养殖即采用留种连养法，因此石花菜值得参考。

（四）人工保种

什么是保种？我们可以举例来说“夏茬”养成时期，海中有许多敌害，尚无法解决，但其苗种可以用人工方法保存起来，渡过多附着物的夏季留作秋茬的苗种；秋茬养成的苗保护越冬后，作春茬苗种，这种人工方法度夏和越冬，其目的是保存种苗作为下一茬的苗种，因此，我们称其为“保种”（图 3）

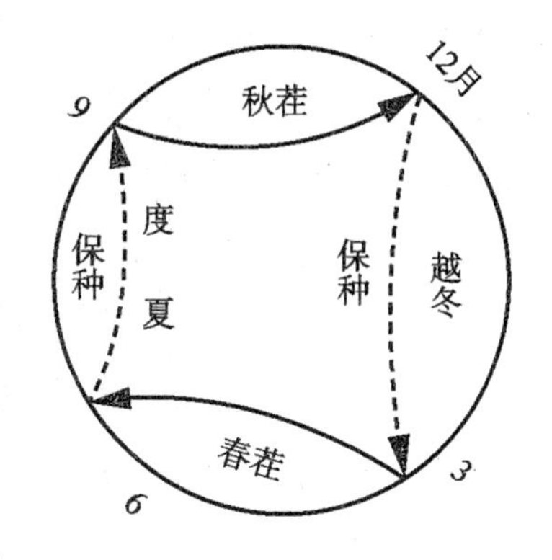

图 3　人工保种与养成的关系

1. 越冬保种：我国北方沿海石花菜可以越冬，保种是否必要？回答是肯定的，因为冬季低温限制石花菜的生长，在海面或海底浅水区的石花菜，往往受到冬、春季杂藻的附着，如硅藻、水云、点叶藻、囊藻、浒苔等把石花菜的藻体附着满，而看不出石花菜。避开附生藻类的附着水层，将石花菜置于深水层中越冬是必需的。自然繁殖于深水的石花菜，不受杂藻的附着，即为此理。

我国北方，石花菜是以停止生长的状态进行越冬的，所以越冬保种可以在自然海上渡过，但也可以在人工环境中越过。例如在室内，用过滤海水和较弱的光照培育，一定也可以越冬。然而，究竟是在自然海中越冬好，还是人工条件越冬好，需要进行研究比较。

我们认为：选择何种越冬方式要决定于各自相处的条件，例如海面结冰或冬季向风有浪的海区，海上越冬不便，可以采取室内水池越冬，如果像山东南岸冬季背风少浪的海区，海上越冬也是可以的，又如在水电费低的地方，采用水池越冬比海上越冬安全可靠。

不论海上越冬或水池越冬，关键问题是提高越冬效率，要求达到投资少，效率高，安全可靠。保种的天然缺陷是额外增加保种费，提高了养成的成本。

2. 度夏保种：野生石花菜，夏季生长旺盛，不存在“度夏”问题，但人工筏养的方法，水温超过 20℃时，大量动物性附着物长满石花菜藻体上，而且往往发生局部绿烂、掉苗等问题，因此度夏保种是解决问题的一种方法。

（1）陆上保种：陆上保种的优点是安全，不受夏季风暴影响，可以设想两种方案。

1）常温方案：陆上度夏采用过滤海水，比较容易排除海中附生动物。由于夏季水温为 20℃～26(27)℃～23℃，属于石花菜生长的最适温，为生理代谢最旺盛的时期，因而消耗大，所以充足的光照和供应大水量是不可缺少的条件，这就必须大面积培养。一个大水量，一个大面积，就给陆上保种生产带来了困难。

2）低温方案：低温可以降低代谢作用的消耗，小水量、弱光线的条件，即走小面积，高效率的途径。那么度夏需要研究的问题是什么？第一，多少温度适宜？第二，在低温条件下可以生活多长时间？第三，采用什么方式达到效率高的要求？这些问题只有通过实验才能解决，然后才能看出其实践性。

低温方案的天然缺陷与难以实践的问题是盛夏的制冷费问题。

（2）海上保种：石花菜在自然界不存在度夏问题，相反为生长的旺季，不过我们一直不能解决两个问题，一是模拟自然海底的形式进行养殖，一是消除动物因子的危害，能解决其中之一，即可达到我们的需要。

海上度夏保种与养殖“夏茬”的区别在于石花菜的生长状况，不论保种或养夏茬，目的都是给以后的养殖作为苗种。它的矛盾点在于解决附着物问题。附着物和安全问题是它的天然缺陷。

陆上低温保种必须经过实验后，才能进一步探讨，海上保种或养夏茬怎样解决附着物问题是研究的核心，海上保种与养夏茬不能决然分开，但保种不如养夏茬更为有利。

三、小结

以上提出讨论的途径都有可能成为解决人工养殖石花菜苗种的一种方法。作为研究苗种问题而采取的技术路线，怎样选择更为合理？

1. 建立天然苗种基地：选择资源丰富的海区、保护、增殖成为苗种基地，这不仅是目前的需要，也是水产资源保护的基本方针。

2. 人工保种：春茬苗种，主要解决越冬保种技术，陆上水池法，海上深水法甚至冷冻法都是可以研究的。秋茬苗种，以春茬苗进行人工低温保种度夏的研究及海上保种度夏都是可以进行探索的。但保种就要增加保种费，

3. 留种连养：在山东即养殖夏茬，夏茬解决了苗种问题迎刃而解，＞20℃在最适温中养殖是黄渤海的有利条件，海上保种与养夏茬的共同焦点在于防除附着物，因此，应该重点进行研究。

总之，苗种问题可以采用单一种方法来解决，也可以不拘一格地采取多种多样的方法来解决，最后在各地生产的实践中去选择综合与利用。

石花菜的苗种问题已经提到议事日程上来了，我们应该有所准备，这是长期以来久已渴望的事，也是我们奋斗的新目标。苗种问题解决之日就是全人工养殖完成之时.应选好路线向我们的目标努力迈进！

参考文献

[1] 李宏基,李庆扬.石花菜孢子放散的观察.海洋湖沼通报,1981,(2).

[2] 李宏基.石花菜人工养殖的研究与存在的问题.海水养殖,1981,(1).

[3] 李宏基,李庆扬,庄保玉.石花菜筏式养成技术的试验.海水养殖,1982,(1).

[4] 李宏基,李庆扬,庄保玉.青岛沿岸石花菜种群繁殖方法的研究.海洋湖沼通报,1983,(2).

[5] 须藤俊造.テングサの孢子放出,浮游及び着生.水日志,1950,15(11).

[6] 片田实.テングサ类の增殖ほ关する基础的研究.日本农林省水讲所研报,1955,5(1).

[7] Shunzo Suto. Mariculture of seaweeds and its problems in Japan. Proceeding First U. S. —Japan Meeting on Aquaculture. Tokyo, Japan. U. S. Dept. Commerce, NOAA Technical Report NMFS CIRC, 1974, 388: 7-16.

(海水养殖.1987,1:1-6)

青岛沿岸石花菜种群繁殖方法的研究[①]

一、问题的提出

1. 石花菜多分布于开放海岸的岩礁上，属于一种好浪藻类。它分为孢子体和雌、雄配子体。雌配子体成熟的果孢受精发育为囊果，放出果孢子，萌发后长成孢子体。孢子体成熟放出四分孢子，萌发后长成雌、雄配子体。因此一般说来，这些藻体是孢子繁殖的结果，靠孢子子繁殖维持种群的存在和资源的稳定。

青岛团岛湾的大黑栏海区，是石花菜分布较多并经常受海浪冲击的地带，每逢南风来临时，大风浪反复冲击，海滩上总是打上许多石花菜，为什么石花菜大量被冲上岸呢？从生活条件来看，石花菜分布于波浪汹涌的海区，容易受到损失。从冲于海边石花菜各部分来看，枝密且坚韧，所以主枝、分枝和假根均较完整，很少见到断枝或无根的情况。石花菜的假根纤细，尖端部脆弱，惟断者甚少。但是显微观察，多少总有几根无附着器的断根：其他多数假根完整，而且附着一些小的细砂颗粒，表明此海区石花菜的假根多数附着于沉淀小颗粒上，只有少数假根附着于岩石上，所以易为风浪打断。风浪过后再看海底的石花菜，数量确有减少。

这样海区的石花菜，如果说是靠孢子繁殖的话，那么一年中不论什么季节，一遇到大风浪就大量被打上岸，难以保证有足够数量的种菜，达到成熟并放散孢子。根据石花菜生活于向浪海区的习性，但又损失于风浪，令人怀疑它靠孢子繁殖来维持种群的繁茂。

2. 为了解决以上的疑问，1979～1980 年，我们于大黑栏海区，趁特大干潮时多次进行现场调查，都未发现当年生的，成片分布的群体，如果石花菜主

① 实验工作有唐汝江、李林同志参加。部分照片为赵述风同志拍摄。

要靠孢子繁殖，而孢子放散的时间又集中在一天的中午前后[4,5,6]，它又是低潮带下夏季到初冬期的优势种，那么海底岩礁上，必然有大小相似的幼苗成片的发生，既然无此现象，表明石花菜的孢子，在此海区不能成片的附着和发生生长。从而石花菜无法靠孢子繁殖维系其种群的发展。

3. 殖田(1963)于日本的调查材料表明，石花菜分布的海区中，一般以一棵带有囊果的雌配子体，与 10 棵以上不足 20 棵带有四分孢子囊的孢子体比例分布着[9]根据我们在青岛沿岸的调查，也得到类似的结果。

表 1　青岛大黑栏石花菜两种藻体的数量比较　　单位:棵

采集日	1980 7.3	7.18	7.30	8.7	9.24	合 计	比例	
棵数	101	205	247	318	296	1167	100	
四分孢子体	66	195	187	274	217	939	80	100
囊果配子体	5	10	11	8	15	49	4	5

表 1 说明:大黑栏海区的石花菜，带有囊果的雌配子体，占总数的 4%，四分孢子体约占 80%，即 1∶20 的比例形成种群。两种藻体的比例与日本的情况相同。

因此，又形成以下的问题:石花菜的自然种群大多数为无性孢子体组成，而带有囊果的雌配子体却极少。占 80%的孢子体放散的大量四分孢子为何只发生 4%的雌配子体？占 4%的雌配子体形成的囊果及果孢子为什么能发生 80%的孢子体？这能说石花菜是靠孢子繁殖吗？

根据以上三项事实都对石花菜主要靠孢子繁殖提出怀疑。因而探讨石花菜的繁殖方法是很有必要的。

二、理论分析与调查研究

以上三个问题的实质，是否定孢子繁殖维系石花菜的种群。现在我们分析这三个问题。

1. 关于孢子繁殖:首先假设是孢子繁殖，将出现什么结论呢？

从理论上分析:石花菜在常年受风浪冲落损失的情况下，如果只依靠繁殖季节(7～9 月)的孢子繁殖得到补充，则每年种菜的资源数量是不会一样的。一旦，一年种菜少，或者繁殖期发生海况的变化，而不利于孢子的传播、发生，或者受敌害的危害时，就很难使石花菜的资源，保持比较稳定的状态。

从实际的情况看，只依靠孢子繁殖也不符合以下的事实。

(1) 山东南岸,从即墨到海阳一带,群众有用长柄铁耙采捞石花菜的习惯,已有20年的历史,使用这种工具常年作业,加上风浪的损失,必然出现产量逐年下降的趋势,但资源仍比较稳定。

(2) 根据许多潜水采捞石花菜有经验者说,石花菜多的岩礁年年多,少的年年少。又有的反映,今年把这一地块的石花菜全部拔干净,明年也不会出现绝种的现象。

(3) 有的潜水采捞石花菜者说:石花菜越采越旺盛。

这三种反映,不论是否全部属实,其共同点都与孢子繁殖说相矛盾。

根据以上所述进行推理,石花菜的自然繁殖,并不靠孢子繁殖来维系。

再讨论石花菜的自然种群中,孢子体数量多,而配子体数量少的问题。据渡边的调查,一棵雌配子体上的囊果放散的果孢子,与一棵四分孢子体放散的四分孢子大体相同[8]因此就石花菜的生活史而论,孢子体与配子体的数量比例应该大体相等。但实际上的孢子体占80%,为什么实际与理论不符?显然用孢子繁殖是不能解释的。根据孢子体的数量多的事实来看,理应由大量的果孢子萌发而来,而带囊果的雌配子体的数量又极少,只占5%,无从出现大量的果孢子,因而孢子体的来源无据。如果认为:5%的雌配子体上的囊果,放散的果孢子就足以发生80%的孢子体,那么道理相同,80%的孢子体放散出四分孢子,起码应多于果孢子,为什么却发生了极少的带有囊果的雌配子体?因此可以得出结论:大量的四分孢子没有起到繁殖的效果。据此推论,大量的孢子体并不完全来自果孢子;同理,数量少的雌配子体,亦不一定来自四分孢子。根据石花菜生活史分析,可以认为稳定石花菜资源起主导作用的,不是孢子繁殖。

总结以上的两个问题,结论是明确的,石花菜种群的繁殖,主要靠孢子繁殖的理由是不充足的。

如果结论是正确的,现在要问,难道孢子不能繁殖下一代吗?为此1980年7~8月,我们先后三次向石花菜繁殖区投置混凝土块自然采孢子,于11~12月检查,都发生了大量石花菜幼苗及匍匐枝,证明孢子是有效的繁殖方法。自然繁殖区有大量的石花菜孢子。为什么天然岩礁上没有大量成片的石花菜幼苗或匍匐枝出现呢?只能解释为岩礁表面有沉淀物或被敌害生物所占据,石花菜绝大多数的孢子只能沉落于沉淀物或被敌害生物所占据,石花菜绝大多数的孢子只能沉落于沉淀物或其他生物体上,由于生长基不适不能成片地发生生长。

2. 关于营养繁殖:以上分析本海区石花菜的自然种群,主要靠孢子繁殖是不能成立的,必然还有第二种繁殖方法。大家知道石花菜也可以进行营养繁殖。冈村(1911 年)曾剪取小枝撒于石块上,再用专门加工的方石块,压住石花菜小枝,进行实验。最后看到一棵长出新假根的小枝附着于石块上[5]。片田(1955)用绳夹住石花菜小枝,压在混凝土砣子上,以后小枝直接附着在砣子上,小枝又变态成为假根直立长成一新植株[5]。这都证明石花菜小枝的营养繁殖。但是,剪下的小枝或者由小枝变成的新植株,在自然界里都不可能大量出现,更不能成为主要繁殖方法来维持藻场的繁茂。

日本的殖田(1943)的实验观察认为[9,10]:石花菜萌发孢子以后,长成直立体,再于直立体的基部发生匍匐枝,匍匐枝可以生长,其上又发出新的直立体,形成匍匐枝繁殖。当直立体枯萎后,残留下匍匐枝,翌年再从匍匐枝发生新的直立体。山崎等研究新投石区孢子体与配子体的比例变化,以后得出结论,孢子体的数量多是由于它的匍匐枝繁殖能力强所致[11]。从而认为主宰石花菜的繁殖区应为匍匐枝。须藤把石花菜的生活史增加了三种藻体的匍匐枝循环[6]。匍匐枝繁殖为营养繁殖,营养繁殖可以解释以上三个问题中的两个,即种群中孢子体与配子体的比例和自然海区中看不到成片的小石花菜。这两点是孢子繁殖所不能解释的。

如果匍匐枝是主要的繁殖方法,那么海底岩礁上应有大量的匍匐枝①,或者至少每棵石花菜的假根附近,都有一些匍匐枝,为了考察这一点,我们于 1979 年 1 月 10 日,趁特大干潮时到大黑栏石花菜繁殖区进行调查。我们虽看到一些匍匐枝,但并不是每棵石花菜假根下都有匍匐枝,匍匐枝与石花菜的关系,可以归纳为:① 大棵石花菜下有匍匐枝;② 大棵石花菜下无匍匐枝;③ 小的直立体下有匍匐枝;④ 匍匐枝单独生活。这表明匍匐枝的来源,不仅来自小的石花菜的基部,还有其他来源。如果匍匐枝来源于孢子,实际是孢子繁殖,这样分析与以上所说独立承担维持种群的繁茂相矛盾。

1980 年 8 月 19 日,我们又潜水找到生长在石块上的石花菜,经过洗净后,铲掉杂藻,留下石花菜时,根部附近只有极少毛状假根,难以肯定为匍匐

① 根据作者(李),1954～1958 年于小黑栏附近调查低潮带的石花菜时确有大量匍匐枝存在。但 70 年代末,这一现象可能因受污染已消失。

枝，有的除了假根之外，什么也没有，有的匍匐枝很少。总的说来匍匐枝是不多的，这与我们在冬季低潮带附近观察的结果相同。1980 年 12 月 23、25 日，再次趁特大干潮，对大黑栏现场进行补充观察，仍然证实以前的观察是无误的。

因此，认为匍匐枝是主要维系石花菜资源的繁殖方法，没有找到足够的根据。

三、假根的再生繁殖

(一) 假根再生繁殖的推理

由于实地调查否定了本海区匍匐枝的主导地位，因而可能还有另一种营养繁殖方法，但根据我们掌握的文献尚无这种报导。

现在研究本文提出的第一个问题，即大风大浪冲掉海底石花菜的事实与生活于向浪海区的矛盾，应该是不利于石花菜种群的发展，既然如此. 石花菜生活于这样的海区岂不是生物与环境统一的观点相矛盾?

事实大黑栏的石花菜，既看不到成片同样大小萌发的幼苗，又看不到许多匍匐枝，而石花菜资源比较稳定。这就是说，客观事实回答这两个疑问是肯定的形式。即大风浪把石花菜打上岸无损于种群的繁殖和发展，生物与环境是统一的，因此可以说，多数石花菜的多数假根附着不牢，被风浪冲到岸上并无碍于种群的繁殖。或者说，石花菜靠少数附着牢的假根生活，当藻体长大时，大风浪把附着牢的假根打断，藻体流失，但无碍于资源的稳定。为什么? 可以解释为:断下的残根留于海底岩礁上，再生长成一棵新植株，所以无损于石花菜种群的数量。因此生活于大风浪海区不仅是石花菜生态、生理的需要，而且对繁殖也是无碍的。

那么大风浪对种群是发展还是维持呢? 假设有一根假根被打断，残存部分能再生长成一棵新植株，就是维持。如果有一根假根被打断，而长出二棵，就是发展。发展就可以称为“假根的再生繁殖”。

如果假根再生繁殖成立。对解释海底孢子体的数量多，并且保持长期不变，也是合理的。因为假根再生，属于营养繁殖，而营养繁殖不改变原来的性别。这样在沉淀较多的海区，虽然看不到成片附着发生的当年苗，但无碍于资源的稳定。从而对以上提出的三个问题，都得到了解决。由此可以得出结论:假根的营养繁殖，很可能是本海区石花菜的重要繁殖方法。

(二)假根的断尖调查

如果石花菜的假根进行营养繁殖,风浪冲击或人采石花菜时,是否假根有断根现象?即使有而它又具有多少实际价值?由于石花菜分布的水层较深,残根很小,很难进行实地调查因此我们采用间接方法,从采捞的石花菜中任意取 40 棵用显微观察假根断尖情况。

表 2 中的结果表明,一棵石花菜平均有 7%～15%的假根被采捞或被风浪拉断,这 40 棵力殆无不断根的例子,被拉断的根尖数量与棵数的比较,约为棵数的 1.5～3 倍,如果按断尖的假根数量之中的一半,可以顺利的萌发生长计算,仍然比被采走的棵数多,因此假根繁殖以保证石花菜繁殖场的资源。

表 2　采捞石花菜时假根的断尖情况

次	日期	假根＼棵	1	2	3	4	5	6	7	8	3	10	合计	比例
1	9.4	假根数	30	20	26	30	33	13	30	21	26	39	218	100
		断尖数	3	2	2	2	2	2	7	8	3	2	33	15
2	9.6	假根数	23	16	15	11	20	17	18	20	15	10	141	100
		断尖数	3	4	1	1	2	3	2	2	1	2	21	14
3	9.11	假根数	12	36	13	26	22	24	19	20	21	16	209	100
		断尖数	1	2	1	2	1	1	1	3	3	3	18	8.6
4	9.11	假跟数	33	19	31	30	22	16	12	11	11	10	195	100
		断尖数	1	1	1	1	1	1	1	5	1	1	14	7.1

(三)假根再生繁殖的证实

石花菜假根再生的营养繁殖,经过实验证明它包含以下的内容:① 假根能形成匍匐枝。② 假根能长成直立体的石花菜。③ 假根的尖端部分留在海底的小段能继续进行生长并长成幼苗。

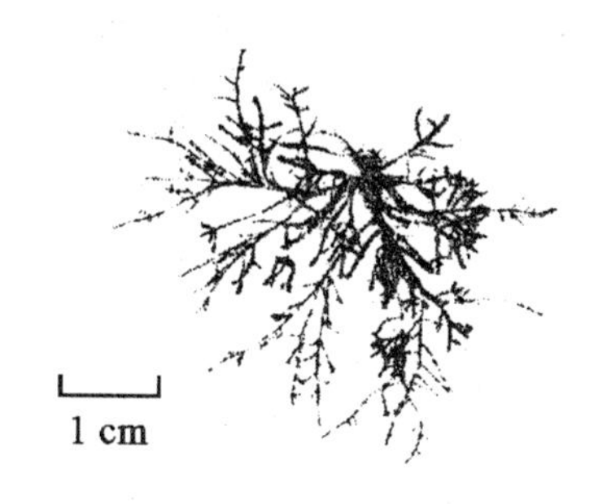

图版 1　完整的假根,剪掉主枝之后,经海中培养,长成的匍匐枝(1979.9.20～10.22)

为了证实石花菜以假根进行营养繁殖,我们进行了以下四个实验。图版 1 完整的假根,剪掉主枝之后,经海中培养,长成的匍匐枝。

(1) 假根形成匍匐枝的实验:1979 年 9 月 20

日，我们把采得的石花菜，剪下假根部分，把假根上附着的小石、砂砾洗净，夹于细尼龙绳，并固定在混凝土砣上，经过 32 天的海中培养，假根全部变成毛状的，分歧复杂的匍匐枝（图版 1）。

（2）假根形成直立体的实验：1980 年 4 月 17 日，我们用同样方法处理假根。于海上培养 60 天，假根全部变成了直立的石花菜（图版 2）。

图版 2　完整的假根，剪断主枝（下部的粗枝），经海中培养，长成的幼苗（1980.4.176.16.16）

以上实验表明，石花菜的假根可以独立生活，而且可以变为匍匐枝或直立体。但是有条件的，因而自然界不会出现大量的假根变态。

（3）小段假根的培养实验：1980 年 8 月 8 日，我们把采捞的石花菜假根洗净，用剪刀从假根的尖端部剪成 1～2 mm 的小段，放入 500 mL 三角瓶中，加消毒海水通气培养，到 8 月 23 日即 15 天后，所有的假根小段，都有了明显生长，一般达到 10 mm 以上，有的有分歧并长到 3 mm。证明假根即使断成 1 mm，亦可进行再生长。将其移植在人工生长基上，即长成直立幼苗（图版 4）。

图版 3　剪成 1～2 毫米的假根（黑粗部分），经通气培养，15 天后生长的情况（1980.8.8～8.23）

图版 4　剪成 1～2 毫米的假根小段，游离培养长到：1～2 厘米，移植到新的生长基质上，长成直立的幼苗（1980.8.23～12.15）

（4）海底的培养观察：8 月 22 日，在石花菜分布海区采捞 2 块生长石花菜的石块，经清除杂藻和沉淀物，用绳标定位置后，拔去石花菜，再用水冲洗观察，拔后的石花菜都多少留有一段或长或短的假根。然后把石块再移回海上继续培养，10 天后，断后的残存假根，都有明显生长，半个月后与室内培养者相同，亦变为匍匐枝，一个月后，肉眼可以清楚看到小形直立体，证明假根的营养繁殖。

四、营养繁殖的生活史及其意义

（一）营养繁殖的生活史

假根如何完成石花菜的生活史，以维持种群的繁茂呢？通过以上实验证明石花菜被风浪流失以后，断后残留的假根在适宜条件下，立即进行生长，变为匍匐枝和直立体幼苗而继续生长，这是主要的形式。

新一代的直立幼苗的数量可能有多有少，但据实验证明：一段假根形成匍匐枝可以长出多棵幼苗。假设其中的一棵长大，就足以维持种群的繁茂。

另外，石花菜繁殖场还存在假根附近有附属的匍匐枝或小的直立体的情况，当大的藻体流失以后，除留下少量残余假根之外，匍匐技和小直立苗也可留于岩礁上继续生长。匍匐枝繁殖是营养繁殖的一种方法。在其他海区我们不排除匍匐枝繁殖可能成为主要的方法。但在本海区匍匐枝繁殖则属于次要的方法。

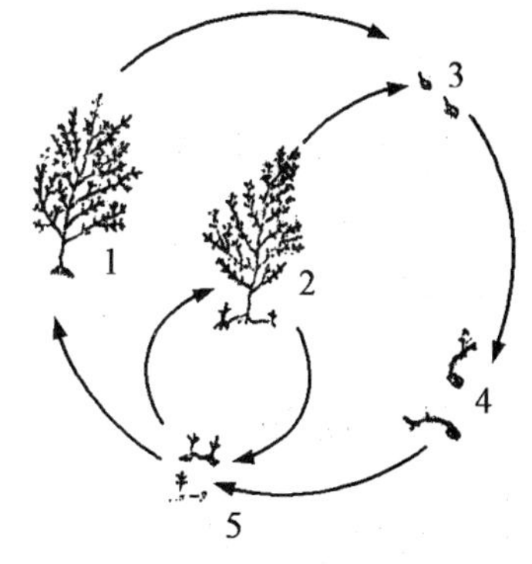

1. 石花菜的成株；2. 带有匍匐枝的石花菜；3. 经风浪或人采以后，留在海底上的断根部分；4. 假根断后的残存部分，长成匍匐枝；5. 匍匐枝长成直立的幼苗

图 1 石花菜营养繁殖的循环

石花菜的营养繁殖，主要是假根再生繁殖和匍匐枝繁殖两种形式。小枝变态为假根再直立为新植株和假根变态分生成直立体的均极稀少。因此，我们把再生假根和匍匐枝的繁殖，作为主要营养繁殖图解成图 1。

（二）假根营养繁殖的意义

1. 假根的再生繁殖比孢子繁殖具有以下的有利条件：

（1）生长快：孢子繁殖是从 30 μm 的孢子到匍匐枝，经过相当长的微观时期，而假根是从几毫米开始生长，省去了几十天的微观发育时期，直接长成可见的匍匐枝。

（2）可靠性大：本海区的岩礁面，多为生物所占据，或为沉淀物所覆盖，除了新投石及其他新的生长机制外，看不到成片的石花菜发生，有些零散分布的小藻体也难以断定为孢子繁殖的结果。但是风浪或人工采捞拔断的假根，则于原来的生长基上继续进行再生长，由于条件适宜，生长快，战胜敌害能力强，因而安全可靠。

(3) 繁殖期长:孢子繁殖有严格的季节性,超过时期就不能形成孢子,而假根繁殖的条件基本与孢子繁殖相同,但超过繁殖期,假根和匍匐枝仍能生长,或潜伏于海底越冬,因此假根的生长繁殖实际形成周年性的。这一点也经实验所证实。

2. 石花菜被打到岸上,部分假根折断留在海底,相当于新播种了一茬更多的小苗种,在夏秋季大约有半个月到1个月,就可以长成直立体石花菜,形成一场自然更新种群的现象,从而使自然种群长期保持旺盛的生长力和繁茂的群体。

3. 假根的营养繁殖是石花菜自然种群的一种繁殖方法。因此,模拟这种方法和繁殖原理,进行人工的营养育苗应该可以成为人工培育石花菜苗种的途径之一。

五、结论

通过研究,得出了石花菜一种新的繁殖方法。即假根的再生营养繁殖。它与孢子繁殖一样,可以完成生活史的循环,所以它是一种重要的繁殖方法。

根据以上的工作,我们认为,石花菜的种群是以多种方法进行繁殖的、类似沉淀较多海区,以假根再生营养繁殖为主,孢子繁殖和匍匐枝繁殖为辅的多种方法,共同维系种群的繁茂。

参考文献

[1] 曾呈奎,等.中国经济海藻志.科学出版社,1961.

[2] 方宗熙.普通遗传学.科学出版社,1978.

[3] 广濑弘幸.藻类学总说(第二版).内田老鹤圃,1975.

[4] 李宏基,李庆扬.石花菜孢子放散的观察.海洋湖沼通报,1981,(2).

[5] 片田实.テンダサ类の增殖に关する基础的研究。农林省水讲所研报,1955,5(1)(下关).

[6] 须藤俊造.沿岸海藻类の增殖.日本水产资源协会丛书.1956.

[7] 井上实.采藻渔业.水产讲座,渔业篇.1948.

[8] 渡边一.伊豆地方に于ける石花菜渔业に就いて(一).乐水,1941,36

(11).

[9] 殖田三郎,等.水产植物学.厚生阁恒星社,1963.

[10] 山崎浩,大须贺穗作.天草增产に关する基础的研究投石场におけるマクサの囊果体と四分孢子体の出现比率について.日水志,1960,26(1).

STUDIES ON THE PROPAGATION METHOD OF POPULATION OF GELIDIUM AMANSII LAMX. ALONG QINGDAQ COAST

Li Hongji Li Qingyang and Zhuang Baoyu

(Shangdong Marine Cultivation Institue)

Abstract The present paper reports the results of observations on the natural propagation of *Gelidium amansii* Lamx. The authors found a new propagation method of this species. It is that a pice of rhizoids grows again when snapped by raging waves or by man′s gathering and which fronds were separated from natural bed.

Our experiments prove that a pice of rhizoids grows and changes into one or more young sporeings. This fact made us believe that the vegetative reproduction method of rhizoids in some places along Qingdao coast is more important than that of by the branches under certain conditions as per Katada report and also by the creeping stolons.

合作者:李庆扬 庄保玉

(海洋湖沼通报.1983,2:51-58)

石花菜孢子育苗的问题及其解决的办法[①]

一、前言

研究石花菜(Gelidium amansii)以孢子育苗方法进行生产,首先应研究这种方法存在的问题及其解决的办法。讨论这一问题,作者认为从石花菜的孢子育苗与其他海藻孢子育苗的异同,根据黄渤海区的自然条件,确定石花菜孢子育苗应用于生产应达到的指标,明确以上概念之后,再讨论对达到指标过程中存在的问题并提出解决的办法。本文的前言部分即叙述概念与标准。

(一)不同海藻的孢子育苗产生的问题不同,效果也不同

海带类植物一般均用孢子育苗进行苗种生产,因为利用孢子繁殖有五个有利条件:一是孢子放散量大;二是可以集中放散;三是幼苗生长快;四是幼苗下海后的温度有利于幼苗的生长;五是幼苗生长期没有动物危害,耐弱光的杂藻少。裙带菜则没有海带那么多的有利条件,虽然它的孢子放散量大而且集中,幼苗生长也较快,但是幼苗形成后的温度往往有利于生长,但不利于幼苗度夏,或者不利于幼苗的形成,在敌害生物方面,既有动物也有杂藻,影响幼苗的发生,所以育苗效果比海带差,育苗技术的难度也较大。

紫菜又有它的持点,紫菜幼苗下海后与绿藻类争夺生长地盘,同时幼苗与菌类的繁殖相矛盾,所以形成幼苗期杂藻占据网帘,或者出现烂苗,一般采用冷冻育苗网作为储备,受害之后,以备用网代替受害网。由此可见,同是孢子育苗方法对不同的海藻产生不同的问题,其效果也是不同的。然而以上三种海藻的共同点为幼苗达到可见程度后,藻体薄,生长快,不久即转入养成阶段。

石花菜与以上藻类比较有其特殊性,最大不同有两点,第一,以上种类海藻属于冷温带—暖温带的植物类型[4],即秋末冬初发生,冬春季生长;石花菜

① 本文初稿写于1982年1月。极据育苗工作的进展,1986年作了补充和修改。

类为暖温带—亚热带植物类型[4]，即夏秋季发生，冬季停止生长，翌年的春末到夏秋季生长。第二，以上种类海藻幼苗期生长快，石花菜则分为匍匐期与幼苗期，匍匐期从纤细到增粗呈丝状体，而且不满足其光照条件可以长期处于这一阶段。进入幼苗期，形成多生长点的幼苗，所以石花菜培育幼苗比较复杂，需用较长的时间。例如，海带幼苗下海后仅用一个月完成幼苗期的培育，而石花菜下海后，育苗尚未完成，继续在海上培育 4 个月还不易达到海带幼苗长度指标的 1/5。

因此，石花菜的孢子育苗与以上海藻类的孢子育苗虽有共性但其特殊性是主要的。

（二）黄渤海区的自然条件与石花菜育苗的关系

石花菜生长的最适温与发育的适温是一致的，即均在高温的夏季。因此成株石花菜的发育成熟占去生长最适温期的一段时间，采孢子育苗又占去一部分时间，所以幼苗形成后可供其生长的最适温时间是有限的，还要依靠生长的低适温（20℃以下至 8℃）时期。水温降到 8℃以下为生长的非适温，因而当年长为成菜（7～8 cm）比较困难，但是这种条件对海带、裙带菜、紫菜的生长则持续不停直至衰老。

除温度条件外，还有生物因素的影响，当石花菜幼苗处于越冬状态，此时冷水性和冷温带海藻则发生生长。1 cm 以下的石花菜幼苗，以初级假根及纤细匍匐枝固着，经不起杂藻的繁殖，不仅遮光影响幼苗生活，而且占据其地盘，苗越小、愈稀被害愈严重，结果石花菜幼苗缺苗断垅或者苗稀而杂藻丛生。如果当年长至匍匐枝则翌年苗绳上可能形成稀稀拉拉的幼苗。如果达不到可见大小，翌年则难见其苗。

（三）孢子育苗的指标问题

孢子育苗一般以苗的大小、密度、活力三个指标衡量育苗的技术效果。

活力以藻体伸展，色浓，固着牢固为标准。而通常主要重视大小与密度两个指标。

幼苗大小以海带而论，出库大小应在 5 mm① 以上，海上育苗到 20 mm，育苗结束。裙带菜育苗大小为 1 mm 以上，海上育苗到 15 mm。石花菜营养枝养成的苗种为 7～8 cm，孢子育苗当年不易达到如此大小。孢子育苗的指标

① 70 年代订为 20mm。

订为 2 cm 以上进行直接养成较为适宜，其理由有以下两点：

（1）这样大小的苗可以养大为成菜，对育苗者来说也是可以达到的指标。

（2）较大的幼苗能与杂藻附着物作斗争。放养苗越小，养殖生产过程越容易受害，不能保证越冬，即达不到应用价值。

作者曾提出 1～2 cm 幼苗作为育苗的指标[1]。因为 1～2 cm 苗从主枝基部新生较粗的假根，附着比较牢固。但 1 cm 左右的幼苗于越冬时，仍易受害而脱落。如果指标订为 3～4 cm 也是适宜的，我们曾于当年培育到 6 cm 的幼苗[2]。这样的大小可作为第二指标。密度即育苗量的指标。表达密度状况第一应限定时间，再应包括三种内容：一是单位面积或单位长度的苗绳中的出苗量；二是出苗的均匀程度；三是达标的总数量。可进一步作以下解释：

石花菜幼苗及匍匐技越冬后有脱落，即密度有变化，应该以越冬后（4 月 20 日后）为标准。12 月上、中旬越冬前可供参考。

出苗量，指每厘米育苗绳上出 2 cm 以上大小的苗数。如＞3 cm 苗平均有 1 株为合格，2～3 cm 苗达到 2 株，1～2 cm 3 株为合格，＜1 cm 不计数。均匀程度，要求出苗基本齐全，大体一致。如必须无空白苗绳，很少出现空白绳段。达标总数，指达到大小及出苗量指标的苗绳占总育苗绳量的百分比。比喻达标的占 60%～70%，可视为技术不佳，达到 80%以上为优良，达到优良并经得起重复者为技术过关，经不起重复者为技术不过关，只有技术过关始应投产。

根据石花菜孢子育苗的特殊性，即内在因素特点与自然环境条件的特点，推断出合理的指标，再研究育苗的具体技术，就容易说清问题。

二、采孢子的问题

石花菜采孢子包括两个方面的内容，一个是采孢子技术，即怎样进行这一工作，它的理论根据以及其中存在的问题；另一个是采孢子选用的材料，即亲株种菜的选择，及其孢子对育苗过程、幼苗生长的影响等等。

（一）人工促孢子放散的技术

石花菜孢子的放散规律，日本的须藤与片田于五十年代已有详细的研究与报道[5,8]，大约于每天的午前 1 小时到午后的 4 小时这段时间内为孢子的放散盛期。我们一般都利用这一段时间采孢子。但采到的孢子有时多，有时少，又不能人工加以辅助促使其集中放散，这就形成采孢子不均，密度不易控制，保证不了采孢子质量要求。为了解决这一问题，只能以大量带孢子囊的小枝布满育苗器进行采孢子。

利用石花菜排放孢子的规律可以达到采孢子的目的，但既不方便又缺乏可靠性，所以还应进行成熟与排放孢子的研究。

(二) 四分孢子体与四分孢子的问题

自然生长的石花菜种群，以四分孢子体为主所组成，四分孢子体约占80%，带有囊果的雌配子体只占4%，即20株四分孢子体搭配1株有囊果的配子体(果孢子体)[2]，因此，采孢子主要采了四分孢子，果孢子的数量寥寥无几！而采四分孢子则存在以下的问题。

1. 不放散与不附着问题：四分孢子体为无性藻体，它的孢子从四分孢子囊小枝的营养细胞转化而来。经显微观察，孢子囊成熟良好，但是往往采不到孢子，特别是初夏采孢子有困难，1981年我们就遇到2次。

采孢子成功，获得了大量的四分孢子，但又会遇到不附着的问题，虽经一夜的附着时间，四分孢子不向生长基(玻片)上附着，并随水流动，采孢子仍然失败。这种现象我们于7～8月初海底上采的自然石花菜也遇到2次。

一般说来不放散多为成熟不好所致，不附着则为成熟孢子未具排放条件，采孢子时释放出过熟孢子或者不熟的"流产孢子"，孢子已无力附着，因为石花菜孢子必须自行移动，寻找附着处之后才附着的，它失去这种移动能力即失去短时间内附着能力。因此对四分孢子的放散、成熟等规律需要进行深入的研究，仅仅停留在自然放散规律的水平上，往往解决不了采孢子中遇到的问题。

2. 四分孢子萌发初期成片死亡的问题：放散并且附着于生长基上的四分孢子，在萌发和微观生长时期，往往于育苗器上出现成片死亡现象。从逻辑关系分析，四分孢子成片死亡应是不附着的继续，是孢子生活力弱不能完成全部变态的反映。

3. 四分孢子的后代问题：有两个问题值得注意：① 四分孢子中的一对孢子将萌发长成雄性配子体，另一对则将长成雌配子体。根据实验证明：雌配子体的生长能力低于四分孢子体①。因此，用生长力低的配子体作苗种就意味着产量的减低。对育苗者来说即用的种菜不适宜，对养成者来说即用的苗种不适宜。② 据日本山崎浩投石繁殖石花菜的研究中指出[7]：新投石块第一年

① 报据李宏基等未发表资料(1981)。

发生的石花菜，雌配子体占40%，三年后再调查变成接近自然界的比例，即配子体大幅度减少。山崎浩认为：这是石花菜配子体的匍匐枝繁殖力低所致。如果山绮分析无误则采孢子育苗绳上的配子体，由于连续采收而其匍匐枝繁殖力低，将来可能被杂藻所代替，形成不能多年繁殖不能连续采收的结果。

三、种菜的培育问题

为什么要进行种菜的人工培育？这是孢子育苗的特性所决定。

（一）为了广泛开展孢子育苗

在无石花菜分布的海区或分布量少的海区进行孢子育苗，必须解决种菜的人工培育，否则育苗范围是很狭窄的，效果也不会很好。因为直接运大量种菜，时间短、温度高，作业困难，大量挑选成熟种菜需要相当大的人力，大量采捞自然生长于海底上的石花菜，往往受天气海况的影响。因此人工培育种菜是必需的。

（二）采孢子存在问题的需要

1. 早采孢子并获得好的效果：在黄渤海区孢子育苗，当年必须达到2厘米以上的大小，否则越冬及养成有困难，因而必须解决幼苗长大的问题。

早采孢子，幼苗早发生，争取尽量长的生长期使幼苗长大，这是作者主持海带养殖技术的重要理论根据之一。同一理由，石花菜为了早采孢子，必须利用发育的适温使种菜早成熟，才可能早采孢子，因此，必须有促使种菜发育的技术，这种技术的实施，又可起到同步发育的作用，因而可以解决孢子大量集中放散的问题。

2. 放养孢子体必须大量培养果孢子体种菜：配子体的生长能力比孢子体差，所以在生产中为了获得生活力强壮的个体应放养孢子体苗，为此就必须用有性形成的果孢子进行采苗。

采果孢子可以解决以上提出的问题：① 孢子放散与附着问题；② 培育初期的死亡问题；③ 子代的生长能力问题。四分孢子存在的问题对果孢子来说虽或多或少存在，但果孢子比四分孢子形成明显优势。

根据以上理由，培育种菜成为解决孢子育苗问题的重要手段。但是，种菜虽然重要，却不是育苗技术的主要内容。

四、孢子育苗应解决的基本问题

育苗，就是培育石花菜苗，是一种技术方法。石花菜的孢子育苗我们分三个阶段来说明，即室内培育阶段、海上育苗阶段及幼苗越冬阶段。

（一）室内培育阶段

1. 培育条件问题：关于这方面的研究往往为许多人所重视，40 年代日本的木下已进行过温度关系的研究，近些年来，又有 Bird, K. T.（1976）对氮素吸收[10]，Corrca, J. 等（1985）的环境因素的影响[11]，B. A. Macler 等（1987）的生理与生活史的研究[12]。这些成果无疑是重要的，但对育苗技术仅仅起到部分作用。培育的基本条件为光、温、水。

（1）光照条件：石花菜在夏季成熟并萌发生长，显然长光照是适宜的。石花菜分布于深水区，弱光照能够满足其萌发生长，并能战胜高温期中的杂藻。因此，长光照与弱光照对育苗是适宜的，也是我们应掌握的原则。

（2）温度条件：青岛海区的石花菜于 6 月下旬开始成熟并能放散孢子，水温约 18℃，7～8 月为孢子放散的盛期，水温 21℃～24℃，孢子萌发生长经历的水温为 18℃～27℃，与成菜生长的最适温相一致。因此，夏季高温期育苗，温度不是限制因子，相反较高温度有利于其生长。

（3）水条件：水条件主要是两个方面，一是营养成分，二是水量。这两方面作为育苗不必进行专门研究，可以充分满足其需要，即培养水可加足营养盐，每天换水，作为保证条件处理。

培养条件作为石花菜育苗并不是核心工作。

2. 育苗场所问题：自从海带室内育苗成功后，人们看到人为控制条件下育苗的优越性。但是育苗的场所与方法决定于需要，例如，海带夏苗的培育在夏季进行，控温是最必要的条件，因此只能于室内进行。裙带菜在室内育苗的主要目的不是为了控温，而是为了避开附着物。石花菜在何处育苗？自然海水温度对孢子育苗为适温，这已为许多学者所证实[11,12]。水条件海上比室内好，室内育苗时间长不利于生长，时间短又避不开附着物。因此，石花菜在室内育苗的作用、必要性还需要进行实验来决定。

3. 采孢子的密度问题：为了对抗下海后杂藻的危害，采孢子数量宜大不宜小，并应保持均匀。但也应肯定密度并非越大越好。戚以满的工作为 100×的低倍显微视野内有 15～20 个孢子，育苗效果尚好。这个密度可以作为基本数据。

4. 生长基质问题：采孢子于什么基质上是育苗技术的重要内容，应该具备四个条件：① 有利于石花菜孢子的附着、萌发与生长；② 有利于匍匐枝与幼苗生长牢固；③ 有利于清除杂藻及动物等敌害；④ 有利于养殖作业，即质轻耐用好搬移。

根据戚以满的试验，以维尼纶纺成的细绳（φ 2～3 mm）为生长基效果较好[4]。

5. 下海期的确定问题：海中的水条件有利于幼苗的生长，因此，下海早幼苗生长大。但海中有害因素比室内多，如浮泥沉淀，杂藻附生等均严重影响幼苗的生长与生活，尤其影响幼苗的数量。早下海受害时间长，影响幼苗的发生数量。晚下海受害时间短，但影响幼苗的大小。要求大幼苗只有早下海，早下海的有害因素必须设法解决。

6. 育苗工艺及其合理化问题：首先应确定孢子育苗的工艺过程，这个过程包括室内阶段及海上阶段。所谓合理化就是科学化，合乎经济核算，无污染，耗能少，作业方便，效率高，效果好。例如为了防除杂藻及敌害，在室内阶段用消毒海水和无菌培养，从经济和技术角度看都是不适宜的即不合理。在海上阶段只依靠人力摘除，效率低，也是不适宜的。

（二）海上育苗阶段

作为大量育苗生产，室内条件不如海上对石花菜生长有利。所以往往出现早下海的幼苗生长大。因此，室内育苗时间短，在海上育苗时间长，成为整个育苗的重点时期。因为海上有敌害和沉淀浮泥影响，结果育苗失败。中外石花菜工作者早已报道育苗的难点所在[1]。怎样解决这些问题是石花菜孢子育苗的中心议题。

为了使孢子育苗能与附着物竞争，在技术路线上应从两个方面进行工作，即保数量与保质量（幼苗大小）。保育苗数量就是下海后在受害条件下仍能保证出苗量能满足需要。保育苗质量就是保证幼苗的大小达到指标要求。

1. 保育苗数量问题：为什么石花菜育苗要保数量？因为石花菜的生长速度远远不如好光藻类。如绿藻类的浒苔，它以丝状藻体快速生长，能在光照良好的生长基上附着生长，占据地盘后，能排挤掉其他藻类。所以必须强调保数量。保数量的措施有以下几项：

（1）预防好光性杂藻的附着：硅藻、水云等能附生于其他藻体上，它分布的水层为靠近水面附近，因此石花菜下海后应避开浅水层，以防杂藻的附生和向其基质上附着。为了避开好光杂藻要在较深水层中育苗，免遭下海后即被淘汰的结果。

(2) 人工清除附着物：避开浅水层进行育苗，杂藻减少了，而浮泥沉淀，动物性附着仍然形成危害，尤其下海的初期，仍需要人力加以辅助，因而育苗形式及培养方法应以便于洗刷为宜，例如匍匐期以育苗帘垂下式育苗，待长大至茸毛状伸出绳外后拆成苗绳等。

清除附着物是保数量的一种方法，但清除附着物工作的内容应包括少损伤石花菜，即保护数量，反过来，保护数量又起到抗附着物的作用。

(3) 培养匍匐枝：孢子育苗的过程必然发生大量匍匐枝，匍匐枝可以在较弱的光照下生长，而且匍匐枝可以进行营养繁殖，占据地盘，又可补孢子繁殖之不足，因此成为积极保数量的一种方法。

2. 保育苗质量(大小)问题：育苗的大小要求当年长到 2 cm 以上的幼苗。这个大小经过以上讨论认为是适宜的，那么怎样达到这一大小？我们可以从以下三方面讨论。

(1) 争取更长的生长日：这是达到大幼苗的基本措施，理由已如前述。

(2) 药杀与防除杂藻：有杂藻就必须清除。如不加人工处理，匍匐枝或幼苗于半个月中可能损失一半，最后终被淘汰殆尽。为了保证幼苗的生长，采用药杀清除附生杂藻是必需的。关于机械清除也可以试验进行。若从间接方面即从养殖方法上防除杂藻是更适宜的。总之，杂藻是育苗中最重要的问题，应该彻底解决。

(3) 充分利用秋后的有利时机进行育苗：9～10 月是“白露”到“寒露”时期，中间正是“秋分”，日照 12 小时，昼夜平，长光照对石花菜生长很有意义。同时，这期间水温在 20℃以上，为生长的最适温，但是日照已开始减短，温度已下降，暖温带的动植物繁殖盛期已过，冷温带杂藻尚未出现，为敌害较少的时期，因此，应从养殖方法及防治敌害多方面创造优越条件育苗，保证幼苗长大，给以后低适温幼苗的生长打下基础。

(三) 幼苗越冬阶段

幼苗于当年长至 2 cm 以上，完成育苗任务，为什么要越冬？因为在黄渤海区冬季水温低，冬季基本不进行生长，所以养殖者不会购进之后就越冬，待 5～6 个月之后再进行放养。因此，越冬工作只能由育苗单位承担，这是黄渤海区自然条件所决定。

幼苗越冬的目的有三项：

(1) 避免风浪损失筏架、苗绳、幼苗；

(2) 避免杂藻、浮泥沉淀危害造成脱苗，

(3) 免遭低温冻坏。

根据以上目的，以深水层保种可满足需要。但有附着物的海区还应研究室内越冬的技术。

五、结束语

本文广泛讨论了石花菜孢子育苗中的问题，原则提出解决这些问题的途径。但是解决了这些问题之后，是否就达到经济核算而可投产呢？不，这是两回事。解决以上提出的问题可以生产出较大的幼苗(>2 cm)，仅仅达到可供养成者进行放养的程度。这是我们近期要求达到的水平。

关于苗种的价值，除了要根据市场需要外，还要按每次的实际育苗效果去核算，还应依实际养殖成菜的产量去核算。核算的结果还要与营养枝养殖的结果相比较来决定。

石花菜孢子育苗工作进行的时间已经很长，但工作进行得不多，讨论起来既不可能太细，也有一定困难。所以只从理论上与已进行的工作综合作了初步分析，作为定方向和孢子育苗的参考。

参考文献

[1] 李宏基. 石花菜人工养殖的研究与存在的问题. 海水养殖，1981，总26:1-6.

[2] 李宏基，等. 青岛沿岸石花菜种群繁殖方法的研究. 海洋湖沼通报，1983，1983(2):51-58.

[3] 李离基，等. 石花菜潮下带越冬保种的生产性试验. 海水养殖，1987，总33:43-46.

[4] 戚以满. 石花菜常温孢子育苗试验. 海水养殖，1986，总32.

[5] 曾呈奎等. 黄海西部沿岸海藻区系的分析研究：Ⅰ. 区系的温度性质. 海洋与湖沼，1962，4(1～2):49-59.

[6] 片田实.テンゲサ类の增殖に关する基础的研究.(下关)农林省水讲所研报,1955,5(1).

[7] 山崎浩う.天草增产に关する基础的研究. V.投石场におけるマゲサ囊果体と四分孢子体の出现比率.日水志,1960,26(1).

[8] 须藤俊造.テンゲサの孢子の放出浮游及び着生.日水志,1950,26(1).

[9] 木下虎一郎.ノリ 、テンゲサ、フノリ、ギンナンサウの增生に关する研究.北方出版社,1947.

[10] Bird K T. Simultaneous assimilation of ammonium and nitrate by Gciidium nudifrons (Gelidiales: Rhodophyta). J. Phycol. 1976,12: 238-241.

[11] Correa J, Avila M and Santeliees B. Effects of some environmental factors on growth sporelings in two species of Gelidium (Rhodophyta). Aquaculture, 1985, 44: 221-227.

[12] Bruce A maclcr and Join A West. Life history and physiology of the red alga Gelidium coulteri, in unialgal culture. Aquaculture, 1987, 61: 281-293.

(海水养殖.1988,1:17-24)

石花菜四分孢子萌发生长的观察

石花菜(*Gelidum amansii* Lamx.)孢子的萌发、生长已有许多学者进行过研究。最早有 Kylin(1917)报道了孢子萌发时形成膨大囊状发芽管。1927 年,大野报告了四分孢子与果孢子的发生,并且详细记载发芽管、原始细胞和假根,同时还说明在假根相反方向形成生长点,最后长成匍匐丝状体和直立体石花菜[12]。1941 年,猪野又研究了果孢子的发生,而且有沿长轴分裂的图示,并说明其为以后分裂的基准[5]。总的看来,猪野与大野的结论相同。1943 年,殖田、片田进一步订正了猪野的工作,特别在原始细胞的分裂上,更详细说明原始细胞沿长轴纵分裂形成一大一小两个细胞,小细胞两端稍尖,大细胞两端钝圆,中间狭窄呈缢形,这两个细胞以后发展成为大小二个细胞块,假根即从大小细胞块的一端长出。还报告了初生根的消失和二次假根的形成,同时说明此时的发生体将发育成为一个匍匐丝状体[9]。片田在 1955 年,又报告了石花菜原始细胞也有横分裂[7]。1960 年,山崎又报告了原始细胞的分裂分为二个型,与片田的结论相一致[13]。至此经历几十年的时间,先后五六个学者的研究,石花菜孢子的发生形态,已趋向一致。我国的有关著作和教材中多引用片田的报告[1.2.3.4]。而片田的研究仅到丝状体初期,从其图示中往往使人误认为达到了幼苗[3],因此是不完整的。

1982 年“石花菜幼苗生长的观察”一文发表[4],报道了石花菜孢子萌发的情况,但其中有部分描述与图示不清,还有与前人研究不同之处,而该文的重点又在于匍匐期藻体的生长与利用,因此,石花菜孢子的萌发及其初期的生长,有必要作进一步的研究。以上学者,均未培养到直立的石花菜苗,虽然殖田、片田(1949)专门报道了直立的石花菜与匍匐枝的关系[10],但属观察自然生长的结果,其中有间断的部分,也是需要加以补充的。

一、实验的方法

1. 实验材料:1982 年,8 月 3 日,8 月 22 日和 8 月 26 日先后三次从青岛团岛湾的大黑栏海区，潜水采野生石花菜，从中选择带有四分孢子囊小枝的孢子体 10 棵，再以放大镜从中选孢子囊小枝多，发育良好，孢子尚未放散的植株五棵，洗去藻体上的附着生物，沉淀物，放置塑料桶中，以过滤海水暂养 24 小时备用。

2. 采孢子：采孢子时，用煮沸冷却的过滤海水，注入玻璃槽中，水深 5～6 厘米，再把预先经沸水消毒的玻片，平摆于玻槽底上，最后把成熟石花菜，反复用消毒海水冲洗干净，用小剪刀把最好的孢子囊小枝剪下，均匀撒于玻片，使孢子可以自由沉落于玻片上。

石花菜的四分孢子，一般在 14～16 点为集中放散的高峰[5]，所以采孢子从中午开始到 17 点结束，先取出石花菜，再用镊子取出采到孢子的玻片，经冲洗后，移入注有过滤海水的方形培养缸中进行培养。

采孢子先后共 4 次，除了采种石花菜三次外，第三次采的石花菜其中之一部分，一直暂养于塑料桶，为了补充观察之需要，过了二天后(8 月 28 日)，仍用这批菜再选一部分孢子囊小枝做了第四次采孢子。

3. 培养条件：

(1) 光照：于室内培养、自然光为光源，从东、西两个窗进光，东窗上午进光时，于阳光不能直射的地方培养，西窗全天遮光，全天光强最大的时间在上午 10 点，下午 5 点次之，最大光强为 1000～3000 lx。

(2) 温度：自然气温条件下培养。室内空气流通，最高气温 27℃，最低 25℃。

(3) 培养用水：从海中汲取新鲜海水，经过滤后使用，大约每周换水一次。取水的海区为近市近岸海水，未加其他营养盐。

4. 观察方法：石花菜孢子于全年海水温度最高时期成熟，所以培养与观察在高温时期进行，由于石花菜孢子和藻体均极怕干燥，所以观察时动作迅速，避免因观察影响其生长。

观察用普通光学显微镜，先以低倍镜找到适宜的观察对象，然后通过描绘制图。凡用过绘图的玻片，一、二日内不继续使用。

自丝状体以后，由于培养条件的限制，在相同采孢子的时期，于空调室内培养在尼龙绳上的匍匐枝及幼苗为材料①，进行观察和描绘，以补充玻片培养

① 赵淑贞同志供给材料，特此致谢。

的不足,因此本研究是以孢子萌发与初期生长为重点工作。

二、生长的观察

(一) 孢子的附着与萌发

1. 孢子的附着:石花菜的四分孢子被放出后,沉落于玻片上,孢子外部由原形质膜包裹着,开始,呈缓慢地变形虫运动,位置固定之前,运动逐渐变弱、最后只有局部活动而固定,呈圆形。孢子的局部变动时,位置一般不移动或移动很少,只有固定观察才能看到这种现象。固定后的孢子,球形,中央有不定形而又微带红色的色素体,其中心包括一个不甚清晰的细胞核。此时,孢子的大小,直径约为 30 μm(图 1a)。

2. 孢子的萌发:数小时后,孢子的一侧形成突起(图 $1b_1$),开始,突起部的细胞壁外凸,以后,突起部增大,双层壁的内层,似受压力而断开(图 $1b_1$)成为一层膜,细胞质表现溢动,再增长形成管状,同时伴随扩大增粗,伸长为萌发管(germtube)。萌发管形成的位置,一般多在固定了的孢子高度的 1/2 左右。孢子内的原形质沿着萌发管缓慢流动,孢子内逐渐空虚,观察出双层无色透明的细胞壁。空虚的孢子壳内,往往残留一些透明液状体(图 $1b_4$)。萌发管不断增大加粗,慢慢形成一个稍细于孢子壳的长椭圆体,并与空孢子壳以壁相隔离,形成第一个新细胞,它依靠空孢子壳附着于基质上生活(图 1c)。

正常孢子从附着到萌发,一般于 10 小时内完成。

(二) 原始细胞的第一次分裂

孢子形成的第一个新细胞,称为基本细胞或原始细胞(inifial cell)。原始细胞的形成是脱离孢子的新时期。原始细胞的中央部有一细胞核,它的第一次分裂,大约在采完孢子后的 10~12 小时,比较容易看到清楚图像。细胞分裂有两种方式:一是沿原始细胞的长轴分裂,即纵裂方式。纵裂成为一大一小的两个细胞,两个细胞之间有明显的透明细胞壁相隔离(图 $2d_1$)。二是一般细胞的横裂方式,横裂成大小相似的两个细胞,中间也有透明的细胞壁相隔离(图 $2e_1$)。

(三) 二个细胞块、初生假根和生长点的形成

1. 大小细胞与大小细胞块:原始细胞纵裂成一大一小的两个细胞,大细胞先进行细胞分裂,并位于原始细胞的顶端,即背着空孢子壳的方向进行生

长，形成由几个细胞组成的细胞块(cell group)。大细胞形成的细胞块，一般位于下部，并与空虚的细胞壳相连接(图 2 d_2 d_3)。大细胞的上部为小细胞，也分裂成多细胞的细胞块。小细胞形成的细胞块，开始生长的速度比较缓慢，所以形成大小二个细胞块(图 2d_3)，也称为大细胞块和小细胞块(片田)。

原始细胞横分裂的 2 个细胞，与纵分裂成一大一小的 2 个细胞不同，横分裂成的 2 个细胞大小相似(图 2e_1)。经过另一种石花菜(Gelidium sp.)的培养，作者进一步观察到再分裂成四五个细胞后，靠近空孢子壳的一二个细胞，纵分裂成 2 个细胞块(图 2e_3)。经过生长，形成上下两层细胞块，上层细胞数少，下层细胞数多，与纵分裂形成的 2 个细胞块类似，所以也可以称为上细胞块和下细胞块(山崎)。

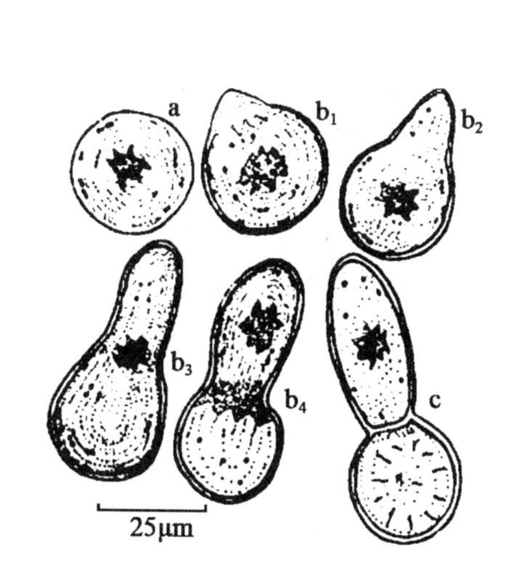

附着后(a)，开始萌发时先形成突起(b_1)，长出发芽管(b_3 b_4)，最后形成原始细胞(c)

图 1　石花菜的四分孢子

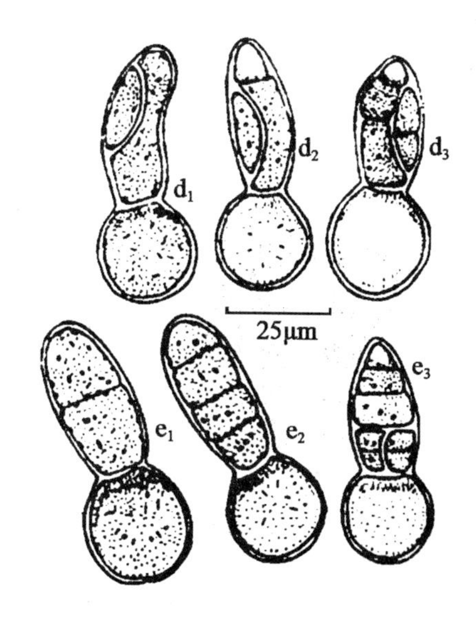

d 为纵分裂，先形成大小 2 个细胞(d_1)，大细胞先分裂(d_2)，小细胞后分裂(d_3)，e 为横分裂，先形成大小相同的 2 个细胞(e_1)，经再分裂后，靠近孢子壳的细胞纵分裂成 2 个细胞块(e_3)，$e_{2,3}$ 为另一种石花菜

图 2　原始细胞的两种分裂方式

2. 初生假根的形成：当大细胞分裂成几个细胞时，其生长方向在空孢子壳的相反方向，最前端细胞，逐渐变成细长尖形细胞，色素少，颜色淡，终于形成一根无色透明的第一个初生假根。初生假根一般由 1～2 个细胞组成。第一条初生假根从大细胞块长出(图 3 f_1 f_3)。小细胞块不断分裂的生长过程，生

长方向与大细胞块相同，最后也长出与大细胞块相同的一根初生假根，这是第二个初生假根（图 3g）。

初生假根形成后，空虚的孢子壳，一般仍可见到，但已逐渐不甚清晰，失去初期晶明光亮的鲜明形态。初生假根的长短不一，一般呈伸直而又较长的舒展形态为发育良好的象征。以后，大小二个细胞块逐渐不明显，但此时仍可判别。

3. 生长点的形成：小细胞块形成初生假根后，在其相反方向，靠近大细胞块附近，明显增加着宽度，离开大细胞块而向外侧增长，这时，初生假根方向生长较慢，所以从整体的外形看是三角形。这个三角形是以假根方向为一角，大细胞块及孢子空壳为一角，小细胞块向外增长为一角组成。小细胞块之一角的颜色淡，表现鲜嫩，明显看出为小细胞块的生长点（图 $4h_1h_2$）。此时，小细胞块的生长点也是整个藻体的生长点。生长点形成，继续向前生长，增加藻体的长度（图 $4h_3h_4$）。大小细胞块合为一体不能辨认。

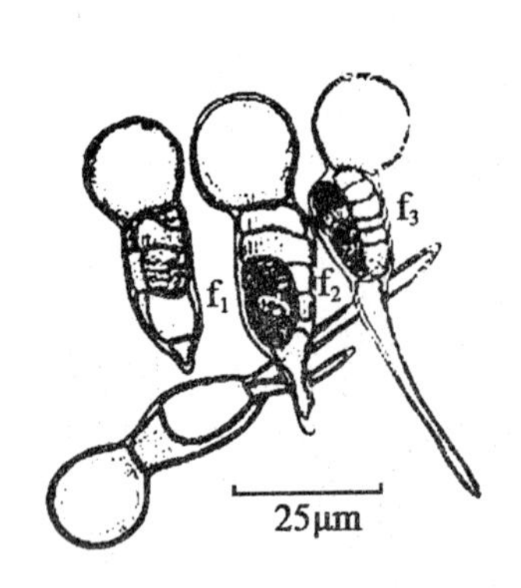

图 3　2～3 天后，形成明显的大小细胞块，或称上、下细胞块，大细胞块先形成第一假根（$f_1 \sim f_3$），小细胞块后形成第二假根（径）

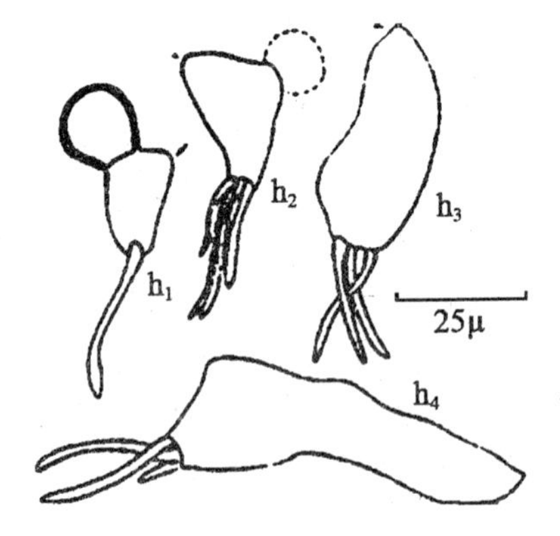

图 4　5 天后小细胞块长出新的生长点（h_1），10 天，孢子空壳逐渐消失（h_2），呈三角形。25 天，大小细胞块消失，融合成具有一个生长点（↓）为特征的藻体

（四）匍匐枝的生长和直立苗的形成

1. 丝状体：藻体有了生长点以后，从生长点向前生长，同时加粗其藻体，形成复杂的细胞块。此时，肉眼可以看到呈小红点的形态。小红点向一个方向伸长，同时伴随着加粗，逐渐形成一条红色线状藻丝（图 $4h_4$），称为丝状体（filament）或藻丝体。此时初生假根往往消失或不明显，二次假根形成。丝状

体为石花菜发育的一个重要阶段,即匍匐枝的显微时期。

为了固定较长的丝状体,除了二次假根外,藻体上又出现一些成束的、白色丝状的束假根,即侧假根束(图 5i_3)

2. 匍匐枝:丝状体固着牢固继续生长,藻体增粗而且多有分歧,形成粗壮的藻体为匍匐枝(creeper)(图 5i_3)。匍匐枝为丝状体的宏观时期。匍匐枝在不满足光照条件下,可以形成许多分枝,往往于海底岩礁、石块、贝壳上可见到。但在密集丛生条件下,如人工采孢子培养时,则往往呈直立的枝状体(图 5 $j_{1\sim4}$),外观颇似刚长成的幼苗,故往往被误认为幼苗。

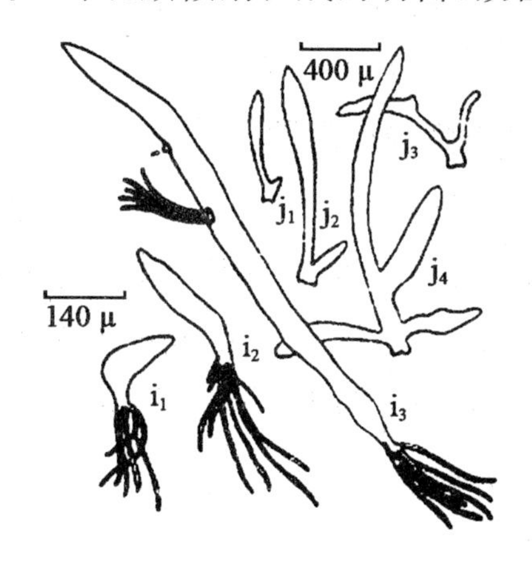

图 5　1～2 个月,二次假根发达($i_1 i_2$)逐渐形成丝状体(i_3),其上长出新的束状假根突起及伸出白色束状假根细胞(i_3 ↓)。丝状体继续生长,长成粗壮的匍匐枝(j),j_1～j_4 为密集丛生肉眼可见的匍匐枝

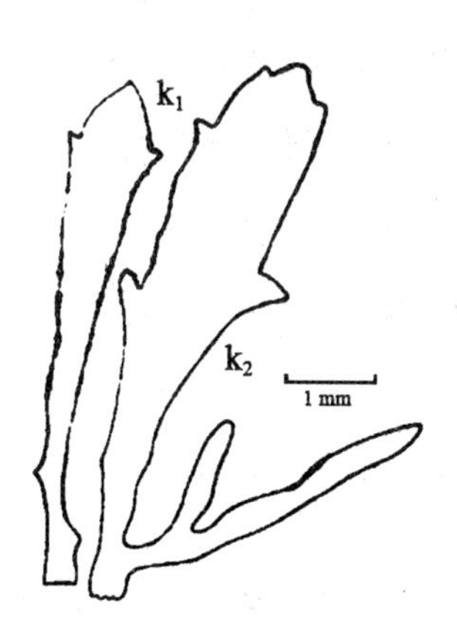

图 6　幼苗虽在密集丛生条件下,幼苗与匍匐枝不同,主枝宽,其上有互生的侧枝(k_1),k_2 为带有匍匐枝的幼苗

3. 幼苗:匍匐状的任何分枝,满足光照后,可以直立长成直立形的幼苗(sporeling)(图 6h_1)。幼苗的特征,上部稍宽,下部稍窄,呈令箭形,上部有互生或对生的突起状小枝。

三、讨论

(一)原始细胞的形态问题

石花菜孢子萌发后形成的第一个细胞即原始细胞。原始细胞的形状为海藻学家所重视,并认为随种属而异[11]。殖田等报告呈逗点(comma)状

(1963),猪野认为从侧面观呈曲玉状①(1947),据作者的观察,新生的原始细胞确有弯曲者,但有的呈橄榄状附生于空孢子壳之上,其中部有细胞核及淡红色的色素分布。原始细胞的形状可以认为椭圆形或卵形。但黄礼娟报告中的原始细胞形态,绘成背着空孢子壳的一端带着尖细的尾形物[4]。这一点与本文很不相同。作者观察到椭圆形原始细胞,经过二次以上的细胞分裂之后,才出现尖细的第一假根,即带有尖细的尾形物。显然出现尾形物是多细胞时期,而不是单细胞时期。

原始细胞的形态,作者的观察与日本的片田、山崎等的研究,其基本点是一致的,与其图示亦相符合[7,13],与我国著作的记载相一致[1,2]。

(二)原始细胞的横分裂及其形成两个细胞块的问题

原始细胞的第一次细胞分裂有纵分裂和横分裂两种。纵分裂者,先形成大小两个细胞,继而大者变成大细胞块,小者变成小细胞块,这为前人所报道[5,7,11]。黄的报告在图中表示为横分裂,文中又指明该图已分裂为大小两个细胞[4],这一点也与本文不同。因而原始细胞横分裂有三个问题属于尚未解决的问题:

1. 第一次分裂成两个细胞的大小问题;
2. 是否形成两个大小细胞块问题;
3. 如何形成两个细胞块问题。

关于横分裂的三问题,根据作者的观察认为:第一个问题,原始细胞横分裂成两个细胞,其大小相同或近似。这与片田(1955)的图示相一致。第二个问题,根据培养材料的广泛观察,原始细胞分裂后,均形成两个细胞块,当然横分裂包括其中。第三,横分裂怎么形成大小不同的两个细胞块?片田(1955)、山崎(1962)、殖田(1963)等均不涉及此问题。作者于四次采孢子培养中亦未解决这一问题。以后,作者于威海用另种石花菜(*Gelidium* sp.)培养补充观察,经过连续多次观察到形成两个细胞块的一种方式,即形成多个大小相似的细胞后,于靠近空孢子壳的1~2个细胞纵裂成为两个细胞块,一组为背着空孢子壳,于先端产生尖状尾形的假根者;另一组则靠近空孢子壳。前者相当于纵分裂形成的大细胞块,后者为小细胞块。但这一方式是否为石花菜发生的一般规律,尚有待于进一步研究与证实。

---

① 古装饰用的玉,呈月牙形。

（三）孢子萌发、生长的划期问题

日本的石花菜发生研究者（如猪野、片田、山崎等），在孢子萌发的研究中，一般只培养到形成初生假根，或二次假根时期，大约在藻体形成肉眼可见的小红点时停止。时间短者10～15天，长者1～2个月。黄的研究为3个月。培养时间长短不一，石花菜大小相差也很大。例如，殖田、片田（1943），大野（1927）的工作，已明确提出丝状体，匍匐丝状体等，但是以上作者对这些石花菜均称为幼苗（sporeling）。如果把如此不同的形态均统为一个名称，显然是不适宜的。为了区分孢子的发生、生长的过程，在名称加以分别，既有利于研究工作，又方便于人工养殖实践，因此作者建议：将石花菜孢子萌发到形成一棵直立的石花菜苗，划分为三个时期：

1）发生期：全部处于微观时期，它的重要形态变化分为四个阶段：

（1）孢子萌发阶段：孢子附着后，从萌发到原始细胞的形成；

（2）多细胞阶段：从原始细胞分裂到初生假根的出现；

（3）初生假根阶段：从大细胞块出现初生假根到小细胞块形成生长点；

（4）生长点阶段：小细胞块形成统一的生长点到肉眼可见呈小红点的时期。

2）匍匐期：按其大小分为二个阶段：

（1）丝状体阶段：从可见的小红点开始，长到呈红线状藻丝体；

（2）匍匐枝阶段：即长大的丝状体，藻体从纤细逐渐粗壮，出现分枝后并更换生长，匐匍生长，可以长出束状假根，密生条件下，往往直立，形态颇似直立苗。此阶段能延持很长时间。

3）幼苗期：或称直立苗期。它从匍匐转为直立生活。初生幼苗，往往为一单根枝，顶端稍尖，稍下较宽，此处往往对生或互生1～2对小突起，为侧枝的雏形，下部较窄，整体呈令箭形，有的带匍匐枝。

幼苗期建议延到呈单片枝状体时止。

四、结语

我国对石花菜的发生研究较少，作者对石花菜四分孢子的萌发及其生长过程，进行了观察，基本与日本的殖田、片田、山崎的研究结果相一致，并且补充了原始细胞横分裂与形成二个细胞块的关系。其后，又用人工育苗材料，间断采标本方法观察了匍匐期的形态，基本与黄礼娟的研究相一致，并且补充了直立苗的初生形态。

为了便利于研究石花菜的发生，方便于人工育苗与管理，作者建议把石花菜的发生划分为三个时期：即发生期、匍匐期、幼苗期。

参考文献

[1] 张定民，王素娟，等. 藻类养殖学. 农业出版社，1961.

[2] 李伟新，等. 海藻学概论. 上海科技出版社，1982.

[3] 曾呈奎，等. 中国经济海藻志. 科学出版社. 1962.

[4] 黄礼娟. 石花菜幼苗生长的观察. 海洋学报，1982.

[5] 猪野俊平. マクサ果孢子发生に就て. 植物及动物，1941，9(6).

[6] 猪野俊平. 海藻の发生，日本生物学业绩. 北隆馆，1947.

[7] 片田实. テンデサの增殖に关する基础的研究. 第二水讲研报，1955，5(1).

[8] 木下虎一郎. ノり、テンデサ、フノり及びギンサゥの增殖に关する研究. 北方出版社，1950.

[9] 殖田三郎，片田实. ギンサゥの增殖に关する研究(Ⅱ). マンダサ及びオバクサの发生. 日水志，1943，11(5-6).

[10] 殖田三郎，片田实. マクサ发芽体の后期成长に就て. 日水志，1949，15(7).

[11] 殖田三郎，岩本康三，三浦昭雄. 水产植物学. 恒星社厚生阁. 1963.

[12] 殖田三郎. 水产植物学. 厚生阁. 1932.

[13] 山崎浩. マクサの初期发生について. 日水志，1960，26(2).

OBSERVATION ON THE DEVELOPMENT AND THE GROWTH OF THE TETRASPORE OF GELIDIUM AMANSII LAMX

Li Hongji
(Shandong Marine Cultivation Institute)

Abstract This report made by the author is the same as that by Japanese authors (Ueda, Katada, Yamasake) on the part of tetraspore germinating and the early stage of morptionesis, but was the same as that by Mrs. Huang in 1982 on the part on the growth of creeper.

Beginning from the rested spore to sprouting out a germ — tube and growing to a young sporeling of some centimeters, it needs four months or even more than half a year, because the growth in this stage is slow. On this account, it is suggested that the early development of *Gelidium* is tobe divided into three stages Germination, Creeper and Sporeling. In this way, it is favourable to study the Morphology and the cultivation of *Gelidium*.

(海洋湖沼通报. 1985,4:58-65)

石花菜孢子放散的观察[①]

石花菜(*Gelidium amansii* Lamx.)的孢子分为四分孢子及果孢子二种：四分孢子为无性的孢子体所形成，果孢子为雌配子体的生殖细胞受精后所形成。四分孢子及果孢子多形成于藻体的中部以上的小枝上，这种小枝称为孢囊枝。石花菜的孢子即从孢囊枝上放散出来。

石花菜的四分孢子及果孢子每天放散的时间与数量之间的规律，日本的须藤(1950)[3]，片田(1953，1955)[4,5]等均作过详细的实验研究。但都没有报道石花菜孢子从藻体中释放的经过情况。据美国的 G. M. Smith(1938，1955)的著作中的简单记载：果孢子的释放是从囊果的小孔中浮出来的为水流所带走的。四分孢子是由于孢子囊壁的胶化作用(gelatinzation)被释放出来的[6]。广濑(1959)[2]在石花菜生活史图解中引用 Kylin 的资料绘制的四分孢子是单个的从四分孢子囊中排出。该图又为"藻类养殖学"所引用[1]。因此，石花菜的四分孢子应属于单个排放方式。但是不动的四分孢子怎样从四分孢子囊中放出来？不动的果孢子怎样从囊果中浮出来？这些都是有待解决的问题。为此，我们在 1979 年 8 月 5 日开始到 19 日止，先后四次采集种菜，从 11 时到 20 时进行了观察。现将我们实验结果报告如下：

一、实验方法

实验材料采自青岛团岛湾大黑栏海区，这里的海水温度在 24℃～25℃时，石花菜大量放散孢子。1979 年 8 月 5 日，潜水采捞附着物少的石花菜约 1～3 kg[②]，盛入内有新鲜海水的塑料桶中，带回实验室，从中选择四分孢子囊枝及囊果较多的种菜各三棵，然后从中再选择孢囊枝色浓，成熟较好，而孢子尚

① 庄保玉、李林同志帮助采集及辅助工作。

② 采集量不可太少否则不易找到成熟的果孢子体。

未放散的小枝多个,用塑料毛刷在水中刷去藻体上附着的其他生物和沉淀物,再用过滤消毒海水反复冲洗,投入 500 mL 三角瓶内,每个三角瓶内盛 3～4 个小枝,再加入 200～300 mL 的消毒海水,放在没有直射日光处培养 24 小时。翌日中午,取出培养的石花菜小枝,从中用剪刀剪取更小的带孢囊枝的小枝,放在浅型 8.5 cm 的培养皿中,加入消毒海水 3 mm 深。最后把培养皿安置在显微镜台上,用低倍物镜(5×)选择成熟较好的 5～6 个孢囊枝,进行观察。观察孢囊枝的侧面时,先选择 2～3 mm 厚度的橡皮剪成 6×2 cm 的小条,橡皮条的一侧按 1 cm 的距离用刀片割切成一列小口,把包囊枝逐个侧夹于割切的口内,加以固定。以后再于其上找到宜于观察的孢子囊,此时,把物镜对准孢子囊作固定观察,待发现孢囊枝的四周有放散的孢子沉落于培养皿底以后,再转换成放大能力较高的物镜(10×),进行观察。三角瓶内培养的材料可以观察三天。

为了充分观察和补充观察的目的,8 月 7 日又采集第二批,8 月 9 日采集第三批,8 月 19 日采第四批,种菜仍按上法处理、培养及观察。

观察石花菜孢子的放散应该看孢囊枝的正面及侧面,以便互相补正。四分孢子囊的扁平小枝的正面及侧面都很重要。而囊果以看侧面为主,特别应该把排放孢子的两个果孔(carpostome)都露出来,以便看到果孢子的排出。

二、孢子放散的观察

(一) 四分孢子囊和四分孢子的释放

石花菜的四分孢子囊,位于四分孢子体顶端以下 1～2 cm 的小枝之上,有的小枝连续多个都形成孢囊枝。四分孢子囊形成于孢囊枝扁平的表层。成熟时孢子囊往往布满表层,呈紫红色的小点。显微镜下表面观察孢囊枝上的小点,为一个个的细胞团。四分孢子囊有的可以看出呈一字形或十字形的分裂,但一般都模糊不清,主要因为孢囊枝的二面都有孢子囊存在的缘故。有的孢囊枝顶端较薄且色淡的,或者孢子囊多已放散,只剩下一面孢子囊的,比较容易看到这种裂痕。这说明四分孢子在孢囊枝内已经分裂形成。

1. 四分孢子囊的释放:我们从孢囊枝的侧面比较清晰地看到孢子囊的释放过程。成熟孢囊枝的表层,排列二行四分孢子囊,中间为组织细胞所充实。成熟良好的孢子囊膨大而且色浓,有的稍凸起,可以在凸起处看到裂痕。排放时,孢子囊的一少部分,先从裂口处呈球形外溢,色泽较淡,以后逐渐增大,当达到最大时，即大约孢子囊排出一半时，互相粘接着的四分孢子，好像呈流体在囊内很快地从藻体中向外滚动。从流动状况来看，好似被挤压而排出。整个孢子囊排出后，仍呈球形，稍停留于孢子囊排出口，可能在调整变动了的囊内的孢子，因为滚动时，位置发生变化。以后，再次看到清楚的孢子裂痕时，孢子囊浮升，离开藻体。因此，石花菜四分孢子的排放，是属于先排出四分孢子囊的方式(图 1)。

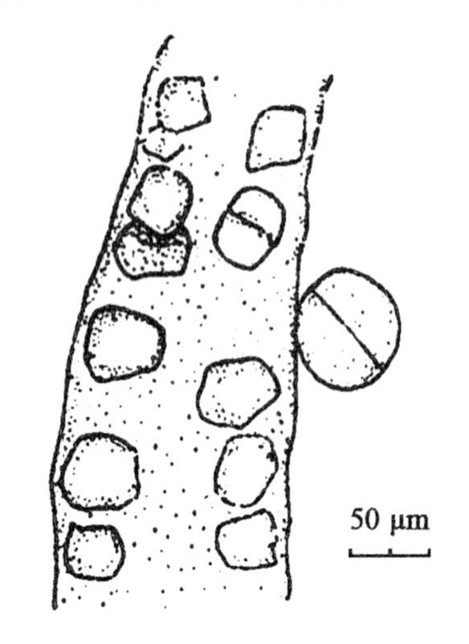

图 1　排出的四分孢子囊，已出现裂痕，即将漂浮离开孢囊枝

2. 四分孢子的释放：

(1) 我们于孢囊枝的平面，观察到一次清晰的四个四分孢子的崩裂。开始，一个四分孢子枝从枝上浮起，离开母体后继续上升，在这个过程，四分孢子的裂痕时而十分清晰、透明、看到一字形分裂，一瞬又模糊，一会儿又看到十分清楚十字形分裂，忽而又模糊不清，又看不到不清楚的一字裂痕。这种时清晰时模糊的情形，可能是孢子囊转动上浮造成的。最后，从横裂痕处突然的但微弱地崩裂，接着单个的四分孢子四向散开并立刻徐徐下沉。下沉时，孢子之间的距离越来越大，四分孢子的形态亦随之发生变化。刚裂开的四分孢子，大体呈长的锥形，或呈长卵形。这个过程进行得很快，好似节日礼花的升空、爆破和散落的情形。

我们还观察到两次四分孢子囊分两次破裂的现象。这种孢子囊离开母体后，经过漂流，然后第一次崩裂，形成两对孢子，每对孢子仍黏在一起，直到可能是重力原因，一对黏合的孢子转动，锥形的尖端部向上，其中一个孢子的尖部从另一个孢子的结合部位，向下方滑动而离开，成为第二次孢子分离。最后，二对孢子双双先后下沉。这一过程进行得很慢，容易观察。

遇到这样破裂的情况，我们振动海水可以帮助孢子囊的崩裂，也有助于黏合一起的两个孢子的分离，同时孢子的下沉亦加快。因此，我们估计水的运动可能对孢子的放散亦有好的作用。孢子囊产生二次破裂方式的原因，可能与其他生活条件不适宜，如在室内培养时间长等造成的，也可能是成熟的原因等。

四分孢子体的一个孢囊枝，放在培养皿的浅水中，在一天的放散时间里，散落于孢囊枝附近有四五十个孢子。这说明一个孢囊枝，一天可以排出十几个四分孢子囊(图 2)。

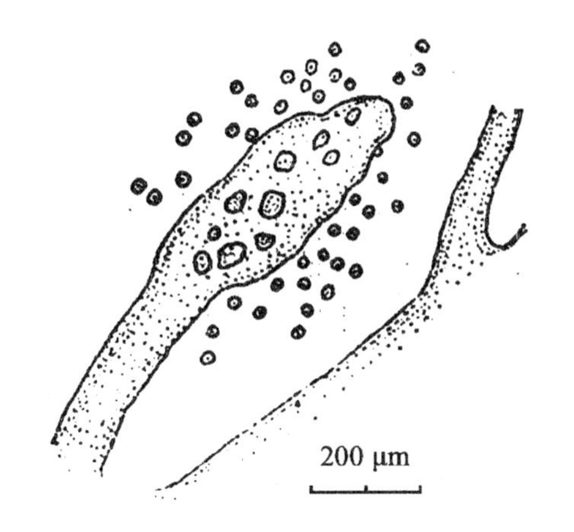

图 2　一个成熟的四分孢子囊小枝,在静水中放散一天后,有 40 余个四分孢子沉落在小枝附近

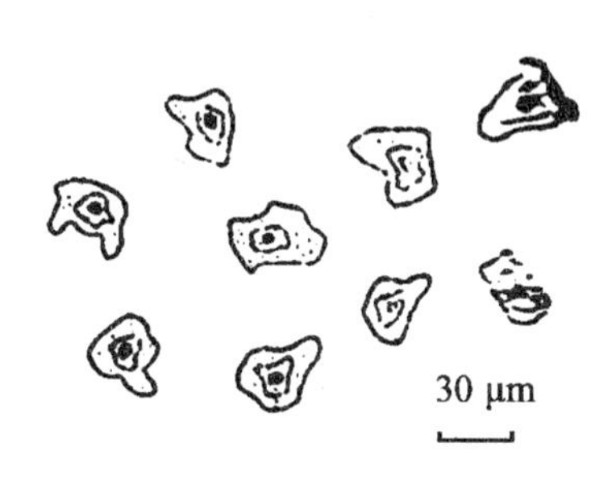

图 3　附着后的四分孢子呈变形虫状。以后将形成圆球形有细胞壁的固着孢子

四分孢子附着后,开始并不全呈圆球形,而是呈变形虫的形态,无细胞壁(图 3)。10 小时后,全部变成圆形,孢子直径大约 30 μm,形成透明的细胞壁。

(二) 囊果与果孢子的排放

带有囊果的雌配子体,一般色泽较四分孢子体为浓,枝部较硬较粗。囊果往往可以形成到全株的顶端,囊果形成的部位,在小枝尖部的稍下处,囊果成熟成为圆球形,因此形成一个带尾巴的圆球,借此与四分孢子囊小枝相区别。圆球形囊果的两侧的中部,各有一个小孔为果孔。果孔是果孢子排出的通道。

1. 我们观察到果孢子从果孔中一个一停顿有次序、有规律地向外排出。刚排放的果孢子离开果孔不远,大约只有 50 μm(图 4)。果孢子的放出如弹射状,从果孔急速射出,显然是被动的。刚放射的果孢子呈长卵形或非正规的锥形,大头一端向外背着囊果,小头一端靠近囊果,作短暂的停留,大头的一端可能是重力作用向左右转动后,离开射出位置,立即下沉,果孢子在下沉过程亦变化着形态。

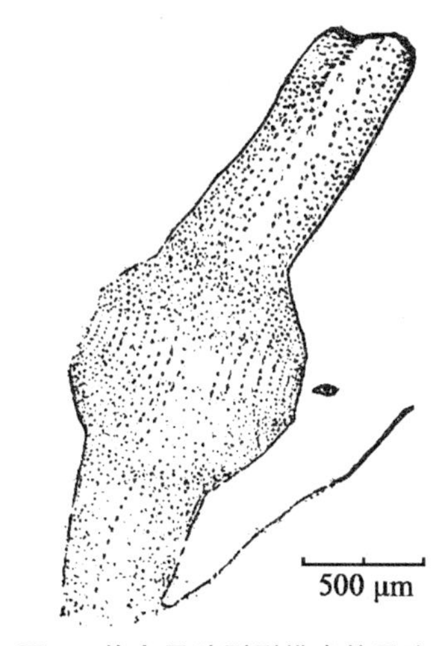

图 4　从右果孔刚刚排出的果孢子,即将下沉。下一个果孢子一般将从左果孔中排出

果孢子的排放,先从一侧的果孔中射出一个

果孢子，以后，再从另一侧的果孔中射出一个果孢子，这样，囊果的左右孔轮流排放。有时从一个果孔中也连续排放二个果孢子后，再从另一果孔中排放。果孢子的排放速度是不等时间的，有时排放快，如一分钟排出 2～3 个，有时 2～3 分钟方排放一个，有的甚至更长。

2. 有时，也可从看到果孢子从左右两个果孔连续排放二个果孢子的情况。连续放散的时间相距较短，但都没有看到连续放出三个孢子的现象。

一个囊果经过 10 小时后，可以于囊果附近看到几十个果孢子。刚排放的果孢子与四分孢子相同，都是呈各种变形虫状的形态，这对附着有重要意义。10 小时后，变成圆形，并生有透明的细胞壁，细胞核在中央，周围包有带红色的色素体及色淡的细胞质。

三、讨论

1. 石花菜的四分孢子是怎样释放出来的？根据我们的观察，四分孢子囊从其藻体中开始溢出，逐渐加大体积，好像是四分孢子囊在藻体内增长突破了表层裂口而缓慢外溢，达到一定程度后，孢子囊内互相连接在一起的四分孢子很快地向外滚动，似乎受压力被迫挤出。但是排出的四分孢子囊，既不下沉，亦不离开，稍停片刻，四分孢子囊发生上浮的现象。四分孢子囊为什么能浮起呢？从排放过程来看，刚排出的四分孢子囊，显然比在藻体（孢囊枝）内的四分孢子囊大，孢子之间的裂痕亦扩大，因此被浮起而离开孢囊枝，漂浮的四分孢子囊崩裂放出四分孢子。这样，这一过程包含孢子囊的排出，浮起与崩裂三个部分。因此石花菜属于排出孢子囊的方式，而不像 Kylin 与广濑的图解所表示的，四分孢子为单个孢子的排放方式。二种排放方式的差异，可能是种间不同所致。

2. 石花菜的果孢子是怎样被释放出来的？Smith 认为果孢子是从囊果中浮出来的。他的著作中的代表种为软骨石花菜（*Gelidium cartilaguneum* Gaill.），因此这种说法可能是软骨石花菜的排放情况。

由于石花菜的果孢子囊在囊果中间的轴上，从外表看不到这些内部组织和排放过程。我们只能从囊果二侧的果孔和排出的果孢子的形态、运动状况进行观察和分析，以下四点值得注意：

（1）果孢子在静水中排出是弹射式；

（2）果孢子是从左右孔轮流排放并有间歇性；

（3）排出的果孢子立刻下沉；

（4）刚排出的果孢子呈长的锥形或长卵形；

以上的1～3点，都不支持果孢子从囊果中浮出，我们也没有看到任何漂浮而出的动态。果孢子是属于沉性的不动孢子，在静水中不仅不易浮出，而且也不会有规律地、有间歇地向外浮出。

果孢子脱离囊果后与四分孢子相同，在下沉的过程立刻变化其形态。如果果孢子从囊果内被水流浮出，形态上应向圆形变化。而事实与上述相反。根据果孢子囊在囊果内与中轴呈垂直的排列，而且孢子的大头向着果孔和呈长卵形的形态。刚刚射出的果孢子，亦呈长卵形，也是大头背着囊果孔，小头向着果孔，二者十分相似，因此，只能认为：这是孢子囊成熟后受囊果的压力作用，被迫脱离造胞丝并迅速地排出囊果。

遗憾的是我们尚不能解释排放必需的压力的机制问题。因此，排放的时间间歇，一个个地排放等问题，尚有待于以后的研究。

3. 石花菜四分孢子囊的漂浮与果孢子的射放的意义是什么？

石花菜孢子的释放方式是有重要意义的。例如：四分孢子囊在崩裂成四个四分孢子前的漂浮，可以使四分孢子离开藻体，而不致将孢子落于自身之上，或只限于藻体附近。相同的原因，果孢子被射离藻体，便于水流与波浪的传播。石花菜的两种孢子都是不动孢子，本身不能离开藻体，而采取漂浮和射放的方式，是适应繁殖的需要。

根据我们观察到，四分孢子囊的排放及崩裂与水的运动有关，因此有理由认为：夏季浪浪汹涌的海区，对石花菜的四分孢子囊的漂浮，崩裂有利，也就是对孢子的传播有利。石花菜大量分布于向浪海区，可能也是原因之一。

四、提要

通过我们的实验观察明确以下的情况：

1. 石花菜的四分孢子的放散为释放四分孢子囊的方式。四分孢子囊似受压力排出孢子枝，浮升离开藻体的。游离的四分孢子囊在漂浮过程崩裂放出4个四分孢子，而不是单个排放四分孢子的方式。

2. 果孢子是从囊果中射出的，果孢子似受囊果的压力而急速被排出来。一般是囊果的左右孔中轮流排放，并有间歇规律，而不是从囊果中漂浮出来的。

3. 两种孢子在静水中的放散，只能沉落于孢子囊小枝附近。水的运动对四分孢子的解释有利，因此，潮流和波浪对石花菜的繁殖是十分重要的。

参考文献

1. 张定民，王素娟，等. 藻类养殖学. 农业出版社，1961.

2. 广濑弘辛. 藻类学总说. 内田老鹤圃，1959.

3. 须赛俊造. テングサの孢子の放出、浮游及び着生. 日水志，1950，15(11).

4. 片田实，松井敏夫，等. テングサの增殖に关する研究Ⅴ. マグサの孢子放出について(1). 日水志，1953，19(4).

5. 片田实. テングサの增殖に关する研究. 水讲所研报，1955，5(1).

6. G. M. Smith. 1938. 1955. Crytogamic Botany Vol. 1. Algae and Fugi, P. 328. Mc Graw-Hill Book Co.

OBSERVATION ON SHEDDING OF SPORES OF *GELIDIUM AMANSII* LAMX.

Li Hongji and Li Qingyang

(Shandong Marine Cultivation Institute)

Abstract According to our experiment in laboratory, we found two interesting phenomena about shedding of spores of *Gelidium amansii* Lamx., differring from those mentioned in G. M. Smith's book(1938, 1955).

1. The carpospore was shooting out through a pore from the carposporangium. Some minutes later, the next carpospore shot out through the pore frome the oposite.

2. The tetrasporangia of *Gelidium* liberated from the stichidium looked like by pressure. When the free tetrasporangium floated rising in the water,

a moment later, it divided into four tetraspores and then these spores sink slowly.

合作者:李庆扬

(海洋湖沼通报.1981,2:26-31)

山东沿岸石花菜的分布[①]

在我国天然分布的海藻中，石花菜是最重要的经济种类，它分布广，产量大，为琼胶的重要原料。山东沿海是我国石花菜生产基地之一，此外，台湾的石花菜产量，以往与山东相近似，30～50年代的产量为15～18万千克[1]。辽宁、河北、浙江、福建等省亦均有分布。抗日战争前，山东的石花菜还稍向日本输出。新中国成立后，除了少量用于家庭琼脂(凉粉)冷食之外，全部由国营机构收购，制成琼胶(冻粉)供应医药、食品等工业，少量供应饮食作为高级菜肴食用。

山东石花菜的生产状况，直接影响我国琼胶工业的生产。尽管近几年来，琼胶工业积极研究其他红藻作为石花菜的代用品，但能够单独制造琼胶的种类只有江篱(Gracilaria)，而其产量却不多。其他含胶量多的红藻，一般只能与石花菜混合作为辅助原料[2]。因此，石花菜在我国仍然是最重要的原料。那么，山东沿岸的石花菜究竟能生产多少？资源分布状况如何？这是关系到今后如何对待这一资源和决定我国琼胶工业发展的两个重要问题。

为了回答以上问题，我们于1978年利用冬春低潮落差大的时期。在山东沿岸进行了广泛的调查，现将获得部分结果报告如下。

一、调查方法

我们从黄县向东经荣城向西至日照的山东沿海，于各大、小口岸，从设立渔需品供销站中，选择了大约30处，以其收购的石花菜数量代表附近海区的生产量。虽然收购量不等于生产量，因其中有些为群众所自用，但总的来看数量不多。各海区的采捞量不一定全部交售于该海区的收购站，往往由于其他原因售于邻近站，所以我们把几个收购站按县为单位划为一个产区，称片，但

① 庄保玉同志参加部分工作。山东省水产供销公司各地收购站，供给历年收购资料，特此致谢。

是有的县海岸线短或产量少，就几个县并为一个生产区，也有的地理相近，把其附近的其他县属归于一起作为一片，这样就便观察各地生产量的分布。例如，福山、烟台、牟平划为一片，称为烟台片；文登、乳山、海阳划为一片，称为海阳乳山片，威海片向东扩大伸延到荣城县属的泊于、青矾岛一带；蓬莱片包括长山岛；青岛片包括崂山县等。因此，片的名称，不代表该县市的产量。调查的范围共 16 个县市，水产收购站共 34 个，收购量均按历年收购账上的数字为准。除此之外，为了其他目的还于各收购站附近，有石花菜分布的海岸，于 28 处为调查点，趁大干潮时，进行采集，观察群众采捞方法等。

二、产区的划分与生产量的状况

山东沿岸石花菜的地理分布是很普遍的，是自然分布的海藻中，分布最广，产量最多的种类。根据国外的经验：石花菜的分布大体与裙带菜、鲍的分布相一致[3]。裙带菜和鲍现在于山东沿岸多有分布，这一点与国外相同，但是石花菜比以上二种贝藻类的分布更广，特别在裙带菜不能自然繁殖的贫水海区，石花菜也都能呈大群落的繁殖，这可能是它在山东沿岸分布广的一个重要原因。

(一) 石花菜的产区划分

根据调查方法提出的标准，山东沿岸共划为 10 片。

表 1　选择的收购站及其调查点的名称

	县(市)属	水产收购站	调查点
1	黄县	1) 龙口　2) 海港	1)纪姆岛　2) 桑岛
2	蓬莱	3) 栾家口　4) 水城　5) 刘家旺	3) 栾家口　4) 刘家旺
3	福山	6) 福山*	
4	烟台	7) 烟台	5) 金钩寨
5	牟平	8)牟平*	
6	威海	9) 威海	6) 合庆黄岛
7	荣成	10) 港西　11) 龙须岛　12) 俚岛	7) 泊于灰顶子　8) 马栏西岸
		13) 蜊江　14) 林家流　15) 莫耶岛	9) 龙眼东岸
		16) 石岛	10) 俚岛羊角咀　11) 莫耶岛灯塔
8	文登	17) 文登	12) 石岛发浪石
9	乳山	18) 乳山　19) 大埠圈	13) 海阳所腰岛　14) 半海山
10	海阳	20) 海阳(凤城)	15) 老龙头　16) 方里山后松咀

续表

	县（市）属	水产收购站	调查点
11	即墨	21）太平港　22）岙山	17）太平港水岛　18）羊山咀
12	崂山	23）仰口	19）仰口
13	青岛	24）青岛　25）黄岛　26）薛家岛	20）团岛湾大黑栏
14	胶南	27）积米崖　28）小口子　29）杨家洼	21）皇岛　22）杨家洼东　23）董家口
15	日照	30）董家口　31）石臼所	东岸　24）湘子门　25）南小庄
16	长岛	32）丝山张家台	26）石臼新灯塔　27）奎石咀（八王边）
		33）奎山　34）长岛	28）张家台龙山咀

* 据说掖县虎头崖亦有石花菜，待证实

1. 北海岸4片。

（1）妃桑片（或黄县片）：山东北岸，西起黄县潮带下出现岩礁始，石花菜也同时出现，但仅限于海岛，其他均为沙岸，妃姆岛已成为陆连岛，石花菜主要分布于该岛的西部，以鸡爪礁为主要产处。桑岛是黄县唯一真正海岛，岛南距大陆10余里，石花菜主要分布于岛的北半部及其东西两侧，是渤海中重要的石花菜产地。

（2）蓬莱片：从桑岛向东进入蓬莱县境，从栾家口起海岸曲折，岩礁连绵，这一带均为低平礁区，中经蓬莱老白山、末直口、湾子口孙家，东达刘家旺沿岸为重要产区，蓬莱沿海均有石花菜分布。

（3）烟台片：从蓬莱的山后初家岩礁区，向东入福山，经八角嘴的小片岩礁即进入沙岸海区，直到烟台的陆连岛——芝罘岛开始入岩礁海岸，其外海为许多小岛屿，其中主要为崆峒岛。烟台以东又有一些小山嘴形成连绵的岩礁区，如东炮台、金钩寨、清泉寨及牟平县大泊子到陆连岛——养马岛（象岛），这一带均有石花菜分布，但产量不多。据说养马岛临海的北部岩礁区盛产石花菜，但调查期间牟平站收购的数量不多。烟台片包括福山、烟台、牟平的全部沿海。

（4）威海片：从牟平向东经漫长沙岸到双岛港东岸进入沿岸区，经小石岛，麻子二、远遥嘴、靖子头、猫头山，合庆、过海到刘公岛、日岛达皂填头均为陡岸区域，石花菜分布量不大，再东，进入荣城县境，从黄石圈到泊于沿岸的灰顶子，这里转为平坦地势，近岸多礁滩，石花菜较多，从青矶岛（陆连岛），到鸡鸣岛为石花菜著名产区。鸡鸣岛以东到成山头、为一狭窄小半岛，其中包括夏口、龙眼，马栏三个小湾，一个小岛（海驴岛），这一地带水深流急，是山东少有的陡岸地带，石花菜产量少，故并入东岸一起划区。

2. 东岸1片。从成山头向南到石岛附近为山东的东海岸，全为荣城县属，只划为一片称为荣城片。由于地垮半岛南北海岸，海岸线长，其间可分为五小片：

（1）龙须片：从夏口、龙眼、成山西北经成山头、龙须到马山沿海。

（2）俚岛片：从烟墩角、草岛寨、俚岛到瓦屋石一带。

（3）蜊江片：从青鱼滩、兔子腚、寻山头、蜊江到桑勾湾的五岛、鹁鸽岛。

（4）宁津片：从楮岛、经大黑石到镆榔岛沿海为石花菜重要产区。

（5）石岛片：从石岛开始向西经朱口、苏山岛到靖海卫为陡岸，石花菜产量较少。

3. 南岸5大片：从石岛向西至江苏省的赣榆县为山东省的南海岸，海岸线大体呈西南东北走向，海岸曲折多湾，岩岸沙岸各半，其间，石花菜主要产区分为五片，为山东石花菜的主要产区。

（1）海阳乳山片：东从文登的五垒岛向西过浪暖口到乳山的后青洞（和尚洞）经宫家岛，腰岛至半海山、南宏、南湟岛等岛屿属乳山县境，其中南宏沿岸为著名产区。越大河口入海阳县境，从松嘴（方里、山后），大埠圈（南岛）和凤城老龙头为石花菜产区，这两个县地理相近（旧属海阳县），并为一个片。

（2）即墨片：从海阳向西过五龙河进入即墨县。自黄山向西经羊山、馋山及其附近许多海岛（小青岛、水岛、平岛、马岛、女岛、田横岛等），绕过馋山湾到岙山头一带岩礁区，其间可分羊山、馋山、岙山三小片。

（3）青岛片：从岙山向南到崂山头，中经风山、仰口、雕龙嘴、青山为崂东海区。过崂山头折向西去，经福岛、沙子口沿海到大麦岛、石老人为崂西海区，一入市区，经燕儿岛、太平角到团岛湾为市内海区。过胶州湾口，到黄岛，薛家岛二个陆连岛西海区。青岛片即分为崂东、崂西、市区、海西四小片。

（4）胶南片：从薛家岛鱼鸣嘴以西到木管岛为胶南片，其间也可分为四小片：

1）灵山片——从皇岛、灵山卫沿岸到灵山岛，主要产区在灵山岛。

2）大珠山片——大珠山沿岸是石花菜著名产区，主要包括高峪、南小庄、湘子门沿海.

3）琅琊片——从瑯琊嘴经斋堂岛，到胡家山、杨家洼、牙岛一带。

4）泊里片——从贡口到窑头、董家口沿岸。

（5）日照片：过木管岛向西入日照县境，海岸比其以东较平直，陆岸多沙岸，但海中尚多岩石，为著名石花菜产区，其间可分为三小片，即丝山片，包括龙山嘴、桃花栏、大栏一带。石臼片即大栏以西的石臼湾沿岸。奎山片，即八王边沿岸，再以西到岚山头这一带多沙泥，无石花菜分布。

（二）10大片的产量状况

我们调查的产量从1970～1978年间的收购数字，可以认为这是最低限度的数字，因为尚有许多个人采捞的石花菜，自己食用或互相赠送或流入市集者为数亦颇多。调查期间，又经常受到人为因素的干扰，产量极不稳定。根据10大片的历年产量统计，山东沿岸总的年产量平均为150 t，最高年产量近200 t，最低约100 t。

为了便于观察和比较各片的生产状况，选择九年中的最高年产量与合理的低产量两个数字，作为一片的产量变动范围，所谓合理低产，指的不是实际的低产数，而是把明显受干扰出现过低的数字不计，从低产数中选一个有代表性的低产数字，最后把这些资料和数字整理后图解成图1。

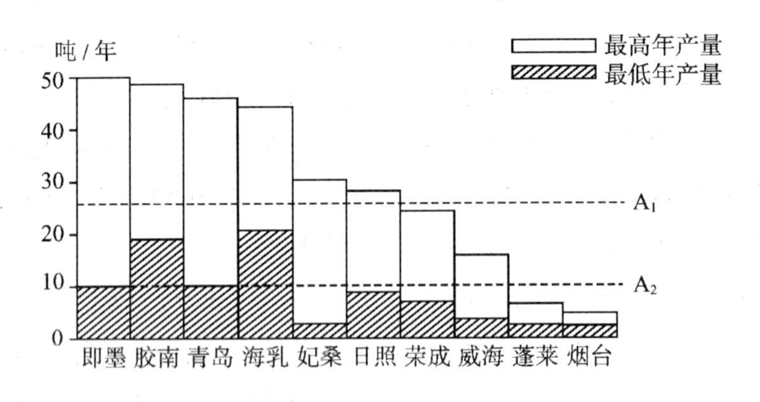

A_1线为最高年产量1/2线；A_2线为最低年产量中最高产量1/2线

图1　山东沿岸石花菜十大片的产量比较（1970～1978）

从图1中可以看出，即墨、胶南、青岛、海乳四大片的产量都是比较接近的，都在40～50 t，妃桑及日照片次之。这六大片的产量均超过最高产量的一半以上，因此称为高产区。荣城片的产量靠近高产区年产量一半线，为中等产区，其余均在线下，为低产区。从最低年产量比较，以海乳片的产量最高，以其一半为标准，高产区各片仍在最低年产量中最高产量的1/2线上下，低产区则远在线下。但妃桑片也落在线下,说明这一片的产量极不稳定。与此相反,海乳片,胶南片则属于高产稳定产区。

三、地理分布

了解山东沿岸石花菜的产量与地理分布的关系,具有多方面的意义,因此,我们把各大片及其各小片调查的最高年产量数字标注于各地理位置。再将其综合,用圆圈表示一片的总产量,制成图 2 这是一片最高产量的数字,如果以其表示山东沿岸石花菜的数量分布状况,也是适宜的。

从图 2 中可以看出,大的圆圈主要在山东南岸,小的圆圈均在山东北岸,但是北岸的西头出现一个较大的圆圈是很独特的。

这里再解释一下荣成片,按海岸线而论,比各片都长,甚至比有的片长几倍,产量仅处于中等,如果把本片中的五小片分为荣城片(包括龙须、俚岛、蜊江、宁津四小片)及石岛片,也是合理的,石岛片包括文登五垒岛、荣城的靖海、朱口、大渔岛等,从海岸线说,足够划为一片。那样,就会在山东南岸的东端出现一个小圆圈,形成北岸西端的大圆圈与南岸东端的小圆圈时,亦颇饶有趣味。

关于日照片显著比其他高产片圆圈小,那是因为日照有岩礁的海岸线短的缘故,如果以海岸线与产量比较,则较其他片均高。

关于南岸的高产区的四大片,即海乳片、即墨片、青岛片、胶南片以何处为最多,我们认为四处的产量为 40～50 t 均很接近,没有很大的差异,从最高年产量出现的数字而论,以即墨和胶南两片为最高,海乳和青岛两片次之。但从最低年产量出现的数字,则以海乳与胶南两片最高,即墨、青岛两片次之。二者综合来看,应以胶南、海乳两片为高产稳产区,即墨、青岛、日照次之。

将图 2 中各片的数字综合计算,作为山东石花菜资源的潜在产量大约有 300 t。因此山东石花菜的年产量一般估计不会比此数高,或者高出许多。

四、南北岸产量不同的原因分析

山东沿岸的石花菜,从数量分布看,明显表现北岸少南岸多,为什么会出现这样的差异呢?其原因是多方面的,从自然资源来说,南岸比北岸多是可以肯定的,这就排除了人为的因差。从自然条件来分析,南岸有以下三个有利因素。

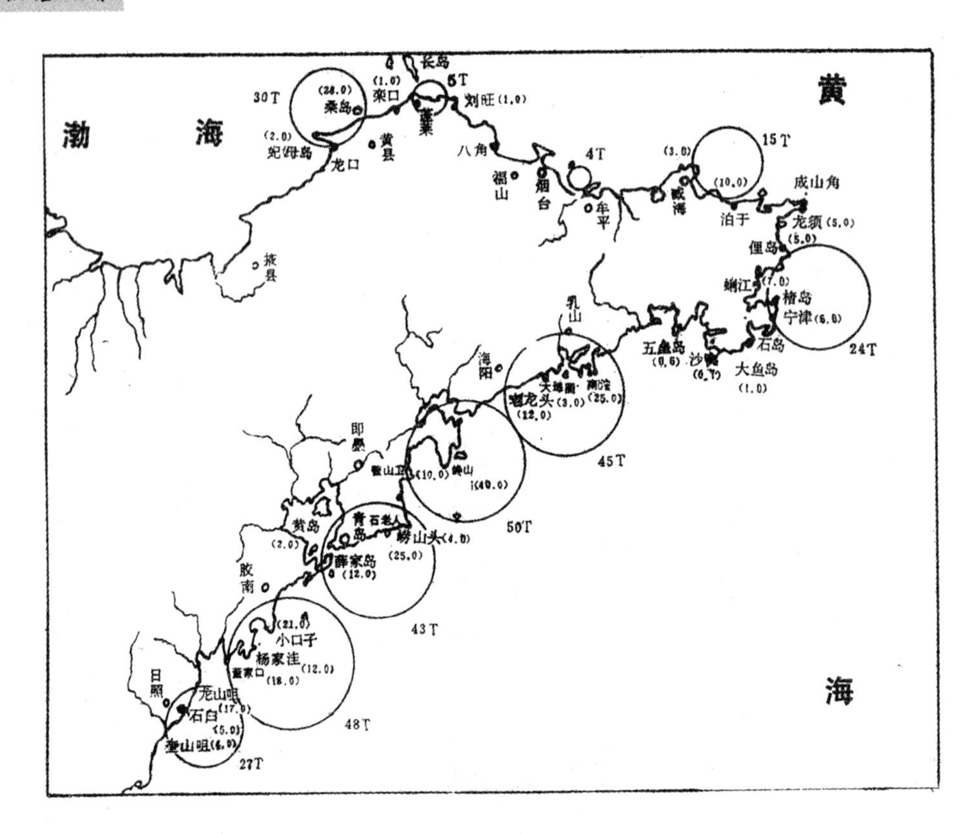

(一) 风浪的影响

南岸分布量多,北岸分布量少,显然与南北的方向有关。据日本的加藤(1955)研究投石增殖石花菜时,发现投石的效果与海岸的方向有关,即南海岸投石区的石花菜繁殖数量多.这一结果与我们的图2基本一致,即向南的海岸有利于石花菜的繁殖。为什么方向与石花菜繁殖量有关呢?加藤对其未加分析,我们认为方向实际是风与波浪问题。向南海岸受南风是迎风岸,而风向与石花菜的关系是波浪,即南向海岸受南风浪的冲击,而北风对向南海岸则是背风岸是无浪的海区。

为什么南风浪有利于石花菜的繁殖?而北风不利于石花菜的繁殖?我们从以下三个方面进行解释。第一,南风主要在夏季,北风主要在冬季,夏季高温期是石花菜的孢子繁殖时期,而石花菜的孢子是不动孢子,所以孢子的传播主要借助于潮流和波浪运动,如果有经常性的波浪,一个接一个地向岩礁上冲击,孢子接触岩礁的机会就大大增加,因此向南海岸石花菜分布的密度大,相同的理由,北岸与南岸相反,于石花菜孢子繁殖季节,缺乏这样的条件,形成密度上、数量上的差异。第二,夏季高温期是石花菜生长的旺盛季节。同时,也是各种海洋动物的繁殖季节,其中包括许多营附着生活的小型动物,例如苔藓虫类、水螅类、石灰虫等,另外还有石灰藻类等也都大量向石花菜藻体上附着,影响石花菜的生长,而在多浪海区的石花菜,受浪的冲击,藻体激烈地摇动,形成石花菜与岩礁之间的碰撞,植株之间互相摩擦,藻体小枝之间不停地活动,致使这些敌害生物不易在其间大量繁殖。因而在向浪海区的石花菜茂盛附着物少,而静稳背浪海区的附着物多。第三,石花菜是好浪性海藻,波浪不仅帮助其排除敌害,同时也有利于生长。

(二) 水温的差异

石花菜为温暖性海藻,冬季低温期生长缓慢,或者停止生长。据木下的研究,日本北海道的石花菜分布:水温月平均在2℃以下,年平均于10℃以下的海区无石花菜分布。並且认为:2℃以下的低温对石花菜有害[5]。山东的南北两岸沿海的水温,年平均一般在10℃以上,但北岸的冬季水温月平均只有0.6℃~1.5℃(成山、烟台、长岛)①。低水温期长达两个月的时间,加上冬季北风多,波浪大,水浑浊,均不利于石花菜的越冬生活。南海岸则相反,冬季是背风海岸,水较清,低温期只有一个月,一般水温高于2℃(青岛、石臼所),並且水温下降的时间比北岸迟,而回升却较早,形成石花菜的生长期较长,因而南岸水温不仅有利于越冬,而且有利于生长,所以南岸石花菜的藻体一般大于北岸。

(三) 地势倾斜的差异

低潮带及其以下地势倾斜之不同,石花菜垂直分布的主要水层在低潮带及其以下,在这样的水层中,岩礁多、则分布量大,岩礁少或者岩礁地势陡峭,则分布量少,因此低潮带以下的岩礁倾斜状况决定分布面积的大小,山东南北岸的著名产区,则均具备这样的条件。例如日照的丝山一带的龙山嘴,桃花栏、义栏、石臼湾及奎山嘴沿海均属低平礁地势。胶南的琅琊湾沿岸大株山沿海,即墨的峜山,馋山、羊山一带,海阳老龙头、大埠圈、乳山的宫家岛至南宏一带,均属相同地势。而山东北岸,除了桑岛、栾家口、蓬莱部分海区,烟台东部沿海,威海片的泊于沿海外,多为陡岸,即使相同的密度和相同的藻体大小,由于分布面积不同,产量亦必不同,除了以上的自然条件的差异外,人为的差异

① 根据国家海洋局1960~1969年资料。

亦是明显的。生产是人类最基本的活动,生产的效率取决于劳动的方式,使用的工具和积极性等,山东南岸的胶南有冬季及早春送气潜水采菜的习惯,即墨及乳山有使用长柄耙趁大低潮期采捞的习惯,近几年来,青岛有穿橡皮潜水衣冬季采菜的专业人员,这些都是形成高产的因素。而山东北岸产区大多仅仅依靠夏秋季水温高的时期,闲散劳力泳潜或者利用休息时间采搜,或者利用冬季特大干潮时采捞。

这样分析从北岸西端的较大圆圈(图 2)来看是对的,这一带具有三个因素,是低平礁海区,分布面积大,二是龙口海区水温升得早。另外,近几年大队组织人力有计划采捞。再从南岸东端的石岛片来看,如果划为独立的大片,将出现一个小圆圈,也可以证明分析是正确的。因为石岛片有两个近似北岸的条件,一是海岸陡,二是水温,因此虽具有南岸的风浪条件仍然产量低,进一步证明三条件都是重要的,只具备一个条件不能成为高产区。

五、结语

从 1970～1978 年山东沿岸的石花菜产量统计、平均年产量为 150 t,最高年产量近 200 t,最低约 100 t。如果把各地的最高年产量合计作为石花菜资源的潜在产量大约 300 t,这个产量也远远不能满足琼胶工业的需要,所以开展人工养殖是势在必行。

山东沿岸的石花菜分布,主要在山东南岸,北岸较少,形成南岸多的原因是多方面的,从自然条件来说,南岸具有三个有利条件,即石花菜生长繁殖期有经常性的风浪,有利于孢子的传播和密度的增加,也有利于藻体的生长。其二,冬季温度不过低,並且春季温度回升早,秋季下降慢,石花菜的生长期长,最后,低潮带倾斜较小,石花菜有较多的生长基。另外南岸采菜方法多样,时期长亦是高产原因之一。南北岸分布不同的现实,对开展人工养殖有指导意义。

参考文献

[1] 曾呈奎,纪明侯,张峻甫. 琼胶和琼胶工业. 中国植物学杂志,1950,5(2).

[2] 青岛海洋渔业公司水产品加工厂. 利用江篱、三叉仙菜、海萝、叉枝

藻、麒麟菜作为生产琼胶原或辅助原料的试验总结.山东水产学会会刊,1978,2.

[3] 远藤拓郎,松平康雄.有用海藻の地理的分布との关系について.日水志,1960,26(9).

[4] 加藤孝.投石によゐテングサの增殖效果にすゐ.日水志,1955,21(2).

[5] 木下虎一郎.ノリテングサンフノリ及びギソナンサゥの增殖关研究に关すゐ.北方出版社.1949.

合作者:李庆扬

(海水养殖.1983,1:27-34)

石花菜人工育苗的试验

提　要　作者总结了前人的经验提出：在常温条件下利用日光进行育苗。试验的重点是提高幼苗的大小与防除附着物的方法。采用从育苗基质、采孢子时期、室内短期培育及下海育苗一系列新方法，结合人工洗刷技术等多方面措施，当年获得：每厘米苗绳上出 1 cm 以上大小的幼苗 5 株以上的结果。这样大小的幼苗比较容易养成，达到实用阶段，所以提出一套采孢子育苗的工艺流程。这是石花菜人工育苗的最好纪录。

一、引　言

石花菜(*Gelidium amansii* Lamx.)育苗及其基础研究前人已作了一些工作。早在 40 年代，已基本明了孢子萌发生长的形态变化[8,9,10]。近几年来，我国也开展了形态观察[2,3]。以上中外科技工作者的成果，均在普通实验室内取得的。但是西方对石花菜的研究，则着重于环境对其生理的影响。如 Bruce A. Mocler 与 John A. west 对石花菜(*G. coulter*)在各种条件下与生长、含胶量的影响等[14]。1985 年，J. Correa M. Avila and Santelices B. 对舌状石花菜(*G. lingulatum*)和智利石花菜(*G. chilense*)与环境因素的研究中指出[13]：石花菜“生长慢、栽植的劳动强度大并且昂贵，所以是不可取的”。同时认为“从孢子开始培养是省时、省力的方法”。也就是走孢子养成的道路。目前，处于实验研究阶段。

亚洲方面对石花菜育苗则着重于技术研究。如人工及半人工育苗方面，日本的殖田（1936）的混凝土绳半人工采孢子[9]，藤森的“苗付式”养殖法(1940)，即人工采孢子培养，再将其附生于棕绳上的养殖法[11,12]，惠本的“擂钵式”养殖法[11]等均失败于下海后的附着物影响[3]。

我国石花菜的育苗，半人工育苗始于 50 年代的梯田混凝土砣子育苗，幼苗发生好，但很快被梯田中的牡蛎及绿藻类所消灭①。人工采孢子始于70年代，但幼苗发生量少②。80年代，黄礼娟等的“孢子育苗研究”报道了从孢子到成体石花菜的培育，着重于生长过程的观察，但没有提出育苗的标准及达到标准的技术方法[6]。经她于1985～1987年在山东荣成海区的多次重复，取得孢子育苗绳的部分绳段上有苗，多数处于显微时期的幼芽阶段。越冬后到翌年春季仅有少量苗绳的局部绳段上有稀疏幼苗③。1986年，戚以满提出：石花菜在常温条件下育苗[7]，试验采取“摩擦洗苗绳法”，大大减少了生物因子的影响，因而从技术上、效果上均有明显进展。

综合以上来看，我国石花菜育苗更接近于生产实践。但目前仍存在着有碍于投产的技术问题。一部分属于提高育苗效果，即解决育苗的大小及密度。如当年幼苗大的0.5～1.5 cm[7]，个体偏小，更主要是大苗的密度小，小苗及匍匐枝数量多，更出现空白绳及空白绳段。这些都是严重妨碍投产的因素。另一部分属于技术难点的解决，即海上育苗阶段的附着物防除，而附着物又是对幼苗生长、出苗量的直接危害者。在生产中必须具备有效而且简易的方法或者配合摩擦洗苗绳法对敌害加以清除。本文即对以上存在的问题进行实验研究。

二、试验的方法与内容

(一) 方法

1. 室内育苗阶段。

(1) 育苗基质及育苗帘：采用维尼纶与聚乙烯单丝混捻的φ3 mm的白细绳，编成育苗帘，每个帘绳长16 m，约可分成8根苗绳，每100个帘为1亩。育苗帘经过燎毛、浸泡、蒸煮、整平、定型、消毒等处理后备用。

(2) 采孢子：种菜经过清洗，选成熟好的孢子囊小枝，从上午11时到下午18时采孢子。苗帘平铺于水槽的底部，槽内水深10 cm，种菜均匀撒于其上，为了孢子放散均匀，互相移动种菜位置，平均每视野(10×10)达到20个以上孢子时，基本满足需要时结束。

---

① 根据李宏基未发表资料(1954)。

② 根据李修良、李庆扬未发表资料(1973)。

③ 根据山东省海水养殖研究所及本专题组的三次调查(1985～1986)。

（3）育苗条件：

温度——自然海水汲入水池中沉淀、过滤，在自然气温的影响下常温育苗。

光照——育苗在玻璃房的室内进行。屋顶及四周的玻璃进光处全部用竹帘及乳白色塑料膜遮挡直射日光，光强控制在2000lx以下。

育苗水——用电动水泵汲取海水入沉淀池，经黑暗沉淀，再汲入过滤池，经一次沙滤和一次砂芯过滤器过滤后，贮存备用。

培养水每天换水一次，表层水从溢水口排出。

培养池——水池为白色瓷砖砌成的方形水池，大小为2.2 m×2.2 m×0.58 m，水池边有下凹约8 cm的排水口，池内储水深度0.5 m。

培养方式——育苗帘平放于2 m×0.3 m的竹框架上，竹框架固定于池边的支架上。育苗帘距水面10 cm，每个池放养育苗帘30个。

2. 海上育苗阶段。

1）育苗帘培养期：育苗帘下海后，吊挂于养殖筏的竹竿上。吊绳长70 cm，育苗帘大约处于90 cm的水层中培养。

下海初期，每天到海上冲洗浮泥一次。育苗帘不受潮流冲起，一周后，用毛刷刷洗育苗帘。

2）育苗绳培养期：下海后约一个月，海水温度下降到25℃以下，时间大约在9月下旬到10月初，海中动物性附着物繁殖减少后，开始拆帘，剪成长2 m的苗绳，每4～6根苗绳为一束，进行平养。水深控制在50～60 cm，最后上提到海面约20 cm的水层中培养。

（二）试验的内容

1. 不同时期采孢子的实验：根据石花菜孢子放散期与黄渤海的自然条件，我们选择7月6日、7月16日及8月6日三个时期分三批采孢子，观察采孢子期的结果。

2. 室内育苗不同天数的实验：石花菜室内育苗我们选择短期培养的方法，因为石花菜属于孢子直接长成的发育方式，仅是从小到大的生长过程，另一方面，石花菜属于好浪藻类，室内条件不能满足其生长要求。所以，实验分为当日采孢子翌日下海，室内育苗10天，20天、30天进行比较。

3. 海上附着物的防除实验：石花菜室内育苗后下海继续培养，以往的方法[6,7]均采用在海面平绳培养方式，结果杂藻丛生。为此，我们采取养殖方式形成的生态条件，有利于石花菜的生长而不利于杂藻繁殖的方法进行对比试验。

二、结果

(一) 不同时期采孢子育苗的效果

本实验于石花菜孢子成熟的盛期分三次采孢子，室内育苗 10～30 天，下海后继续培养，10 月 12 日及 11 月 10 日进行二次检查，二次的结果基本相同。因此，实验结束，检查的结果如表 1

表 1　石花菜不同时期采孢子的育苗效果(1987)　　长度:mm;出苗量:株

系孢子日期	10.12				11.10			
	1 cm 苗绳出苗量		最大 10 株平均长		1 cm 苗绳出苗量		最大 10 株平均长	
7.6	7	100	14.0	100	8	100	27.3	100
7.17	15	214	7.7	55	14	175	23.1	84
8.6	23	328	5.2	37	32	400	11.3	41

从表 1 中可以看出以下几点：

(1) 从幼苗的大小看，早采孢子的苗大(14～27.3 mm)，晚采孢子的苗小(5.2～11.3 mm)，中期采孢子的苗的大小中等(7.7～23.1 mm)。

(2) 从育苗的数量看：早采孢子的苗株数量少，晚采孢子的苗株数量多，中期采孢子的数量中等。

(3) 早、中期采孢子的二批为 8 月上、中旬下海的。从 10 月与 11 月二次检查的数量比较，没有较大变化，表示 8 月中旬下海对数量影响已趋稳定。晚采孢子的于 9 月中旬下海，到 11 月中旬的苗量比 10 月有增加，表示晚下海无敌害影响有利于幼苗的发生。

(4) 10～11 月二次检查幼苗的大小，从生长度与增长比来看，早采孢子的长度增长 13.3 cm，比原大增长接近 1 倍，中期采孢子的增长 15.4 cm，为原大的 1 倍，晚采孢子的增长 16.1 cm，为原大的 1.17 倍。三者比较，以早采孢子的增长比最小，中期采孢子的增长比中等，但增长最大，以晚期采孢子的增长比最大，但增长最小。

根据幼苗的大小及数量两个指标看，采孢子期，7 月上旬以前，采孢子的效果不好，以 7 月中旬以后，采孢子为宜。此时，采孢子幼苗生长快，11 月中旬幼苗长度接近早采孢子的大小。

(二)室内育苗不同天数下海育苗的效果

以往的育苗方法在室内培养40～75天,培养匍匐枝,下海后提高光强培养直立苗[6,7]。但是,室内育苗40～75天的作用,以及室内育苗多少天数合理的问题尚未解决。因此,不能排除短期育苗甚至海上育苗效果好的可能性。对此,我们进行30天内的育苗试验,即8月3日及8月7日二次采孢子,均于室内育苗0、10、20、30天,通过9月2日、10月3日、11月7日三次检查出苗状况结果如表2。

从表2中可以看到:同一批采孢子于同一天,检查的指标中,取其最大值中的二个数,数字下划一横线,表示这天育苗检查出现的最高数,此二批采孢子共检查6次,如果最高数出现次数为6,表示为最佳的室内育苗天数;出现次数为0,表示为最不适宜的室内育苗天数。

表2 室内育苗不同天数下海后石花菜的出苗情况(1987) A:mm;B:出苗株数

采孢子 天数		8.3.			8.7.			高数出现次/率(%)
		9.2.	10.3.	11.7.	9.2.	10.3.	11.7.	
0	A	1.44	5.9	7.4	1.0	4.5	7.2	4/66.6
	B	84	96	11	231	144	21	3/50
10	A	0.96	6.5	8.8	0.54	4.6	12.9	6/100
	B	208	384	16	66	99	21	4/66.6
20	A	0.44	3.5	7.7	0.46	3.5	8.7	2/33.3
	B	150	318	13	63	81	12	1/16.6
30	A	0.18	2.2	7.2	0.28	2.6	6.4	0
	B	158	228	19	132	144	12	4/66.6
C:匍匐枝 S:幼苗		C	C+S	S	C		S	

根据以上标准可以看出以下三种情况:

(1)采孢子后不在室内育苗,即直接于海上育苗者,从幼苗的大小(A)来看,最大数值出现4次,出现率为67%。以出苗的数量(B)来看,最大数值出现3次,出现率为50%。说明海上育苗于8月上旬采孢子可以获得一定效果的。

(2) 室内育苗10天下海者，从幼苗的大小看，每次检查均为最大数值，出现率100%。大小指标是绝对的，即越大越好。从数量来看，最大数值的出现率为67%，为实验中出苗量最多的一类。数量指标是相对的，并不是越多越好。因此，石花菜在室内育苗10天是最适宜的。

这一结论与直接观察的结果是相同的。所以，室内育苗是需要的。

(3) 室内育苗30天者，苗的大小最小，虽出苗量属最多的一类，由于大小指标不符合要求，因而8月上旬采孢子，室内育苗30天以上是不需要的。

三、育苗绳垂下式的培养效果

“温度与水层对石花菜生长的影响”中指出[1]：周年的水温变化，不论高低温期，只要在石花菜生长的适温范围，均以浅水层的石花菜生长较快。因此，孢子育苗也都采用浅水层培育，而且采用育苗绳平养方式[6,7]。其结果是浅水层中的好光藻类影响幼苗生长与幼苗的存活量。为此，改为垂下方式育苗。结果如表3：

表3 育苗绳垂下式培养的幼苗生长状况 (1987.11.13)

No	水深(m)	1厘米苗绳的幼苗株数			苗长(mm)	杂藻	
		合计 比较	1	2		垂绳	平绳对照
1	0.1	12	33	45	5～20	少	多
2	0.5	7	14	21 }75	5～22	少	多
3	1.0	6	12	18	5～20	无	
4	1.5	6	4	10 }25	5～14	无	
5	2.0	1	5	6	5～11	无	

从表3中可以看出以下几种情况：

(1) 水深与幼苗的数量关系：基本是水浅苗多，水深苗少。五种水层与苗量是随深度的增加而苗量逐渐减少。排列比较规律。如1 m内浅水层的苗量占75%，1～2 m水层仅占25%。

(2) 水深与苗的大小关系：基本情况也是浅水层苗大，深水层苗小。如1 m内水层的苗可达到2 cm，1 m以下水深的苗只能达到1 cm以上。

(3) 水深与杂藻的关系：垂养苗绳基本无杂藻，平养苗绳杂藻多而且较大，必须进行彻底的多次洗刷。

(4) 从育苗效果比较垂养方式的优点，垂养苗绳达到了苗全苗旺的要求，基本不出现空白绳段，杂藻少，基本可以不清除杂藻，或者偶尔加以洗刷。

三、讨论

以上实验结果，有几个问题需要加以讨论。

（一）黄渤海区育苗在当年获得较好的效果问题

本海区的水温条件，从采孢子到水温下降，到石花菜生长的非适温共约有4个半月。因此，当年不可能培养出大的幼苗。如果以小幼苗、匍匐枝甚至以芽状体越冬，形成越冬困难，并延长了翌年的养成期。因而必须培育较大幼苗。

怎样培育出较大的幼苗？从以上实验中可归纳出三条：① 适当时期采孢子；② 室内育苗10天；③ 下海后的育苗绳在1米以内浅水层垂下式培育。

石花菜育苗的另一个指标为数量。怎样培育出数量较多的幼苗？从以上实验中也可归纳出三条：① 晚采孢子；② 室内育苗30天；③ 浅水层垂下式放养育苗绳。

幼苗的大小与数量的关系是互为前提下为条件的指标，即具有一定大小的数量与具有一定数量的大小才有意义。实际要求幼苗大而且多。从以上归纳的两个三条措施来看，因为大小指标是绝对的，数量指标是相对的，所以数量指标应顾应大小指标。即把数量措施的晚采孢子改为适当提早采孢子，把室内育苗30天改为10天，可以获得统一。

以青岛地区而言：7月中、下旬采孢子，8月上、中旬下海，就具有室内育苗一段时间的必要性，又具备海上育苗的优越性。

（二）苗绳垂下式培育杂藻少的原因

平养苗绳的杂藻多，垂养苗绳的杂藻少的原因是什么？垂养主要是改变了平养的光照条件与受光方式。

垂养者的受光方式，自海面到2 m水深处，匍匐枝在密挤丛生状态自上而下受间接光。平养者则在浅水层充分暴露下受直射光。

受光状况不同，对石花菜的生长影响也不同。平养的匍匐枝受强光，较快地转成幼苗。垂绳受间接光，光照较弱，匍匐枝匍匐生长，即从采有孢子的一面伸向苗绳两侧并向反方向蔓延生长。垂养苗绳的幼苗生长状况如表4。

表 4　垂下式育苗不同水层的石花菜数量　(1987.7.12.采孢子,8.21.下海)

No	水深(m)	苗绳正面	侧面	合计	备注
1	0.1	23	15	38	11.13.测
2	0.5	24	11	35	
3	1.0	26	16	42	
4	1.5	13	13	16	
5	2.0	8	6	14	

表 4 中的苗绳正面为采孢子的一面,主要是采孢子的结果。两侧面长出的是从正面的边缘部分长出的匍匐枝以营养繁殖方法形成的。因此,垂养苗绳上的苗量是孢子繁殖与营养繁殖的共同结果,所以苗量多。而平养苗绳的苗量都在正面,即采孢子的一面,所以苗量少。同一理由,育苗过程形成的空白无苗的绳段,匍匐枝也同时从两个方面向空白绳段匍匐生长。

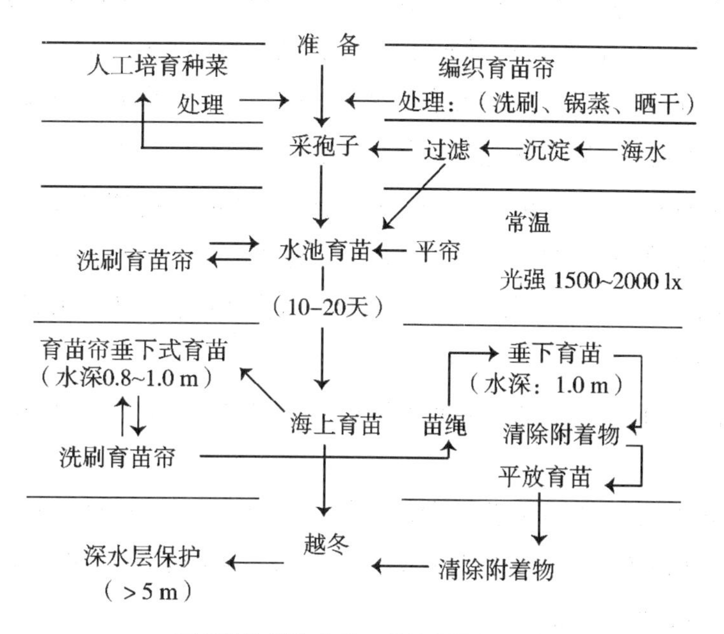

石花菜孢子育苗的工艺流程图(1987)

因此,垂养苗绳幼苗占有的生长基面积大,杂藻可占面积小,而平养苗绳则相反,幼苗占有的生长基面积小,杂藻可占面积大。再加垂养苗绳受间接光,对好光性杂藻(硅藻、水云、多管藻等)来说光线弱,不利于其生长繁殖。因而垂养苗绳上的杂藻少而且小。平养苗绳受光强,光照充分,有利于杂藻的繁殖生长,所以杂藻繁茂。

(三) 石花菜孢子育苗的基本工艺

本实验研究的结果,经我国海藻养殖专家组①于1987年12月验收0.5亩(400绳,800 m),平均每厘米苗绳有>2 cm幼苗0.4株,>1 cm幼苗5.1株,也就是大于1 cm的幼苗于每厘米苗绳上平均有5.5株,占总苗量的28.8%。根据幼苗施肥养成试验证明②,>1 cm的幼苗于贫区施肥可以养成,一年内并可采收二次。因此,这样大小、密度的育苗结果达到了生产要求。

为此,我们提出孢子育苗的全套工艺流程如图。

(四) 石花菜孢子育苗成功的意义

石花菜孢子育苗技术,经过中外科技工作者的努力与经验的积累,随着生产水平的发展,使石花菜的基本育苗技术如人工采孢子、合成纤维生长基质的使用、室内育苗的基本条件、海上育苗阶段出现的问题等已经有了基础。我们的工作是在此基础上,进一步研究达到了育苗的初步指标,因而跨越到生产应用的水平,可以认为人工育苗的成功。石花菜育苗成功具有以下意义。

(1) 为石花菜的人工养殖开创了新方法,即石花菜的孢子养成法。这一方法是国内外学者所希望达到的[6,11,12,13]。

(2) 孢子育苗的另一个目的是,为了解决营养枝养殖用的苗种。营养枝筏式养成用的苗种来自海底自然生长的石花菜,育苗成功就完全脱离依靠海底自然苗种的局面,而且为苗种换代、提高产量、扩大养殖面积、培养新品种等均可起到重要作用。

(3) 石花菜育苗的成功,营养枝多茬养殖的投产,完善了石花菜生产全部人工化的过程。

(4) 石花菜人工育苗成功,不仅解决了半个世纪以来的养殖技术问题,而且为生长慢、育苗期长、夏季繁殖的藻类育苗创造了经验。因而丰富了海藻养殖学的内容与技术方法。

四、结论

1. 石花菜人工采孢子育苗应选择孢子成熟的盛期。在我国黄渤海区约

---

① 1987年由索如瑛、费修绠研究员、张佑基、刘德厚副研究员,丛季珠讲师、王继成助理研究员组成。

② 根据李宏基等未发表资料(1988)。

为7月20日到8月10日为宜。

2. 室内育苗是需要的，育苗时间宜短，以10～20天为好。

3. 下海后继续育苗时，应以防除附着物为主，必须采取一系列措施。

（1）避开好光藻类的浅水层，以垂帘式培育，利于经常清除动物附着物。

（2）拆帘为苗绳垂下式育苗，利于匍匐枝生长，增加苗的数量。

（3）匍匐枝及幼苗占据生长基后，垂养改为平养，促幼苗的形成与生长。

通过以上方法处理，孢子育苗的效果基本可以达到投产水平。

参考文献

[1] 李宏基，等. 温度与水层对石花菜生长的影响. 水产学报，1983，7(4).

[2] 李宏基，等. 石花菜四分孢子萌发、生长的观察. 海洋湖沼通报，1985(4).

[3] 李宏基，等. 石花菜人工养殖研究与存在的问题. 海洋科学，1983.

[4] 李宏基，等. 石花菜筏式养成技术试验. 海洋湖沼通报，1988，(2).

[5] 黄礼娟. 石花菜幼苗生长的观察. 海洋学报，1982，4(2).

[6] 黄礼娟，等. 石花菜孢子育苗的初步研究. 海洋湖沼通报，1986，(2).

[7] 戚以满. 石花菜常温孢子育苗试验. 海洋药物，1987，(3).

[8] 猪野俊平. マケサ甘果孢子发生に就て. 植物及动物，1941，9(6).

[9] 殖田三郎. テグンサの增殖に关する研究(I). 日水志，1936，5(3)，183-186.

[10] 殖田三郎，片田实. テグンサの增殖に关する研究(Ⅱ). 日水志，1943，11(5-6).

[11] 殖田三郎，等. 水产植物学. 恒星社厚生阁，1963.

[12] 大岛胜太郎. 海藻と渔村. 目黒书店，1949.

[13] J. Correa, M. Arila and B. Santelices. Effect of Some Environment factors on Growth of sporelings in two species of *Gelidium* (Rhodophyta) Aquaculture, 1985, 44 (221-227).

[14] Bruce A. Macler and John A. West. Life History and Physiology of the Red Alga, *Gelidium* coulteri in Unialgal Culture. Aquaculture, 1987. 61(281-293).

A STUDY ON THE ARTIFICIAL CULTIVATING OF SPORES OF *GELIDIUM AMANSII* LAMX.

Li Hongji　Qi Yiman

(Shandong Marine cultivation Institute)

Abstract　A study on the artificial cultivation of spores of *Gelidium* on rope curtains was perform. The methods and results are described as follows.

1. For collecting the spores, the optimum temperature is between 24～26℃ and li the optimum season is from mid July to early August in the north China sea.

2. 50 curtains weaved with vinylon ropes were used as substrates to which the spores were attached and cultivation was carried out in three 4 m^2 pools for 10～15 days before the curtains were transferred for cultivating in the sea.

3. In the sea, the buds were first grown on the rope curtains hanging on rafts 70～100 cm. below the water surface. About a month later, the buds were so grown that they changed into stolon and rose up vertically. When the temperature was lowered at 23～24℃, the rope curtains should be turned into 2 m. long ropes and cultivation was carried on at 20～50 cm. below the water surface. When the stolons grew large and were creeping around the ropes, the Overtical-laying ropes were brought near the surface and laid horizontally.

4. In an example of our study, 50 curtains were turned into 400 ropes of two meters long at which grew dense sporelings. By the mid December, the frond could Breach a maximum length of 3 cm. while the average size is 1～2

cm. The density of the sporelings longer than 1 cm. is 5. 5 sporelings per cm. of ropes.

合作者:戚以满

(海洋湖沼通报. 1990,2:72-79)